Wolfgang Schallück

HANDBUCH BAUBERUFE

Prüfungsvorbereitung und Berufspraxis

Aktualisierter Druck 1993

Normen werden wiedergegeben mit Erlaubnis des DIN Deutsches Institut für Normung e.V. Maßgebend für das Anwenden der Norm ist deren Fassung mit dem neuesten Ausgabedatum, die bei der Beuth Verlag GmbH, Burggrafenstraße 6, 1000 Berlin 30, erhältlich ist.

Für den Gebrauch an Schulen
© 1989 Cornelsen Verlag Schwann-Girardet, Düsseldorf
Alle Rechte vorbehalten.

Bestellnummer 432505
1. Auflage
Druck 5 4 3 2 / 96 95 94 93

Satz: Boss-Druck, Kleve
Druck: Druckhaus Langenscheidt, Berlin
Bindearbeiten: Lüderitz & Bauer, Berlin

ISBN 3-464-43250-5

VORWORT

Im Baugewerbe werden tüchtige, vielseitig ausgebildete Fachkräfte benötigt. Nicht allein praktisches Können, sondern in gleicher Weise gute theoretische Kenntnisse bilden die Voraussetzung für eine verantwortungsbewußte Berufsausübung. Nur wer Praxis und Theorie als ein Ganzes sieht und beherrscht, wird sich behaupten können – zum Abschluß der Ausbildung bei der Fachprüfung und später auf der Baustelle.

Das vorliegende Buch erfüllt einen doppelten Zweck. Es dient der Vorbereitung auf die Fachprüfung und als Nachschlagewerk für junge Berufstätige. Baustoff- und Arbeitskunde werden übersichtlich und knapp dargeboten. Der Stoff ist sachlogisch gegliedert und zusammenhängend dargestellt. Am Rand stehen Fragen, deren Antworten im jeweils nebenstehenden Text zu finden sind. Vor Prüfungen läßt sich der Lernstoff durch diese Fragen mit den entsprechenden Antworten gut wiederholen.

In den ersten Berufsjahren kann das Buch ein ständiger Begleiter und Ratgeber sein. Die vielfältigen Angaben zu Baustoffen, die immer wieder in unterschiedlicher Form benötigt werden, lassen sich leicht aufsuchen. Die Arbeitsverfahren sind im Überblick dargestellt, so daß der Berufspraktiker schnell das Wesentliche erkennt. Der Stand der neuesten DIN-Normen ist ebenso berücksichtigt wie die moderne Bautechnik.

Die kompakte Darstellung aller wesentlichen Inhalte wird gewiß auch in Meisterschulen von Nutzen sein. Zusätzliche Fragen, die bevorzugt im Rahmen einer Meisterbildung berücksichtigt werden, sind mit einem Punkt besonders gekennzeichnet.

Aus dem Bereich des Fachrechnens bietet das Buch neben den wichtigsten Formeln zahlreiche Rechenbeispiele und Aufgaben (mit Lösungen) aus der Baupraxis, ferner Tabellen über Arbeitszeit und Materialaufwand und eine Einführung in die Kalkulation.

Der Verfasser dankt allen, die durch Anregungen und Hinweise zum Gelingen des Buches beigetragen haben, ganz besonders Herrn Diplom-Ingenieur Karlheinz Risse, Kerken, der auch die Abschnitte zur Trigonometrie und zur Baustatik verfaßte. Verfasser und Verlag nehmen gerne weitere Anregungen entgegen.

Wolfgang Schallück

Kurzbezeichnungen für die am häufigsten verwendeten Baustoffe:

Baustoff	Kurzbezeichnung
Zement DIN 1164 Teil 1	Z 25 Z 35 Z 45 Z 55
Beton DIN 1045	B 5 B 10 B 15 B 25 B 35 B 45 B 55
Leichtbeton (siehe Richtlinien für Leichtbeton und Stahlleichtbeton mit geschlossenem Gefüge 6.73)	LB 10 LB 15 LB 25 LB 35 LB 45 LB 55
Leichtbeton mit haufwerksporigem Gefüge für Wände DIN 4232	LB 2 LB 5 LB 8
Betonstahl DIN 488 Teil 1	BSt 420 S BSt 500 S BSt 500 M
Mauerziegel DIN 105	Mz 4 Mz 6 Mz 12 Mz 20 Mz 28
Hochfeste Ziegel und Klinker DIN 105 Teil 3	Mz 36 Mz 48 Mz 60
Kalksandsteine DIN 106	KS 4 KS 28 KS 6 KS 36 KS 8 KS 48 KS 12 KS 60 KS 20

Baustoff	Kurzbezeichnung
Mauersteine und Mauerziegel für freistehende Schornsteine DIN 1057	Rz 12 Rs 12 Rz 20 Rs 20 R 28 R 36
Hüttenvollsteine DIN 398	HSV 15 HSV 25 HSV 30 HSV 35
Gasbeton-Blocksteine DIN 4165	G 2 G 4 G 6
Gasbeton DIN 4223	G 2 G 4
Lochsteine aus Leichtbeton DIN 18149	LLB 4
Hohlblocksteine aus Leichtbeton DIN 18151	Hbl 2 Hbl 4 Hbl 6
Vollsteine und Vollblöcke aus Leichtbeton DIN 18152	V 2 V 4 V 6 V 12
Hausschornsteine Formstücke aus Leichtbeton DIN 18150	FLB 6 FLB 8 FLB 12
Hohlblocksteine und T-Hohlsteine aus Beton mit geschlossenem Gefüge DIN 18153	HD 4 HD 6
Ziegel für Decken und Wandtafeln DIN 4159	ZZT 12,5 ZZT 18 ZZT 24 ZZT 38

INHALTSVERZEICHNIS

15	**1.**	**Werkstoffkunde**
15	**1.1**	**Mörtel**
15	1.1.1	Bindemittel
26	1.1.2	Zuschläge (Zuschlagstoffe)
31	1.1.3	Anmachwasser
32	1.1.4	Mörtelarten
44	1.1.5	Mörtel- und Betonzusatzmittel
44	1.1.6	Kleber für Fliesenlegerarbeiten
45	**1.2**	**Beton**
45	1.2.1	Mischen der Grundstoffe
46	1.2.2	Mischungsverhältnis
48	1.2.3	Wassergehalt
51	1.2.4	Schwer-, Leicht- und Normalbeton
57	1.2.5	Bewehrter – unbewehrter Beton
58	**1.3**	**Bausteine**
58	1.3.1	Natürliche Bausteine
64	1.3.2	Künstliche Bausteine
89	1.3.3	Platten
98	1.3.4	Bau-Rohre
101	**1.4**	**Holz**
101	1.4.1	Aufbau und Gefüge
102	1.4.2	Handelsformen des Holzes
104	1.4.3	„Arbeiten" des Holzes
105	1.4.4	Eigenschaften und technische Verwendbarkeit
106	1.4.5	Holzkrankheiten, Schädlinge
107	1.4.6	Lagerung des Bauholzes
108	1.4.7	Holzschutz (Konservierung)
109	**1.5**	**Metalle**
109	1.5.1	Gußeisen und Stahl
117	1.5.2	Nichteisenmetalle

117	**1.6**	**Sperrstoffe** (Abdichtungsstoffe DIN 18 195)
118	1.6.1	Fertigerzeugnisse
119	**1.7**	**Schall- und Wärme-Dämmstoffe**
119	1.7.1	Schall und Schalldämmung
120	1.7.2	Wärme und Wärmedämmung
121	1.7.3	Dämmstoffe
122	**1.8**	**Glas**
123	**1.9**	**Farben**
124	**2.**	**Arbeitskunde**
124	**2.1**	**Planung**
125	**2.2**	**Baugrunduntersuchung und Vermessung**
125	2.2.1	Baugrunduntersuchungen
128	2.2.2	Vermessung
135	**2.3**	**Einrichten der Baustelle und Ausschachtung**
135	2.3.1	Einrichten der Baustelle
138	2.3.2	Ausschachtung
140	**2.4**	**Mauerarbeiten**
140	2.4.1	Mauerwerk und Verbandsregeln
151	2.4.2	Baugründung unter normalen Bodenverhältnissen (Fundamente)
152	2.4.3	Kellergeschoßmauerwerk
161	2.4.4	Erd- und Obergeschoßmauerwerk
180	2.4.5	Maueröffnungen
184	2.4.6	Pfeiler
185	2.4.7	Hausschornsteine (Kamine) – DIN 18 160, Teil 1
193	2.4.8	Verlegen von Trägern und Stahlbetonstürzen
195	2.4.9	Mauerbogen
203	2.4.10	Gewölbe
205	2.4.11	Ziegelsteinverblendungen
207	2.4.12	Mauerfriese, Gesimse und Lisenen
209	2.4.13	Einfriedigungs- und Böschungsmauern
211	2.4.14	Natursteinmauerwerk (DIN 1053)

215	**2.5**	**Betonarbeiten**
215	2.5.1	Schalung
221	2.5.2	Einfache Betonarbeiten
222	2.5.3	Stahlbetonarbeiten (DIN 1045)
232	2.5.4	Betonieren bei besonderer Wetterlage
235	**2.6**	**Sonstige Decken**
235	2.6.1	Unbewehrte Steindecken zwischen Trägern
238	2.6.2	Plattendecken zwischen Trägern
238	2.6.3	Stahlsteindecken (DIN 1045)
240	2.6.4	Stahlbetonrippendecken (DIN 1045)
242	2.6.5	Balkendecken (DIN 1045)
244	2.6.6	Holzbalkendecken
247	**2.7**	**Treppen**
247	2.7.1	Grundformen
247	2.7.2	Teile der Treppen
250	2.7.3	Berechnung und Aufreißen einer geraden Treppe
251	2.7.4	Verzogene und gewendelte Treppen
254	2.7.5	Treppenarten
256	**2.8**	**Putzarbeiten**
256	2.8.1	Allgemeines
257	2.8.2	Innenputz
259	2.8.3	Außenputz
259	2.8.4	Putzarten
261	2.8.5	Ziehen von Gesimsen
261	**2.9**	**Plattierungsarbeiten**
261	2.9.1	Feinere Plattenböden
262	2.9.2	Anbringen von Wandplatten
264	2.9.3	Mosaik
264	2.9.4	Terrazzo
265	**2.10**	**Steinmetzarbeiten**
265	2.10.1	Kunststeinherstellung
266	2.10.2	Vorsatzbeton

267	**2.11**	**Steinfußböden**
267	2.11.1	Allgemeines (mit Unterbau)
268	2.11.2	Ziegelsteinfußböden
269	2.11.3	Grobe Plattenböden
269	2.11.4	Estrichböden (einschließlich tragender Untergrund)
274	**2.12**	**Haus- und Grundstücksentwässerung**
274	2.12.1	Allgemeines
274	2.12.2	Verlegen der Entwässerungsleitungen
276	2.12.3	Revisionsschächte
277	2.12.4	Verbau von Rohrgräben (DIN 4124)
278	**2.13**	**Abfangungen – Unterfangungen**
278	2.13.1	Abfangungen
280	2.13.2	Nachträgliches Anlegen von Maueröffnungen
280	2.13.3	Unterfangungen
281	**2.14**	**Besondere Baugründungen – Baugrubenentwässerung**
281	2.14.1	Besondere Baugründungen
284	2.14.2	Baugrubenentwässerung
284	**2.15**	**Nachträgliches Trockenlegen von Mauerwerk**
286	**2.16**	**Ringanker und Ringbalken** (DIN 1053)
287	**2.17**	**Trennfugen**
288	2.17.1	Setzfugen
288	2.17.2	Dehnungsfugen
289	2.17.3	Gleitfugen
290	**2.18**	**Gerüste** (DIN 4420 – Arbeits- und Schutzgerüste)
290	2.18.1	Einteilung der Gerüste nach ihrer Verwendung
290	2.18.2	Gruppeneinteilung der Gerüste nach ihrer Belastung
292	2.18.3	Bauliche Durchbildung der Gerüste (und Anforderungen an Gerüstbauteile)
296	2.18.4	Gerüste üblicher Bauart
300	**2.19**	**Heizräume und Heizöllagerung**

301	**3.**	**Fachrechnen**
301	3.1	Bruchrechnung
302	3.2	Dreisatzrechnung
303	3.3	Prozentrechnung
305	3.4	Verhältnisrechnung
305	3.4.1	Mischungsverhältnisse
305	3.4.2	Mörtelausbeute
306	3.4.3	Maßstäbe
307	3.4.4	Neigungen und Gefälle
308	3.5	Ziehen von Quadratwurzeln
309	3.6	Lehrsatz des Pythagoras
310	3.7	Technische Maßeinheiten
312	3.8	Mauermaße
313	3.9	Umstellen von Formeln
314	3.10	Flächenberechnung
316	3.11	Körperberechnung
318	3.12	Dichte (spezifisches Gewicht)
319	3.13	Ebene Trigonometrie
323	3.14	Grundlagen der Baustatik
327	3.15	Einfache Maschinen
332	3.16	Festigkeitslehre
334	3.17	Kalkulation
343	3.18	Umbauter Raum

1. WERKSTOFFKUNDE

1.1 Mörtel

1.1.1 Bindemittel

sind Baustoffe, die im Zusammenwirken mit Wasser geeignet sind, feste Körper (Sand, Steine usw.) miteinander zu verkitten.

Was versteht man unter Bindemitteln?

Wichtige Bindemittel: Baukalk, Baugips, Anhydritbinder, Zement, Putz- und Mauerbinder.

Nenne die wichtigsten!

Baukalk (DIN 1060)
wird aus kohlensaurem Kalkstein ($CaCO_3$) gewonnen. Das Gestein wird in Schachtöfen unterhalb der Sintergrenze (bis 1250 °C) gebrannt, wobei Kohlendioxid (CO_2) entweicht. Es entsteht Branntkalk (CaO).

Woraus und wie wird Baukalk gewonnen?

Zur Mörtelbereitung muß der Branntkalk gelöscht werden. Es gibt zwei Verfahren:

Welche Löschverfahren gibt es? Beschreibe sie!

Trockenlöschen: Gebrannter Stückkalk wird in Körben kurz in Wasser getaucht, auf Haufen geschüttet und mit Sand dicht abgedeckt oder er wird trocken aufgehäuft, mit Wasser überbraust und abgedeckt. In beiden Fällen entwickelt der Kalk Wärme, „gedeiht" (Vergrößerung des Volumens) und zerfällt. Das Kalkpulver wird engmaschig ausgesiebt = Löschkalk = Mörtelkalk.

Naßlöschen (Einsumpfen): Gebrannter Stückkalk wird in einer Mörtelpfanne ausgebreitet (bis ⅓ Höhe) und mit Wasser so weit aufgefüllt, daß die oberen Spitzen der Kalkstücke herausragen. Wassermenge ≈ 1½fache Kalkmenge. Unter Aufbrausen beginnt der Kalk zu löschen: er entwickelt Wärme, gedeiht und zerfällt. – Ständig mit der Mörtelkrücke umrühren!

Nur bei 80 bis 100 °C kann der Kalk richtig ablöschen und auf ein Höchstmaß gedeihen. Zuviel Wasser verringert die Löschtemperatur; der Kalk „ersäuft". Zuwenig Wasser bewirkt zu hohe Temperaturen; der Kalk „verbrennt" (während des Löschens dürfen keine trockenen Stellen entstehen). In beiden Fällen sind Ergiebigkeit und Güte des Kalkes gering.

Bei welcher Temperatur löscht Kalk richtig?

Wann „ersäuft" und wann „verbrennt" er?

Der gelöschte Kalk (Kalkmilch) wird durch ein Sieb in die Kalkgrube geleitet.

Der Kalk ist durchgelöscht, wenn sich an der Oberfläche fingerbreite Risse zeigen. Gebrauchsfertig ist er für Mauerarbeiten nach 2 bis 4 Wochen, für Putzarbeiten nach 4 bis 8 Wochen (Liegezeit für Freskoputz mindestens 1 Jahr).

Wann ist der Kalk gebrauchsfertig?

Warum ist die unterste Lage aus der Kalkgrube für Putzarbeiten ungeeignet?	Kalkgruben müssen in einem Arbeitsgang gefüllt werden. Nicht vollständig gelöschte Kalkstückchen setzen sich auf dem Grund der Grube ab. Bei Verwendung für Putzarbeiten können durch Nachlöschen Aussprengungen im Putz entstehen. Unterste Lage aus der Kalkgrube nur für Mauerarbeiten gebrauchen!
Warum soll Branntkalk möglichst bald nach Anlieferung gelöscht werden?	Branntkalk ist stets bestrebt, Feuchtigkeit und Kohlendioxid aus der Luft aufzunehmen, um sich zu Kalkstein zurückzubilden. (Abbindevorgang, siehe Schaubild). Bei älterem Branntkalk ist dies häufig der Fall. Gebrannter Kalk soll daher möglichst bald nach der Anlieferung gelöscht werden.
Wodurch entstehen verschiedene Baukalkarten?	Reiner kohlensaurer Kalk kommt in der Natur selten vor; meistens enthält er Beimengungen (Magnesium, Kieselsäure, Tonerde, Eisen u. a. m.), die sich auf die Eigenschaften des Baukalkes auswirken. Demzufolge ergeben sich verschiedene Arten.
Nenne die 2 Hauptgruppen!	Nach der Erhärtung unterscheidet man zwei Gruppen: Luftkalke und Wasserkalke (auch hydraulisch erhärtende Kalke genannt).
Beschreibe den Abbindevorgang des Kalkes!	Das *Abbinden* des Baukalkes ist ein chemischer Vorgang:

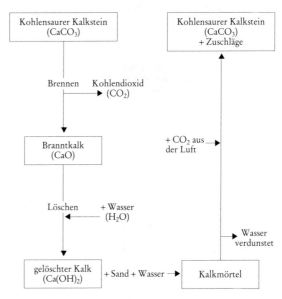

Der Baukalk wird wieder zu kohlensaurem Kalkstein

Luftkalke:

Kalkart	Schüttdichte in kg/dm³	Mindestdruck-festigkeit
1. Weißkalk	$\leq 0{,}5$	nicht gef.
2. Graukalk (Dolomitkalk)	$\leq 0{,}5$	nicht gef.
3. Karbidkalk; Abfallprodukt bei der Acetylengasgewinnung aus Karbid (Kalk + Kohlenstoff)	$\leq 0{,}7$	nicht gef.

Wobei entsteht Karbidkalk?

Luftkalke erhärten nur an der Luft (brauchen Kohlendioxid) und sind nur an trockenen Stellen beständig.

Was versteht man unter Luftkalken? Welche Arten gibt es?

Wasserkalke (hydraulische Kalke) erhärten nach einer zeitlich begrenzten Luftlagerung an feuchten Stellen bzw. im Wasser weiter und bleiben dort fest. Ihre Wasserbeständigkeit entsteht durch Verbindung des Kalkes mit sog. „Hydraulefaktoren" (Kieselsäurebestandteile) zu nicht mehr wasserlöslichem kieselsaurem Kalk. Hydraulefaktoren sind in den Beimengungen (über 10%), vor allem im Ton, enthalten. Je größer ihr Anteil, um so wasserfester der Kalk.

Was versteht man unter Wasserkalken? Was versteht man unter Hydraulefaktoren? Welche Wirkung haben sie?

Da im Wasser nur die Hydraulefaktoren abbinden und – falls diese nicht in ausreichender Menge vorhanden sind – der Rest als normaler Luftkalk Kohlendioxid benötigt, ist eine gewisse Lufterhärtung notwendig.

● Warum sind Wasserkalke erst nach einer gewissen Lufterhärtung wasserfest?

Wasserkalke:

Kalkart	Litergewicht in kg	Notwendige Lufterhärtung vor der Wasserlagerung	Mindestdruckfestigkeit nach 28 Tagen
1. Wasserkalk	0,7	7 Tage	nicht gef.
2. hydraulischer Kalk	0,8	5 Tage	2 MN/m² (N/mm²)
3. hochhydraulischer Kalk	1,0	3 Tage	5 MN/m² (N/mm²)

Nenne Wasserkalkarten! Welche Eigenschaften haben sie?

Nenne die Handelsformen der Baukalke und erkläre sie!

Mit *Handelsform* bezeichnet man die Zustandsformen der angelieferten Baukalke:

Stückkalk = gebrannter Kalk in stückiger Form;

Feinkalk = gebrannter Kalk in gemahlener Form (Ätzkalk), wird auch teilweise gelöscht geliefert;

Kalkhydrat = gelöschter Kalk in Pulverform;

Kalkteig = mit Wasserüberschuß zu Teig gelöschter Kalk.

Gib die Handelsformen der Baukalke an!

Gruppen der Kalkarten	Ungelöscht (vor der Verarbeitung nach den Vorschriften des Lieferwerkes zu löschen)		Gelöscht (ohne Löschen nach den Vorschriften des Lieferwerkes zu verarbeiten)	
	stückig	pulverförmig	teigig	pulverförmig
Luftkalke	Weißstückkalk	Weißfeinkalk	Weißkalkteig	Weißkalkhydrat
	Dolomitstückkalk	Dolomitfeinkalk	Dolomitkalkteig	Dolomitkalkhydrat
	–	–	Karbidkalkteig	Karbidkalkhydrat
Hydraulisch erhärtende Kalke	Wasserstückkalk	Wasserfeinkalk	–	Wasserkalkhydrat
	–	–	–	Hydraulischer Kalk
	–	–	–	Hochhydraulischer Kalk

Was versteht man a) unter „Fettkalk", b) unter „Magerkalk"?

Kalke, die beim Löschen auf das 2- bis 3fache Volumen gedeihen, nennt man „Fettkalke" (z. B. Weißkalk = mindestens 2,4fach).

„Magerkalke" ergeben weniger als die 2fache Menge (z. B. Wasserkalk = etwa 1,8fach).

Ist die Bezeichnung „Sackkalk" zulässig?

„Sackkalk" = Kalk in Säcken. Als Sackaufdruck ist die Bezeichnung unzulässig; sie sagt nichts über Kalkart und Verarbeitung aus.

Was muß auf den Säcken vermerkt sein?

Der Aufdruck von Kalksäcken muß folgende Angaben enthalten:

Kalkart;

Verarbeitungsvorschrift;

Gewicht (Kalkhydrat 40 kg, sonst 50 kg);

Herstellerfirma und Ort;

Normenüberwachungs- und Gütezeichen.

Hydraulisch erhärtende Kalke müssen außerdem mit waagerechten schwarzen Balkenstrichen auf der Vorderseite der Verpackung gekennzeichnet sein:
Wasserkalke   je 1 Balkenstrich;
Hydraulische Kalke je 2 Balkenstriche;
Hochhydraulische Kalke je 3 Balkenstriche.

Baugips (DIN 1168)

wird aus „Gipsstein" = kristallwasserhaltigem, schwefelsaurem Kalkstein ($CaSO_4 + 2H_2O$) gewonnen.

Woraus und wie wird Baugips gewonnen?

Gipssorte (genormt)	Herstellung	Verwendung	Versteifungsbeginn
Stuckgips	bei niedriger Temperatur teilweise entwässert	Stuck- und Rabitzarbeiten, Feinputz, Zusatz zu Kalkputzmörtel, Gipsbaukörper	8–25 min
Putzgips	höhere Brenntemperatur als Stuckgips	reiner Gipsputz, Gipssandputz, Kalkgipsputz, Gipskalkputz, Vorziehen von Stuckarbeiten	$\geq$ 4 min, läßt sich länger an der Putzfläche bearbeiten
Fertigputzgipse a) Fertigputzgips b) Maschinenputzgips c) Haftputzgips	Baugipse mit Füllstoffen (z. B. Sand o. ä. Stoffe) und Stellmitteln (wirken auf Versteifungsbeginn, Haftfähigkeit, Verarbeitbarkeit usw.)	Innenputz besonders gute Haftung	langsames Steifwerden, nicht vor 25 min
Spezialgipse a) Ansetzgips			Ansetzen von Gipskartonplatten,
b) Spachtelgips			Verspachteln von Wänden und Fugen, Versteifung etwas früher als die übrigen Spezialgipse,
c) Fugengips		Mörtel für die Verarbeitung von Gipsbauplatten	Versteifung langsam
(nicht genormt)			
Estrichgips	bei hohen Temperaturen völlig entwässert	Estricharbeiten, Mauermörtel, besondere Putze, Gipsbaukörper	etwa 2–6 h
Marmorgips (früher Marmorzement)	doppelt gebrannt, zwischen den Brennvorgängen mit Alaun getränkt	Ausfugen von Wandplatten, Kunstmarmor, besonders harter Putz (beliebig färbbar, besonders hart, schleif- und polierfähig)	etwa 3–4 h

Gipsstein wird nach verschiedenen Verfahren gebrannt, wobei das chemisch gebundene Kristallwasser teilweise oder vollständig ausgetrieben wird, und anschließend mehlfein gemahlen.

Wodurch entstehen verschiedene Gipssorten? Zähle sie auf!

Je nach der Menge des im Gips verbleibenden Kristallwassers, der Brenntechnik und evtl. werkseitig beigefügten Zusätzen erhält man verschiedene Baugipssorten: Stuckgips, Putzgips, Fertigputzgips und Spezialgips. Estrichgips und Marmorgips sind nicht genormte Gipse.

Beschreibe die verschiedenen Gipssorten und gib ihre Verwendung an!

Völlig wasserfreier = totgebrannter Gips besitzt ohne Anreger (vgl. Anhydritbinder) keine Bindefähigkeit mehr.

Fertigputzgipse und Spezialgipse werden auf der Baustelle nur mit Wasser ohne Zugabe anderer Stoffe angemacht.

● Was versteht man unter Anhydritbinder?

Anhydrit ist ein von Natur aus wasserfreier schwefelsaurer Kalkstein (natürlicher „totgebrannter" Gips). Dieser wird mehlfein gemahlen und erhält, da er von sich aus nicht erhärtet, zur Weckung des Abbindevermögens Anreger (Kalk, Portlandzement oder chemische Zusätze) = *Anhydritbinder* (DIN 4208). Geringe Festigkeit.

Anhydritbinder wird außerdem auch synthetisch hergestellt.

Darf Gips bei Frost verarbeitet werden?

Beim Abbinden des Gipses entsteht Wärme, die eine Verarbeitung bei Temperaturen bis –10 °C erlaubt.

Wie lassen sich die Unterschiede im Versteifungsbeginn erklären?

Der Versteifungsbeginn ist, abgesehen von der Gipssorte, abhängig von der Menge des Anmachwassers, vom Alter des Gipses und von der Witterung: Frisch gebrannter Gips (evtl. noch warm) und warmes Wetter bewirken ein frühzeitiges Erstarren.

Beschreibe den Abbindevorgang des Gipses!

Das Abbinden des Baugipses ist ein chemischer Vorgang:

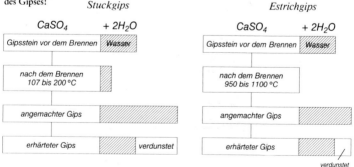

Der Baugips wird wieder zu schwefelsaurem Kalkstein (Gipsstein)

Die Festigkeit des abgebundenen Gipses wird bestimmt durch den

$$\text{Wassergipswert} = \frac{\text{Wassergewicht}}{\text{Gipsgewicht}} \quad \text{(vereinfachte Formel)}$$

Zuviel Wasser vermindert die Festigkeit, zuwenig Anmachwasser bewirkt starkes Treiben des Gipses.

Gips treibt. Er vergrößert bei der Verfestigung sein Volumen um etwa 0,3% (günstig für das Füllen von Dübellöchern). Estrichgips ist treibfrei.

Unter längerer Feuchtigkeitseinwirkung „fault" Gips, nur der Estrichgips (gelbliche Farbe) hat schwach hydraulische Eigenschaften.

Gips wirkt rostfördernd. Stahl- und Eisenteile, die mit Gips in Berührung kommen, sind mit einer Schutzschicht zu versehen (Rostschutzfarbe, Zinküberzug, Sperrpappe usw.).

Der Sackaufdruck muß folgende Angaben enthalten:

Gipssorte; Gewicht (50 kg);

Herstellerfirma; (erwünscht: Verarbeitungsvorschrift)

Gips ist unbedingt trocken und kühl (möglichst im Inneren des Gebäudes) aufzubewahren.

Infolge Feuchtigkeitseinwirkung klumpig gewordener Gips muß ausgesiebt werden (nicht zerdrücken!). Vorsicht beim Anmachen! Abgebundene Gipsreste oder zerdrückte Klumpen verkürzen die Versteifungszeit; für feinere Arbeiten ungeeignet.

Wodurch wird die Festigkeit des abgebundenen Gipses bestimmt?

Worauf ist bei der Verwendung von Gips zu achten?

Ist Gips wasserbeständig?

Wir wirkt Gips auf Stahl und Eisen?

Was muß auf den Gipssäcken vermerkt sein?

Wie ist Gips zu lagern?

Darf klumpiger Gips verarbeitet werden?

Zement (DIN 1164)

ist ein pulverförmiges hydraulisches Bindemittel für Mörtel und Beton, das sowohl an der Luft als auch unter Wasser erhärtet, beständig ist und hohe Festigkeit erreicht.

Er besteht im wesentlichen aus kieselsaurem Ton und kohlensaurem Kalk (ungefähres Verhältnis 1:3 = Kalkmergel) mit Beimengungen von Eisenoxid u. a. m.

Herstellung: Die Rohstoffe werden zerkleinert, im richtigen Verhältnis gemischt (evtl. Zusätze von Kalk, Kieselsäure oder Tonerde), im Drehofen bis zur Sinterung (etwa 1500 °C) zu Zementklinkern gebrannt und anschließend mehlfein gemahlen. Zur Regelung der Abbindezeit werden etwa 2–3% Gipsstein oder Anhydrit zugesetzt.

Was versteht man unter Zement?

Nenne seine Hauptbestandteile!

Wie wird Zement hergestellt?

Schema der Zementherstellung im Drehofenverfahren

Zementarten

Welche Zementarten gibt es?

a) *Normenzemente:* Zusammensetzung der Rohstoffe und Herstellung durch Normen festgelegt und ständig überwacht, gleichbleibende Qualität, größte Sicherheit. Je nach ihrer Zusammensetzung unterscheidet man verschiedene Normenzemente.

Nenne:
a) Normenzemente,

Portlandzement (PZ)
Eisenportlandzement (EPZ)
Hochofenzement (HOZ) } DIN 1164
Portlandölschieferzement (PÖZ)
Traßzement (TrZ)

b) nicht genormte Zemente!

b) *Nicht genormte Zemente:*

b_1) Naturzemente: aus natürlich vorkommenden Kalkmergeln ohne weitere Zusätze hergestellt; Festigkeit infolge schwankender Zusammensetzung unterschiedlich.

b_2) Künstlich hergestellte Zemente: Zusammensetzung und Aufbereitung der Rohstoffe nicht genormt.
Suevit-Traßzement;
Tonerdeschmelzzement;
Erzzement.

Welche Zemente sind für Stahlbeton zugelassen?

Für Stahlbetonarbeiten sind nur Normenzemente zugelassen.

In welchen Festigkeitsklassen werden Normenzemente geliefert?

Normenzemente werden in 4 Festigkeitsklassen hergestellt, die sich durch Kennfarben, Zahlenaufdruck (Festigkeit) und Buchstaben unterscheiden:

Festigkeits-klasse	Druckfestigkeit in MN/m^2 (N/mm^2) nach				Kennfarbe	Farbe des Sackaufdrucks
	2 Tagen min.	7 Tagen min.	28 Tagen min.	28 Tagen max.		
25	–	10	25	45	violett	schwarz
35 L	–	17,5	35	55	hellbraun	schwarz
35 F	10	–	35	55		rot
45 L	10	–	45	65	grün	schwarz
45 F	20	–	45	65		rot
55	30	–	55	–	rot	schwarz

Zemente mit besonderen Eigenschaften erhalten noch Zusatzbezeichnungen:

NW = niedrige Hydratationswärme (Abbindewärme),

HS = hoher Sulfatwiderstand (gegen chem. Angriffe).

Was bedeuten die Bezeichnungen NW und HS?

Die Festigkeitsklasse Z 25 gibt es nur für diese besonderen Zemente (für Massenbeton besonders geeignet).

Zur Kennzeichnung der Anfangserhärtung werden bei Z 35 und Z 45 noch die Buchstaben L (langsam) oder F (früh = höhere Anfangsfestigkeit) nachgestellt.

Was besagen die Kennbuchstaben L und F?

Z 35 F und Z 45 F erhärten bedeutend schneller. Sie können früher ausgeschalt und belastet werden (Ausschalfristen für Z 35 F und Z 45 L sind gleich, ebenso für Z 45 F und Z 55).

Welche Vorteile bieten Z 35 F und Z 45 F?

Z 35 F und Z 45 F sind keine „Schnellbinder", sondern normalbindende „Früherhärter".

Sind Z 35 F und Z 45 F Schnellbinder?

Nach den Normen darf der Erstarrungsprozeß nicht früher als 1 h nach dem Anmachen beginnen, nach 12 h muß er beendet sein (= Normalbinder). Die Erhärtung geht weiter. Der Erstarrungsbeginn ist bei jeder Lieferung auf der Baustelle nachzuprüfen.

Wann binden Normalbinder ab?

Schnellzemente (früher: Schnellbinder) sind Zemente, deren Erstarrung bereits kurz nach dem Anmachen einsetzt (z. T. nach ½ min). Sie sind nicht genormt und dürfen nicht für Stahlbeton verarbeitet werden. Festigkeit gering.

Was versteht man unter Schnellzementen?

Schnellzemente werden fabrikseitig oder auf der Baustelle aus normal bindenden Zementen durch Zusatz von Abbindebeschleunigern hergestellt.

Woraus bestehen sie?

(Abbindebeschleuniger: siehe Abschnitt „Mörtel- und Betonzusatzmittel".)

Fabrikmäßig hergestellte Schnellzemente sollen durch roten Sackaufdruck gekennzeichnet sein und müssen die Bezeichnung „Schnellzement" tragen.

Wie sind sie gekennzeichnet?

Zement darf nur in trockenen, geschlossenen Räumen, niemals im Freien gelagert werden. Stapelhöhe bei Säcken: 10 bis 12 Lagen. Zuerst gelieferter Zement ist zuerst zu verarbeiten.

Wie muß Zement gelagert werden?

Klumpig gewordener Zement darf nur dann verarbeitet werden, wenn sich die Knollen noch leicht zerdrücken lassen, andernfalls ist er unbrauchbar

Darf klumpiger Zement verarbeitet werden?

Wodurch unterscheiden sich die verschiedenen Zemente?

Die einzelnen Zementsorten unterscheiden sich durch ihre verschiedenartige Zusammensetzung und die dadurch hervorgerufenen unterschiedlichen Eigenschaften:

Nenne Zusammensetzung, Merkmale und Verwendung:
a) der Normenzemente,

Normenzemente	Zusammensetzung	Merkmale und Verwendung
Portlandzement	kohlensaurer Kalk + kieselsaurer Ton + Beimengungen	Abbindezeit normal, für alle Mörtel- und Betonarbeiten
Weißer Portlandzement „Dyckerhoff-Weiß"	entfärbter PZ, eisenoxidarm	Abbindezeit und Verwendung wie PZ, mit Zementfarben beliebig färbbar, weißer Sack mit schwarzem Aufdruck
Eisenportlandzement	94 bis 65 Gew.-% PZ-Klinker mit 6 bis 35 Gew.-% granulierter (gekörnter) Hochofenschlacke vermahlen	Abbindezeit und Verwendung wie PZ
Hochofenzement	64 bis 20 Gew.-% PZ-Klinker mit 36 bis 80 Gew.-% granulierter Hochofenschlacke vermahlen	Abbindezeit normal, Verwendung wie PZ, verhältnismäßig arm an Kalkverbindungen und daher widerstandsfähig gegen Meerwasser und schwefelhaltige Einflüsse (Abwässer, Rauchgase usw.)
Portland-ölschieferzement	90 bis 65 Gew.-% PZ-Klinker mit 10 bis 35 Gew.-% gebranntem (800 °C) Ölschiefer vermahlen	für Mörtel und untergeordnete Betonarbeiten
Traßzement	80 bis 60 Gew.-% PZ-Klinker mit 20 bsi 40 Gew.-% Traß vermahlen	Abbindezeit normal, geringe Abbindewärme, dichter Mörtel und Beton, besonders für Wasserbauten

b) der nicht genormten künstlichen Zemente!

Nicht genormte künstliche Zemente	Zusammensetzung	Merkmale und Verwendung
Suevit-Traßzement	30% nicht ganz normgerechter Traß mit 70% PZ-Klinkern vermahlen	wie Traßzement, für Mörtel und untergeordnete Betonarbeiten
Erzzement	tonarm, reich an Eisenverbindungen	dunkel gefärbter, schwerer Zement, Abbindezeit normal, sehr dichter Mörtel, besonders geeignet für Arbeiten im Meer- und Moorwasser und für Abwässerkanäle

Nicht genormte künstliche Zemente	Zusammensetzung	Merkmale und Verwendung
Tonerdeschmelzzement	Bauxit (Tonerde), Kalk- u. Kieselsäure (Verhältnis etwa 5:4:1) + Eisenoxid u. a. Beimengungen verschmolzen und gemahlen	Abbindezeit normal, Erhärtung sehr schnell, Festigkeit bis etwa 50 MN/m² (N/mm²), wird durch Mischen mit anderen Zementen oder kalkhaltigen Bindemitteln zum Schnellbinder, starke Erwärmung beim Abbinden, widerstandsfähig gegen chemische Einflüsse. Für Stahlbeton und Spannbeton nicht zugelassen

Normenzementsäcke müssen folgende Angaben tragen:

Zementart;

Festigkeitsklasse;

Zusatzbezeichnung für besondere Zemente;

Lieferwerk;

Güteüberwachungszeichen;

Gewicht.

Was muß auf den Zementsäcken vermerkt sein?

Warenzeichen des Vereins Deutscher Zementwerke (Gütezeichen)

Güteüberwachungszeichen

Loser Normenzement muß mit einem wetterfesten, farbigen Begleitblatt mit der Kennung der Zementart geliefert werden (mit Datumsangabe an Silo heften!). Der Lieferschein muß außerdem Datum und Uhrzeit, Kennzeichen des Lieferfahrzeugs, Auftragsnummer, Auftraggeber und Empfänger enthalten.

Welche Begleitpapiere muß loser Normenzement haben?

Putz- und Mauerbinder (DIN 4211)

ist ein hydraulisches Bindemittel für Putz- und Mauermörtel und besteht aus feingemahlenen hydraulischen Zuschlägen (Gesteinsmehl) und Zement. Zur Verbesserung der Verarbeitbarkeit dürfen Kalkhydrat (DIN 1060) oder Zusätze beigefügt sein.

Was versteht man unter Putz- und Mauerbinder?

Zu welcher Bindemittelart gehört der Putz- und Mauerbinder?

Der Mörtel erhärtet an der Luft wie auch unter Wasser und bleibt auch unter Wasser fest. Der Erstarrungsprozeß des Mörtels beginnt frühestens nach 1 h und endet spätestens nach 24 h.

Mörteldruckfestigkeit (nach 28 Tagen Feuchtlagerung) mindestens 5 MN/m² (N/mm²) und höchstens 15 MN/m² (N/mm²).

Wie werden Putz- und Mauerbinder geliefert? Wie ist die Kennzeichnung?

Putz- und Mauerbinder werden in Säcken oder auch lose geliefert:

Sacklieferung: Sackfarbe gelb mit blauem Aufdruck:
Putz- und Mauerbinder (DIN 4211);
Lieferwerk und Firmenzeichen;
Gewicht;
Kennzeichen für die Güteüberwachung

Lieferung lose: Lieferschein mit Datum und Uhrzeit der Lieferung, polizeiliches Kennzeichen des Fahrzeuges, Auftragsnummer, Auftraggeber, Empfänger.

Zusätzlich: Witterungsbeständiges gelbes Blatt mit blauem Aufdruck (Format DIN A 5) mit den Angaben des Sackaufdruckes, zusätzlich Datum des Liefertages (zwecks Befestigung am Silo).

Zeichen für die Güteüberwachung

Was versteht man unter Zuschlägen?

1.1.2 Zuschläge (Zuschlagstoffe)

sind Füllstoffe für Mörtel oder Beton (DIN 4226).

Welche Aufgaben haben sie?

Sie bilden das tragende Gerüst des Mörtels bzw. Betons (besonders vor der Erhärtung), verhindern das Entstehen von Schwindrissen (Magerung des Bindemittels) und begünstigen durch Porenbildung das Atmen des Mörtels.

Welche Festigkeit müssen sie haben?

Jeder Zuschlag muß mindestens die Festigkeit besitzen, die der fertige Mörtel bzw. Beton später aufweisen soll.

Nach welchen Merkmalen unterscheidet man Zuschläge?

Man unterscheidet Zuschläge aus natürlichen und künstlichen mineralischen Stoffen mit ungebrochener oder gebrochener Körnung. Eine weitere Unterteilung erfolgt nach Korngröße und Gewicht.

Zuschlagkennung

Korngröße in mm	Zuschlagart	
	ungebrochen	gebrochen
0–0,25	Feinstsand	Feinst-Brechsand
0–1	Feinsand	Fein-Brechsand
1–4	Grobsand	Grob-Brechsand
4–32	Kies	Splitt
32–63	Grobkies	Schotter

Gib die Zuschlagbezeichnungen nach der Körnung an!

Dichte (schwere) Zuschläge

natürlich	künstlich hergestellt
See- bzw. Dünensand, Flußsand, Grubensand, Flußkies, Grubenkies, gebrochener Zuschlag aus natürlichen Gesteinen	Brechsand, Splitt und Schotter aus Hochofenschlacke, Schmelzschlacke

Nenne:
a) dichte (schwere) Zuschläge,

Leichte Zuschläge

gebrochene oder ungebrochene Zuschläge aus porigem natürlichen Gestein wie Bims, Lavaschlacke, Tuff u. a. m	gebrochene oder ungebrochene Zuschläge aus porigem Material wie Hüttenbims, Schaumschlacke, Kesselschlacke, Sinterbims, Ziegelsplitt

b) Leichtzuschläge

Für Mauer- und Putzarbeiten werden Korngrößen bis $\varnothing$ 3 mm bevorzugt.

Kiessand ist ein Gemisch aus Kies und Sand und findet vor allem als Betonzuschlag Verwendung (s. dort). Die Korngrößenzusammensetzung richtet sich nach dem Verwendungszweck.

Je rauher und kantiger die Oberfläche eines Zuschlagkornes, um so größer ist die Haftfläche für das Bindemittel und damit die spätere Festigkeit des Mörtels bzw. Betons.

Je glatter und runder die Kornoberfläche (Flußsand), um so kleiner ist die Haftfläche für das Bindemittel, um so geringer ist die Festigkeit des Mörtels bzw. Betons.

Kantige Zuschläge lassen sich besser verdichten als gerundete, so daß das Bindemittel nur zur Umhüllung der Körner und nicht zur Ausfüllung der Zwischenräume dient

Gib die bevorzugten Korngrößen für Mauer- und Putzarbeiten an!
Was ist Kiessand?

Welches ist die günstigste Kornform?
Begründe!

Wie wirken sich Verunreinigungen aus?

Zuschläge dürfen nicht durch Lehm, Mutterboden, faulende Stoffe, Fette usw. verunreinigt sein, damit das Bindemittel unmittelbar an der Kornoberfläche haften kann. Auch dürfen sie keine Chemikalien enthalten, die den späteren Mörtel bzw. Beton angreifen.

Lassen sich Verunreinigungen beseitigen?

Verunreinigungen wie Lehm, Laub, Papier usw. lassen sich durch Auswaschen in fließendem Wasser beseitigen (Schlämmen).

Zuschlagprüfung nach DIN 4226:

1. Absetzversuch,
2. Auswaschversuch,
3. Prüfen auf organische Bestandteile (Natronlauge).

Welche Zuschläge eignen sich für stark beanspruchte Baukörper? Nenne Zuschläge für besondere Zwecke!

Für Bauteile mit besonderen Festigkeitsanforderungen wählt man unbedingt saubere Zuschläge. Zweckmäßig sind Brechsand und Splitt. Entsprechend den örtlichen Vorkommen kann auch Flußsand bzw. -kies benutzt werden, wobei zugunsten der Reinheit auf die günstigere (rauhe) Kornform verzichtet wird. Für besondere Zwecke können auch Zuschläge aus organischen Stoffen (Holz, Stroh, Schilf usw.) oder Metallspäne verarbeitet werden (Leichtbauplatten, verschleißfester Estrich).

Welche Zuschläge finden überwiegend für Beton Verwendung?

Betonzuschläge (DIN 4226)

Betonarbeiten werden überwiegend mit Zuschlaggemischen ausgeführt.

Was versteht man unter einem Zuschlaggemisch?

Ein Zuschlaggemisch ist ein Gemenge aus mehreren Korngruppen und wird durch Angabe eines Größt- und Kleinstkornes festgelegt.

Nenne Zuschlaggemische und Korngruppen!

Übersicht der festgelegten Zuschlaggemische und Korngruppen für Zuschläge mit dichtem Gefüge nach DIN 4226, Teil 1 (Leichtzuschläge s. DIN 4226, Teil 2!). Untere Prüfkorngröße = Kleinstkorn; obere Prüfkorngröße = Größtkorn.

Abweichend hiervon darf der Zuschlag auch nach TL Min 78 bezeichnet werden. (TL Min 78 = Technische Lieferbedingungen für Mineralstoffe im Straßenbau, Ausg. 1978 der Forschungsgesellschaft für Straßen- und Verkehrswesen e.V., Köln)

Korngruppe/ Lieferkörnung	Durchgang in Gew.-% durch das Prüfsieb									
	dichtes Gefüge nach DIN 4188 Teil 1						poriges Gefüge nach DIN 4187 Teil 2			
	mm									
	0,125	0,25	0,5	1	2	4	8	16	31,5	63	90
0/1b	[1]	[1]	[1]	≧85	100	100					
0/2a	[1]	≦25[1]	≦60[1]		≧90	100	100				
0/2b	[1]	[1]	≦75[1]		≧90	100	100				
0/4a	[1]	[1]	≦60[1]		55 bis 85[2]	≧90	100				
0/4b	[1]	[1]	≦60[1]			≧90	100				
0/8		[1]				61 bis 85	≧90	100			
0/16		[1]				36 bis 74		≧90	100		
0/32		[1]				23 bis 65			≧90	100	
0/63		[1]				19 bis 59				≧90	100
1/2		≦5			≧90	100	100				
1/4		≦5		VII 15[4]	VII 15[4]	≧90	100				
2/4		≦3		VII 15[4]	VII 15[4]	≧90	100				
2/8		≦3			VII 15[4]	10 bis 65[3]	≧90	100			
4/8		≦3				VII 15[4]	25 bis 65[3]	≧90	100		
4/16		≦3				VII 15[4]	25 bis 65[3]	≧90		100	
4/32		≦3				VII 15[4]	15 bis 55[3]	≧90			
8/16		≦3					VII 15[4]	≧90	100		
8/32		≦3					VII 15[4]	30 bis 60	≧90	100	
16/32		≦3						≦15[4]	≧90	100	-
32/63		≦3							≦15[4]	≧90	100

[1] Auf Anfrage hat das Herstellerwerk dem Verwender den vom Fremdüberwacher bestimmten bzw. bestätigten Durchgang durch das Sieb 0,125 mm sowie Mittelwert und Streubereich des Durchgangs durch die Siebe 0,25 und 0,5 mm bekanntzugeben.

[2] Der Streubereich eines Herstellwerkes darf 20 Gew.-% nicht überschreiten. Die Lage des Streubereiches eines Herstellwerks ist im Einvernehmen mit dem Fremdüberwacher vom Herstellwerk möglichst für einen längeren Zeitraum festzulegen und ins Sortenverzeichnis aufzunehmen. Auf Anfrage hat der Hersteller dem Verbraucher diesen Wert mitzuteilen.

[3] Der Streubereich eines Herstellwerkes darf 30 Gew.-% nicht überschreiten. Die Lage des Streubereiches eines Herstellwerkes ist im Einvernehmen mit dem Fremdüberwacher vom Herstellwerk möglichst für einen längeren Zeitraum festzulegen und ins Sortenverzeichnis aufzunehmen. Auf Anfrage hat der Hersteller dem Verbraucher diesen Wert mitzuteilen.

[4] Für Brechsand, Splitt und Schotter darf der Anteil an Unterkorn höchstens 20 Gew.-% betragen. Unterschiede im Anteil an Unterkorn bei Lieferung eines bestimmten Zuschlags aus einem Herstellwerk müssen jedoch innerhalb eines Streubereichs von 15 Gew.-% liegen.

Zuschlaggemische und Korngruppen

Zuschlaggemisch Korngruppe mm	Untere Prüfkorngröße mm	Obere Prüfkorngröße mm
0/1	–	1
0/2	–	2
0/4	–	4
0/8	–	8
0/16	–	16
0/32	–	31,5
0/63	–	63
1/2	1	2
1/4	1	4
2/4	2	4
2/8	2	8
2/16	2	16
4/8	4	8
4/16	4	16
4/32	4	31,5
8/16	8	16
8/32	8	31,5
16/32	16	31,5
32/63	31,5	63

Wie ermittelt man die Kornzusammensetzung?

Die Kornzusammensetzung im Zuschlaggemisch und in den Korngruppen (Kleinst- bis Größtkorn) wird mit Prüfsieben folgender Abstufung ermittelt: 0,125 mm, 0,25 mm, 0,5 mm, 1 mm, 2 mm, 4 mm, 8 mm, 16 mm, 31,5 mm, 63 mm und 90 mm. (Bis 2,0 mm Maschensiebe, ab 4,0 mm Quadrat-Lochsiebe.)

Was drücken Sieblinien aus?

Für Betonarbeiten wird die Kornzusammensetzung des Zuschlages nach DIN 1045 durch Sieblinien festgelegt:

Unterscheide: a) stetige Sieblinien und

Stetige Sieblinien (Normalfall) haben Zuschlaggemische, in denen alle Korngruppen vorhanden sind. Sie liegen zwischen den Sieblinien A und C, wobei der Bereich ③ die günstige (zwischen A und B) und der Bereich ④ (zwischen B und C) die noch ausreichende Kornzusammensetzung angibt.

b) unstetige Sieblinien

Unstetige Sieblinien liegen bei Ausfallkörnungen vor; hierbei fehlen im Zuschlaggemisch einige Korngruppen. Lage: zwischen den Sieblinien C und U (U = untere Grenzsieblinie).

Wann werden grobe, wann feine Zuschlagkörnungen verlangt? Welche Körnung ist bei eng liegender Bewehrung erforderlich? Darf Kiessand aus Gruben verarbeitet werden?

Die Körnung eines Betonzuschlages muß auf den Verwendungszweck abgestimmt sein. Kein Zuschlagkorn (Größtkorn) darf in seinem Durchmesser ⅓ des kleinsten Bauteilmaßes übersteigen. Bei eng angeordneter Bewehrung muß der überwiegende Zuschlaganteil kleiner sein als die Abstände der Stähle voneinander und von der Schalung.

Nicht getrennter Zuschlag aus Kiesgruben und -baggereien darf, wenn er sonst DIN 4226 entspricht, nur für unbewehrten Beton der Festigkeitsklassen B 5 und B 10 verarbeitet werden.

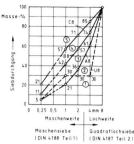

Sieblinien mit einem Größtkorn
von 8 mm

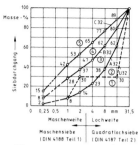

Sieblinien mit einem Größtkorn
von 32 mm

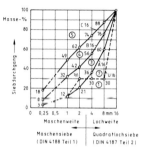

Sieblinien mit einem Größtkorn
von 16 mm

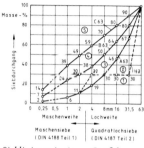

Sieblinien mit einem Größtkorn
von 63 mm

Für alle anderen Festigkeitsklassen (B 15 bis B 55) sind die nach DIN 1045 erforderlichen Korngruppen getrennt zu liefern und zu lagern.

Wann werden getrennte Korngruppen verlangt?

Bei Zuschlaggemischen bis 32 mm Korngröße darf statt getrennter Korngruppen auch „werkgemischter Betonzuschlag" (nach DIN 4226) verarbeitet werden.

Gibt es fertig gemischte Betonzuschläge?

1.1.3 Anmachwasser

Alle natürlich vorkommenden Wässer (soweit sie nicht stark verunreinigt sind) können als Anmachwasser für Mörtel und Beton Verwendung finden. Auch solche, die auf den abgebundenen und erhärteten Mörtel bzw. Beton zerstörend wirken (Moorwasser, kohlensäurehaltiges Wasser, Meerwasser), können weitgehend verarbeitet werden.

Welche Wässer eignen sich zum Anmachen von Mörtel und Beton?
Welche Wässer können die Druckfestigkeit des Betons herabsetzen?

Schwefelhaltige und stark salzhaltige (Salzgehalt über dem des normalen Seewassers) Wässer setzen die Druckfestigkeit von Mörtel und Beton herab. Unbrauchbar sind alle durch Zucker oder Fett verunreinigten Wässer.

Welche Wässer sind unbrauchbar?

1.1.4 Mörtelarten

Was versteht man unter Mörtel?

Mörtel ist ein Gemisch aus Bindemitteln, Zuschlägen und Anmachwasser, welches in feuchtem Zustand an den Steinen haftet und diese nach der Erhärtung fest miteinander verkittet (Gipsmörtel auch ohne Zuschläge).

Wodurch unterscheiden sich die Mörtel?

Entsprechend der Korngröße der Zuschläge unterteilt man die Mörtel in:

Feinmörtel: Körnung bis $\varnothing$ 1 mm;

Grobmörtel: Körnung bis $\varnothing$ 4 mm.

Beschreibe:
a) Luftmörtel,

Je nach der Bindemittelart unterscheidet man:

Luftmörtel, die nur an der Luft und nur an trockenen Stellen erhärten und beständig sind;

b) Wassermörtel!

Wassermörtel (hydraulische Mörtel), die an trockenen und feuchten Stellen an der Luft oder auch (nach 1 Tag Luftlagerung) unter Wasser erhärten und beständig sind.

Was versteht man unter:

Nach dem Herstellungsort des Mörtels unterscheidet man:

a) Baustellenmörtel?

Baustellenmörtel: Bindemittel, Zuschläge und Wasser auf der Baustelle gemischt.

b) Werk-Trockenmörtel?

Werk-Trockenmörtel (Fertig-Trockenmörtel): Mörtelbestandteile im Werk (evtl. mit Zusätzen) trocken gemischt, in diesem Zustand geliefert und auf der Baustelle unter Zugabe von Wasser zu gebrauchsfertigem Mörtel aufbereitet (keine Zugabe von weiteren Bindemitteln und Zusätzen zulässig).

c) Werk-Vormörtel?

Werk-Vormörtel (Werk-Naßmörtel): Mörtelbestandteile im Werk naß gemischt und feucht geliefert, auf der Baustelle unter Wasserzugabe (evtl. auch Bindemittelzugabe) zu gebrauchsfertigem Mörtel aufbereitet.

d) Werk-Frischmörtel?

Werk-Frischmörtel (Fertig-Frischmörtel): Alle geforderten Mörtelbestandteile im Werk gemischt und als Naßmörtel für die Verarbeitung fertig geliefert.

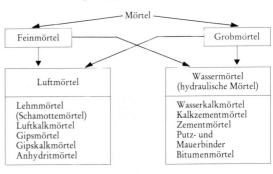

Mörtelarten

Begriffserklärung:
Anziehen = Anfangsverfestigung des Mörtels durch Abgabe von Wasser an die Steine.
Erhärten = jede Art von Festwerden des Mörtels.
Abbinden = bestimmter Abschnitt der Anfangserhärtung (je nach Bindemittelart verschieden).

Lehmmörtel ist ein dicker Brei aus magerem Lehm, dem zur Erhöhung des Zusammenhalts Rinderhaare oder Häcksel (kleingehacktes Stroh) beigemengt werden. Er erhärtet lediglich durch Austrocknen (keine chemische Verbindung) und ist daher feuchtigkeitsempfindlich.

Mörtelbereitung von Hand mit *pulverförmigen Bindemitteln* (Ausnahme: Gipsmörtel): Bindemittel + Zuschläge werden mehrere Male trocken auf einer Mischbühne (Stahlblechplatte, Bohlenbelag u. dergl. mehr) umgesetzt, bis die Mischung eine gleichmäßige Färbung zeigt, und dann unter Wasserzugabe zu einer „kellengerechten" Masse durchgearbeitet.

Mörtel aus *Kalkteig*: Kalk mit Wasser zu Kalkmilch verrühren und nach Zugabe der erforderlichen Sandmenge zu einer gleichmäßig gefärbten Mörtelmasse durcharbeiten. – Vorsicht! Bei feuchtem Sand Kalkmilch dickflüssig halten! Das Mörtelgemisch muß soviel Bindemittel enthalten, wie zur Umhüllung und Verkittung der Sandkörner notwendig ist. Feinkörnige Sande erfordern wegen der größeren Gesamtoberfläche der Körner einen größeren Bindemittelanteil.

Der Bindemittelanteil wird jeweils im Verhältnis zum Zuschlag in Raum- oder Gewichtsanteilen angegeben (z. B. Mischungsverhältnis 1:3, siehe auch im Fachrechenteil des Buches).

Zu fette Mörtel (zuviel Bindemittel) „schwinden" (→ Rissebildung), zu magere „sanden".

Mörtelsande sollen gemischtkörnig (wenig Hohlräume) sein, so daß möglichst wenig Bindemittel zur Verkittung notwendig ist. Zuviel feine oder zuwenig grobe Körner verringern die Saugfähigkeit, Festigkeit und Dichte des Mörtels bei höherem Bindemittelverbrauch.

Ungünstige Körnung
= viele Hohlräume
→ viel Bindemittel

Günstige Körnung
= wenig Hohlräume
→ wenig Bindemittel

Erkläre die Begriffe:
a) Anziehen,
b) Erhärten,
c) Abbinden!

Was muß man vom Lehmmörtel wissen?

Beschreibe die Mörtelbereitung von Hand:
a) mit pulverförmigen Bindemitteln,
b) mit Kalkteig!

Wieviel Bindemittel muß zugesetzt werden?

Wie wird der Bindemittelanteil angegeben?

Wann „schwinden" bzw. „sanden" Mörtel?

Welche Korngrößenzusammensetzung sollen Mörtelsande besitzen?

Welche Nachteile entstehen bei ungünstiger Körnung?

Wonach richtet sich die Wahl der Korngrößen?	Der Verwendungszweck ist maßgebend für die Wahl des Größtkornes eines Sandes. Besonders geeignete Kornbereiche: Mauermörtel 0–3 mm, Spritzbewurf 0–4 mm, Unterputz 0–4 mm, Oberputz außen 0–3 mm / 0–8 mm, innen 0–2 mm
Wieviel Wasser wird dem Mörtel zugesetzt? Was bewirkt zu wenig, was zu viel Wasser?	Dem Mörtel wird soviel Wasser zugesetzt, daß er „kellengerecht" ist, d. h. er soll geschmeidig und trotzdem möglichst steif sein. Zu geringer Wassergehalt hemmt eine vollständige Umhüllung der Sandkörner mit einem Bindemittelfilm; zu großer Wasseranteil schwemmt Bindemittel fort, hinterläßt im Mörtel Poren, verursacht eine geringere Festigkeit und stärkeres Schwinden.
Was versteht man unter „Mörtelausbeute"?	Bei Zugabe des Anmachwassers verringert sich das Volumen des trocken gemischten Mörtels um ⅕ bis ¼. Mit Mörtelausbeute bezeichnet man das Volumen des fertigen (feuchten) Mörtels, verglichen mit der hierfür erforderlichen Trockenmischung. Beispiel: Mörtelausbeute 80% bedeutet: 100 Liter Trockenmischung ergeben 80 Liter fertigen Mörtel (s. auch „Mörtelausbeute" im Fachrechenteil des Buches).
Wovon ist sie abhängig?	Die Mörtelausbeute ist abhängig von der Korngrößenzusammensetzung und dem Feuchtigkeitsgehalt des Sandes (trockener Sand = dichtes Gefüge).
Wie wird Gipsmörtel angemacht?	Zur *Gipsmörtel*bereitung wird mit der Hand möglichst gleichmäßig soviel Gipsmehl in das Anmachwasser gestreut, bis sich an der Wasseroberfläche trockene Inseln zeigen. Man läßt den Gips einen Augenblick ziehen, verrührt ihn zu einem dickflüssigen Brei und verarbeitet ihn sofort. Zu großer oder zu geringer Wassergehalt beeinträchtigt die Festigkeit. Kein Wasser nachträglich zugeben! Abgebundene Gipsreste im frischen Mörtel beschleunigen das Abbinden.
Wie wird Gipskalkmörtel angemacht?	Im Mörtelfaß mit fertigem Kalkmörtel wird zur *Gipskalkmörtel*herstellung eine Vertiefung für das Wasser und zur Aufnahme des Gipses bereitet. Der Gips wird nach obiger Darstellung angemacht und mit dem Kalkmörtel gründlich gemischt. Weißkalkzusatz verzögert das Abbinden und erhöht gleichzeitig die Festigkeit des Gipses (weitere Gipszusätze s. Abschnitt „Mörtel- und Betonzusatzmittel").
Wodurch werden Luftkalkmörtel feuchtigkeitsbeständig?	Luftkalkmörtel werden durch Beimengung hydraulischer Zuschläge zu Wassermörteln. Hydraulische Zuschlagstoffe: Traß, Tuff-, Bims- oder Ziegelmehl, gemahlene Hochofenschlacke u. a. m.

Mörtelmischfehler sind an Bindemittelknollen, ungleichmäßiger Färbung des Mörtels und Sandnestern erkennbar. Solche Mörtel lassen sich schlecht verarbeiten, sind wenig dicht und besitzen eine geringere Festigkeit (stellenweises Schwinden bzw. Sanden).

Wie wirken sich Mörtelmischfehler aus?

Alle Mörtel sollen vor Beginn des Erstarrens verarbeitet sein (bei hydraulischen Kalken auf den Säcken vermerkt, bei Zement etwa 1 h, bei Gips 15 bis 20 min) und sind daher nur in entsprechenden Mengen anzumachen. Werden festgewordene Mörtel (evtl. mit Wasserzusatz) erneut aufgearbeitet, so wird der begonnene Abbindeprozeß unterbrochen, ein Teil der Bindekraft geht verloren, und die Mörtelfestigkeit ist gering.

Innerhalb welcher Zeit sollen Mörtel verarbeitet sein?

Stark saugende Mauersteine bzw. Putzflächen entziehen dem Mörtel das zum Abbinden notwendige Wasser (geringe Festigkeit). Sie sind vor der Verarbeitung anzunässen.

Warum sind stark saugende Steine vor der Verarbeitung anzunässen?

Bitumenmörtel ist ein Gemisch aus Bitumen und Sand und findet u. a. für säurebeständige Arbeiten Verwendung. Achtung! Öle und Fette lösen Bitumen an. Siehe hierzu: „Estriche im Industriebau", DIN 1995 und 1996.

Was versteht man unter Bitumenmörtel?

Mauermörtel (DIN 1053)

soll leicht verarbeitbar (geschmeidig), wasserbindend (kein Entmischen oder Absetzen im Faß), ausreichend fest und elastisch sein (z. B. bei Setzbewegungen oder Erschütterungen). Es dürfen Zusatzstoffe (z. B. Traß- oder Gesteinsmehl) und Zusatzmittel mit Prüfzeichen (z. B. Dichtungsmittel, Erstarrungsbeschleuniger oder -verzögerer usw.) beigemischt werden.

Wie soll Mauermörtel beschaffen sein?

Man unterscheidet:

Normalmörtel (Baustellenmörtel oder Werkmörtel)
Leichtmörtel (Werk-Trocken- oder Werk-Frischmörtel)
Dünnbettmörtel (Werk-Trockenmörtel)

Welche Mörtelarten gibt es?

Normalmörtel gibt es in den Mörtelgruppen I, II, II a, III und III a (s. Tabelle).

Nenne die Mörtelgruppen für Normalmörtel!

Gib ihre Zusammensetzung an!

Mischungsverhältnisse in Raumteilen und Zusammensetzung für Normalmörtel

Mörtelgruppe	Luftkalk und Wasserkalk		Hydraulischer Kalk	Hochhydraulischer Kalk, Putz- und Mauerbinder	Zement	Sand aus natürlichem Gestein
	Kalkteig	Kalkhydrat				
I	1	–	–	–	–	4
	–	1	–	–	–	3
	–	–	1	–	–	3
	–	–	–	1	–	4,5
II	1,5	–	–	–	1	8
	–	2	–	–	1	8
	–	–	2	–	1	8
	–	–	–	1	–	3
II a	–	1	–	–	1	6
	–	–	–	2	1	8
III	–	–	–	–	1	4
III a	–	–	–	–	1	4

Für die Mörtelgruppen I, II, II a und III ergibt sich die Zusammensetzung der Mörtel aus der Tabelle. Sie sind ohne Nachweis einsetzbar.

Was ist bei der Mörtelgruppe III a zu beachten?

Bei Mörtelgruppe III a soll durch besonders sorgfältig ausgewählte Sande eine größere Festigkeit erreicht werden. Hierbei ist immer eine Eignungsprüfung erforderlich.

Für welches Mauerwerk werden Normalmörtel verwendet?

Die verschiedenen Normal-Mörtelgruppen sind für folgendes Mauerwerk zugelassen bzw. nicht zugelassen:

Mauerwerk		Zulässige Mörtelgruppe		
Wanddicke[1] in cm <24	Anzahl der Vollgeschosse >2	I	II, II a	III, III a
		nein	ja	ja
Kellergewände		nein	ja	ja
Außenschalen zweischaliger Außenwände		nein	ja	nein
Gewölbe		nein	nein	ja
Bewehrtes Mauerwerk		nein	nein	ja

[1] Bei zweischaligen Außenwänden Dicke der Innenschale

Leichtmörtel gibt es in den Mörtelgruppen LM 21 ($\lambda \leq 0{,}18$ W/mK) und LM 36 ($\lambda \leq 0{,}27$ W/mK). Zusammensetzung: Bindemittel, Sand und Leichtzuschläge.
Für Leichtmörtel sind Eignungsprüfungen vorzunehmen. Die Druckfestigkeit dieses Mörtels ist geringer, die Wärmedämmwirkung besser als bei gleichwertigem Normalmörtel.

Welche Mörtelgruppen gibt es bei Leichtmörteln?

Leichtmörtel sind nicht zugelassen für Gewölbe und ungeschützt der Witterung ausgesetztes Sichtmauerwerk.

Wofür sind sie nicht zugelassen?

Dünnbettmörtel gehört zur Mörtelgruppe III. Es finden Zuschläge mit einem Größtkorn ≤ 1 mm Verwendung. Die Zusammensetzung des Mörtels ist durch Eignungsprüfung festzulegen.
Nicht zugelassen für Gewölbe und Mauersteine mit Höhen-Maßabweichungen $>1{,}0$ mm.

Zu welcher Mörtelgruppe gehören Dünnbettmörtel?

Mörtel verschiedener Art und Gruppen dürfen nur dann gleichzeitig auf einer Baustelle verwendet werden, wenn eine Verwechselung ausgeschlossen ist.

Dürfen verschiedene Mörtel gleichzeitig auf einer Baustelle verarbeitet werden?

Putzmörtel (DIN 18550)

zeichnen sich weniger durch Festigkeit aus als durch Geschmeidigkeit, Haftfähigkeit, Elastizität (Dehnfähigkeit) und Durchlässigkeit für Wasserdampf. Oberputzmörtel dürfen niemals höhere Festigkeiten besitzen als solche für Unterputze.

Nenne die Eigenschaften guter Putzmörtel!

Man unterscheidet:

Putzmörtel bzw. Putz mit mineralischen Bindemitteln und Putzmörtel bzw. Putz mit organischen Bindemitteln = Kunstharzputz (Polymerisatharze als Dispersion oder Lösung – DIN 18558).

Unterscheide die Putzmörtel nach den Bindemitteln!

Je nach den zu erfüllenden Anforderungen werden dem Putzmörtel fünf verschiedene Mörtelgruppen mit mineralischen Bindemitteln zugeordnet:

Wieviel Putzmörtelgruppen gibt es?

Putzmörtelgruppe	Bindemittel (mineralisch)
P I	Luftkalk (evtl. geringer Zementzusatz), Wasserkalk, hydraulischer Kalk
P II	Hochhydraulischer Kalk, Zement-Kalk-Gemisch, Putz- und Mauerbinder
P III	Zement
P IV	Baugips (mit oder ohne Zusatz von Baukalk)
P V	Anhydritbinder (mit oder ohne Zusatz von Baukalk)

Nenne die möglichen Bindemittel!

Mischungsverhältnisse in Raumteilen

Mörtel-gruppe		Mörtelart	Baukalke DIN 1060 Teil 1				Putz- und Mauer-binder DIN 4211	Zement DIN 1164 Teil 1	Baugipse ohne werkseitig beigegebene Zusätze DIN 1168 Teil 1		Anhydrit-binder DIN 4208	Sand[1]
			Luftkalk Wasserkalk		Hydrau-lischer Kalk	Hoch-hydrau-lischer Kalk			Stuckgips	Putzgips		
			Kalk-teig	Kalk-hydrat								
P I	a	Luftkalkmörtel	1,0[2]	1,0[2]								3,5 bis 4,5 3,0 bis 4,0
	b	Wasserkalkmörtel	1,0	1,0								3,5 bis 4,5 3,0 bis 4,0
	c	Mörtel mit hydraulischem Kalk			1,0							3,0 bis 4,0
P II	a	Mörtel mit hoch-hydraulischem Kalk oder Mörtel mit Putz- und Mauerbinder				1,0	1,0 oder 1,0					3,0 bis 4,0
	b	Kalkzementmörtel	1,5 oder 2,0					1,0				9,0 bis 11,0
P III	a	Zementmörtel mit Zusatz von Kalkhydrat		≦ 0,5				2,0				6,0 bis 8,0
	b	Zementmörtel						1,0				3,0 bis 4,0
P IV	a	Gipsmörtel							1,0[3]			–
	b	Gipssandmörtel							1,0[3] oder 1,0[3]			1,0 bis 3,0
	c	Gipskalkmörtel	1,0 oder 1,0						0,5 oder 1,0 oder 1,0 bis 2,0			3,0 bis 4,0
	d	Kalkgipsmörtel	1,0 oder 1,0						0,1 oder 0,2 oder 0,2 bis 0,5			3,0 bis 4,0
P V	a	Anhydritmörtel									1,0	≦ 2,5
	b	Anhydritkalkmörtel	1,0 oder 1,5								3,0	12,0

[1] Die Werte dieser Tabelle gelten nur für mineralische Zuschläge mit dichtem Gefüge.
[2] Ein begrenzter Zementzusatz ist zulässig.
[3] Um die Geschmeidigkeit zu verbessern, kann Weißkalk in geringen Mengen, zur Regelung der Versteifungszeiten können Verzögerer zugesetzt werden.

Empfohlene Korngruppen für Putzmörtel

Zeile	Putzanwendung	Mörtel für	Korngruppe/Lieferkörnung nach DIN 4226 Teil 1 in mm
1	Außenputz	Spritzbewurf	0/4[1], (0/8)[1]
2		Unterputz	0/2, 0/4
3		Oberputz	je nach Putzweise
4	Innenputz	Spritzbewurf	0/4[1]
5		Unterputz	0/2, 0/4
6		Oberputz	0/1, 0/2[2]

[1] Der Anteil an Grobkorn soll möglichst groß sein.
[2] Bei oberflächengestaltenden Putzen ist das Grobkorn nach der Putzweise zu wählen.

Welche Zuschlag-Korngruppen sind geeignet?

Beschichtungsstoffe für Kunstharzputze werden werkseitig verarbeitungsfertig geliefert. Es gibt zwei Beschichtungsstoff-Typen für Kunstharzputze:

P Org 1 für Außen- und Innenputz

P Org 2 für Innenputz

Den Anforderungen entsprechend werden die Putzmörtelgruppen bzw. Beschichtungsstoff-Typen für die verschiedenen Putzarten eingesetzt.

Welche Beschichtungsstoffe für Kunstharzputz gibt es?

Putzarten:

a) Putz für allgemeine Anforderungen

b) Putz für zusätzliche Anforderungen:
wasserhemmend, wasserabweisend, mit erhöhter Festigkeit, mit erhöhter Abriebfestigkeit, für Feuchträume

c) Putz für Sonderzwecke:
Wärmedämmputz, Putz als Brandschutzbekleidung, Putz mit erhöhter Strahlungsabsorption.

Nachfolgende Tabellen zeigen bewährte Putzsysteme für die verschiedenen Putzarten.

Nenne die verschiedenen Putzarten!

Putzsysteme für Innenwandputze

Anforderungen bzw. Putzanwendung	Mörtelgruppe bzw. Beschichtungsstoff-Typ für	
	Unterputz	Oberputz[1] [2]
nur geringe Beanspruchung	– P Ia, b P II P IV	P Ia, b P Ia, b P Ia, b, P IVd P Ia, b, P IVd
übliche Beanspruchung[3]	– P Ic – P II – P III P IVa, b, c – P V –	P Ic P Ic P II P Ic, P II, P IVa, b, c, P V, P Org 1, P Org 2 P III P Ic, P II, P III, P Org 1, P Org 2 P IVa, b, c P IVa, b, c, P Org 1, P Org 2 P V P V, P Org 1, P Org 2 P Org 1, P Org 2[4]
Feuchträume[5]	– P I – P II – P III –	P I P I P II P I, P II, P Org 1 P III P II, P III, P Org 1 P Org 1[4]

[1] Bei mehreren genannten Mörtelgruppen ist jeweils nur eine als Oberputz zu verwenden.
[2] Oberputze können mit abschließender Oberflächengestaltung oder ohne diese ausgeführt werden (z. B. bei zu beschichtenden Flächen).
[3] Schließt die Anwendung bei geringer Beanspruchung ein.
[4] Nur bei Beton mit geschlossenem Gefüge als Putzgrund.
[5] Hierzu zählen nicht häusliche Küchen und Bäder.

Putzsysteme für Innendeckenputze[1]

Anforderungen bzw. Putzanwendung	Mörtelgruppe bzw. Beschichtungsstoff-Typ für	
	Unterputz	Oberputz[2] [3]
nur geringe Beanspruchung	– P Ia, b P II P IV	P Ia, b P Ia, b P Ia, b, P IV d P Ia, b, P IV d
übliche Beanspruchung[4]	– P Ic – P II – P IV a, b, c – P V –	P Ic P Ic P II P Ic, P II, P IV a, b, c, P Org 1, P Org 2 P IV a, b, c P IV a, b, c, P Org 1, P Org 2 P V P V, P Org 1, P Org 2 P Org 1[5], P Org 2[5]
Feuchträume[6]	– P I – P II – P III –	P I P I P II P I, P II, P Org 1 P III P II, P III, P Org 1 P Org 1[5]

[1] Bei Innendeckenputzen auf Putzträgern ist gegebenenfalls der Putzträger vor dem Aufbringen des Unterputzes in Mörtel einzubetten. Als Mörtel ist Mörtel mindestens gleicher Festigkeit wie für den Unterputz zu verwenden.
[2] Bei mehreren genannten Mörtelgruppen ist jeweils nur eine als Oberputz zu verwenden.
[3] Oberputze können mit abschließender Oberflächengestaltung oder ohne diese ausgeführt werden (z. B. bei zu beschichtenden Flächen).
[4] Schließt die Anwendung bei geringer Beanspruchung ein.
[5] Nur bei Beton mit geschlossenem Gefüge als Putzgrund.
[6] Hierzu zählen nicht häusliche Küchen und Bäder.

Putzsysteme für Außenputze

Anforderungen bzw. Putzanwendung	Mörtelgruppe bzw. Beschichtungsstoff-Typ für		Zusatzmittel[2]
	Unterputz	Oberputz[1]	
ohne besondere Anforderung	– P I – P II P II P II – –	P I P I P II P I P II P Org 1 P Org 1[3] P III	
wasserhemmend	P I – – P II P II P II – –	P I P I c P II P I P II P Org 1 P Org 1[3] P III[3]	erforderlich erforderlich
wasserabweisend[5]	P I c P II – – P II P II – –	P I P I P I c[4] P II[4] P II P Org 1 P Org 1[3] P III[3]	erforderlich erforderlich erforderlich[2] erforderlich
erhöhte Festigkeit	– P II P II – –	P II P II P Org 1 P Org 1[3] P III	
Kellerwand-Außenputz	–	P III	
Außensockelputz	– P III P III –	P III P III P Org 1 P Org 1[3]	

[1] Oberputze können mit abschließender Oberflächengestaltung oder ohne diese ausgeführt werden (z. B. bei zu beschichtenden Flächen).
[2] Eignungsnachweis erforderlich (siehe DIN 18550 Teil 2, Ausgabe Januar 1985, Abschnitt 3.4).
[3] Nur bei Beton mit geschlossenem Gefüge als Putzgrund.
[4] Nur mit Eignungsnachweis am Putzsystem zulässig.
[5] Oberputze mit geriebener Struktur können besondere Maßnahmen erforderlich machen.

Putzsysteme für Außendeckenputze

Einbettung des Putzträgers	Unterputz	Oberputz[1]
–	P II	P I
P II	P II	P I
–	P II	P II
P II	P II	P II
–	P II	P IV[2]
P II	P II	P IV[2]
–	P II	P Org 1
P II	P II	P Org 1
–	–	P III
–	P III	P III
P III	P III	P II
P III	P II	P II
–	P III	P Org 1
P III	P III	P Org 1
P III	P II	P Org 1
–	–	P IV[2]
P IV[2]	–	P IV[2]
–	P IV[2]	P IV[2]
P IV[2]	P IV[2]	P IV[2]
–	–	P Org 1[3]

Mörtelgruppe bzw. Beschichtungsstoff-Typ bei Decken ohne bzw. mit Putzträger

[1] Oberputze können mit abschließender Oberflächengestaltung oder ohne diese ausgeführt werden (z. B. bei zu beschichtenden Flächen).
[2] Nur an feuchtigkeitsgeschützten Flächen.
[3] Nur bei Beton mit geschlossenem Gefüge als Putzgrund.

Die Wahl der Putzmörtel richtet sich nach Art und Lage des zu verputzenden Baukörpers, nach Zusammensetzung und Beschaffenheit des Putzgrundes und nach der zu erwartenden äußeren und inneren Beanspruchung (z. B. Spannungen im Mauerwerk).

Wonach richtet sich die Wahl der Putzmörtel?

1.1.5 Mörtel- und Betonzusatzmittel

Was versteht man unter Zusatzmitteln für Mörtel und Beton?

sind flüssige oder pulverförmige Mittel, die dem Mörtel bzw. Bindemittel beigemengt werden. Sie beeinflussen je nach ihrer Zusammensetzung chemisch oder physikalisch den Erstarrungsprozeß, die Eigenschaften oder Verarbeitbarkeit des Mörtels. Achtung! Für Zementmörtel und Beton nur zulässig mit gültigem Prüfzeichen und unter den damit verbundenen Bedingungen.

Nenne:
a) Erstarrungsbeschleuniger,

Erstarrungsbeschleuniger (BE-Mittel) bewirken ein vorzeitiges Erstarren des Mörtels (vgl. Schnellbinder): Soda, Wasserglas, Alaun, Pottasche, Kochsalz, Sika, Ceresit-Schnell, Elafix, Aquastop, Meritin, Trepini, Lugato u. a. m.

b) Erstarrungsverzögerer,

Erstarrungsverzögerer (VZ-Mittel) machen Normalbinder zu Langsambindern: Ceroc VZ; – nur für Gips: Weißkalk, Leimwasser, Ziegelmehl (die Gipszusätze wirken gleichzeitig als Gipshärter).

c) Dichtungsmittel,

Dichtungsmittel (DM-Mittel = Betondichtungsmittel) machen den Mörtel wasserabweisend, ohne seine Durchlässigkeit für Luft und Wasserdampf zu beeinträchtigen (kein Verstopfen der Poren): Biber, Ceresit, Cerinol, Betonsika, Elamur (Sika), Leusit, Lugato, Prolapin, Isolament u. a. m.

d) Frostschutzmittel,

Frostschutzmittel setzen den Gefrierpunkt des Anmachwassers je nach Zusatzmenge herab. Vorsicht! – Größere Zusätze können Ausblühungen oder Fleckenbildung verursachen. Für Stahlbeton und Gipsmörtel unzulässig. Antifrosto, Solifast, Soda, Wubi u. a. m.

e) Luftporenbildner,

Luftporenbildner (LP-Mittel) wirken blähend im Mörtel bzw. Beton und bilden Luftkammern (Poren): Poroplast, Isola, Biberol, Äroplast (Sika), Ceroc u. a. m.

f) Plastifizierungsmittel,

Plastifizierungsmittel (BV-Mittel = Betonverflüssiger) machen schlecht verarbeitbaren Mörtel bzw. Beton geschmeidig und verhindern ein Entmischen: Biberol, Plastiment, Nowoc, Lugaflux, Betonplast (Sika), Elapor (Sika), Murasit, Cerinol u. a. m.

g) Fließmittel,

Fließmittel (FM-Mittel) machen den Beton weicher und fließfähiger als BV-Mittel und sind besonders geeignet für Beton mit niedrigem w/z-Wert.

h) Stabilisierer,

Stabilisierer (ST-Mittel) verhindern ein Entmischen des Frischbetons und begünstigen die Verarbeitung.

i) Einpreßhilfen!

Einpreßhilfen (EH-Mittel) wirken günstig beim Einpressen von Spannbeton und Einsetzen von Dübeln, da sie ein Entmischen des Betons bzw. Mörtels verhindern und außerdem leicht quellend wirken.

1.1.6 Kleber für Fliesenlegerarbeiten

Welche Vorzüge bieten Plattenklebemittel?

(statt Mörtel verwendet) ermöglichen sehr dünne Ansetzfugen bei Wandplatten und Fliesen (auch für Fußböden). Glaswandplatten und Glasmosaik (keine Poren) sollten nur mit Klebern verarbeitet werden.

Arten der Kleber:
1. Kunstharzkleber (feuergefährlich durch Lösungsmittel),
2. Emulsionen (wasserhaltige Kleber),
3. gemischte Kleber (Kleber und Bindemittel).

Kunstharzkleber nur auf trockenen Flächen verwenden! Emulsionen binden auch auf feuchtem Untergrund. (Verarbeitungsvorschriften der Hersteller beachten!)

Nenne verschiedene Klebearten!

1.2 Beton

Beton ist nach DIN 1045 ein künstlicher Stein, der aus einem Gemisch von Zement, Betonzuschlag und Wasser (u. U. mit Betonzusätzen) durch Erhärten des Zement-Wasser-Gemisches entsteht.

Was versteht man unter Beton?

Vorteile des Betons:
a) im plastischen Zustand (frisch) unbeschränkt formbar;
b) nach Erhärtung druck- und verschleißfest, dicht, feuer- und witterungsbeständig, kein Schwinden und Quellen.

Nenne Vor- und Nachteile des Betons!

Nachteile des Betons:
a) chemische Einflüsse (Öle, Salze, Meerwasser, Säuren) wirken zersetzend;
b) nachträgliche Veränderungen sind sehr schwierig (Zugabe, Abtrennung);
c) geringe Schall- und Wärmedämmung (kann durch Dämmstoffe behoben werden).

Die *Betonqualität* ist abhängig von:
a) der Art, der Körnung und der Sauberkeit des Zuschlags;
b) der Festigkeitsklasse und dem Alter des Zements;
c) der Menge und Sauberkeit des Anmachwassers;
d) dem Wasserzementwert;
e) der Verdichtung;
f) dem Wetter und der Nachbehandlung.

Wovon ist die Betonqualität abhängig?

1.2.1 Mischen der Grundstoffe

Die Handmischung

kommt nur bei kleinen Betonbauteilen zur Anwendung (teuer und zeitraubend). Zuschlagstoffe und Zement werden mindestens zweimal trocken auf einer Mischbühne bei gleichzeitigem Harken bis zur gleichmäßigen Färbung des Mischgutes umgesetzt.

Anhäufungen flach halten, um eine Entmischung von grob und fein zu vermeiden! Anschließend unter Wasserzugabe (Gieß-

Beschreibe das Mischen:

a) von Hand,

kanne mit Brause!) bis zur gleichmäßigen Durchfeuchtung erneut umschaufeln. Zuschlagstoffnester und trockene Stellen beeinträchtigen die Gesamtfestigkeit.

b) mit der Maschine!

Die Maschinenmischung

ermöglicht ein schnelles und zügiges Einbringen des Frischbetons.

Gib die Mischdauer an!

Eine gute Durcharbeitung des Mischgutes ist von der Mischdauer abhängig. Sie beträgt je Trommelfüllung 30 bis 60 Sekunden. Nach Gebrauch des Mischers soll die Trommel zur Reinigung mit Kies und Wasser umlaufen.

Wie wird der Mischer gereinigt?

In der Praxis finden drei verschiedene Mischer Anwendung:

Welche Mischerarten finden Verwendung?

Der Zwangsmischer
hat eine feststehende Trommel, in der ein Rührwerk das Mischgut durchknetet, oder eine rotierende Trommel mit feststehendem Rührwerk.

Der Freifallmischer
hat eine drehbare Trommel mit seitlicher Öffnung und an den Trommelwänden befestigten Schaufeln. Das Mischgut wird bis zur höchsten Stelle mitgenommen und fällt dann ab.

Der Durchlaufmischer
wird überwiegend für Feinmörtel benutzt. In der schwachgeneigten Langtrommel dreht sich ein Schneckengang. Oben eingefülltes Mischgut und Wasser werden zwangsläufig geschaufelt und geknetet. Unten kann ständig fertiger Beton bzw. Mörtel entnommen werden.

1.2.2 Mischungsverhältnis

Wie wird das Mischungsverhältnis festgelegt:
a) nach Raumteilen,

Das Mischen der Betongrundstoffe geschieht:

a) nach Raumteilen (nur bei unbewehrtem Beton)

Zuschlag- und Zementmenge werden bei untergeordneten Betonarbeiten durch gleichmäßig gehäufte Schaufeln festgelegt (ungenau).

Besser ist das Abmessen in einem bodenlosen Meßkasten mit 100×100 cm Bodenfläche und 50 cm Höhe = 0,500 m^3.

1 mm Füllhöhe = 1 Liter
1 cm Füllhöhe = 10 Liter.

Mischbeispiel:

Bei einem Mischungsverhältnis von 1:4 ist Zement und Kies für einen 500-Liter-Mischer festzulegen:

  1:4 = 5 Teile Mischgut
      = 4 × 100 l = 400 l Kies
      + 1 × 100 l = 100 l Zement

Meßkasten 40 cm mit Kies füllen .... 400 Liter
10 cm Zement lose einschütten .... 100 Liter
                                              500 Liter

Umrechnen des Zementanteils von Liter in Kilogramm bzw. Sack:

Bei einer Dichte von 1,2 kg/dm³ enthält 1 Sack

50 kg : 1,2 kg/dm³ = 41,7 Liter Zement.

100 l Zement = 2,5 Sack Zement.

Praktischer Hinweis für reibungsloses Betonieren:

Beschicker des Mischers mit 400 l Kies füllen, Füllhöhe merken und dann 2,5 Sack Zement zugeben.

b) nach Gewichtsteilen

Zement und Zuschläge werden aus Silos über Wiegevorrichtungen entnommen. Es läßt sich so jedes Mischungsverhältnis schnell und genau herstellen.

Diese Bemessung ist besser als die nach Raumteilen, weil sie unabhängig ist von der Dichte der Betongrundstoffe (alte Lagerung dichter als frische Aufschüttung).

Ist das fortlaufende Abwiegen nicht möglich, so ist folgende Lösung anzuwenden:

Bei normaler Feuchtigkeit werden 100 kg Zuschlagstoffe einmal gewogen und in den vorgenannten Meßkasten eingefüllt, dies ergibt z. B.

eine Füllhöhe von 7 cm = 70 l Zuschlag.

Mischbeispiel:

Bei einem Mischungsverhältnis von 1:5 sind erforderlich:

1:5 = 6 Teile Mischgut
 = 5 × 100 kg Kies = 5 × 70 l = 350 l Kies
 (= 35 cm im Meßkasten)
 + 1 × 100 kg Zement = 2 Sack Zement.

Es kann so jeder Trommelinhalt festgelegt werden.

c) nach Zementgehalt
in 1 m³ verdichteten Betons:

ist die Zementmenge je m³ Festbeton angegeben, z. B. 150 oder 300 kg Zement auf 1 m³ Festbeton, so gelten erfahrungsgemäß folgende Werte:

Tabelle[1]

100 kg Zement je Kubikmeter Festbeton = 2100 kg Zuschlagstoffe
150 kg Zement je Kubikmeter Festbeton = 2060 kg Zuschlagstoffe
200 kg Zement je Kubikmeter Festbeton = 2020 kg Zuschlagstoffe
240 kg Zement je Kubikmeter Festbeton = 1980 kg Zuschlagstoffe
250 kg Zement je Kubikmeter Festbeton = 1975 kg Zuschlagstoffe
270 kg Zement je Kubikmeter Festbeton = 1965 kg Zuschlagstoffe
300 kg Zement je Kubikmeter Festbeton = 1950 kg Zuschlagstoffe
350 kg Zement je Kubikmeter Festbeton = 1900 kg Zuschlagstoffe
400 kg Zement je Kubikmeter Festbeton = 1850 kg Zuschlagstoffe
450 kg Zement je Kubikmeter Festbeton = 1800 kg Zuschlagstoffe

Die Werte dienen als Anhalt (nicht nach DIN-Norm).

[1] Zementmerkblatt 6, Herausg. vom Fachverband Zement e.V. Köln.

Die folgende Tabelle gibt Richtwerte für die Trommelfüllungen verschiedener Mischergrößen an (nicht nach DIN-Norm):

Tabelle[1]

kg Zement je cbm Festbeton	250 l		500 l		750 l		1000 l		1500 l	
	Sack Zement	kg Zuschlag	Sack Zement	kg Zuschlag	Sack Zement	kg Zuschlag	Sack Zement	kg Zuschlag	Sack Zement	kg Zuschlag
100			½[2]	525	1	1050	1	1050	2	2100
150	½[2]	343	1	686	1	686	2	1372	3	2060
200	½[2]	252	1	505	2	1010	2	1010	4	2020
240	½[2]	207	1	415	2	825	3	1240	5	2070
250	½[2]	197	1	395	2	790	3	1185	5	1975
270	½[2]	182	1	364	2	728	3	1055	5	1890
300	1	325	2	650	3	975	4	1300	6	1950
350	1	271	2	542	3	813	4	1084	7	1900
400	1	231	2	462	4	924	5	1155	8	1850
450	1	200	2	400	4	800	5	1000	8	1600

[1] Zementmerkblatt 6. Herausg. vom Fachverband Zement e.V. Köln.
[2] Ausnahmsweise mit ½ Sack Zement.

Was sagt DIN 1045 über den Zementgehalt?

In DIN 1045 ist der Mindestzementgehalt je m³ verdichteten Betons für die verschiedenen Betonfestigkeitsklassen (s. dort) vorgeschrieben.

1.2.3 Wassergehalt

Wie beeinflußt der Wassergehalt die Betongüte?

und Betongüte stehen in ursächlichem Zusammenhang. Je größer die Wassermenge, um so geringer ist die Festigkeit bei gleichem Mischungsverhältnis. Da zum Erhärten des Betons nur wenig Feuchtigkeit erforderlich ist, wird überflüssiges Wasser nicht gebunden. Es sickert entweder durch die Schalung ab und nimmt Bindemittel mit oder bildet im Beton Poren, welche die Dichte und Festigkeit beeinflussen.

Merke: Nur so viel Wasser zugeben, daß der Beton sich ordnungsgemäß verarbeiten läßt bei bester Verdichtung!

Wodurch wird der Wasserzusatz bestimmt?

Der *Wasserzusatz* richtet sich nach:

a) der Einbringungs- und Verdichtungsmöglichkeit des Betons (Fundament, Decken, Pfeiler);
b) der Körnung und Wasseraufnahmefähigkeit der Zuschläge;
c) der Eigenfeuchtigkeit der Zuschläge. Diese kann zwischen 2 und 6 Gewichtsprozent betragen und hängt von der Art der Lagerung, der Körnung und von der Gesteinsart ab (feine Körnung – viel Eigenwasser);
d) dem Zementgehalt (Mischungsverhältnis);
e) der Witterung (trocken – feucht).

Je nach dem Wassergehalt einer Mischung ergeben sich folgende 4 Konsistenzbereiche für Frischbeton (DIN 1045):

Welche Konsistenzbereiche unterscheidet man beim Beton?

Konsistenzbereiche des Frischbetons

Konsistenzbereiche		Ausbreitmaß cm	Verdichtungsmaß v
KS	steif	–	$\geq 1{,}20$
KP	plastisch	35 bis 41	$< 1{,}20$ bis $1{,}08$[*]
KR[**]	weich	>41 bis 48	$<1{,}08$ bis $1{,}02$[*]
KF	fließfähig	>48 bis 60	–

[*] Nur für Beton mit gebrochenem Zuschlag.
[**] Regelkonsistenz, für Stahlbeton meistens verwendet.

Fließbeton ist Beton mit der Konsistenz KF nach Zugabe eines Betonverflüssigers.

Was versteht man unter Fließbeton?

Die Frischbetonkonsistenz ermittelt man durch den Verdichtungsversuch oder den Ausbreitversuch (DIN 1048).

**Wie ermittelt man die Frischbetonkonsistenz:
a) beim Verdichtungsversuch?**

Beim *Verdichtungsversuch* wird ein leicht eingeölter Blechbehälter mit quadratischer Grundfläche, Kantenlänge 20 cm, und 40 cm Höhe gleichmäßig mit dem gut durchgemischten Beton lose aufgefüllt, bis er gehäuft voll ist. Ohne vorheriges Stampfen wird nun der überstehende Beton abgestrichen und der volle Behälter anschließend durch Rütteln so lange verdichtet, bis der Beton nicht mehr weiter in sich zusammensackt. Das für die Konsistenz des Betons maßgebliche Verdichtungsmaß ist dann:

$$v = \frac{40}{h} = \frac{40}{40-s}$$
s = Maß bis Oberkante Behälter (in den Ecken gemessen!)

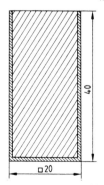
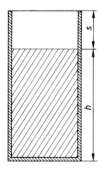

Verdichtungsmaß (in cm)

Der *Ausbreitversuch* erfolgt auf einem 70×70 cm großen Arbeitstisch. Hierbei wird der leicht eingeölte bodenlose Trichter aus Stahlblech, Höhe 20 cm, in 2 Schichten gefüllt und mit je 10 Holzstabstößen verdichtet. Beton am oberen Rand abziehen! Nach 30 Sekunden wird der Trichter hochgezogen und sodann die obere (bewegliche) Tischplatte in ca. 15 Sekunden 15mal bis zum Anschlag angehoben und fallengelassen (Handgriff!).

b) beim Ausbreitversuch?

Fülltrichter

Ausbreitversuch für weichen und flüssigen Beton

Ausbreitmaß = mittlerer Durchmesser des Betons (siehe hierzu Tabelle Konsistenzbereiche des Frischbetons).

Faustregel für erdfeuchten Beton:

Eine kleine Menge mit der Hand zusammenballen, → Handfläche wird feucht, und der Betonball muß bei leichtem Stoß zerfallen.

Wie genau muß die Wassermenge bemessen sein?

Die erforderliche Wassermenge (DIN 1045) ist mit einer Mengengenauigkeit von 3% zuzugeben.

Wonach richtet sich die Wassermenge?

Bei Beton B I richtet sich die Wassermenge nach dem vorgeschriebenen Konsistenzmaß (s. dort).

Bei Beton B II hat die Wasserzugabe nach dem festgesetzten Wasserzementwert zu erfolgen.

Was versteht man unter dem Wasserzementwert?

Der Wasserzementwert *(w/z)* ergibt sich aus dem Verhältnis des Wassergehaltes zum Zementgewicht. Die Eigenfeuchtigkeit der Zuschläge muß dabei einbezogen werden.

Vereinfachte Formel: $w/z = \dfrac{\text{Wassergewicht}}{\text{Zementgewicht}}$
(ungenau!)

● Nenne die Formel für die Berechnungen des *w/z*!

Die genaue Berechnung des *w/z* erfolgt mit der Formel (DIN 1048, Blatt 1):

$$w/z = \frac{1000 \cdot \varrho_b \cdot w_1}{z \cdot B_1}$$

Hierbei sind:

w/z Wasserzementwert

ϱ_b Rohdichte des Frischbetons in kg/dm³

w_1 Wassergehalt der Einwaage in kg

z Zementgehalt im Frischbeton in kg/m³

B_1 Gewicht der Einwaage in kg

Für Stahlbeton (Korrosionsschutz!) sind die höchstzulässigen w/z-Werte festgelegt (DIN 1045). Sie betragen:
0,65 bei Zementen der Festigkeitsklasse 25 (B I) und
0,75 bei Zementen der Festigkeitsklassen 35 (B II) und höher.
Für Außenbauteile beträgt der Wasserzementwert bei Beton B I und B II $w/z \leq 0{,}60$.

Die angegebene Wassermenge muß alle Zementteilchen und Zuschlagkörner gleichmäßig benetzen. Die Betonkonsistenz ist im Laufe der Bauausführung, besonders bei Stahlbeton, laufend zu überwachen.

● Gib die höchstzulässigen w/z-Werte für Stahlbeton an!

1.2.4 Schwer-, Leicht- und Normalbeton

Schwer-, Leicht- und Normalbeton unterscheiden sich durch ihre Rohdichte.

Schwerbeton, Rohdichte ab $2{,}8\ t/m^3$;

Leichtbeton, Rohdichte bis $2{,}0\ t/m^3$;

Normalbeton, Rohdichte von 2,0 bis 2,8 t/m^3 (kurz: Beton, wenn eine Verwechslung mit Schwer- oder Leichtbeton unmöglich).

Wodurch unterscheiden sich Schwer-, Leicht- und Normalbeton?
Gib die Rohdichte an!

Eine hohe Rohdichte erhält der Beton durch:
a) besonders schwere und feste Zuschläge;
b) günstige Körnungen und Füllung der Hohlräume;
c) gute Verdichtungsgeräte (Rüttler, Vibratoren).

Beim Leichtbeton wird eine geringe Rohdichte erreicht durch:
a) Eigenporigkeit der Zuschläge;
b) dichte oder porige Zuschläge gleicher Korngröße (Hohlräume!);
c) Verwendung von gas- oder schaumbildenden Zusätzen = Porenbildner (Gas- und Schaumbeton).

Wovon ist die Rohdichte abhängig?
a) hohe Rohdichte
b) niedrige Rohdichte

Hinsichtlich der *Festigkeit* unterscheidet man nach DIN 1045 zwei Betongruppen:

Beton B I = Kurzbezeichnung der Betonfestigkeitsklassen B 5 bis B 25.

Beton B II = Kurzbezeichnung der Betonfestigkeitsklassen B 35 und höher und Beton mit besonderen Eigenschaften.

Welche Betongruppen gibt es?

Die Festigkeitsprüfung erfolgt an Probewürfeln von 10 bis 30 cm (je nach Korngröße und Konsistenz, bei Stahlbeton 20 cm) Kantenlänge nach 28 Tagen Feuchtlagerung durch Abdrücken nach DIN 1048 (w_{28} = Würfelfestigkeit nach 28 Tagen).

Wie erfolgt die Festigkeitsprüfung?

Es werden für eine Prüfung 3 Würfel = 1 Serie (möglichst 3 verschiedene Mischerfüllungen) untersucht, wobei eine *Nennfestigkeit* (Mindestdruckfestigkeit pro Einzelwürfel) und eine *Serienfestigkeit* (mittlere Mindestdruckfestigkeit der Serie) gefordert werden.

Wieviel Würfel werden bei einer Prüfung abgedrückt?

Gib die Festigkeitsklassen an!

Nenne die Verwendung!

Festigkeitsklassen des Betons und ihre Anwendung

Betongruppe	Festigkeitsklasse des Betons	Nennfestigkeit β_{WN} (Mindestwert für die Druckfestigkeit β_{W28} jedes Würfels) in MN/m² (N/mm²)	Serienfestigkeit β_{WS} (Mindestwert für die mittlere Druckfestigkeit β_{Wm} jeder Würfelserie) in MN/m² (N/mm²)	Anwendung
Beton B I	B 5	5	8	Nur für unbewehrten Beton
	B 10	10	15	
	B 15	15	20	
Beton B II	B 25	25	30	Für bewehrten und unbewehrten Beton
	B 35	35	40	
	B 45	45	50	
	B 55	55	60	

B 55 ist weniger für die Herstellung auf der Baustelle geeignet und vornehmlich der betonwerksseitigen Produktion von Fertigteilen vorbehalten.

Wodurch ergeben sich die verschiedenen Festigkeiten?

Die Zusammensetzung des Betons der verschiedenen Festigkeitsklassen ist durch die Mindestzementmenge pro m³ Fertigbeton und genau vorgeschriebene Körnungen des Zuschlaggemisches festgelegt.

● **Nenne die Zusammensetzung von B I!**

Mindestzementgehalt für Beton B I bei Zuschlag mit einem Größtkorn von 32 mm und Zement der Festigkeitsklasse 35 nach DIN 1164, Teil 1:

Festigkeitsklasse des Betons	Sieblinienbereich des Betonzuschlags[2]	Mindestzementgehalt in kg je m³ verdichteten Betons für Konsistenzbereich		
		KS	KP	KR
B 5[1]	③	140	160	–
	④	160	180	–
B 10[1]	③	190	210	230
	④	210	230	260
B 15	③	240	270	300
	④	270	300	330
B 25 allgemein	③	280	310	340
	④	310	340	380
B 25 für Außenbauteile	③	300	320	350
	④	320	350	380

[1] Nur für unbewehrten Beton.
[2] Siehe Abschn. „Betonzuschläge".

Eine Erhöhung des Zementanteils (Tabelle) ist erforderlich um:

15% bei Zement Z 25;
10% bei einem Zuschlaggrößtkorn von 16 mm;
20% bei einem Zuschlaggrößtkorn von 8 mm.

Eine Verringerung des Zementgehaltes um höchstens 10% ist zulässig bei Zement Z 45 und ebenso bei einem Zuschlaggrößtkorn von 63 mm (der Mindestzementgehalt muß eingehalten werden!).

Für B 15 und B 25 muß der Zuschlag in wenigstens 2 Korngruppen (eine davon 0–4 mm) getrennt geliefert und gelagert werden.

Welche Vorschriften gelten bei B I für den Zuschlag?

Werkgemischter Zuschlag bis ⌀ 32 mm (s. Abschn. Zuschläge) ist ebenfalls zulässig.

Bei B II werden der Zementgehalt pro m³ und die Kornzusammensetzung des Zuschlaggemisches jeweils angegeben.

Für Stahlbeton B II ist der Mindestzementanteil pro m³ Fertigbeton:

280 kg bei Z 25;
240 kg bei Z 35 und höher.

Nenne die Zusammensetzung von B II!

Der Zementgehalt bei Beton für Außenbauteile soll mindestens 300 kg pro m³ verdichteten Betons betragen; wenn Zement Z 45 oder Z 55 verwendet wird, ist eine Ermäßigung auf 270 kg/m³ möglich.

Bei B I und B II für Außenbauteile ist ein Wasserzementwert $w/z \leq 0{,}60$ zugrunde zu legen.

Die Zuschläge für B II sind immer getrennt anzuliefern und zu lagern:

a) bei stetiger Körnung des Zuschlaggemisches 0–32 mm in mindestens 3 Korngruppen (eine davon 0–2 mm);
b) bei unstetiger Körnung in mindestens 2 Korngruppen (eine davon 0–2 mm).

Wie sind die Zuschläge für B II zu liefern und zu lagern?

Der *Mehlkorngehalt*
eines Betons ergibt sich aus Zementanteil + Kornanteil 0–0,25 mm des Zuschlages.

Was versteht man unter Mehlkorngehalt?

Er beeinflußt maßgeblich die Verarbeitbarkeit des Betons und läßt ein geschlossenes Gefüge entstehen.

Was bewirkt er?

Besonders wichtig ist der Mehlkornanteil bei feingliedrigen und eng bewehrten Bauteilen, bei wasserundurchlässigem Beton und wenn der Beton zur Verarbeitungsstelle gepumpt wird.

Wann ist er besonders wichtig?

Höchstzulässiger Mehlkorn- und Feinstsandgehalt für Beton mit einem Größtkorn des Zuschlaggemisches von 16 mm bis 63 mm (Entwurf DIN 1045 A 1):

● *Nenne Richtwerte für Mehlkornanteile!*

	Höchstzulässiger Gehalt in kg/m³ an	
Zementgehalt in kg/m³	Mehlkorn	Mehlkorn und Feinstsand
	bei einer Prüfkorngröße von	
	0,125 mm	0,250 mm
≦ 300	350	450
350	400	500

Werden luftporenbildende Zusatzmittel verwendet, so ist ein kleinerer Mehlkorngehalt zweckmäßig und ausreichend.

Welche Baustelle darf B II verarbeiten?

Die Geräteausstattung einer Baustelle für die Verarbeitung und Prüfung des Betons muß der jeweiligen Betongruppe entsprechen. DIN 1045 unterscheidet zwischen Baustellen für B I und solchen für B II. Baustellen für B II dürfen wohl B I verarbeiten, nicht aber umgekehrt.

Welche personellen Voraussetzungen gelten für B II?

Der Einsatz des Fachpersonals erfolgt dementsprechend. Führungskräfte für B II-Baustellen (Bauleiter, Poliere usw.) müssen mindestens B 25 in Herstellung, Verarbeitung und Nachbehandlung beherrschen.

Muß B II geprüft werden?

B II-Baustellen müssen außerdem eng mit einer Betonprüfstelle zusammenarbeiten, deren Leiter die hierfür erforderlichen betontechnologischen Kenntnisse besitzt (z. B. Betoningenieur).

Das Fachpersonal der Baustellen für B II und das der Prüfstellen soll in Abständen von nicht mehr als 3 Jahren fachlich informiert und geschult werden.

Welchen Sinn haben Güteprüfungen?

Güteprüfungen

erbringen den Nachweis der Eignung von Baustoffen. Auf der Baustelle werden folgende Güteprüfungen vorgenommen:

● **Welche Güteprüfungen erfolgen auf der Baustelle?**

a) *Zuschlag-Siebversuche*

bei jeder Erstlieferung und beim Wechsel des Herstellerwerkes. Darüber hinaus sind sie in angemessenen Abständen erforderlich bei:

B I, wenn die gewählte Zuschlagkorn-Zusammensetzung im günstigen Sieblinienbereich liegt (s. Tabelle „Mindestzementgehalt für Beton B I".)
oder
wenn das Zuschlaggemisch nach Eignungsprüfung festgelegt wurde.

B II und bei Beton mit besonderen Eigenschaften immer.

b) *Beton-Güteprüfungen*

erfolgen an Betonproben, die über die gesamte Betonierzeit verteilt, in unregelmäßigen Abständen aus verschiedenen Mischerfüllungen genommen werden.

Beton-Güteprüfung (DIN 1045)

	Beton B I	Beton B II
Zement-gehalt	bei erstmaligem Einbringen des Betons, danach in angemessenen Zeitabständen während des Betonierens, alle Festigkeitsklassen	
w/z-Wert	–	bei erstmaligem Einbringen, danach etwa 1× täglich, alle Festigkeitsklassen
Konsistenz	ständige Überwachung nach Augenschein, ferner bei erstmaligem Einbringen und bei der Herstellung der Probekörper, alle Festigkeitsklassen	
	–	außerdem Wiederholung in angemessenen Zeitabständen
Druck-festigkeit	3 Würfel für B 15 und B 25 außerdem bei Wänden und Stützen aus B 5 und B 10	6 Würfel (oder 3 Würfel + doppelte Anzahl der w/z-Ermittlungen für B 35, B 45 und B 55)
	für je 500 m³ Beton oder je 7 Tage Betonierarbeit (zusammenhängend) oder je Geschoß	

● In welchem Umfang wird die Betongüte geprüft?

Ausnahmen für Transportbeton:

a) Die Festigkeitsprüfungen des Transportbetonwerkes für B I und B II dürfen angerechnet werden, wenn die hierfür erforderlichen Betonproben auf der jeweiligen Baustelle genommen werden.

b) Bei weniger als 100 m³ Transportbeton B I je Betonierarbeit kann das Prüfergebnis einer anderen Baustelle bei gleichem Herstellerwerk und gleicher Zusammensetzung des Betons (in derselben Woche hergestellt!) angerechnet werden, wenn der Beton des Werkes einer statistischen Qualitätskontrolle unterliegt.

● Welche Ausnahmen sind bei Transportbeton möglich?

Unter *Beton mit besonderen Eigenschaften* versteht man:

a) wasserundurchlässigen Beton,
b) Beton mit hohem Frostwiderstand,
c) Beton mit hohem Widerstand gegen chemische Einflüsse,
d) Beton mit hohem Abnutzungswiderstand (z. B. Straßenbeton),
e) Beton mit ausreichendem Widerstand gegen Hitze,
f) Beton für Unterwasserschüttung (Unterwasserbeton),
g) Strahlenschutzbeton.

Was versteht man unter Beton mit besonderen Eigenschaften?

Solche Betone müssen nach den Bedingungen des Beton B II (einige Ausnahmen B I) besonders sorgfältig hergestellt, verdichtet und nachbehandelt werden (Näheres hierzu s. DIN 1045).

Nenne Eigenschaften und Arten des Leichtbetons!

Leichtbeton

zeichnet sich durch geringes Gewicht und gute Wärmedämmfähigkeit aus.

Gib die Festigkeitsklassen an!

Für Wände aus Leichtbeton sind in DIN 4232 folgende Festigkeitsklassen vorgeschrieben:

Festigkeitsklasse	Nennfestigkeit
LB 2	2 MN/m² (N/mm²)
LB 5	5 MN/m² (N/mm²)
LB 8	8 MN/m² (N/mm²)

Diese Eigenschaften kann man erreichen durch

a) *Eigenporigkeit der Zuschläge:*

Nenne Leichtbetone mit Eigenporigkeit!

Leichtbetonart	Zuschlag mit porigem Gefüge	Druckfestigkeit in MN/m² (N/mm²)	Wärmeleitfähigkeit λ in W/(m K) DIN 4108
Naturbimsbeton	Rohbims 1–40 mm	2– 4,5	0,29/0,34
	Rohbims und Natursand	12–15	0,46
Lavabeton	Lavakrotzen	7–30	0,29
Hüttenbimsbeton	Hüttenbims	3– 8	0,29/0,46
Kesselschlackenbeton	Steinkohlenschlacke	4– 7	0,52
Ziegelsplittbeton	gebrochener Ziegel	7–32	0,75
Blähbeton	aufgeblähter gebrannter Ton	5–18	0,34/0,69

Was versteht man unter Einkornbeton?

b) *Einkornbeton*

Die Zuschläge sind von fast gleicher Körnung. Intensives Verdichten der Zuschläge ist nicht möglich. Es verbleiben Hohlräume bzw. Poren (Haufwerksporigkeit).

Wie stellt man Gas- und Schaumbeton her?

c) *Gas- und Schaumbeton*

Einem zähflüssigen Beton aus Sand und Zement oder Sand, Zement und Kalk wird ein Zusatzmittel (LP-Mittel) beigegeben, das Gas entwickelt und den Beton aufbläht (Luftporenbildner, z. B. Calcium-Karbid-Pulver, Aluminiumpulver u. a.). Schaumbeton wird erreicht durch Beimengung von schaumbildenden Stoffen.

Schaum- und Gasbetone schwinden bei normaler Härtung an der Luft stark (bis 2 mm je Meter) und dürfen daher nach DIN 4232 nicht zum Herstellen von Schüttwänden verwendet werden. Stückerzeugnisse (Blocksteine, Platten) sind erst nach Beruhigung der Schwindung zu verarbeiten (DIN 4165).

Wasserundurchlässigkeit wird bei Leichtbeton nicht gefordert.

Die Saugfähigkeit ist um so geringer, je grobporiger das Gefüge ist.

Witterungsbeständig wird Leichtbeton erst durch einen guten, wasserdichten Außenputz.

Ist Leichtbeton witterungsbeständig?

Waschbeton

ist ein Zierbeton (Vorsatzbeton, s. dort) und nicht genormt. Als Zuschlag verwendet man eine grobe Ausfallkörnung. Vor dem vollständigen Erstarren wird die Zementhaut von den außenliegenden Zuschlagkörnern gewaschen. Hierdurch entsteht eine lebhaft wirkende Ansichtsfläche.

Was versteht man unter Waschbeton?

Verwendung: Platten für Wandverkleidungen und Böden (größere Formate), Treppenstufen, Attikaverkleidungen, Friese und Lisenen, Blumenkübel u. a. m.

Wo findet er Verwendung?

Betonwerkstein (Kunststein bzw. Vorsatzbeton, siehe dort).

1.2.5 Bewehrter – unbewehrter Beton

Unter Bewehren eines Betons versteht man das Hineinlegen von Stahlstäben zum Ausgleich der dem Beton fehlenden oder nicht ausreichend vorhandenen Eigenschaften. Im allgemeinen nimmt der Beton die Druckspannungen und der Stahl die Zugspannungen auf (Verbundbaustoff).

Was versteht man unter Bewehren des Betons?

Unbewehrter Beton (= Beton ohne Stahl)

findet dort Verwendung, wo nur Druck aufzunehmen ist (Fundamente, Kellerwände und Kellerböden).

Was ist unbewehrter Beton?
Wo findet er Verwendung?

Bewehrter Beton (Stahlbeton, siehe auch dort)

ist dort erforderlich, wo neben Druck auch Zug- und Scherspannungen auftreten (Decken, Unterzüge, Stürze, Pfeiler, Säulen). Treten hohe Druckspannungen auf, die der Beton allein nicht aufnehmen kann, so werden Stähle zur Verstärkung herangezogen. Die Lage der Bewehrung muß dem Verlauf dieser Kräfte angepaßt sein.

Wo findet bewehrter Beton Verwendung?

1.3 Bausteine

1.3.1 Natürliche Bausteine

Wie werden die Natursteine eingeteilt?

Man unterscheidet drei Gruppen der Natursteine:
Erstarrungsgesteine,
Ablagerungsgesteine,
umgewandelte Gesteine.

Unterteile die Gruppen!

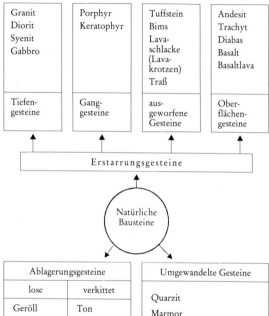

Wonach richtet sich die Verwendung der natürlichen Bausteine?

Nicht jeder Naturstein eignet sich für den gleichen Zweck; der Verwendungsbereich wird bestimmt durch
die Druckfestigkeit bzw. Härte,
das Gefüge und
die Wetterbeständigkeit bzw. Anfälligkeit des Gesteins gegenüber Abgasen und Säuren.

Erstarrungsgesteine
sind vulkanische Gesteine (Eruptivgesteine).

Tiefengesteine
sind nicht bis an die Erdoberfläche gelangt, sondern in größeren Tiefen langsam erkaltet (meist grobes Gefüge).

Was sind Erstarrungs- bzw. Tiefengesteine?

Nenne und beschreibe die wichtigsten!

Gestein	Farbe und Gefüge	Druckfestigkeit in MN/m² (N/mm²), Eigenschaften	Verwendung
Granit	weißgrau, rötlich oder grünlich, meist schwarz gesprenkelt, fein-, mittel- oder grobkörnig	160–240[1], wetterbeständig, hart, polierfähig	Sockelmauerwerk, Auflagersteine, Verblendung, Treppenstufen, Säulen, Bord- und Pflastersteine, Schotter, Denkmäler
Diorit	weiß bis weißgrau, schwarz gesprenkelt, fein-, mittel- oder grobkörnig	170–300[1], sonst wie Granit	wie Granit
Syenit	braunrot oder grünlich, dunkelgrau gesprenkelt, fein- bis mittelkörnig, sehr dicht	härter als Granit, sehr wetterfest, schwer bearbeitbar, sehr gut polierfähig	wie Granit
Gabbro	grauschwarz bis schwarz, grobkörnig	170–300[1], sonst wie Granit	wie Granit, besonders für Verblendungen und Denkmäler

Ganggesteine
sind in der Erde unterhalb der Erdoberfläche in Spalten (Gängen) plötzlich abgekühlt.

Was versteht man unter Ganggesteinen? Nenne und beschreibe die wichtigsten!

Gestein	Farbe und Gefüge	Druckfestigkeit in MN/m² (N/mm²), Eigenschaften	Verwendung
Porphyr	rötlich bis braun oder blaugrün bis schwarz mit verstreut eingel. bunten Kristallen, dicht, feinkörnig	180–300[1], sonst wie Syenit	wie Granit, besonders für Verblendungen und Denkmäler
Keratophyr	wie Porphyr, nur chemisch anders	wie Porphyr	wie Porphyr

[1] Druckfestigkeit in MN/m² (N/mm²) nach DIN 52100.

Was versteht man unter Oberflächengesteinen? Nenne und beschreibe die wichtigsten!

Oberflächengesteine (Ergußgesteine) sind bis zur Erdoberfläche aufgestiegen bzw. haben sich auf dieselbe ergossen.

Gestein	Farbe und Gefüge	Druckfestigkeit in MN/m² (N/mm²), Eigenschaften	Verwendung
Andesit	hellbeige, fein- bis mittelkörnig (sandsteinähnlich)	180–300[1], wetterbeständig, nicht polierfähig	Werksteine, Verblendungen, Sockel, Gesimse, Sohlbänke, Treppenstufen usw.
Trachyt	hellgrau, fein- bis mittelkörnig, mit vereinzelt eingel. glasklaren Kristallen (Sanidin)	fest, Wetterbeständigkeit bis auf wenige Ausnahmen gering, nicht polierfähig	wie Andesit
Diabas	grauschwarz bis schwarz, von grauen oder grüngrauen wolkigen Adern durchzogen, dicht, fein- bis mittelkörnig	180–250[1], wetterfest, hart, gut polierfähig	besonders für Verblendungen und Denkmäler
Basalt	schwarz bis blauschwarz (Säulen), feinkörnig, dicht	250–400[1], wetterfest, hart, schwer bearbeitbar, polierfähig	Zyklopenmauerwerk, Pflastersteine, Schotter, Straßenbegrenzungssteine, Wasserbauten
Basaltlava	grauschwarz, blasig	80–150[1], wetterbeständig, hart, rauhe Oberfläche, nicht polierfähig	Sockel, Tür- und Fenstereinfassungen, Treppenstufen, Auflagersteine, Abdeckplatten, Bord- und Pflastersteine, Schotter, Denkmäler

[1] Druckfestigkeit in MN/m² (N/mm²) nach DIN 52100.

Ablagerungsgesteine

(Absetz-, Schicht- oder Sedimentgesteine) sind durch schichtige Ablagerung in Senken oder auf Meeresböden entstanden.

Was versteht man unter Ablagerungsgesteinen? Nenne und beschreibe die wichtigsten!

Gestein	Farbe und Gefüge	Druckfestigkeit in MN/m² (N/mm²), Eigenschaften	Verwendung
Ton	weiß, grau, schwarz, rot, blaugrau oder grünlich, sehr feinkörnig (schlammig)	wasserdicht, weich bzw. plastisch	Steingut- und Ziegelwaren (Lehm = Ton + Sand), reiner Ton (weiß) = Kaolin (für Porzellan)
Schiefer	schieferig, sonst wie Ton	wetter- und feuerbeständig, spaltbar	Dacheindeckungen
Sandstein (allgemein)	Quarzsand, durch Bindemittel verkittet, fein- bis grobkörnig	je nach Bindemittel und Körnung 17,7–180, bergfeucht leicht bearbeitbar	Merke: hoher Glimmergehalt, Sandnester, Mergel- und Tongallen machen Sandstein für Bauzwecke wertlos
a) kieselsäuregebunden	hellgrau bis weiß	wetterbeständig und fest	⎫ Werkstein, Sockel, Tür- und Fenstereinfassungen, Abdeckplatten, Gesimse, Treppenstufen, Plattenbelag, Wasserbau, Denkmäler, Bildhauerarbeiten
b) eisengebunden	rötlich bis braun, auch grünlich	überwiegend wetterbeständig und fest	
c) kalkgebunden	gelb, grau, auch grünlich	mittelfest, wenig wetterbeständig, nicht feuerfest	
d) tongebunden	gelblich bis grau	geringe Festigkeit	unbrauchbar
Grauwacke	grauer Sandstein mit eingel. fremden Gesteinstrümmern	wetterbeständig, hart	Pflastersteine, Bruchsteinmauerwerk, Schotter
Konglomerat	sandsteinartig verkittetes Geröll	20–90[1], unterschiedlich fest, teilweise polierfähig	Unterbau für Straßen, wenn polierfähig: Wandverkleidung, Bodenbelag
Kalkstein (allgemein)	weiß, gelb, grünlich, rötlich, braun, schwarz oder „marmoriert"	je nach Dichte 20–180[1], gut bearbeitbar	
a) Massenkalk	grau, fein- bis mittelkörnig, mit einzelnen Versteinerungen, dicht, keine Schichtung	hart, mäßig wetterfest, nicht polierfähig	Werkstein, Brennstein für Baukalk
b) Dolomitkalk	grau bis rötlich, fein- oder mittelkörnig, dicht, keine oder wenig Schichtung	sehr hart und wetterfest, nicht polierfähig	Werkstein, Brennstein für Baukalk

Gestein	Farbe und Gefüge	Druckfestigkeit in MN/m² (N/mm²), Eigenschaften	Verwendung
c) Muschelkalk	gelblich bis grau, feinkörnig, sehr viele Versteinerungen mit zwischengelagerten Hohlräumen	hart, relativ wetterfest, teilweise polierfähig	Werkstein, Brennstein, Verblendungen, Treppenstufen, Tür- und Fenstereinfassungen usw.
d) Jurakalk	gelblich, sehr feinkörnig, dünne Schichtung, dicht, viele Versteinerungen	mittelfest, gut spaltbar, relativ wetterfest, polierfähig	bruchrauh oder poliert als Wand- und Bodenplatten, Treppenstufen, Fenster- und Türeinfassungen usw.
e) Travertin (Kalktuff)	gelblich bis braun, porös bis löcherig, meist deutliche Schichtung, keine Versteinerungen	relativ leicht, mäßig wetterfest, polierfähig	Verblendungen, besonders für Innenausbau
f) Kreide	weiß bis hellgrau	weich	Anstriche
g) Gipsstein	gelblich-weiß bis grau, körnig bis faserig	weich, in reiner Form bei dichtem Gefüge glasartig oder hell durchscheinend (Alabaster)	Brennstein für Gips, Bildhauerarbeiten (besonders Alabaster)
h) Marmor	siehe Umwandlungsgesteine		

[1] Druckfestigkeit in MN/m² (N/mm²) nach DIN 52100.

Was versteht man unter ausgeworfenen Gesteinen? Nenne und beschreibe die wichtigsten!

Ausgeworfene Gesteine rühren von explosionsartigen Vulkanausbrüchen her, sind im Regelfall porig (Gasblasen) und daher leicht.

Gestein	Farbe und Gefüge	Druckfestigkeit in MN/m² (N/mm²), Eigenschaften	Verwendung
Tuffstein	helle Lavagrundmasse mit unregelmäßigen bunten Einsprengungen verschiedener Härte	20–30[1], wetterfest, nicht polierfähig	Verblendungen
Bims	helle, schaumige Lava, blasig	leicht, wärmedämmend, wenig fest	Zuschlagstoff
Lavaschlacke	dunkle, schaumige Lava, blasig	wie Bims	wie Bims
Traß	beige, feinkörnige vulkanische Asche	sehr weich (zerreibbar)	hydraulischer Zuschlag

Kalksteine, mit Ausnahme des Dolomitkalkes, werden vom Säuregehalt der Luft (besonders Rauchgase) angegriffen und zersetzt. Daher werden Kalkgesteine (besonders polierte) überwiegend für den Innenausbau verwendet.

Warum sind Kalkgesteine nur mäßig wetterfest?

Erkennungsmerkmal für Kalkstein: Beim Beträufeln mit Salzsäure braust normaler Kalkstein stark, Dolomitkalk weniger stark auf. – Salzsäure zerstört Kalkstein. Vorsicht bei polierten Flächen!

Wie kann man in Zweifelsfällen Kalkstein erkennen?

Umgewandelte Gesteine

(Metamorphgesteine) sind Gesteine, deren Gefüge, Eigenschaften und Farbe durch großen Druck und hohe Temperatur im Erdinneren verändert wurden.

Was versteht man unter umgewandelten Gesteinen? Nenne und beschreibe die wichtigsten!

Gestein	Farbe und Gefüge	Druckfestigkeit in MN/m^2 (N/mm^2), Eigenschaften	Verwendung
Quarzit	hellgrau bis gelblich oder grünlich, sehr feinkörnig und dicht	sehr hart und wetterfest, schwer bearbeitbar	Wasserbauten, Betonzuschlagstoff, Wand- und Bodenplatten
Marmor	weiß (reiner Marmor), marmoriert durch Beimengungen, fein- bis grobkörnig, sehr dicht	mittelfest, mäßig wetterfest, gut polierfähig	Innenausbau: Treppen, Wandverkleidungen, Bildhauerarbeiten
Serpentin	hell- bis dunkelgrün meliert, oft helle Adern, teilweise faserig	mäßig bis wenig wetterfest, gut polierfähig	Verblendungen
Gneis	ähnlich dem Granit, doch schieferige Struktur	wenig wetterfest, spaltbar	Wegebefestigungen
Glimmerschiefer	gelblich-grün, auch rötlich, mit glitzernder Oberfläche	feuerbeständig, wenig wetterfest	Feuerungsbau

[1] Druckfestigkeit in MN/m^2 (N/mm^2), nach DIN 52100.

1.3.2 Künstliche Bausteine

Wie werden die künstlichen Bausteine eingeteilt?

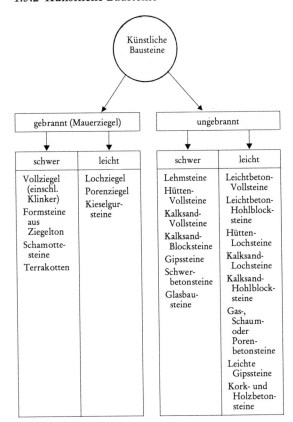

Nach welchen Merkmalen unterteilt man die Steine in schwer und leicht?

Schwere Bausteine: Vollsteine mit (meist) dichtem Gefüge und großer Druckfestigkeit, Steinrohdichte 1,6 bis 2,2 kg/dm³.

Leichte Bausteine: Porenreiche Vollsteine und Lochsteine. Druckfestigkeit geringer (Ausnahme: Hochlochziegel), Steinrohdichte 0,8–1,6 kg/dm³.

Aus welchen Rohstoffen werden Ziegel hergestellt?

Gebrannte Bausteine = Mauerziegel

werden aus Ziegelerde = Lehm = Gemisch aus Ton und Sand (etwa 5:4) hergestellt.

Je nach Art der Formgebung unterscheidet man:

a) Handstrichziegel, mit der Hand in Einzelformen hergestellt, haben rauhe Oberflächen und wirken durch kleine Unregelmäßigkeiten des Steines im Mauerwerk sehr lebendig.

b) Maschinenziegel, maschinell mit Strangziegelpressen (teilweise auch mit Drehtisch-, Stempel- oder Revolverpressen) hergestellt, sind druckfester, wirken aber durch ihre glatten, maßhaltigen Seitenflächen eintöniger.

Die Ansichtsflächen der Ziegel können durch „Besanden" belebt werden.

Die geformten, aber noch nicht gebrannten Steine heißen Rohlinge.

Sie werden in offenen Schuppen vor Regen und direkter Sonne geschützt oder in beheizten Kammern vorgetrocknet (langsamer Feuchtigkeitsentzug ohne Reißen oder Verziehen der Steine), wobei das Material um etwa 7% schwindet.

Erst durch das Brennen (chemischer Vorgang) wird der Rohling wetterfest und heißt nun Ziegel.

Ziegelsteine werden in besonderen Brennöfen gebrannt. Verbreitet ist der Ringofen, außerdem werden Zickzacköfen und Tunnelöfen benutzt.

Diese Öfen ermöglichen einen ununterbrochenen Brennbetrieb, alle Steine erhalten einen gleichmäßigen Brand.

Ringofen

Wie werden Ziegelsteine geformt?
Beschreibe:
a) die Handstrichziegel,
b) die Maschinenziegel

Was versteht man unter einem Rohling?

Wie wird er weiterbehandelt?

Wodurch wird der Rohling wetterfest?

Welche Vorteile bieten moderne Brennöfen?
Beschreibe die Arbeitsweise des Ringofens!

Während im Ring- und Zickzackofen das Feuer wandert, werden im Tunnelofen die Ziegel durch eine feststehende Brennzone bewegt.

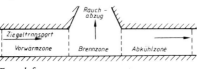

Tunnelofen

Beschreibe den Tunnelofen!

Gib die Brenntemperaturen an!	Brenntemperatur: Ziegelsteine 800–1000 °C, Klinker bis 1350 °C (bis zur Sinterung).
Warum sind Feldbrandziegel minderwertig?	Feldbrandziegel (altes Brennverfahren in Meilern) sind infolge ungleichmäßigen Brandes minderwertig.

Qualität und Eigenschaften der Ziegel

Wie muß ein guter Ziegel beschaffen sein? Welche Eigenschaften hat er?	Gute Ziegel besitzen einen einwandfreien Klang ohne Nebengeräusche, ebene Flächen und scharfe Kanten, sie sind maßhaltig, rissefrei, gleichmäßig gebrannt und gefärbt, zeigen einen muscheligen Bruch, sind porös (saugfähig und wärmedämmend) und haben trotzdem die geforderte Druckfestigkeit.
Wie entstehen Feinporen im Ziegel?	Das beim Trocknen bzw. Brennen entwichene Wasser hinterläßt im Stein Hohlräume = Feinporen.
Wodurch kann der Porengehalt vermindert werden?	Mit zunehmender Brenntemperatur vermindert sich (durch Schmelzen) der Porengehalt bei gleichzeitig steigender Druckfestigkeit.
Ändern sich dadurch die Eigenschaften der Ziegel?	Stark gebrannte bzw. gesinterte Steine sind dicht und druckfest, leiten aber gut Schall und Wärme und sind wenig saugfähig. Normal gebrannte Steine zeigen entgegengesetzte Eigenschaften.
Wodurch erhält der Ziegel seine Farbe?	Eisenhaltiger Ziegelton bewirkt eine rote, kalkhaltiger eine gelbe Färbung.

Mängel am Ziegel

Wodurch entstehen krumme Ziegel?	*Verzogene Ziegel:* Zu fetter Ton, zu schnelles Trocknen der Rohlinge, ungleichmäßiges oder zu starkes Brennen.
Wann werden Ziegel rissig?	*Rissige Ziegel:* a) zu fetter Ton oder zu schnelles Trocknen (Schwindrisse = Kantenrisse); b) ungleichmäßige Aufbereitung der Ziegelerde.
Wann bröckeln Ziegel?	*Bröckelige Ziegel:* Zu magerer Ton, zu schwaches oder ungleichmäßiges Brennen, Frosteinwirkung auf Rohling.
Wodurch entstehen Aussprengungen am Ziegel?	*Aussprengungen mit weißem Kern:* Kalkknollen im Rohstoff werden mit dem Ziegel gebrannt, löschen bei Wasseraufnahme und sprengen den Stein. – Fein verteilter Kalk schadet nicht.
Wie entstehen sternförmige Risse?	*Sternförmige Risse um Kieselsteine:* Kieselsteine im Rohling dehnen sich beim Brennen, das Ziegelmaterial schwindet, dadurch sternförmiges Aufreißen.

Fehlerhafte Steine sollen nur im Inneren dicker Mauern verarbeitet werden, verzogene Steine mit nach oben gekehrter Wölbung (keine Wippe!).

Ziegelsteinformate:

Bis zum Jahre 1950 wurden in Deutschland vor allem folgende Ziegelsteinformate verarbeitet:

Bezeichnung der Steinformate	Abmessungen in cm		
	Länge	Breite	Höhe
Reichsformat (genormt) (13 Schichten = 1 m)	25	12	6,5
Klosterformat	28,5	13,5	8,5
Kieler Format	23	11	4,5
Oldenburger Format (holländisches Format)	22	10,5	5,2
Hamburger Format	21	10	5,5

Wo werden fehlerhafte Steine verarbeitet?

• Nenne alte Ziegelsteinformate?

Die *heutigen Steinformate* sind nach DIN 105 so festgelegt, daß sie einschließlich Fugen in Länge, Breite und Höhe in ganzen Maßen im Meter enthalten sind. Sie passen sich den 1950 eingeführten Hochbaunormen (Maßordnung im Hochbau, DIN 4172) an, deren Grundmaßeinheit 25 cm beträgt. Alle weiteren Maße ergeben sich aus dem Vielfachen (50, 75 cm usw.) oder aus Bruchteilen von 25 cm (12,5, 8,33, 6,25 cm).

Wonach richten sich die neuen Steinformate?

Ziegelmaße in cm nach DIN 105 (Nennmaße = ohne Fuge):

Mögliche Längen bzw. Breiten	11,5	14,5	17,5	24,0	30,0	36,5	49,0
Mögliche Höhen	5,2	7,1	13,5	23,8			

Welche Ziegelmaße gibt es seit 1950?

Das Normalformat (NF) hat die Abmessungen 24 × 11,5 × 7,1 cm.

Welche Maße hat das Normalformat?

Baurichtmaße des NF (Steine + Fuge):

Länge: 24   cm + 1 cm (Fuge) = 25 cm
Breite: 11,5 cm + 1 cm (Fuge) = 12,5 cm (25/2)
Höhe: 7,1 cm + 1,23 cm (Fuge) = 8,33 cm (25/3)

Wie paßt das NF in die Maßordnung?

Alle Maße in Höhe, Breite und Länge ermöglichen ein verbandgerechtes Einbinden.

Welche Vorteile bieten die neuen Formate?

Teilsteine des NF in cm:

	Nennmaß	Richtmaß
¼ Stein	5,25	6,25
½ Stein	11,5	12,5
¾ Stein	17,75	18,75

Wie groß sind die Teilsteine des NF?

Die Maße geben die Schichthöhen an, die Zahl in ( ) die Steinhöhen.

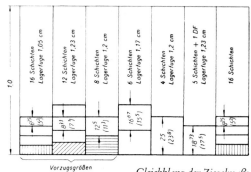

Gleichklang der Ziegelmaße

Nenne die Ziegelsteinformate und deren Maße! Nenne Vorzugsgrößen?

Kurzzeichen für das Format*⁾	Maße in cm Länge bzw. Breite		Höhe
1 DF*⁾ (Dünnformat)	24,0	11,5	5,2
NF*⁾ (Normalformat)	24,0	11,5	7,1
2 DF*⁾	24,0	11,5	11,3
3 DF*⁾	24,0	17,5	11,3
4 DF*⁾	24,0	24,0	11,3
5 DF	24,0	30,0	11,3
6 DF	24,0	36,5	11,3
8 DF*⁾	24,0	24,0	23,8
10 DF	24,0	30,0	23,8
12 DF	24,0	36,5	23,8
15 DF	36,5	30,0	23,8
16 DF	49,0	24,0	23,8
18 DF	36,5	36,5	23,8
20 DF	49,0	30,0	23,8

*⁾ Vorzugsgrößen

Für kleinere Flächen werden gerne als Verblender zwei Formate der holländischen Ziegelindustrie verwendet:
Waalformat   21,0 × 10,0 × 5,0 cm
Vechtformat 21,0 × 10,0 × 4,0 cm

Welche Ziegelformate sind für kleinere Flächen beliebt?

Schwere Ziegelsteine
Vollziegel (DIN 105)
werden im Normalformat (NF) und Dünnformat (DF) ungelocht oder gelocht in folgenden Ausführungen hergestellt:

Gib die Vollziegelformate an!
Welche Ausführungen gibt es?

a) normaler Ziegel mit ebenen Lagerflächen,
b) und c) Lagerflächen mit Eindrücken versehen.

Welchen Zweck haben die Eindrücke?

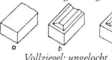
Vollziegel: ungelocht

Die Eindrücke dienen der besseren Mörtelhaftung bei dichten, wenig saugenden Steinen (Klinker, Hartbrandziegel).

Die Löcher ermöglichen ein gleichmäßiges Trocknen und Durchbrennen des Ziegels (weniger Fehler!).

Welche Aufgaben haben die Lochungen?

Gesamtlochquerschnittsfläche höchstens 15% der Lagerfläche.
d) Lochquerschnitt höchstens 6 cm²,
e) Lochdurchmesser höchstens 2 cm.

Vollziegel: gelocht

Vollziegelgüteklassen:

	Mauerziegel 4	Mauerziegel 6	Mauerziegel 8	Mauerziegel und Vormauerziegel 12	Vormauerziegel 20	Hochbauklinker 28
Kurzbezeichnung	Mz 4	Mz 6	Mz 8	Mz 12 VMz 12	VMz 20	KMz 28
Druckfestigkeit in MN/m² (N/mm²)	4	6	8	12	20	28
Steinrohdichte	je nach Verwendungszweck von 1,2 bis 2,2 kg/dm³, Klinker mind. 1,9 kg/dm³					
Kennzeichnung durch Farbstreifen an der Läuferseite mit Rohdichteangabe	blau	rot	schwarzer Stempelaufdruck „8"	keine	gelb	braun
Frostbeständigkeit gefordert?	–	–	–	ja	ja	ja

69

	Mauer-ziegel 4	Mauer-ziegel 6	Mauer-ziegel 8	Mauer- und Vormauer-ziegel 12	Vormauer-ziegel 20	Hochbau-klinker 28
Merkmale und Eigenschaften	dunkler Klang, sehr porös, relativ weich	dunkler Klang, sehr porös, relativ weich	heller Klang, porös, härter und wetterfester als Mz 6	heller Klang, atmungsaktiv, härter als Mz 8, als Vormauerziegel gleichmäßig in Form und Farbe, scharfkantig, glatte Seiten, wetterbeständig	heller Klang, hart, weniger porös, gleichmäßig in Form und Farbe, scharfkantig, leicht rauhe Seiten, wetterfest	metallischer Klang, wenig porös, gleichmäßig in Form, Farbe oft ungleichmäßig, scharfkantig, glatte bis glasige Seiten, sehr wetterfest und säurebeständig
Farbe	gelb bis rot	gelb bis rot	gelb bis rot	gelb bis rot	rot bis dunkelrot	hellrot bis rotbraun oder blauschwarz, oft glasig
Verwendung	wenig belastete Hintermauerung	nicht stark belastete Hintermauerung (Rohbau)	alle normalen Hintermauerungsarbeiten (Rohbau)	alle Hintermauerungsarbeiten, als VMz Verblendungen	Verblendungen, belastetes Mauerwerk, Pflaster	Verblendung, stark belastetes und säurefestes Mauerwerk, Pflaster

Außerdem gibt es noch hochfeste Vollziegel (Mz), Hochlochziegel (HLz), Vollklinker (KMz), Hochlochklinker (KHLz) und Mauertafelziegel (HLzT) der Güteklassen Mz 36 (Druckfestigkeit 45 MN/m² (N/mm²)) [1 violetter Strich], Mz 48 (Druckfestigkeit 60 MN/m² (N/mm²)) [2 schwarze Striche] und Mz 60 (Druckfestigkeit 75 MN/m² (N/mm²)) [3 schwarze Striche].

Gib die gebräuchlichen Baustellenbezeichnungen für Vormauerziegel an!

Baustellenbezeichnungen für Vormauerziegel:

Verblender   = VMz 12
Hartbrandziegel = VMz 20
Klinker   = KMz 28

Wie werden angeschmauchte Klinker hergestellt?

Angeschmauchte Klinker werden durch Gießen von Öl auf die glühenden Steine im Brennofen hergestellt. Der sich entwickelnde Ölrauch färbt die Steine blaugrau bis blauschwarz. Man erreicht auch Färbung der Steine durch chemische Zusätze zur Ziegelerde.

Was versteht man unter Formsteinen? Wo finden sie Verwendung?

Formsteine aus Ziegelton

sind Ziegel mit besonderen Formen oder Profilen zur Herstellung von Gesimsen, Sockeln, Tür- und Fenstereinfassungen bzw. Anschlägen, Sohlbänken, Einfriedungsmauern, L-Schalen für Deckenauflager (auch mit Wärmedämmung), U-Schalen für Ringanker und Stürze (auch mit Wärmedämmung) usw.

Zum Mauern starker Rundungen verwendet man Radialziegel und Kanalklinker = keilförmige Ziegelsteine.

Beschreibe Radialziegel bzw. Kanalklinker!

Radialziegel (DIN 1057) werden als Radialvollziegel (Rz) und Radialklinker (R) mit der Rohdichte 1,8 oder 2,0 in 4 Druckfestigkeitsklassen (12/20/28 und 36, Klinker nur 28 und 36) für verschiedene Krümmungsradien hergestellt.

Maße, Formkurzzeichen und Eignungsradius:

Gib ihre Maße an!

Steinhöhen in cm	Länge L in cm	Bogenmaß b innen in cm	Formkurzzeichen	Geeignet für Außenradien in m
	24,0	14,0	2401	1,4 bis 4,5
		12,0	2402	0,8 bis 1,4
		10,0	2403	0,6 bis 0,8
7,1 und 9,0	17,5	11,5	1751	1,2 bis 5,0
		12,5	1752	0,7 bis 1,3
		10,5	1753	0,5 bis 0,7
11,5		15,0	1151	1,0 bis 5,0
		14,0	1152	0,8 bis 2,1
		13,0	1153	0,5 bis 0,8

Kennzeichnung: Kerben an der Längsseite. Formkurzzeichen – Endziffer 1 = 1 Kerbe, Endziffer 2 = 2 Kerben, Endziffer 3 = 3 Kerben.
Beispiel für die Bezeichnung eines Radialziegels 12; Rohdichte 1,8; Höhe 7,1 cm = 71 mm: DIN 1057 – Rz 12 – 1,8 – 71 – 2402

Kanalklinker (DIN 4051) werden bis zur Sinterung gebrannt, sind säure- und frostbeständig, haben eine Mindestdruckfestigkeit von 45 N/mm^2 und eine Scherbenrohdichte von mindestens 1,9 kg/dm^3.

Welche Eigenschaften müssen Kanalklinker haben?

Sie werden im Normalformat als Rechteckstein (NFK), als Kanalkeilklinker A und B und als Kanalschachtklinker C geliefert (s. Abb).

In welchen Formaten gibt es Kanalklinker?

Lochungen sind bis zu 10% der Lagerfläche zulässig.

Außerdem dürfen Kanalklinker geliefert werden als:

Reichsformat, 25 × 12 × 6,5 cm (Kanalklinker RFK DIN 4051)

Reichsformat Kanalkeilklinker B, 25 × 12 × 7,5/5,5 cm (Kanalkeilklinker BRFK DIN 4051)

Dünnformat 24 × 11,5 × 5,2 cm (Kanalklinker DFK DIN 4051)

Riemchen 24 × 5,5 × 7,1 cm (Klinkerriemchen ½ NFK DIN 4051)

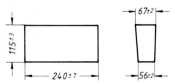

Kanalkeilklinker A, DIN 4051, für Kopfgewölbe

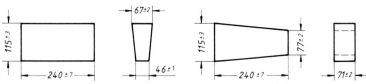

Kanalkeilklinker B, DIN 4051, für Sohlgewölbe   *Kanalschachtklinker C, DIN 4051*

Was sind Schamottesteine?	*Schamottesteine* sind feuerfeste Steine von gelblicher bis weißer Farbe.
Wie werden sie hergestellt?	Herstellung: weißer Ton und Quarzsand gemischt, gebrannt, wieder zerkleinert und gemahlen, nochmals mit reinem Ton vermischt, geformt und bei hohen Temperaturen scharf gebrannt.
Gib ihre Eigenschaften und Verwendung an!	Eigenschaften: sehr hart, feuerfest, gas- und säurebeständig, formhaltig auch bei hohen Temperaturen, kein Schmelzen oder Rissigwerden. Verwendung: Feuerungsbau.
● Was versteht man unter Terrakotten?	*Terrakotten* sind feinere, gebrannte, meist glasierte Tonwaren mit plastischen, von Künstlern entworfenen Motiven, sehr hart und wetterfest.
● Wie werden sie hergestellt?	Sie werden aus bestem Ton in Gipsformen (negativer Abdruck des künstlerischen Modells) hergestellt und in Gasöfen gebrannt.
● Wo finden sie Verwendung?	Verwendung: Schmuck an großflächigen Wänden, an Türen, Fenstern, Säulenköpfen, Gesimsen, Denkmälern usw.
Welche Arten von Lochziegeln gibt es?	*Leichte Ziegelsteine* *Lochziegel* werden hergestellt als: Hochlochziegel (HLz) Mauertafelziegel (HLzT) Leichtziegel Leichthochlochziegel (HLz) Leichtlanglochziegel (LLz) Ziegel für Decken und Wandtafeln (DIN 4159)

Hochlochziegel (DIN 105) (HLz) werden auch als Vormauerziegel (VHLz), Klinker (KHLz) und Mauertafelziegel (HLzT) geliefert.

Vorzugsformate: 1½ NF und 2¼ NF (3 DF), für Klinker NF und DF.

Gib die Hochlochziegelausführungen an!

Hochlochziegelausführungen:

Hochlochziegel A (HLzA)

mindestens 36 senkrecht zur Lagerfläche angeordnete Lochungen beliebigen Querschnitts (gleichmäßig verteilt).

In welchen Ausführungen werden sie geliefert?

Einzellochquerschnitt:
höchstens 2,5 cm².

Gesamtlochquerschnitt:
über 15% bis 50% der Lagerfläche.

1½ NF *2¼ NF*

Hochlochziegel B (HLzB)

mindestens 12 senkrecht zur Lagerfläche angeordnete Lochungen mit rechteckigem Querschnitt (gleichmäßig verteilt).

Einzellochquerschnitt:
höchstens 6 cm².

Gesamtlochquerschnitt:
über 15% bis 50% der Lagerfläche.

≦ 15 mm *1½ NF* *beliebig*

Die 2¼ NF-Steine besitzen Griffschlitze.

Hochlochziegel C (HLzC)

sind fünfseitig geschlossen, Einzellochquerschnitt höchstens 16 cm², Gesamtlochquerschnitt bis 50% der Lagerfläche.

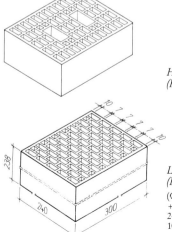

Hochlochziegel C (HLzC)

Leichthochlochziegel (HLzW)

(Gesamtstegdicke 4×7 mm +2×10 mm = 48 mm auf 240 mm entspricht 200/1000 ≦ 250)

Ziegelbreite	Lochreihenzahl
115	5 bis 6
175	8 bis 9
240	11 bis 12
300	13 bis 15
365	16 bis 18
490	21 bis 23

Geforderte Lochreihenzahl
Leichthochlochziegel W (HLzW)

Die Summe der Stegdicken senkrecht zur Wanddicke bzw. bezogen auf die Länge der Ziegel muß >180 mm/m und ≦250 mm/m sein.

Beschreibe die Hochlochziegel!

Für die Druckfestigkeitsklassen, die Steinrohdichte und die Farbkennzeichnung gilt das im Abschnitt „Vollziegel" Gesagte, ebenso für Frostbeständigkeit, Farbe und Merkmale.

HLzA sind bei Verwendung von hydraulischem Mörtel auch für Kellermauerwerk und Kamine bis unter die Dachhaut zulässig.

Warum eignen sich Hochlochziegel besonders für den Wohnungsbau?

Hochlochziegel sind handlich, gut teilbar, wirtschaftlich (raum- und arbeitszeitsparend), wärme- und schalldämmend und trotzdem druckfest.

Worauf beruht die Wärmedämmwirkung der Hochlochziegel?

Die Löcher im Ziegel beschränken den Wärmedurchfluß; bisweilen wird durch Form und Anordnung der Löcher (Gitterziegel, versetzte Löcher) eine erhebliche Verlängerung der Wärmebrücke (bis 100%) erreicht.

Hochlochziegel: Verlängerung der Wärmebrücke durch versetzte Lochungen

Gitterziegel
(System Pfister)

Was versteht man unter Mauertafelziegeln?

Mauertafelziegel (HLzT)

sind Ziegel für die Herstellung von Mauertafeln (Fertigteile oder bewehrtes Ziegelsteinmauerwerk).

Mauertafelziegel gibt es in den Längen 24,7, 29,7, 37,3 und 49,5 cm. Steinbreiten und Höhen wie bei den sonstigen Ziegeln.

Die Tafelziegel werden im Verband so vermauert, daß senkrecht durchgehende Kanäle entstehen.

Mauertafelziegel

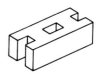

Leichtziegel (DIN 105)

sind besonders leichte Ziegel mit einer Rohdichte bis 1,0 kg/dm³ (z. B. Poroton, Unipor). Sie werden auch Porenziegel genannt; Kurzzeichen Lz.

Was versteht man unter Leichtziegeln?

Herstellung: Der Ziegelton, gemischt mit gekörntem Styropor, das im Ziegelofen rückstandslos verbrennt und dabei durch Gasbildung im Stein Poren hinterläßt (z. B. Poroton). (Andere Methode: Ziegelton mit Sägemehl gemischt und gebrannt, z. B. Unipor).

Wie werden sie hergestellt?

Leichthochlochziegel (HLz) und Vormauerleichthochlochziegel (VHLz) gibt es als Hochlochziegel A, B, C und W (Ziegel von 238 mm Höhe, Lochung B, besonders gute Dämmwirkung) und Mauertafelziegel. Außerdem werden auch Formleichtziegel hergestellt (z. B. U- und L-Schalen für Stürze und Ringanker) und Akustikziegel. Rohdichteklassen 0,6; 0,7; 0,8; 0,9 und 1,0 kg/dm³.

Vorzugsgrößen (Formate):

2 DF = 1½ NF; 3 DF = 2¼ NF; 4 DF = 3 NF; 5 DF = 3¾ NF; 6 DF = 4½ NF; 10 DF = 7½ NF; 12 DF = 9 NF; 16 DF = 12 NF; 20 DF = 15 NF.

Nenne die Formate!

Beschreibe die Güteklassen!

Druckfestigkeit in MN/m² (N/mm²)	2	4	6	8	12	20[1]	28
Farbkennzeichnung	grün	blau	rot	schwarzer Stempel „8"	keine	gelb	braun

[1] nur Rohdichte 0,8 kg/dm³

Eigenschaften: sehr leicht, gut wärme- und schalldämmend, nicht frostbeständig.

Welche Eigenschaften haben Leichtziegel?

Leichtlanglochziegel (LLz)

können nur im Läuferverband vermauert werden, da die Lochungen senkrecht zur Kopffläche (parallel zum Lager) laufen.

Wie werden Langlochziegel vermauert?

Rohdichteklassen: 0,5; 0,6; 0,7; 0,8; 0,9; 1,0

Druckfestigkeitsklassen: 2 (grün), 4 (blau), 6 (rot) und 12 (ohne)

Nenne Leichtlanglochziegelgüteklassen!

Abmessungen:
Länge: 24,0 cm; 36,5 cm; 49,0 cm
Breite: 24,0 cm (Vorzugsgröße); 11,5 cm; 17,5 cm; 30,0 cm
Höhe: 7,1 cm; 11,3 cm; 15,5 cm; 17,5 cm; 23,8 cm.

Nenne ihre Abmessungen!

- **Beschreibe Langlochziegel!**

Mindestabmessungen der Stege:
  Außenstege: 1,5 cm
  Innenstege: 1,0 cm.

Lochungen: Anzahl, Form und Anordnung der Löcher beliebig, doch gilt allgemein: im Bereich des Stoßfugenmörtelbettes (6 cm) größte Lochbreite 1,5 cm; größte Breite der Mittelkammern 4 cm. Gesamtlochquerschnitt über 15% der Kopffläche.

Stoßfugen-Mörtelbett mind. 6 cm

Nenne gängige Formate für LLz!

Gängige LLz-Formate:
NF, 2 DF, 3 DF, 8 DF, 12 DF, 16 DF, 20 DF

Frostbeständigkeit ist nicht gefordert.

Verwendung: mäßig belastete Hintermauerung.

Außerdem gibt es noch Leichtlangloch-Ziegelplatten (LLp).

Vorzugsgrößen: Länge 33,0 cm, Breite: 23,8 cm, Dicke: 4,0 bis 11,5 cm.

Ziegel für Decken und Wandtafeln (DIN 4159)

In welchen Ausführungen gibt es Deckenziegel?

Lochziegel für Stahlsteindecken (DIN 4159) = Deckenziegel werden in zwei Ausführungen geliefert (s. hierzu Abschnitt „Stahlsteindecken"):

a) für teilvermörtelbare Stoßfugen, Kurzzeichen ZST:

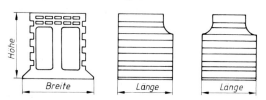

b) für vollvermörtelbare Stoßfugen, Kurzzeichen ZSV:

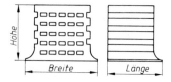

Beide Ausführungen wirken in der Decke statisch mit.

Abmessungen:
Breite: = 25 cm
Länge: = 25 cm (Vorzugsmaß); 16,6 cm; 33,3 cm; 50,0 cm
Höhe: = (a) 11,5; 14,0; 16,5; 19,0; 21,5; 24,0; 26,5; 29,0 cm
(b) 9; 11,5; 14,0; 16,5; 19,0; 21,5; 24,0; 26,5; 29 cm

Mindestdruckfestigkeiten: 22,5 und 30 MN/m² (N/mm²)

Rohdichteklassen: 0,6; 0,8; 1,0 und 1,2

Deckenziegel nach DIN 4159 gibt es auch für Stahlbetonrippendecken als in Rippenrichtung mittragende Zwischenbauteile (Kurzzeichen ZRT und ZRV). Hierfür sind Steinbreiten von 33,3 cm, 50 cm und 62,5 cm vorgesehen (s. hierzu Abschnitt „Stahlbetonrippendecken").

Gib die Abmessungen und Druckfestigkeiten an!

Lochziegel für Stahlbetonrippendecken (DIN 4160)

(Kurzzeichen ZZT und ZZV) haben ähnliche Formen wie die symmetrischen Stahlsteindeckenlochziegel zum Vergießen. Die Seitenflächen sind gerillt. Lochziegel nach DIN 4160 wirken in der Decke statisch nicht mittragend.

Die Abmessungen der Ziegel als Zwischenbauteile richten sich nach Art und Abstand der Rippen.

Beschreibe Lochziegel für Stahlbetonrippendecken!

Kieselgursteine

sind Ziegelsteine aus einem Gemisch von Ton und Kieselgur (Kieselgur → siehe Dämmstoffe).

Woraus bestehen Kieselgursteine?

Sie sind nicht wetterbeständig, sehr leicht, sehr wenig druckfest, dämmen aber ausgezeichnet Wärme, Schall und Feuer.

Nenne ihre Eigenschaften!

Porenziegel und Kieselgursteine finden für leichte Trennwände und Isoliermauerwerk gegen Schall und Wärme Verwendung.

Wo werden Porenziegel und Kieselgursteine verwendet?

Schwere, ungebrannte Bausteine

Lehmsteine

Plastischer Lehm, meist im Handstrichverfahren geformt und an der Luft getrocknet. Häcksel oder Rinderhaare, dem Rohstoff beigemengt, verhindern ein Rissigwerden beim Trocknen und erhöhen die Druckfestigkeit.

Wie werden Lehmsteine hergestellt?

Eigenschaften: mittlere Druckfestigkeit, nicht wetterbeständig, wärme-, schall- und feuerdämmend.

Nenne ihre Eigenschaften!

Verwendung: nur an trockenen Stellen beständig, Fachwerksmauerung, Innenwände.

Wo finden sie Verwendung?

Hüttensteine (DIN 398)

Gekörnte Hochofenschlacke mit Zement, Kalk oder Hochofenschlackenmehl gemischt, in Formen gepreßt und in Druckkesseln (Dampf oder kohlensäurehaltige Abgase) oder an der Luft gehärtet.

Wie werden Hüttensteine hergestellt?

Welche Ausführungen gibt es?	Hüttensteine gibt es als: schwere Steine = Hütten-Vollsteine (HSV) und leichte Steine = Hütten-Lochsteine (HSL) (siehe dort!). Hütten-Vormauersteine (schwer oder leicht) werden mit einem vor das Kurzzeichen gesetzten V bezeichnet (z. B. VHSL).
Beschreibe die Güteklassen!	*Hütten-Vollsteine* Güteklassen der Hütten-Vollsteine:

Steinrohdichte in kg/dm^3	1,6	1,8	2,0
Druckfestigkeit in MN/m^2 (N/mm^2)	15 25	15 25 35	15 25 30
Kurzbezeichnung	HSV 1,6–15 1,6–25	HSV 1,8–15 1,8–25 1,8–35	HSV 2,0–15 2,0–25 2,0–35
Frostbeständigkeit	nur bei Vormauersteinen (Kurzbezeichnung VHSV) der Druckfestigkeiten 25 und 35 MN/m^2 (N/mm^2) gefordert		
Kennzeichnung	Farbkennzeichen: 7,5 N/mm^2 = rot, 15 N/mm^2 = schwarz, 25 N/mm^2 = weiß, 35 N/mm^2 = braun (jeder 200. Stein, ausgenommen Vormauersteine)		
Merkmale und Eigenschaften	Alle Steine sind form- und maßhaltig mit scharfen Kanten, Seitenflächen glatt (beim Verputzen vorspritzen), feuerbeständig, hinsichtlich Schall- und Wärmedämmung dem Ziegelstein ähnlich, Saugfähigkeit geringer		
Farbe	grau, beigegrau bis graugrün		
Verwendung	alle Arten von Innen- und Außenmauerwerk im Industrie- und Wohnungsbau einschließlich Schornsteine.		

Nenne die Formate der HSV!	Hütten-Vollsteine werden als NF, DF, 2 DF (= 1½ NF), 3 DF (= 2½ NF), 5 DF (= 3¾ NF) ungelocht oder gelocht geliefert. Lochung der HSV: senkrecht zur Lagerfläche gleichmäßig verteilt angeordnet, einseitig geschlossen, Einzel-Lochquerschnitt bis 12,5 cm^2, Gesamtlochquerschnitt bis 25% der Lagerfläche.
	Kalksandsteine (DIN 106)
Wie werden Kalksandsteine hergestellt?	Gemahlener Branntkalk mit Quarzsand in Löschkesseln gemischt, erdfeucht in Formen gepreßt und unter Dampfdruck gehärtet. Farbe: gelblich-weiß, grau-weiß bis weiß.
Nenne die äußeren Merkmale und Eigenschaften!	Alle Steine sind form- und maßhaltig mit scharfen Kanten, Seitenflächen sehr glatt, je eine Kopf- und Läuferseite mit senkrechten Rillen versehen, feuerbeständig, hinsichtlich der Schall- und Wärmedämmung dem Ziegel ähnlich, Saugfähigkeit etwas geringer.

Verwendung: für tragendes und nichttragendes Mauerwerk, vorwiegend zur Erstellung von Außen- und Innenwänden. Für tragende Wände gilt DIN 1053, Teil 1 und für leichte Trennwände DIN 4103. Kalksandsteine für Sichtmauerwerk müssen frostbeständig sein (DIN 106, Teil 2).

Wo finden sie Verwendung?

Kalksandsteine gibt es als:

    schwere Steine = Vollsteine und
    leichte Steine = Lochsteine (siehe auch dort!)

Welche Ausführungen gibt es?

Nenne die verschiedenen KS-Steinarten!

Kalksandsteinarten	Kurzzeichen	Anforderungen
KS-Vollstein	KS	Mauersteine mit einer Steinhöhe von ≦113 mm, deren Querschnitt durch Lochung senkrecht zur Lagerfläche bis zu 15% gemindert sein darf.
KS Blockstein	KS	Fünfseitig geschlossene Mauersteine mit einer Steinhöhe von >113 mm, deren Querschnitt durch Lochung senkrecht zur Lagerfläche bis zu 15% gemindert sein darf.
KS-Lochstein	KSL	Fünfseitig geschlossene Mauersteine mit einer Steinhöhe ≦113 mm, deren Querschnitt durch Lochung senkrecht zur Lagerfläche um mehr als 15% gemindert sein darf.
KS-Hohlblockstein	KSL	wie KS-Lochsteine, jedoch Steinhöhe >113 mm
KS-Vormauerstein	KS Vm	Frostbeständige KS-Steine, mindestens Druckfestigkeitsklasse 12
KS-Verblender (Vollstein)	KS Vb	Frostbeständige KS-Steine, mindestens Druckfestigkeitsklasse 20, bes. Anforderungen bezüglich Verfärbung, Ausblühungen und Maßhaltigkeit, genormt bis 300 mm Länge, 240 mm Breite und 113 mm Höhe.
KS-Verblender (Lochstein)	KS VbL	

Grifföffnungen (durchgehend) sind Griffhilfen und sollen bei allen Formaten ≧2 DF vorhanden sein. Bei Formaten ≧5 DF sind mindestens 2 Grifföffnungen vorgeschrieben (alternativ sind Grifftaschen zulässig).

Sind Grifföffnungen erlaubt?

Bei Vollsteinen sind die Lochungen gleichmäßig über die Lagerfläche verteilt. (Lochsteine und Hohlblocksteine siehe dort!)

Wie sind die Lochungen angeordnet?

Nenne die Druckfestigkeitsklassen und die Kennzeichnung!

Druckfestigkeitsklassen und Kennzeichnung:

Druckfestigkeitsklasse (N/mm²)	Stempelkennzeichnung verlangt
4	ja
6	ja
8	ja
12	nein
20	ja
28	ja
36	ja
48	ja
60	ja

Statt der Stempelung kann auch folgende Farbkennzeichnung angewendet werden:

Festigkeitsklassen:
4 blau, 6 und 8 rot, 12 ohne, 20 gelb, 28 braun, 36 violett, 48 zwei schwarze Streifen, 60 drei schwarze Streifen.

KS Vm gibt es erst ab Druckfestigkeitsklasse 12, KS Vb ab Druckfestigkeitsklasse 20.

Welche Rohdichte haben KS-Steine?

Stein-Rohdichte in kg/dm³:

Rohdichteklasse	Kennzeichnung erforderlich		
	Vollsteine	Lochsteine	Block- und Hohlblocksteine
0,6	ja	ja	ja
0,7	ja	ja	ja
0,8	ja	ja	ja
0,9	ja	ja	ja
1,0	ja	ja	ja
1,2	ja	ja	ja
1,4	ja	nein	nein
1,6	nein	nein	nein
1,8	nein	–	ja
2,0	nein	–	ja
2,2	ja	–	–

Bei Kennzeichnung durch Stempelung stehen nacheinander: Werkskennzeichen, Druckfestigkeitsklasse, Rohdichteklasse (z. B. Werk [evtl. Bild]/6/1,2).

KS Vm und KS Vb gibt es erst ab Rohdichte 1,0.

Wie werden KS-Steine bei Bestellungen bezeichnet?

Bei Bestellung, bei Baubeschreibungen oder ähnlichem erfolgt die Bezeichnung der KS-Steine nach Kurzzeichen.

Beispiele:

Bezeichnung eines Kalksandsteines (KS) mit ≦15% Lochflächenanteil, der Druckfestigkeitsklasse 20, der Rohdichteklasse 1,8, des Formates 2 DF: Kalksandstein DIN 106 – KS 20 – 1,8 – 2 DF.

Bezeichnung eines Kalksandsteines (KS) mit >15% Lochflächenanteil (Steinart L), der Druckfestigkeitsklasse 4, der Rohdichteklasse 1,0, des Formates 3 DF: Kalksandstein DIN 106 – KSL 4 – 1,0 – 3 DF.

Format-Kurzzeichen:

Format-Kurzzeichen[1]	Maße in cm		
	Länge	Breite	Höhe
1 DF (Dünnformat)	24,0	11,5	5,2
NF (Normalformat)	24,0	11,5	7,1
2 DF	24,0	11,5	11,3
3 DF	24,0	17,5	11,3
4 DF	24,0	24,0	11,3
5 DF	30,0	24,0	11,3
6 DF	36,5	24,0	11,3
8 DF	24,0	24,0	23,8[2]
10 DF	30,0	24,0	23,8[2]
12 DF	36,5	24,0	23,8[2]
15 DF	36,5	30,0	23,8[2]
16 DF	49,0	24,0	23,8[2]
20 DF	49,0	30,0	23,8[2]

[1] Bei Steinen der nicht aufgeführten Maßkombinationen sind statt der Format-Kurzzeichen die Maße in der Reihenfolge Länge × Breite × Höhe anzugeben, wobei die Steinbreite gleich der Mauerwerksdicke ist.

[2] Bei Block- und Hohlblocksteinen ist bei der Bestellung die gewünschte Mauerwerksdicke hinter das Format-Kurzzeichen zu setzen, z. B. für eine Mauerwerksdicke von 240 mm (240): 12 DF (240).

Die Rillen an je einer Kopf- und Läuferseite dienen der besseren Mörtelhaftung an den sonst sehr glatten Seitenflächen.

Wozu dienen die Rillen an den Seitenflächen der Steine?

Im Produktprogramm der KS-Industrie werden Ratio-Mauersteine aufgeführt. Sie entsprechen den Anforderungen der DIN 106, obwohl sie dort nicht namentlich erwähnt sind. Ratio-Mauersteine sollen die Erstellung des Wandmauerwerks (Einsteinmauerwerk, bei Steinbestellungen Wanddicke angeben!) rationeller machen.

Was versteht man unter KS-Ratio-Mauersteinen?

Die Steine haben an den Stoßfugenflächen Nuten bzw. Federn. Sie werden ohne Vermörtelung der Stoßfugen (Knirschfugen) auf einer normal dicken Lagerfuge verlegt. (Mörtelauftrag mit Mörtelschlitten.)

Wie werden sie vermauert?

Ratio-Mauersteinarten (Kurzzeichen: nachgestelltes „R"):
KS-Ratio-Steine (KS-R): für Wanddicken 24 und 30 cm, Höhe: 11,3 cm, Länge: 25 und 30 cm.
KS-Ratio-Blocksteine (KS-R): für Wanddicken 11,5; 15; 17,5; 24; 30 und 36,5 cm, Höhe: 23,8 cm, Länge: 25; 30 und 50 cm.
KS-Ratio-Hohlblocksteine (KSL-R) (s. Abschn. „Kalksand-Hohlblocksteine").

Welche Arten gibt es?

Die kurzen Steine eignen sich für das Vermauern von Hand, die längeren Steine werden mit Versetzgeräten (fahrbare Minikräne) verarbeitet, die mit ihren Versetzzangen bis zu 2,0 m lange Steinstangen (= 4 Steine je 50 cm lang) in einem Arbeitsgang verlegen. Teilsteine werden mit Steinspaltern oder Steinsägen (naß gesägt) hergestellt.

Nenne bevorzugte Güteklassen und Rohdichten!

Bevorzugte Druckfestigkeitsklassen:
$\qquad$ 12 und 20 MN/m^2 (N/mm^2).
Bevorzugte Rohdichten: KS-R-Steine: 2,0
$\qquad$ KS-R-Blocksteine: 1,4; 1,8; 2,0
$\qquad$ KS-R-Hohlblocksteine (s. dort).

Welche KS-Steine eignen sich für das Dünnbettverfahren?

Für das Vermauern im Dünnbettverfahren gibt es die:
KS-Bauplatten (KS-P):
KS-P 5: 5 cm dick } Höhe: 24,8 cm, Länge: 49,8 cm
KS-P 7: 7 cm dick }
KS-Planelemente (KS-PE):
Dicke: 11,5 cm; 15; 17,5; 20; 24 und 30 cm, Höhe: 49,8 cm, Länge: 99,8 cm.

Welche Formsteine gibt es?

Außerdem werden Formsteine (U-Steine, L-Steine) für Deckenauflager, Ringanker usw., abgerundete Verblendsteine, Akustiksteine und KS-Flachstürze (mit Stahlbetonkern) bis 3,00 m Länge hergestellt.

Woraus bestehen Gipssteine und wie werden sie hergestellt?

Gipssteine

sind wetterbeständige Bausteine aus einem Gemisch von Estrichgips und Kiessand. Abmessungen verschieden. Herstellung: in Formen gegossen und an der Luft erhärtet.

Was versteht man unter Schwerbetonsteinen?

Schwerbetonsteine

sind sehr wetterbeständige und druckfeste Bausteine aus Kiessandbeton in verschiedenen Formaten (NF bis Hohlblock). Verwendung besonders für Grund- und Kellermauerwerk.

Glasbausteine (siehe Abschn. „Glas").

Leichte, ungebrannte Bausteine

Woraus können Leichtbeton-Vollsteine hergestellt werden?

Vollsteine und Vollblöcke aus Leichtbeton (DIN 18152) werden aus hydraulischen Bindemitteln und porigen Zuschlägen gepreßt und an der Luft erhärtet. Vollsteine (V) und Vollblöcke (VbL) haben keine Kammern; Vollblöcke S (VbLS) haben Schlitze von Lagerfläche zu Lagerfläche; Vollblöcke S-W (VbL S-W) haben Schlitze und sehr gute Wärmedämmeigenschaften.

Zuschläge

Nenne geeignete Zuschläge!

Natur- oder Hüttenbims, Sinterbims, Kesselschlacke (Steinkohlenschlacke), Ziegelsplitt, Blähbeton, porige Lavaschlacke, Tuff.

● **Wonach werden die Leichtbetonsteine benannt?**

Die Benennung der Steine erfolgt nach ihren Hauptzuschlägen, wenn diese mindestens 75% des Gesamtzuschlaggewichtes ausmachen (z. B. Schlackensteine); für VblS-W ist nur Naturbims (NB) oder Blähton (BT) oder ein Gemisch aus Naturbims und Blähton (NB/BT) zulässig.

Formate und Maße:

In welchen Abmessungen werden Leichtbeton-Vollsteine und Vollblöcke hergestellt?

Vollsteine (V) aus Leichtbeton

Format Kurzzeichen	Maße in cm		
	Länge	Breite	Höhe
DF	24,0	11,5	5,2
NF			7,1
1,7 DF			9,5
2 DF			11,5
3 DF		17,5	11,3
3,1 DF	30,0	14,5	
4 DF	24,0	24,0	11,5
5 DF	30,0		
6 DF	36,5		
6,8 DF			9,5
8 DF	49,0		11,5
10 DF		30,0	

Vollblöcke (Vbl)

Format Kurzzeichen	Maße in cm		
	Länge	Breite	Höhe
6 DF	24,5	17,5	23,8
8 DF		24,0	
10 DF		30,0	
12 DF		36,5	
16 DF		49,0	
10 DF	30,5	24,0	
9 DF	37,0	17,5	
12 DF		24,0	
15 DF		30,0	
18 DF		36,5	
24 DF		49,0	
8 DF	49,5	11,5	
12 DF		17,5	
16 DF		24,0	
20 DF		30,0	
24 DF		36,5	

Güteklassen der Leichtbeton-Vollsteine und -Vollblöcke

Beschreibe die Güteklassen der Leichtbeton-Vollsteine!

	Vollstein 2 Vollblock 2	Vollstein 4 Vollblock 4	Vollstein 6 Vollblock 6	Vollstein 8 Vollblock 8	Vollstein 12 Vollblock 12
Kurzzeichen	V 2 Vbl 2 VblS 2 VblS-W 2	V 4 Vbl 4 VblS 4 VblS-W 4	V 6 Vbl 6 VblS 6 VblS-W 6	V 8 Vbl 8 VblS 8 VblS-W 8	V 12 Vbl 12 VblS 12 VblS-W 12
Druckfestigkeit in MN/m^2 (N/mm^2)	2	4	6	8	12
Steinrohdichte	entsprechend dem Zuschlag zwischen 0,5 und 2,0				
Kennzeichnung an der Läuferseite	– oder grün	1 senkr. Nut oder blau	2 senkr. Nute oder rot	schwarzer Stempel: Festigkeitsklasse u. Rohdichte	3 senkr. Nute oder schwarz
Merkmale und Eigenschaften	maßhaltig mit scharfen Kanten, grobporig, gute Putzhaftung, mäßig saugfähig, feuer- und wärmedämmend, verputzt gut schalldämmend, die Stirnseiten der Vollblöcke haben Aussparungen für die Vermörtelung				
Verwendung	für wenig belastete Hintermauerung und Trennwände, keine Schornsteine	für alle Arten von normalen Rohbauarbeiten, Schornsteine mit örtlichen Einschränkungen			

Was sind Schwemmsteine?

Schwemmsteine sind Vollsteine aus Bimsbeton. Man unterscheidet: Schwemmsteine aus Natur- und solche aus Hüttenbims (schaumige Hochofenschlacke).

Hohlblöcke aus Leichtbeton (DIN 18 151)

Was versteht man unter Leichtbeton-Hohlblöcken? Wie werden sie verarbeitet?

(Kurzzeichen Hbl) sind großformatige Bausteine mit fünfseitig geschlossenen, senkrecht zur Lagerfläche stehenden Luftkammern. (Zuschläge siehe Leichtbeton-Vollsteine.) Sie werden mit nach unten gekehrten Löchern als Zweihandsteine vermauert.

Ausführungen:

In welchen Ausführungen werden sie geliefert?

Hohlblöcke aus Leichtbeton werden als Ein-, Zwei-, Drei-,

Zweikammerstein
(2 Reihen Kammern)

Dreikammerstein
(3 Reihen Kammern)

Vier-, Fünf- und Sechskammersteine hergestellt und mit Teil-, Anschlag- und Ecksteinen (nur eine Hälfte Luftkammern) geliefert. Bei Bestellungen oder Ausschreibungen wird die Kammerzahl vor das Kurzzeichen gesetzt (z. B. 2 KHbl oder 3 KHbl).

½- und ½-Stein   ½- und ½-Anschlagstein

½- und ½-Stein
Einkammerstein   Dreikammerstein

Beim Eckverband können auch ganze Hohlblöcke (24er Wände) oder um den Anschlag verkürzte ganze Anschlagsteine verwendet werden (30er Wände).

Außer den dargestellten Anschlagsteinen 6/11,5 cm werden auch Steine für andere Anschlagarten gefertigt, z. B. Außenanschlag 6/6 cm, Doppelanschlag usw.

Einkammersteine gibt es nur mit der Breite 17,5 cm; 24 cm und 30 cm breite Steine dürfen bis Rohdichte 1,2 als Zweikammerstein hergestellt werden. Bei einer höheren Rohdichte müssen Drei-, Vier- oder Fünfkammersteine hergestellt werden. Steinbreiten von 36,5 cm und mehr sind immer als Drei-, Vier-, Fünf- oder Sechskammersteine herzustellen.

Außenmaße der Hohlblöcke:

In welchen Abmessungen werden Leichtbeton-Hohlblöcke hergestellt?

Form- kurz- zeichen	Format- kurz- zeichen	Maße in cm		
		Länge	Breite	Höhe
1 K Hbl	12 DF	49,5	17,5	
2 K Hbl	9 DF	37,0		
2 K Hbl	16 DF	49,5	24,0	
3 K Hbl	12 DF	37,0		
4 K Hbl	8 DF	24,5		
2 K Hbl	20 DF	49,5	30,0	23,8
3 K Hbl	15 DF	37,0		
4 K Hbl	10 DF	24,5		
5 K Hbl				
3 K Hbl	24 DF	49,5	36,5	
4 K Hbl	18 DF	37,0		
5 K Hbl				
6 K Hbl	12 DF	24,5		
5 K Hbl	16 DF	24,5	49,0	
6 K Hbl				

Güteklassen der Leichtbeton-Hohlblöcke:

Beschreibe die Güteklassen!

	Hohlblock 2	Hohlblock 4	Hohlblock 6	Hohlblock 8
Kurzbezeichnung	Hbl 2	Hbl 4	Hbl 6	Hbl 8
Druckfestigkeit in MN/m² (N/mm²)	2	4	6	8
Steinrohdichte	entsprechend den Zuschlägen zwischen 0,5 und 1,4 kg/dm³			
Kennzeichnung an der Läuferseite	grün	blau (oder 1 senkrechte Nut)	rot (oder 2 senkrechte Nute)	schwarzer Stempel: Festigkeitsklasse und Rohdichte
Merkmale und Eigenschaften	maßhaltig mit scharfen Kanten, grobporig, gute Putzhaftung, mäßig saugfähig, feuer- und wärmedämmend, verputzt gut schalldämmend, Druckfestigkeit relativ gering			
Verwendung	mäßig belastete Hintermauerung und Trennwände			

Beschreibe Leichtbeton-Deckensteine!	*Deckenhohlkörper aus Leichtbeton* (DIN 4158) sind längsgelochte leichte Hohlkörper für Stahlbetonrippendecken.

Grundform: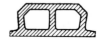

Abweichend von der Grundform gibt es zahlreiche ähnliche Fabrikate.

● Gib die Liefergrößen an!

Die Herstellung erfolgt in verschiedenen genormten Größen:

Regellängen: 25,0 und 33,3 cm
Regelbreiten: 33,3; 50,0; 62,5 und 75,0 cm
Höhe: ab 12 cm (Abstufung: 2 cm)

Schlußsteine (vor den Auflagern) sind fünfseitig geschlossen.

Hütten-Lochsteine (DIN 398)

Nenne die Merkmale der Hütten-Lochsteine!

sind fünfseitig geschlossene Bausteine aus dem Material der HSV mit mindestens drei Reihen (einschl. Griffschlitz) versetzt angeordneter Lochungen, senkrecht zur Lagerfläche. Durchstöße durch die obere Abdeckung bis 2,5 cm² Querschnitt sind zulässig.

In welchen Formaten werden sie hergestellt?

Hütten-Lochstein-Formate: 2 DF, 3 DF und 5 DF.

Beschreibe die Güteklassen der Hütten-Lochsteine!

Hütten-Lochsteine werden mit den Steinrohdichten 1,2/1,4 und 1,6 kg/dm³ und den Druckfestigkeiten 7,5 und 15 MN/m² (N/mm²) hergestellt.

Kurzbezeichnung:
HSL 1,2–7,5 – HSL 1,4–7,5 – HSL 1,6–7,5
1,2–15   1,4–15   1,6–15

Farbkennzeichnung wie beim HSV. Die Schall- und Wärmedämmung ist gut. Verwendet werden die HSL für Hintermauerung und Trennwände (keine Kamine).

Hütten-Hohlblocksteine (DIN 398), Kurzzeichen HHbl, werden mit den Druckfestigkeiten von 7,5 und 15 N/mm² geliefert.

Die äußere Form der HHbl entspricht der der Kalksand-Hohlblocksteine.

Formate	Maße in cm	Steinrohdichte in kg/dm³
30a 30b	24 × 30 × 23,8 24 × 30 × 17,5	1,0 – 1,2 – 1,4 – 1,6
24a 24b 17,5	36,5 × 24 × 23,8 36,5 × 24 × 17,5 36,5 × 17,5 × 23,8	1,0 und 1,2

Farbkennzeichnung wie HSV.

Kalksand-Lochsteine (DIN 106)

(s. auch Abschnitt: Kalksandsteine) haben die Lochungen gleichmäßig über die Lagenflächen verteilt, doch in den Lochachsen gegeneinander versetzt angeordnet. Die Anzahl der Lochreihen richtet sich nach der Wanddicke (s. Tabelle). Anordnung und Formgebung der Löcher sind unterschiedlich.

● Nenne Wesensmerkmale der Kalksand-Lochsteine!

Anordnung der Lochreihen senkrecht zur Wandebene bei Loch- und Hohlblocksteinen

Steinbreite gleich Wanddicke cm	≦ 17,5	≦ 24,0	≦ 30,0	≦ 36,5	≦ 49,0
Lochreihen	≧ 3	≧ 4	≧ 5	≧ 6	≧ 7

Kalksand-Hohlblocksteine (DIN 106)

(s. auch Abschnitt: Kalksandsteine) sind großformatige Bausteine mit gleichmäßig über die Lagerfläche verteilten senkrechten Luftkammern, die jedoch in den Lochachsen gegeneinander versetzt angeordnet sind (Anzahl der Lochreihen s. Tabelle, Abschnitt: Kalksand-Lochsteine).

An den Kopfflächen der Steine sind Grifftaschen und senkrecht verlaufende Aussparungen zur besseren Vermörtelung der Stoßfugen (Mörteltaschen) angebracht.

Kalksand-Hohlblocksteine werden auch als Teil- und Anschlagsteine geliefert.

Was versteht man unter Kalksand-Hohlblocksteinen?

Welche KS-Ratio-Hohlblocksteine gibt es?

KS-Ratio-Hohlblocksteine (KSL-R)

gibt es für Wanddicken von 11,5; 17,5; 24; 30 und 36,5 cm, Höhe: 23,8 cm, Länge: 30; 37,5 und 50 cm. Bevorzugte Druckfestigkeit: 12 MN/m^2 (N/mm^2). Bevorzugte Rohdichten: 1,2; 1,4 und 1,6.

Gasbeton-Blocksteine (DIN 4165)

Was versteht man unter Gasbetonsteinen?

(auch Poren- oder Schaumbetonsteine genannt), Kurzzeichen G, sind poren- bzw. blasenreiche Bausteine aus feinkörnigem, dampfgehärtetem Gasbeton (Ytong, Siporex usw.). Sie werden als volle Blöcke (meist großformatig) in verschiedenen, den Normen entsprechenden Abmessungen hergestellt. Steinfarbe: weißgrau bis blaugrau.

Wie erreicht man ein poriges Gefüge?

Das porige Gefüge kann auf verschiedene Weise erreicht werden:

a) durch gasbildende Zusätze (Zinkstaub, Aluminiumpulver u. a. m.);

b) durch schaumbildende Zusätze (Seifenschaum);

c) durch Einblasen von Luft oder Gas während des Mischvorganges.

Beschreibe die Güteklassen!

Kurzbezeichnung der Güteklassen	Druckfestigkeit in MN/m^2 (N/mm^2)	Steinrohdichte in kg/dm^3	Farbkennzeichnung
G 2	2	0,4 bis 0,5	grün
G 4	4	0,6 bis 0,8	blau
G 6	6	0,7 bis 0,8	rot
G 8	8	0,8 bis 1,0	keine Farbkennzeichnung, Aufstempelung schwarz

Nenne die Eigenschaften der Gasbetonsteine und ihre Verwendung!

Gasbetonsteine sind sehr leicht, haben geringe Druckfestigkeit, dämmen gut Schall und Wärme, lassen sich nageln und sägen und zeigen eine große Saugfähigkeit (gut annässen!). Wetterbeständigkeit gering. Verwendung: Hintermauerung, Trennwände, Ausmauern von Gefachen bei Skelettbauweise, nicht für Keller und Schornsteine.

Geeigneter Mörtel: Normalmörtel oder Leichtmörtel.

Gasbeton-Plansteine (Kurzzeichen GP)

werden in Dünnbettmörtel versetzt. Dadurch erhöht sich die Wärmedämmwirkung (Mörtelfuge = Kältebrücke). Wärmedurchgangskoeffizient k je nach Steinfestigkeit und Wanddicke zwischen 0,48 und 1,22 W/m^2 K (Ytong).

Gipsleichtsteine
sind großformatige Vollsteine aus Gips und leichten Zuschlagstoffen (wie Leichtbeton); sie besitzen nur örtliche Bedeutung.

Eigenschaften: mittlere Festigkeit, feuer-, wärme- und schalldämmend, wenig wetterbeständig.

Verwendung: Hintermauerung und Trennwände.

● Woraus bestehen Gipsleichtsteine?

Nenne ihre Eigenschaften und Verwendung!

Korkbetonsteine
Korkschrot mit einem Bindemittel (z. B. Bitumen, Kalk u. a. m.) zu Steinen gepreßt.

Eigenschaften: sehr leicht, besonders schall- und wärmedämmend.

Verwendung: schall- und wärmedämmende Wände und Fußböden (z. B. Kühlräume).

Woraus bestehen Korkbetonsteine?

Gib ihre Eigenschaften und Verwendung an!

Holzbetonsteine
Sägemehl mit Kalkzementmörtel vermischt und in Formen zu Steinen (NF) gepreßt.

Verwendung: Dübelsteine.

Was versteht man unter Holzbetonsteinen?

Wozu finden sie Verwendung?

1.3.3 Platten

Wand- und Deckenbauplatten

Hierunter versteht man Bauplatten verschiedenen Materials mit einer Dicke bis zu 10 cm (Ausnahmen 12 cm) zur Herstellung leichter Trennwände, Decken, Dachflächen und Wandverkleidungen. Die Längen und Höhen der Platten sind unterschiedlich, doch den Normen angepaßt.

Was versteht man unter Wand- und Deckenbauplatten?

Tonhohlplatten (Hourdis) (DIN 278)
bestehen aus gebranntem Ziegelton, haben Längslochungen und sind auf der Oberfläche mit Rillen versehen.
Sie sind statisch beanspruchbar.
Ausführungen:

Nenne Ausführungen und Abmessungen!

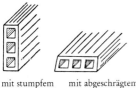

mit stumpfem   mit abgeschrägtem
Kopfende

Abmessungen in cm			Rohdichte-
Länge	Breite	Dicke	klasse
50		6	
60	20	7	0,8
70	und	8	
80	25		
90		10	1,0
100		12	
110			

Außerdem gibt es Platten mit ausgeklinkten Enden und solche mit Nut und Feder.

Kennzeichnung: Firmenzeichen des Herstellers.

In welchen Ausführungen gibt es Betonbauplatten? Nenne Betonbauplatten!

Betonbauplatten

werden mit und ohne Längslochungen, bewehrt und unbewehrt hergestellt.

Hierzu zählen: Schwerbetonhohldielen, Bimsdielen, stahlbewehrte Bimsbetonplatten, Schlackenbetonplatten, Ziegelsplittbetonplatten, Gasbeton-Bauplatten und Gasbeton-Planbauplatten.

● **In welchen Abmessungen werden sie hergestellt?**

Die Plattenmaße sind unterschiedlich:

Plattenart	Abmessungen in cm*)		
	Dicke	Länge	Breite
Unbewehrte Schwer- und Leichtbetonplatten (z. B. Bimsdielen)	5	99	24 32
	6	99	24 32
	7	99	24 32
	10	49	24
Bewehrte Bimsbetondeckenplatten	5 bis 7	9 bis 130	50 und 33
Großformatige leichte und schwere Stahlbetonplatten (auch Bimsbetonplatten)	5 bis 9	125 bis 270	50
	10	300	33

*) Die Abmessungen gelten nicht für Gasbetonplatten.

Gasbeton-, Dach-, Decken- und Wandplatten (auch mit Falzen, Nut und Feder) gibt es in verschiedenen Abmessungen:

Länge: bis 600 cm
Breite: 60 und 62,5 cm
Dicke: 7,5 bis 24 cm (Wände 10 bis 30 cm)

Festigkeiten: 3,5 und 5 N/mm² bei 0,55 bzw. 0,64 kg/dm³ Rohdichte.

Bimsdielen, Gasbeton-Bauplatten und Gasbeton-Planbauplatten
finden für leichte Trennwände, zur Ausfüllung der Balkenzwischenräume bei Holzbalkendecken (10 × 49 × 24 cm) und als Vormauerung bzw. „verlorene Schalung" zur Erhöhung der Wärmedämmfähigkeit von Wänden (auch bei feuchten Wänden) Verwendung.

Wo finden Bimsdielen und Gasbetonplatten Verwendung?

Die Platten sollen stets hochkant gelagert und transportiert werden.

Wie werden sie gelagert?

Bewehrte Betonplatten
werden für weitgespannte Wände, für Geschoßdecken (mindestens 6 cm dick) oder begehbare Dacheindeckungen (mindestens 5 cm dick) verarbeitet.

Wozu werden bewehrte Betonplatten verarbeitet?

Die Oberseite der Platten muß mit „oben", die Unterseite mit „unten" gekennzeichnet sein (Bruchgefahr!).

Wie müssen sie gekennzeichnet sein?

● **Beschreibe verschiedene Ausführungen!**

Stahlbewehrte Bimsbetonplatten

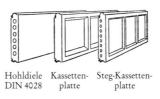

Hohldiele DIN 4028 — Kassettenplatte — Steg-Kassettenplatte

Hohldiele

Kassettenplatte

Steg-Kassettenplatte
(die schwarzen Punkte kennzeichnen die Lage der Bewehrung)

Wandbauplatten aus Gips (DIN 18163)
sind leichte Bauplatten aus Stuckgips ohne oder mit organischen Zuschlägen oder Füllstoffen. Auch chemische Luftporenbildner dürfen zugesetzt werden (= Porengips-Wandbauplatten).

Was versteht man unter Gips-Wandbauplatten?

Zuschläge: Natur- und Hüttenbims, Kesselschlacke, Sinterbims, Tuff, porige Lavaschlacke, Blähbeton, Vermiculite, Säge- oder Hobelspäne.

Füllstoffe: natürliche oder künstliche Fasern, Schilfrohr, Holzwolle-Leichtbauplatten.

Welche Zuschläge bzw. Füllstoffe finden Verwendung?

Welche Arten von Wandbauplatten aus Gips gibt es? Gib die Rohdichte an!

Art der Platte	Kurzzeichen	Rohdichte in kg/dm³
Porengips-Wandbauplatte	PW	>0,6 bis 0,7
Gips-Wandbauplatte	GW	>0,7 bis 0,9
Gips-Wandbauplatte	SW	>0,9 bis 1,2

Gib ihre Abmessungen an!

	Abmessungen in cm		
	Dicke	Länge	Höhe
Wandbauplatten aus Gips	6, 8, 10, 12	66,6	50

Die Stoß- und Lagerfugen der Platten sind abwechselnd mit Nut und Feder ausgebildet.

Welche Eigenschaften haben Gipsbauplatten? Wo finden sie Verwendung?

Eigenschaften der Gipsbauplatten: feuer-, schall- und wärmedämmend, nicht wetterfest, nagel- und sägbar.

Verwendung: leichte Trennwände, verputzte Außenwände im Gerippebauverfahren, Einschubdeckenplatten.

Beschreibe Gipskartonplatten!

Gipskartonplatten (DIN 18180)
sind großformatige, dünne Bauplatten aus porösem Gips (Zellengips), allseitig in Spezialkarton unlösbar eingefaßt. – Vorderseite gelblich, Rückseite grau. Gipskartonplatten gibt es als Vollplatten, gelocht und geschlitzt. Werkseitige Weiterbearbeitung (z. B. Zuschnitt, Beschichtung usw.) ist zulässig.

Welche Arten von Gipskartonplatten gibt es? Nenne die Kurzzeichen!

Gipskartonplattenarten (Kurzzeichen)

Gipskarton-Bauplatte B (GKB): zum Befestigen auf flächenartigen Unterlagen, Ansetzplatten als Wand-Trockenputz, Wand- und Deckenbekleidungen auf Unterkonstruktionen, Bekleidungen für Montagewände.

Gipskarton-Bauplatte B – imprägniert (GKBI): Verwendung wie GKB, jedoch mit verzögerter Wasseraufnahme.

Gipskarton-Bauplatte F (GKF): Feuerschutzplatte, der Plattenkern enthält Zusätze aus mineralischen Fasern (Gefügezusammenhalt bei Feuereinwirkung).

Gipskarton-Bauplatte F – imprägniert (GKFI): Verwendung wie GKF, jedoch mit verzögerter Wasseraufnahme.

Gipskarton-Putzträgerplatte (GKP): Putzträger (meistens auf Unterkonstruktion) z. B. für Kunstharzputz.

Wie sind Gipskartonplatten gekennzeichnet?

Die Plattenarten werden durch farbigen Aufdruck gekennzeichnet: Firmenzeichen oder -name, DIN-Nummer, Plattenart und Prüfzeichen.

Aufdruck: blau bei GKB, GKBI, GKP,
rot bei GKF und GKFI.

Plattenmaße in cm:

Dicke	Breite	Länge	
0,95 1,25	125	200–400	Längenabstufung jeweils um 25 cm steigend
1,50 1,80		200–300 200–250	
2,5	60	250–350	
0,95	40	150 und 200 (nur GKP)	

• Gib die Plattenabmessungen an!

Eigenschaften: leicht und trocken, raumbeständig (kein Schwinden und Rissigwerden), elastisch, feuer-, schall- und wärmedämmend, nicht wetterfest, nagelbar, leicht säg- und schneidbar (Messer).

Nenne ihre Eigenschaften!

Gipskarton-Verbundplatten (Kurzzeichen VB) bestehen aus einer Gipskartonplatte und einer Schicht aus Kunststoffhartschaum [Polystyrol (PS) oder Polyurethan (PUR)].
Vorzugsmaße: Länge 2500 mm, Breite 1250 mm.

Was versteht man unter Gipskarton-Verbundplatten?

Dicke:

Gipskarton	9,5 mm	12,5 mm
Hartschaum	20 mm, 30 mm	20, 30, 40, 50 mm

Gipskartonplatten (Rigips) gibt es auch als Trockenestrichplatten (nicht für feuchte Räume!) mit Falzen. Ausführungen: ohne und mit einer 20 bis 30 mm dicken mineralischen Faserdämmstoffplatte oder einer Platte aus geschäumtem Kunstharz verklebt (Verbundplatte).

Beschreibe Gipskarton-Trockenestrichplatten!

Holzwolle-Leichtbauplatten (DIN 1101)
bestehen aus langfaseriger Holzwolle und mineralischen Bindemitteln (Zement oder kaustisch gebrannter Magnesit).

Woraus bestehen Holzwolle-Leichtbauplatten?

Bekannte Fabrikate:
  Heraklithplatten (magnesitgebunden);
  Tektonplatten (zementgebunden).

Nenne die bekanntesten Fabrikate!

Plattenmaße und Kurzzeichen:
  Länge: 200 cm
  Breite: 50 cm
  Dicke: 1,5; 2,5; 3,5; 5,0; 7,5 und 10,0 cm
  Kurzzeichen: HWL 15, HWL 25, HWL 35, HWL 50, HWL 75 und HWL 100

In welchen Abmessungen werden sie geliefert?

Eigenschaften: guter Putzträger, raumbeständig, maßhaltig, elastisch, feuerhemmend (B1 nach DIN 4102), schall- und wärmedämmend, säg- und nagelbar, nicht wetterbeständig, fäulnisfest.

Nenne ihre Eigenschaften!

Verwendung: wärmedämmender Putzträger für Holzbalkendecken, Dachgeschoßausbau und Gerippewände, Isolierplatte gegen Wärme und Kälte (auch als verlorene Schalung), Zwischendecken (Einschubplatten).

Wo finden Holzwolle-Leichtbauplatten Verwendung?

Platten über 5 cm Dicke: selbsttragende Leichtbauwände.

Für reine Isolierzwecke gibt es auch Holzwolle-Leichtbauplatten als Mehrschichtplatten (DIN 1104) = Kunststoff-Hartschaum (HS) oder Mineralfaserschicht (Min), ein- (Zweischichtplatte) oder beidseitig (Dreischichtplatte) mit mineralisch gebundener Holzwolle beschichtet.

Nenne Abmessungen und Kurzzeichen für Mehrschichtplatten!

Maße für Mehrschichtplatten und Kurzzeichen, Dicke (in cm):

	Holzwolle-leichtbauplatte (HWL)	Hartschaum (HS)	Mineralfaserschicht (Min)
zweischichtig	0,5 0,5	1,0 bis 9,5 –	– 4,5 bis 9,5
dreischichtig	0,5 bis 0,75 0,5 bis 1,0	1,5 bis 11,5 –	– 3,5 bis 8,5

Länge und Breite wie einfache Holzwolle-Leichtbauplatten.

Kurzzeichen: ML mit Angabe des Dämmstoffes, der Gesamtdicke (in mm) und der Schichtenzahl, z. B. HS-ML 50/2 oder Min-ML 60/3.

Kennzeichnung: DIN 1101 bzw. DIN 1104 und Hersteller.

Wie sollen HWL gelagert bzw. transportiert werden?

Holzwolle-Leichtbauplatten müssen stets flach gelagert und hochkant transportiert werden (über die Schmalseite hochkanten!).

Woraus bestehen Torfplatten?

Torfplatten

werden aus Torf mit oder ohne Bindemittel gepreßt (z. B. Torfoleum).

Nenne ihre Abmessungen!

Plattenabmessungen:
   Dicke: jedes Maß von 2 bis 12 cm,
      Vorzugsmaße: 2 bis 4 cm;
   Länge: 100 cm;
   Breite: 50 cm.

Gib ihre Eigenschaften und Verwendung an!

Eigenschaften: schall- und wärmedämmend, schwer entflammbar, fäulnisfest, elastisch, säg- und nagelbar.

Verwendung: Isolierschichten im und vor dem Mauerwerk (z. B. Kühlräume), auf Fußböden und auf oder unter Dachflächen.

Woraus bestehen Korkplatten?

Korkplatten

sind aus Korkschrot (Kork = Rinde der Korkeiche) mit oder ohne Bindemittel gepreßt.

Gib ihre Maße an!

Plattenabmessungen:

Dicke: 2 und 2,5 cm	3 bis 16 cm
Länge: 100 cm	100 cm
Breite: 25 cm	50 cm

Verwendung: Isolierung von Baukörpern gegen Wärme, Kälte und Schall, Unterlage für Linoleumböden, Innenauskleidung feuchter Wände, Kühlräume.

Wo finden sie Verwendung?

Boden- und Wandplatten

Welche Arten von Boden- und Wandplatten gibt es?

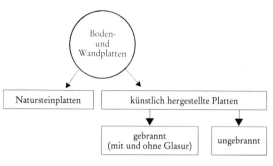

Natursteinplatten

werden hergestellt aus Granit, Diabas, Basaltlava, vulkanischem Tuffgestein, Quarzit, Sandstein, Serpentin, Kalkgestein (Muschelkalk, Solnhofer Jurakalk, Travertin, Marmor).

Aus welchen Natursteinen werden hauptsächlich Platten hergestellt?

Die Abmessungen der Platten richten sich nach dem jeweiligen Gestein bzw. Verwendungszweck (0,6 bis 5 cm dick). Die Plattenformen sind beliebig.

Wonach richten sich ihre Abmessungen?

Gebrannte Platten

= keramische Platten gibt es als Boden- und Wandplatten in verschiedenen Farben, mit und ohne Glasur, und in zahlreichen Formaten und Größenabstufungen vom Kleinmosaik bis zur Großplatte (z. B. „Keraion"-Großplatte der Fa. Buchtal).

Was versteht man unter keramischen Platten?

Steinzeug-Bodenplatten (DIN 1400)

(Bodenfliesen): Ton mit „Flußmitteln" (Feldspat, Kalk, Quarz u. a. m.) durchsetzt, unter hohem Druck gepreßt und bis zur Sinterung (etwa 1200 °C) gebrannt. Bodenplatten werden in der Regel nicht oder nur matt glasiert. Verschiedene Farben.

● **Woraus und wie werden Steinzeug-Bodenplatten hergestellt?**

Steinzeugplattenformen: quadratisch, rechteckig, drei-, sechs- und achteckig (mit dazugehörigen Halbplatten). Ferner werden Rinnen-, Sockel-, Kanten- und Eckplatten geliefert. Die Oberfläche der Platten kann glatt oder gerieffelt ausgeführt sein. Außerdem gibt es noch Klein- und Mittelmosaik (auch glasiert!).

● **In welchen Formen werden sie geliefert?**

Eigenschaften: sehr hart, wasserdicht, wetter- und säurefest, nicht schall- und wärmedämmend.

Nenne ihre Eigenschaften!

Nenne die Beanspruchungsgruppen für Bodenbeläge!

Beanspruchungsgruppen für Bodenbeläge:

Gruppe		
I	(leicht)	Wohnbereich bei sorgfältiger Behandlung und mäßiger Frequentierung
II	(mittel)	
III	(mittelstark)	Wohnbereich einschl. Flure, Balkone, Loggien, Geräteräume, Sanitär- und Behandlungsräume usw.
IV	(stärker)	Ladenlokale, Gaststätten, Garagen, Ausstellungsräume usw.
V	(höchste Beanspruchung)	Bodenbeläge vor Theken und Schaltern, Industrieböden usw.

Wo werden Spaltplatten verarbeitet?
Wie kann die Oberfläche beschaffen sein?

Spaltplatten (DIN 18 166)
finden als Boden- und Wandplatten und zur Auskleidung von Schwimmbecken Verwendung. Herstellung in verschiedenen Farben und Formaten, glasiert und unglasiert.

Glasuren = Scharffeuerglasuren = besonders dicht und beständig; sie verfärben sich nicht und zeigen keine Haarrisse.

Nenne Rohstoffe und Herstellung!

Rohstoffe: dichter Steinzeugton mit mineralischen Zuschlägen, bis zur Sinterung (etwa 1200 °C) gebrannt.

Warum heißen sie „Spaltplatten"?

Spaltplatten, als Doppelplatten stranggepreßt, werden nach dem Brennen in Einzelplatten gespalten. Die schwalbenschwanzförmigen Stege ermöglichen gute Mörtelverkrallung. (Nicht für Dünnbettverfahren geeignet!)

Gib die Maße der Vorzugsformate an!

Spaltplatten-Vorzugsformate (Maße in mm)

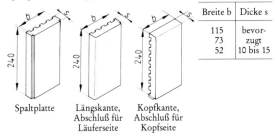

Breite b	Dicke s
115	bevorzugt
73	
52	10 bis 15

Spaltplatte — Längskante, Abschluß für Läuferseite — Kopfkante, Abschluß für Kopfseite

• Was versteht man unter glasierten Wandplatten?

Glasierte Wandplatten (DIN 1399)
sind Steingut- (reiner weißer Ton + Sand, bis zur Sinterung gebrannt) oder Schamotteplatten, deren Ansichtsflächen mit einer Glasur (2. Brand!) überzogen sind.

• Was versteht man unter einer Glasur?

Glasuren sind glasartige, wasserdichte und säurefeste Überzüge, die bei hohen Temperaturen (Schmelzen der aufgetragenen Glasurmasse) eingebrannt werden. Sie können durchsichtig oder farbig, hochglänzend oder matt hergestellt werden.

Die Glasurmasse besteht aus Kieselsäure, welcher zur Herabsetzung des Schmelzpunktes Flußmittel (z. B. Kalk) zugesetzt werden. Farbige Glasuren erhält man durch Beimischen von Metalloxiden (Verbindung von Sauerstoff + Metall).

Glasierte Wandplatten gibt es in quadratischer und rechteckiger Form, auch als Klein- und Mittelmosaik. Schlußplatten haben eine, Eckplatten zwei glasierte Kanten.

Die Platten werden in verschiedenen Farbtönen geliefert: weiß, elfenbein, gelblich oder farbig (= Majolika), einfarbig = uni und als Dekorplatte (verschiedenfarbig, Ziermuster).

„Keraion"-Platten (Buchtal) = Großplatten

aus hochwertigem keramischen Steinzeugmaterial, licht-, säure-, laugen- und frostbeständig, glasiert, in verschiedenen Farben und Dessins (Dekorplatten) lieferbar, überwiegend an Wandflächen (innen und außen) verarbeitet, aber auch als Bodenbelag (Vorsicht, harte Beanspruchung kann Glasur beschädigen!) oder Deckenverkleidung einsetzbar.

Abmessungen:

297 × 297 mm
297 × 597 mm
597 × 597 mm
1250 × 1600 mm

Plattendicke für alle Formate = 8 mm

(297 × 297 mm-Platte nur als Ergänzungsplatte für bestimmte Verbände).

Verlegungsart:
a) bis Format 597 × 597 mm:
   innen: Dünnbett oder Normalbett (Haftmörtel);
   außen: kein Mörtelbett, mechanisch befestigt, hinterlüftet (auch innen!).
b) Großformat:
   innen: Verkleben auf punkt- oder streifenförmiger Unterkonstruktion (Silikon-Kautschuk-Spezialkleber);
   außen und *innen:* hinterlüftete Fassade mit mechanischer Befestigung (z. B. Schienenhalterung).
(Näheres hierzu: Buchtal-Arbeitskatalog.)

Ungebrannte Platten

Künstliche ungebrannte Platten finden überwiegend als Bodenbelag Verwendung. Die wichtigsten Arten sind:

Betonplatten

feinkörniger Beton (Estrich), erdfeucht in Formen gepreßt und an der Luft erhärtet. In die obere Zone der Platten kann zur Erhöhung der Griffigkeit und Verschleißfestigkeit Hartgesteinsplitt eingestreut werden (z. B. Basaltinplatte). Aus optischen Gründen kann die Oberschicht auch aus Waschbeton (s. dort) bestehen.

b) Terrazzoplatten,

Terrazzoplatten

Platten aus feinkörnigem Beton, deren Oberflächen durch eine Terrazzoschicht veredelt sind (siehe Abschnitt „Terrazzo"). Die Platten sind nicht schall- und wärmedämmend.

● c) Faserzementplatten,

Faserzementplatten

sind 6 mm dicke, sehr harte, wasserdichte, feuer-, schall- und wärmedämmende Platten aus einem Gemisch von Kunststofffasern (Armierungsfasern aus Polyvinylalkohol oder Polyacrylnitril), Zellstoffasern, Kalksteinmehl und Portlandzement.

d) Steinholzplatten,

Steinholzplatten

gefärbte Mischung von Magnesit, Chlormagnesiumlösung und Sägemehl, in Formen gepreßt und an der Luft erhärtet. Die Platten sind feuer-, schall- und wärmedämmend.

e) Asphaltplatten

Asphaltplatten

Teer oder Bitumen, mit Gesteinsmehl durchsetzt, unter hohem Druck in Formen gepreßt. Die Platten sind elastisch, schall- und wärmedämmend.

● f) Glasplatten!

Glasplatten siehe Abschnitt „Glas"

Nenne die wichtigsten Abmessungen für Boden- und Wandplatten!

Die gebräuchlichsten Plattenabmessungen sind:

Bodenplatten	Flächenmaße in cm
Steinzeugplatten nach DIN 1400 (Quadratplatten A)	7,5 × 7,5 10 × 10 (Vorzugsgröße) 15 × 15 17 × 17
Betonplatten nach DIN 485 (Bürgersteigplatten)	25 × 25 30 × 30 (Vorzugsgröße) 35 × 35 50 × 50 75 × 80
Bearbeitete Natursteinplatten nach DIN 484 (Bürgersteigplatten)	40 × 40 65 × 100

Plattendicke: gebrannte Platten .... 1,0–2,3 cm
                ungebrannte künstliche Platten .... 2,0–5,0 cm
Glasierte Wandplatten nach DIN 1399: 15 × 15 × 0,8 cm.

1.3.4 Bau-Rohre

Was versteht man unter Dränrohren, und wozu werden sie verwandt?

Dränrohre

werden zur Entwässerung feuchten Erdreichs eingesetzt. Dränrohre aus Ziegelton (DIN 1180) sind unglasiert und porös, ohne Muffen oder Falze und unterhalb der Sintergrenze gebrannt.

Abmessungen: Rohrlängen: 33,3 und 50 cm;
lichter Rohrdurchmesser: 4; 5; 6,5; 8; 10; 13; 16; 18; 20 cm.

In welchen Abmessungen werden sie geliefert?

Dränrohre aus flexiblem Kunststoff = PVC-hart (DIN 1187) haben perforierte Wandungen und werden in Rollen (50 m) geliefert. Lichter Leitungsdurchmesser: 50; 65; 80; 100; 125; 160; 200 mm. Dazu gibt es Verbindungsstücke, Abzweige und Endstopfen. Besonderer Vorzug: schnelles Verlegen, auch um Ecken und dergleichen, geringe Bruchgefahr.

Welche Vorzüge haben Kunststoff-Dränrohre?

Eine Doppelfunktion hat das FSD-System (Fränkisches Schal-Drän-System), wobei schlagfeste PVC-Elemente aus einseitig geschlitzten Kastenprofilrohren (5 cm × 20 cm) gleichzeitig als Schalung für Betonbodenplatten und als Dränagerohre verlegt werden. FSD-Profile werden in 5 m Länge geliefert, für Ecken, Anschlüsse und dergl. gibt es Formteile. Spezialhalterungen gewährleisten eine exakte Montage. Einbautiefe bis 4 m. Maximale Schalhöhe mit Aufstockteil 32 cm.

Was versteht man unter Schal-Drän-System?

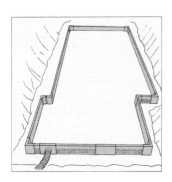 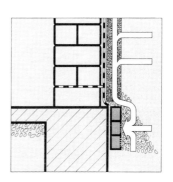

Fränkisches Schal-Drän-System (FSD-System)

Ton-Entlüftungsrohre

bestehen aus scharf gebranntem, unglasiertem Ziegelton oder aus Schamotte (z. B. Plewa-Vierkantrohre), besitzen rechteckige Querschnitte mit gerundeten Kanten und gelbe bis rötliche Färbung. Sie werden auch als Krümmer für „gezogene" Leitungen geliefert. Die Rohrenden sind mit Falzen versehen.

Beschreibe Ton-Entlüftungsrohre!

Verwendung: Be- und Entlüftungen, Auskleidung von Rauchrohren.

Gib ihre Verwendung an!

Was versteht man unter Steinzeugrohren?

Steinzeugrohre (DIN 1230)

sind glasierte, bis zur Sinterung gebrannte Tonrohre mit Muffe von brauner Farbe. Sie sind sehr hart, wasserdicht und unempfindlich gegen chemische Einflüsse. „topton-Rohre" sind nur innen glasiert (DN 100 und DN 150 mit Steckmuffe L).
Verwendung: Kanalbau, Grundstücks- u. Ortsentwässerung

Wie lautet die Kurzbezeichnung für Steinzeugrohre?

Steinzeugrohre werden mit den Buchstaben DN (Nenndurchmesser) und Angabe des lichten Durchmessers in mm bezeichnet, z. B. DN 100.

Wofür finden sie Verwendung?

Steinzeugrohre für Grundstücksentwässerung DN 100 bis DN 200, für Ortsentwässerung DN 200 bis DN 1000.

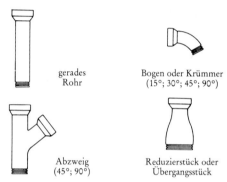

gerades Rohr

Bogen oder Krümmer (15°; 30°; 45°; 90°)

Abzweig (45°; 90°)

Reduzierstück oder Übergangsstück

Nenne die wichtigsten Formen und Abmessungen der Steinzeugrohre!

Steinzeugrohre werden mit 17 verschiedenen lichten Durchmessern von 75 bis 1000 mm, für hohen Scheiteldruck auch mit verstärkten Wandungen, geliefert.

Gib die Regelbaulängen an!

Regelbaulängen:
DN 100 und DN 125: 1250 mm
DN 150: 1250 mm und 1500 mm
DN 200: 1500 mm und 2000 mm

Welche Muffendichtarten gibt es?

Dichtarten für Muffen:
a) DN 100 bis DN 200 mit werkseitig eingebrachter Steckmuffe L
b) ab DN 200 mit werkseitig eingebrachter Steckmuffe K
c) DN 100 bis DN 200 ohne Steckmuffen (Dichtung mit Rollringen)

Woraus werden Kunststoff-Abwasserrohre hergestellt?

Kunststoffrohre

für Abwasserleitungen werden aus Hart-PVC hergestellt und überwiegend durch Steckmuffen mit Dichtringen, weniger durch Kleben, verbunden. Abzweige und Reduzierstücke gibt es wie bei Steinzeugrohren.

Wie werden sie verbunden?

Geliefert werden die Rohre bis zu einem lichten Durchmesser von 400 mm in verschiedenen Längen von 0,5 bis 5,0 m.

Beim Verbinden der Rohre ist auf Sauberkeit zu achten. Dichtringe mit Gleitmittel (z. B. Schmierseife) versehen! Die Rohrenden sollen mit etwa 1 cm Spiel (Dehnungsspiel) in der Muffe sitzen. (Siehe auch Abschnitt 2.12.)

In welchen Abmessungen werden sie geliefert?

Worauf ist beim Verbinden zu achten?

Faserzement-Rohre

(z. B. Eternitrohre) gibt es mit rundem, quadratischem und rechteckigem Querschnitt. Verbindung durch Muffen (wie Steinzeugrohre). Formstücke wie Krümmer usw., Abmessungen und Querschnitte entsprechen den Steinzeugrohren. Verwendung: Be- und Entlüftungen, Entwässerungsleitungen (kein Schmutzwasser) für Regenwasser, nicht für Rauchrohre.

Nenne die Verwendung von Faserzementrohren!

Betonrohre

aus Schleuderbeton finden nur für die Ortsentwässerung Verwendung.

Wo finden Betonrohre Verwendung?

1.4 Holz

1.4.1 Aufbau und Gefüge

Holz besteht überwiegend aus Zellulose (Kohlenstoff, Wasserstoff und Sauerstoff).

Es setzt sich aus Zellensträngen zusammen (Stamm = Bündel von Fasern). Den Querverband bilden die Markstrahlen, die sternförmig von der Mitte des Stammes ausgehen.

Der Baum wächst durch Zellteilung, wobei sich die neu entstehenden Zellen schichtenweise um die älteren legen → Jahresringe.

Welches sind die Hauptbestandteile des Holzes?

Beschreibe das Gefüge des Holzes!

Wie entstehen die Jahresringe?

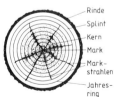

Schnitt durch einen Baumstamm

Jeder Jahresring besteht aus dem helleren „Frühholz" und dem dunkleren „Spätholz". Mit zunehmendem Alter verholzen die Zellen (Versteifung der Zellwände).

Was versteht man a) unter Splintholz, b) unter Kernholz,	Splintholz nennt man die jüngeren (äußeren), hell gefärbten und meistens weichen Schichten. Es ist sehr saftreich.
	Das Kernholz reicht vom Splintholz bis zum Mark (Mitte des Stammes). Es ist saftarm und durch die Ablagerung verschiedener Stoffe (z. B. Farb- oder Gerbstoffe) dunkel gefärbt und besonders fest.
	Nicht alle Holzarten haben Splint- und Kernholz. Man unterscheidet Splintholzbäume aus saftreichem Splintholz (Weißbuche, Ahorn, Birke); und Kernholzbäume aus Splint- und Kernholz (Eiche, Kiefer, Lärche, Apfelbaum).
c) unter Reifholz?	Manche Holzarten besitzen einen farblich kaum vom Splint zu unterscheidenden Kern, den man mit Reifholz bezeichnet. Reifholzbäume: aus Splint und Reifholz (Fichte, Tanne, Erle, Rotbuche).

1.4.2 Handelsformen des Holzes

In welchen Formen wird Holz gehandelt?

Man unterscheidet Brenn- und Nutzholz. Letzteres wird als Rund- und Schnittholz gehandelt.

Welche Rundhölzer finden am Bau Verwendung?

Verwendung der Rundhölzer am Bau:

Rundhölzer	⌀ in cm 1 m über dem Stammende	Verwendungszweck
Stangen	bis 7	Absperrungen, Zäune, Pflöcke usw. – keine Aufnahme von Belastungen
	7 bis 14	Rüststangen (Standbäume und Streichstangen), Rüsthebel (-riegel), Leiterbäume, Stützen (Steifen) für Schalungen, Pfähle usw.
Stämme	über 14	Abstützungen bei Unterfangarbeiten, Hebebäume usw.

Bauholzschnittklassen nach DIN 1052

● **Gib die Bauholzschnittklassen an!**

Man unterscheidet 4 Schnittklassen (S, A, B, C):
Schnittklasse S = scharfkantig, keine Fehlkanten (Baumkanten) zugelassen.

Erkläre die Begriffe: scharfkantig, fehlkantig, sägegestreift!

Ganzhölzer   A: scharfkantig, bis 2 Fehlkanten zugelassen   B: fehlkantig, bis 4 Fehlkanten zugelassen

C: sägegestreift

Halbholz   *Kreuzholz*

unbesäumt   besäumt

Bretter

Die mit s bezeichneten seitlichen Abfallstreifen heißen Schwarten. Sie finden als Zwischendecken für Holzbalkendecken Verwendung.

Bretter und Bohlen werden unbesäumt und besäumt gehandelt. Die Jahresringe sollen möglichst senkrecht zur Brettbreite verlaufen („stehende Jahresringe").

Was versteht man unter Schwarten?

Verwendung der Schnitthölzer am Bau:

Welche Schnitthölzer werden am Bau verwandt?

Schnitthölzer	Abmessungen in cm	Verwendungszweck
Balken ...	8/20 bis 20/26	Balkenlagen, Schwellen, Rähme, Dachkonstruktionen, Fachwerk usw.
Kanthölzer	6/10 bis 18/18	Schalungsarbeiten, Rüstböcke usw. – nicht für Rüsthebel (-riegel).
	Abmessungen in mm	
Bohlen ...	45 bis 100	stark belastete Gerüste, Fahrbahnen, Unterfangarbeiten, Abstützungen im Tiefbau usw.
Bretter ...	10 bis 40	Rüstbretter, Schalbretter, Bordbretter, Fußbodenbelag, Verschwertung von Gerüsten und Dachstühlen usw.
Latten ...	24/48 bis 50/80	Dachlatten (Vorzugsmaß 24/48)

• In welchen Längenabstufungen wird Holz gehandelt?	Abstufungen der Längenmaße: für Nadelhölzer 25 cm, für Laubhölzer 10 cm.

1.4.3 „Arbeiten" des Holzes

Was versteht man unter „Arbeiten" des Holzes?	(Schwinden, Quellen, Werfen, Reißen) In Abhängigkeit von der Feuchtigkeit schwindet und quillt das Holz. Diese ständige Veränderung des Volumens bezeichnet man mit „Arbeiten".
Wie erklärt sich das Schwinden?	Der Wassergehalt des frischen Holzes (40–60%) verringert sich beim Austrocknen auf 12–20% (lufttrocken), die Zellen schrumpfen, das Holz schwindet.
Wie wirkt sich das Schwinden auf Schnittholz aus?	Das saftreiche Splintholz schwindet mehr als das saftarme Kernholz.
Warum sollen Bretter stehende Jahresringe haben?	Beim Trocknen ziehen sich Bretter mit stehenden Jahresringen nicht, ihre Dicke nimmt an den Rändern geringfügig ab. Seitenbretter werfen sich entgegengesetzt zum Verlauf der Jahresringe.

Unterschiedliches Schwinden der Bohlen je nach Verlauf der Jahresringe

Wann quillt Holz?	Durch Feuchtigkeitsaufnahme dehnen sich die Zellen, das Holz quillt.
In welchem Umfang arbeitet Holz?	In Faserrichtung arbeitet das Holz gering (0,1%), quer zur Faser sehr stark (Maßabweichungen bis 10%).
Wann reißt es?	Holz reißt: a) bei raschem und ungleichmäßigem Austrocknen, b) wenn es nicht uneingeschränkt schwinden kann.
Wann wirft es sich?	Holz wirft sich, wenn es nicht uneingeschränkt quellen kann (Vorsicht bei trockener Schalung!).
Wie verhindert man das Aufreißen von Rüstbrettern?	Die Köpfe der Rüstbretter werden zum Schutz gegen Aufreißen mit Bandstahl umnagelt. Lösung A = gut, Lösung B = schlecht (Anlaß zum Stolpern).
Wobei muß das Arbeiten des Holzes berücksichtigt werden?	Auf das Arbeiten des Holzes ist zu achten: a) beim Einmauern von Holzteilen (Dübel, Fachwerk usw.); b) beim Ein- und Überputzen von Holzteilen; c) bei Schalungsarbeiten (auch bei Lehrbogen), – Zwischenräume lassen!

1.4.4 Eigenschaften und technische Verwendbarkeit

Holz ist leicht (Dichte = etwa 0,5 kg/dm³), warm, druck- und zugfest, tragfähig und elastisch.

Welche Eigenschaften hat Holz?

In Faserrichtung sind Druck- und Zugfestigkeit des Holzes groß, senkrecht zur Faser gering (leichte Spaltbarkeit!).

Größere Längen sind bei Druckbeanspruchung gegen seitliches Ausbiegen bzw. -knicken zu verstreben. Knickgefahr besonders groß im mittleren Drittel, Stöße bei Stützen daher im oberen oder unteren Drittel anordnen!

Wie sichert man Stützen gegen seitliches Knicken?

Harthölzer (Eiche, Esche, Buche) sind für Unterlagen und Keile besonders geeignet, da ihre Druckfestigkeit quer zur Faser größer ist als die der Nadelhölzer.

Welches Holz ist für Keile besonders geeignet?

Belasteter Balken

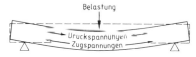

Wie erklärt sich die Tragfähigkeit des Holzes?

Auf Grund seiner großen Druck- und Zugfestigkeit kann das Holz die bei der Belastung auftretenden Spannungen weitgehend aufnehmen. Beim Bruch werden die unteren Fasern auseinandergezogen, die oberen gestaucht.

Wovon ist die Tragfähigkeit bzw. Biegefestigkeit abhängig?

Je größer die Höhe des Holzquerschnittes, desto tragfähiger das Holz (höhere Druck- bzw. Zugzone). Gegen seitliches Durchbiegen bzw. Umkippen muß eine gewisse Breite vorhanden sein. Günstiger Balkenquerschnitt:

Breite : Höhe = 5 : 7

Außerdem ist die Tragfähigkeit vom Abstand der Unterstützungspunkte abhängig. Beim Kantholz sind die Fasern zum Teil an- oder durchgeschnitten; daher bricht es leichter. Kanthölzer dürfen daher nicht als Gerüsthebel benutzt werden.

Warum dürfen Kanthölzer nicht als Gerüsthebel benutzt werden?

An- bzw. durchgeschnittene Fasern beim Kantholz

Holzfasern sind kurzfristig dehnbar. Die Faserbündelstruktur des Holzes wirkt sich auf die Elastizität günstig aus.

Warum ist Holz elastisch?

Witterungseinflüsse (Feuchtigkeit, Wärme, Kälte) bewirken ein Verschieben der Elastizitätsgrenze.

Bei längerer großer Belastung oder verkanteter Lagerung können einzelne Fasern über ihre Elastizitätsgrenze gedehnt und zerstört werden, so daß sie ihre alte Form nicht wieder annehmen können = windschiefe Hölzer.

Wodurch können gerade Hölzer windschief werden?

• Wieviel Bauholzgüteklassen gibt es?	*Bauholzgüteklassen* nach DIN 4074 Güteklasse I: Bauholz mit besonders hoher Tragfähigkeit; Güteklasse II: Bauholz mit gewöhnlicher Tragfähigkeit; Güteklasse III: Bauholz mit geringer Tragfähigkeit. Güteklasse I muß mit Stempeldruck gekennzeichnet sein.
Welche Hölzer sind hart, welche weich?	*Harte Hölzer:* Ebenholz, Pockholz, Weißbuche, Apfelbaum, Ahorn, Eiche, Esche, Kirsche, Rotbuche, Ulme. *Weiche Hölzer:* Kiefer, Tanne, Fichte, Birke. Allgemein gilt: Nadelhölzer aus nördlichen (kalten) Zonen sind härter als solche aus tropischen Ländern. Bei Laubhölzern verhält es sich umgekehrt (härteste Hölzer in den Tropen).

1.4.5 Holzkrankheiten, Schädlinge

Krankheiten und Pilze

Woran kann krankes Holz erkannt werden?	Krankes Holz kann erkannt werden: a) am Geruch (gesundes Holz riecht würzig, krankes muffig); b) am Klang (krankes Holz klingt dumpf); c) am Aussehen.
Nenne und beschreibe Holzkrankheiten!	*Kernfäule* zersetzt den noch lebenden, überalterten (überständigen) Baum von innen her. – Schnittholz unbrauchbar.

Rotfäule (meist bei überständigen Fichten) zersetzt den Kern zu einer rötlichen bis braunen pulverförmigen Masse (Fäulnisgeruch). – Für Bauholz unbrauchbar.

Weißfäule gibt dem Holz eine weiße bis weißgelbe Färbung (leuchtet z.T. bei Dunkelheit) und macht es schwammig-weich, starker Pilzgeruch. – Für Bauzwecke unbrauchbar.

Naßfäule (Vermoderung) tritt bei häufigem Wechsel von naß und trocken bei schlechter Belüftung auf.

Trockenfäule bewirkt das Zerfallen feuchten Holzes zu Pulver bei Luftabschluß. Vorsicht beim Einmauern von Balkenköpfen!

Blau- und Rotstreifigkeit entsteht meistens bei falscher Wartung während des Trockenvorganges (zu spät entrindet, mangelhafte Luftzufuhr usw.). – Festigkeit bei Blaustreifigkeit nicht, bei Rotstreifigkeit in gewissem Umfang vermindert. – Möglichst nicht im Freien verwenden!

„*Echter Hausschwamm*" (Pilz) tritt ausschließlich an eingebautem Holz auf. Kennzeichen: schwammiger, gelblich bis braun gefärbter, fladenartiger Fruchtkörper mit weißlichen Rändern, aus denen brauner Staub (Samen) tritt, im Holz weißes Fasergeflecht = Myzel (dicke Stränge und dünne Fäden); verbreitet sich mit starkem Modergeruch auch an trockenem Holz und zersetzt es zu einer trockenen rostbraunen Masse mit Quer- und Längsrissen.

Das Gewebe durchdringt selbst Mauerwerk. Günstige Entwicklungsbedingungen: dumpfe, stehende Luft, Feuchtigkeit, Wärme.

Beseitigung: Auswechseln des befallenen Holzes und aller Holzteile und Dämmstoffe im Umkreis von 1 m, Abschlagen und Erneuern des Putzes, Ausbrennen des Mauerwerks (Lötlampe!), Streichen des neu eingebauten Holzes mit Schwammschutzmitteln (Karbolineum, Xylamon, Antimonin u. a. m.) und für gute Luftzufuhr sorgen.

Wie wird Hausschwamm beseitigt?

„*Unechter Hausschwamm*" (Pilz) befällt lebendes und geschlagenes Holz, entwickelt sich nur bei Feuchtigkeit, keine Ausbreitung bei trockener Lagerung und richtigem Einbau. Kennzeichen: sieht dem echten Hausschwamm äußerlich sehr ähnlich, Fasergewebe: dünne Fäden.

Beseitigung: Auswechseln des befallenen Holzes, Streichen mit Schwammschutzmitteln.

Schädlinge

Pochkäfer: Zerstörung des Holzes von innen durch Fraßgänge (∅ 1 bis 2 mm) der Larven (Holzwurm).

Nenne die wichtigsten Holzschädlinge; wie arbeiten sie?

Hausbock (nur im Nadelholz): Zerstörung des Holzes wie beim Pochkäfer, Fraßgänge bis ∅ 1 cm.

Splintholzkäfer (auch Parkettkäfer genannt): befällt vornehmlich den Splint von Laubholzarten. Zerstörung des Holzes wie oben, Fraßgänge bis 3 mm ∅.

Termiten (besonders in Hafenstädten): sie zerfressen das Holz von innen wie die Larven obiger Käfer.

Bekämpfung: Streichen bzw. Tränken des Holzes mit chemischen Mitteln oder Vergasen.

Wie bekämpft man holzzerstörende Insekten?

1.4.6 Lagerung des Bauholzes

Rund- und Schnitthölzer sollen nach Längen und Verwendungszweck getrennt luftig gestapelt werden und weder starker Sonnenbestrahlung noch Regen ausgesetzt sein. Querschwellen mit aufgelegter Sperrpappe unter dem Holzstapel schützen vor Bodenfeuchtigkeit.

Wie soll Bauholz gelagert werden?

Stapellatten zwischen geschichteten *Schnitthölzern* (z. B. Rüstbrettern) ermöglichen eine gute Luftzirkulation.

Was bezwecken Stapellatten?

Ebene Unterlagen verhindern ein Windschiefwerden des Holzes (auch bei Leitern).

Warum soll Holz eben gelagert werden?

Stangen und Stämme werden mit aneinandergelegten Stammenden gestapelt.

Wie wird Rundholz gestapelt?

Rüsthebel (Riegel) werden in Schichten kreuzweise übereinandergelegt.

1.4.7 Holzschutz (Konservierung)

Wirkt sich die Fällzeit auf die Haltbarkeit des Holzes aus?

Im Winter geschlagenes Holz = Winterholz (wenig Saft und Wachstumsstoffe) ist gegen Pilzbefall weniger anfällig, daher wertvoller.

Warum wird gefälltes Holz entrindet?

Zwecks Vermeidung von Wurmfraß und Fäulnis wird Holz nach dem Fällen entrindet.

Was geschieht beim Konservieren des Holzes?

Durch Konservierung werden die Eiweißstoffe des Holzes entfernt oder mit fäulniswidrigen Stoffen durchsetzt (imprägniert).

Nenne und beschreibe Konservierungsmethoden!

Konservierungsmethoden:

Auslaugen (Flößen): längeres Lagern in fließendem Wasser. Geflößtes Holz ist widerstandsfähiger und reißt nicht so leicht.

Dämpfen in Druckkammern wirkt ähnlich wie das Flößen.

Anbrennen oder Ankohlen (bei Pfählen) läßt fäulniswidrige Teeröle am Holz entstehen.

Tränken mit Schutzmitteln: Bestreichen oder Lagerung des Holzes in der Imprägnierungsflüssigkeit; wirksamer ist das Einpressen der Schutzstoffe unter hohem Druck.

Nenne einige Konservierungsmittel!

Konservierungsmittel: Karbolineum, Xylamon, Basileum, Basilit, Kubasal u. a. m.

Wodurch wird Holz schwer entflammbar?

Die Entflammbarkeit des Holzes kann durch Bestreichen mit Wasserglas, Alaun, Eisenvitriol, Kalkzementbrühe u. a. m. herabgesetzt werden.

1.5 Metalle

1.5.1 Gußeisen und Stahl

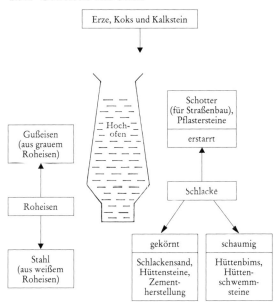

Produkte des Hochofens

Nenne Hochofenprodukte und ihre Verwendung!

Gußeisen mit Lamellengraphit (GG)

(früher Grauguß) wird aus grauem Roheisen gewonnen, ist infolge hohen Kohlenstoffgehaltes (2,5 bis 5%) sehr hart, spröde und druckfest, rostet wenig, läßt sich leicht gießen, aber nicht schmieden.

Verwendung: Unterlagsplatten, Säulen, Abflußrohre, Sinkkästen, Öfen, Heizkörper usw.

Nenne Eigenschaften und Verwendung von Gußeisen!

Stahl (St)

nennt man alles ohne besondere Nachbehandlung schmiedbare Eisen. Er wird im Siemens-Martin(M)-, LD-(= Sauerstoff-Blasverfahren) und Elektro-Verfahren durch Kohlenstoffentzug aus weißem Roheisen gewonnen (Kohlenstoffgehalt 0,05 bis 1,7% = unlegiert; legiert bis 2,06%).

Stahl ist sehr druck-, zug- und biegefest, rostet aber leicht.

Was versteht man unter Stahl; wie wird er gewonnen?

Welche Eigenschaften besitzt er?

In welcher Form wird Stahl überwiegend am Bau verarbeitet? Nenne die wichtigsten Formstahlprofile!	In der Baupraxis wird überwiegend gewalzter Flußstahl = Halbzeug als Formstahl, Stabstahl, Draht, Rohr, Flachstahl und Baublech verwendet (DIN 17 100).

Wichtige Formstahlprofile (nach DIN 1353):

I-Stahl (DIN 1025)

a) Normalprofil = schmaler Doppel-T-Stahl, nicht parallelflanschig, Kurzzeichen I mit Höhenangabe in mm (z. B. I 140), lieferbar in den Höhen von 80 bis 600 mm.

b) Doppel-T-Breitflansch-Stahl, Flanschbreite = Höhe, parallelflanschig, Kurzzeichen I PB mit Höhenangabe in mm (z. B. I PB 240), lieferbar in den Höhen von 100 bis 1000 mm.

c) Mittelbreiter Doppel-T-Stahl (Euro-Norm), Trägerhöhe : Flanschbreite ≈ 1 : ½, parallelflanschig, Kurzzeichen I PE mit Höhenangabe in mm (z. B. I PE 120), lieferbar in Höhen von 80 bis 600 mm.

⊥-Stahl (DIN 1024);

L-Stahl: gleichschenklig (DIN 1028),
ungleichschenklig (DIN 1029);

Z-Stahl (DIN 1027).

[-Stahl (DIN 1026);

● **Wie werden die Stahlsorten gekennzeichnet?**	Allgemeine Baustähle (DIN 17 100) werden nach ihrer Mindestzugfestigkeit beurteilt und entsprechend als Stahlsorten bezeichnet.
Was bedeutet St 360?	St 360 = allgemeiner Baustahl, Mindestzugfestigkeit 360 N/mm².
● **Welche Angaben muß eine Bestellung enthalten?**	Jede Baustahlbestellung muß folgende Angaben in der dargestellten Reihenfolge enthalten: a) Menge in kg oder m; b) Form und Querschnittsabmessungen mit Angabe des DIN-Blattes für die Formnormung; c) Stahlsorte
● **Nenne ein Beispiel!**	Beispiel: 8 Stück 5,0 m [160 DIN 1026 St 360. Bedeutung: 8 [-Träger von je 5,0 m Länge, 160 mm hoch, Form und Abmessungen nach DIN 1026 genormt, Stahlsorte: Baustahl, 360 N/mm² Mindestzugfestigkeit.
● **Welche Baustahlsorten finden überwiegend am Bau Verwendung?**	Im Baugewerbe werden überwiegend folgende Baustahlsorten verarbeitet: St 310 = Zugfestigkeit 310 bis 510 N/mm², nicht für tragende Konstruktionen; St 360 = Zugefestigkeit 360 bis 470 N/mm², normaler Baustahl, auch für tragende Bauteile; St 430 = Zugfestigkeit 430 bis 540 N/mm², hochwertiger Baustahl für besonders hohe Beanspruchung.

St 510 = Zugfestigkeit 510 bis 630 N/mm², für besonders hohe Beanspruchung; die große Zugfestigkeit erlaubt kleinere Stahlquerschnitte = weniger Eigengewicht.

Betonstahl (DIN 488) = Stahl mit nahezu kreisförmigem Querschnitt für die Bewehrung von Beton. Man unterscheidet:

1. *Betonstabstahl (S):* technisch gerade Stäbe (für Einzelbewehrung)
2. *Betonstahlmatten (M):* fertige Bewehrung aus sich kreuzenden Bewehrungsstäben, an den Kreuzungsstellen durch Widerstands-Punktschweißung scherfest miteinander verbunden und
3. *Bewehrungsdraht (G oder P):* glatter oder profilierter Betonstahl, der als Ring hergestellt und vom Ring werkmäßig zu Bewehrungen weiterverarbeitet wird.

Man unterscheidet die Betonstähle nach ihrer Festigkeit (= Streckgrenze und Mindestzugfestigkeit), nach ihrer Oberflächenbeschaffenheit und dem Herstellungsverfahren.

> Was versteht man unter Betonstahl?
> Nenne die verschiedenen Arten!

> Wonach unterscheidet man die verschiedenen Betonstahlsorten?
> Welche Sorten gibt es?

Sorteneinteilung (s. dazu auch die Tabelle auf der nächsten Seite)

Die Betonstahlsorten BSt 420 S und BSt 500 S werden als gerippter Betonstahl geliefert.

Die Betonstahlsorte BSt 500 M wird als Betonstahlmatte aus gerippten Stäben geliefert.

Die Betonstahlsorten BSt 500 G und BSt 500 P werden als glatter und profilierter Bewehrungsdraht geliefert.

Herstellverfahren:

Betonstabstahl: warmgewalzt, ohne Nachbehandlung, oder warmgewalzt und aus der Warmhitze wärmebehandelt, oder kaltverformt.

Betonstahlmatten: kaltverformt (Ziehen oder Walzen).

Bewehrungsdraht: Herstellungsverfahren bleibt dem Hersteller überlassen, sofern die in DIN 488 festgelegten Anforderungen erfüllt sind.

> • Welche Herstellverfahren gibt es?

Sorteneinteilung und Eigenschaften der Betonstähle (DIN 488, Teil 1, 9.84) (Auszug)

Kurzname	BSt 420 S	BSt 500 S	BSt 500 M[2)]
Kurzzeichen[1)]	III S	IV S	IV M
Werkstoffnummer	1.0428	1.0438	1.0466
Erzeugnisform	Betonstabstahl	Betonstabstahl	Betonstahlmatte[2)]

Nenndurchmesser d_s	mm	6 bis 28	6 bis 28	4 bis 12[3]
Streckgrenze R_e (β_s)[4] bzw. 0,2%-Dehngrenze $R_{p\,0,2}$ $(\beta_{0,2})$[4]	N/mm²	420	500	500
Zugfestigkeit R_m (β_Z)[4]	N/mm²	500[5]	550[5]	550[5]
Bruchdehnung A_{10} (δ_{10})[4]	%	10	10	8
Dauerschwingfestigkeit gerade Stäbe[6]	N/mm²[2] Schwingbreite $2\sigma_A$ $(2 \cdot 10^6)$	215	215	–
gebogene Stäbe	$2\sigma_A$ $(2 \cdot 10^6)$	170	170	–
gerade freie Stäbe von Matten mit Schweißstelle	$2\sigma_A$ $(2 \cdot 10^6)$	–	–	100
	$2\sigma_A$ $(2 \cdot 10^5)$	–	–	200
Rückbiegeversuch mit Biegerollendurchmesser für Nenndurchmesser d_s mm	6 bis 12	$5\,d_s$	$5\,d_s$	–
	14 und 16	$6\,d_s$	$6\,d_s$	–
	20 bis 28	$8\,d_s$	$8\,d_s$	–
Biegedorndurchmesser beim Faltversuch an der Schweißstelle		–	–	$6\,d_s$
Unterschreitung des Nennquerschnittes A_s[7]	%	4	4	4
Bezogene Rippenfläche f_R		Siehe DIN 488 Teil 2	Siehe DIN 488 Teil 2	Siehe DIN 488 Teil 4
Schweißeignung für Verfahren[8]		E, MAG, GP, RA, RP,	E, MAG, GP, RA, RP,	E[9], MAG[9], RP

[1] Für Zeichnungen und statische Berechnungen.

[2] Mit den Einschränkungen nach Abschnitt 8.3 gelten die in dieser Spalte festgelegten Anforderungen auch für Bewehrungsdraht.

[3] Für Betonstahlmatten mit Nenndurchmessern von 4,0 und 4,5 mm gelten die in Anwendungsnormen festgelegten einschränkenden Bestimmungen; die Dauerschwingfestigkeit braucht nicht nachgewiesen zu werden.

[4] Früher verwendete Zeichen.

[5] Für die Istwerte des Zugversuchs gilt, das R_m min. $1{,}05 \cdot R_e$ (bzw. $R_{p\,0,2}$), beim Betonstahl BSt 500 M mit Streckgrenzenwerten über 550 N/mm² min. $1{,}03 \cdot R_e$ (bzw. $R_{p\,0,2}$) betragen muß.

[6] Die geforderte Dauerschwingfestigkeit an geraden Stäben gilt als erbracht, wenn die Werte nach Zeile 6 eingehalten werden.

[7] Die Produktion ist so einzustellen, daß der Querschnitt im Mittel mindestens dem Nennquerschnitt entspricht.

[8] Die Kennbuchstaben bedeuten: E = Metall-Lichtbogenhandschweißen, MAG = Metall-Aktivgasschweißen, GP = Gaspreßschweißen, RA = Abbrennstumpfschweißen, RP = Widerstandspunktschweißen.

[9] Der Nenndurchmesser der Mattenstäbe muß mindestens 6 mm beim Verfahren MAG und mindestens 8 mm beim Verfahren E betragen, wenn Stäbe von Matten untereinander oder mit Stabstählen ≤ 14 mm Nenndurchmesser verschweißt werden.

Genormter Betonstabstahl wird in Regellängen von 12 bis 15 m geliefert.

Oberflächengestaltung für Betonstabstahl

In welchen Längen wird Betonstabstahl geliefert?

Welche Oberflächengestaltungen gibt es?

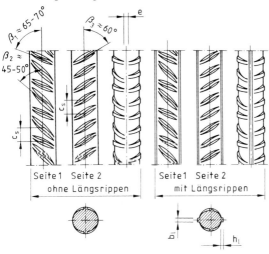

Nicht verwundener Betonstabstahl BSt 420 S ohne und mit Längsrippe

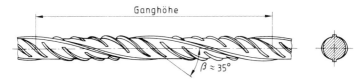

Kalt verwundener Betonstabstahl BSt 420 S

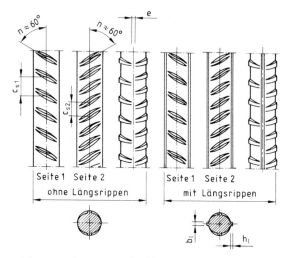

Nicht verwundener Betonstabstahl BSt 500 S ohne und mit Längsrippen

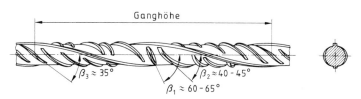

Kalt verwundener Betonstabstahl BSt 500 S

Was versteht man unter Betonstahlmatten?	*Betonstahlmatten* BSt 500 M (Kurzzeichen IV M) haben kaltverformte, gerippte Bewehrungsstäbe (∅ 4 bis 12 mm), die an den Kreuzungspunkten werkseitig scherfest durch elektrische Punktschweißung verbunden sind.
Welche Anordnung der Bewehrungsstäbe ist möglich?	Die Längs- bzw. Querstäbe sind entweder a) Einfachstäbe oder b) Doppelstäbe aus zwei dicht nebeneinanderliegenden Stäben gleichen Durchmessers. Betonstahlmatten dürfen nur in einer Richtung Doppelstäbe haben.

Das Rastermaß der Mittenabstände (a) beträgt
  50 mm bei Längsstäben,
  25 mm bei Querstäben und
  bei Doppelstäben $\geq$ 100 mm.
Der Überstand Ü soll mindestens 25 mm betragen und darf nicht kleiner als 10 mm sein.

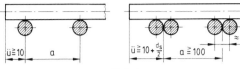

                              Maße in mm
a) bei Einfachstäben   b) bei Doppelstäben

Oberflächengestaltung der Stäbe für Betonstahlmatten
Die Stäbe der Betonstahlmatten besitzen drei auf einem Umfangsanteil von je $\approx d \cdot \pi/3$ angeordnete Reihen von Schrägrippen. Eine Rippenreihe muß gegenläufig sein; die einzelnen Rippenreihen dürfen gegeneinander versetzt sein.

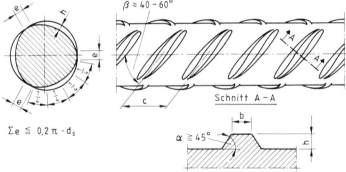

Oberflächengestalt der gerippten Stäbe von Betonstahlmatten (BSt 500 M)

Achtung! Kaltverformter Betonstahl darf nicht warm gebogen werden!

Betonstahlmattenarten:

Listenmatten = verlegefertig nach Bewehrungsplan (vom Besteller angegeben) vom Werk angefertigte Mattenbewehrung für ein Bauvorhaben.

Lagermatten werden vorrätig (auf Lager) hergestellt. Vorzugsmaß 5,00 × 2,15 m.

Welche Betonstahlmattenarten gibt es?

	Zeichnungsmatten werden nach vorgelegter Zeichnung entsprechend DIN 488, Blatt 4, angefertigt.
Welche Betonstähle müssen Werkkennzeichen haben?	Alle Betonrippenstähle müssen nach DIN 488 mit einem Werkkennzeichen (für jedes Werk festgelegt) versehen sein (bei Stabstahl auf dem Stab, bei Matten witterungsbeständiger Anhänger).
Welchen Vermerk muß der Lieferschein haben?	Außerdem muß der Lieferschein Aufschluß über die Fremdüberwachung (Kontrolle der ordnungsgemäßen Herstellung nach DIN) geben.
	Bewehrungsdrahtsorten:
In welchen Sorten wird Bewehrungsdraht geliefert?	Bewehrungsdraht der Sorten BSt 500 G und BSt 500 P wird durch Kaltverformung ($\varnothing$ 4 bis 12 mm) hergestellt.
	Es gibt glatten (G) und profilierten (P) Bewehrungsdraht.
	Oberflächengestalt des profilierten Bewehrungsdrahtes: Drei eingewalzte Profilreihen (s. Bild).

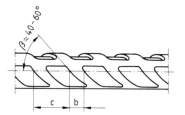

Profilierter Bewehrungsdraht (BSt 500 P)

Wie wird Bewehrungsdraht geliefert?	Bewehrungsdraht wird in der Regel als Draht (in Ringen) geliefert.
Wie lautet die DIN-gemäße Bezeichnung für:	DIN-gemäße Betonstahlbezeichnung für:
	Betonstabstahl der Sorte BSt 500 S mit einem Nenndurchmesser von d_s = 14 mm.
a) Betonstabstahl,	a) Betonstabstahl DIN 488 – BSt 500 S – 14
b) Bewehrungsdraht?	b) Bewehrungsdraht der Sorte BSt 500 P mit einem Nenndurchmesser von d_s = 6,0 mm (z. B. für eine Bestellung in Ringen): Bewehrungsdraht DIN 488 – BSt 500 P – 6,0 in Ringen.
Wie soll Stahl gelagert werden?	Stahl soll vor Feuchtigkeit geschützt, nach Art bzw. Güteklassen getrennt, gelagert werden. Unnötiges Verbiegen ist zu vermeiden (ebenes Lager).
Wie entsteht Rost?	Rost ist Eisenoxid und entsteht durch Verbindung von Eisen, Wasser und Sauerstoff.

Rostschutzmittel: Metallüberzüge (Zink, Blei usw.), Streichen mit Rostschutzfarbe oder Teer, Streichen mit Zementschlämme (mehrmalig).

> Nenne Rostschutzmittel!

1.5.2 Nichteisenmetalle

> Nenne und beschreibe die wichtigsten Nichteisenmetalle, ihre Eigenschaften und Verwendung!

Aluminium (im Bauwesen nur als Legierung)
Sehr leicht, leitet gut Elektrizität und Wärme, verhältnismäßig starke Wärmeausdehnung (≈ doppelter Wert des Stahls), an der Luft infolge Oxidbildung auf der Oberfläche beständig.
Verwendung: Fenster, Türen, Sonnenschutz- und Sichtblenden, Verkleidungen, Dachabschlüsse, Markisen usw. Achtung! Wärmeausdehnung beachten!
Aluminiumteile vor Mörteleinwirkung (auch kurzfristig) schützen!

Blei
Schwer, weich, säure- und wetterfest.
Verwendung: Dichtung von Dachanschlüssen und Isolierung gegen aufsteigende Feuchtigkeit (Walzblei); Bleirohre, Verbleien von Stahlteilen (Rostschutz).
Mörtel greift Blei an. Bleiteile durch Jute- oder Papierumhüllungen oder durch Anstrich schützen!

Zink
Wetterbeständig, nicht säurefest.
Verwendung als massives Zinkblech oder als rostschützender Überzug auf Stahlteilen: Dachrinnen, Dachanschlüsse und -eindeckungen, Abdeckungen (Sohlbänke, Gesimse), Wasserrohre, Drähte, Nägel usw.
Zinkteile wie Blei vor Mörteleinwirkung schützen oder mit Asphalt (säurefest) streichen!

Kupfer
Geschmeidig, sehr wetterfest.
Verwendung: Dacheindeckungen, Abdeckungen (wie Zink), Wasserleitungsrohre, elektrische Anlagen, Blitzableiter usw.
Säuren und Salze zersetzen Kupfer und bilden einen grünen Belag (Patina). Kupferteile wie Blei vor Mörteleinwirkung schützen!

1.6 Sperrstoffe (Abdichtungsstoffe DIN 18 195)

> Wozu braucht man Sperrstoffe?

Sperrstoffe schützen den Baukörper vor eindringender Feuchtigkeit. Die wichtigsten Sperrstoffe sind Bitumen, Asphalt, thermoplastische Kunststoffolien und Metallbänder.
Steinkohlenteer ist zu spröde und säureempfindlich und findet daher wenig Verwendung.

Was versteht man unter
a) Bitumen,

Bitumen ist ein Kohlenwasserstoffgemisch. Es kommt entweder fertig in der Natur vor oder wird künstlich durch Destillation asphaltischer Erdöle gewonnen.

Eigenschaften: pechähnlich, zäh, klebefähig, unempfindlich gegen Feuchtigkeit und chemische Einflüsse, in kaltem Zustand fest, bei Erwärmung (etwa ab 20 °C) je nach Temperatur plastisch bis dünnflüssig.

b) Asphalt?

Asphalt ist ein Gemisch von Mineralien und Bitumen. Er kann künstlich hergestellt werden, kommt aber auch in der Natur vor (Vorwohle, Braunschweig, besonders große Vorkommen in Trinidad).

Der Ausdruck „Goudron" (französisch = Steinkohlenteer) wurde früher als Sammelname für Sperrstoffe verschiedener Art gebraucht. Er ist irreführend.

Nenne Abdichtungsstoffe:

1.6.1 Fertigerzeugnisse

Bituminöse *Aufstrichmittel* werden erhitzt und dünnflüssig verarbeitet oder kalt aufgetragen als

a) Aufstrichmittel,

a) Bitumenemulsion (fein verteilte Aufschlämmungen von Bitumen und Wasser);
b) Bitumenlösungen (Lösungsmittel = Benzin, Benzol, Schwefelwasserstoff);
c) Bitumenspachtelmassen (Bitumen, Lösungsmittel + mineralische Beimengungen wie Talkum + Asbestmehl).

b) Dichtungsbahnen,

Dichtungsbahnen:

Entsprechend den gestellten Anforderungen werden verschiedene Dichtungsbahnarten hergestellt (Auszug; – Kurzzeichen in Klammern):

a) Bitumenbahnen:
  (Die Buchstaben vor den Ziffern des Kurzzeichens geben das Trägermaterial bzw. die Einlage der Dichtungsbahnen an: R = Rohfilz, J = Jute, V = Glasvlies, G = Glasgewebe, Cu = Kupfer, Al = Aluminium, PETP = Kunststoff)
  a_1) Nackte Bitumenbahn (R 500 N) – DIN 52129
  a_2) Bitumendachbahn (R 500) – DIN 52128
  a_3) Dachbahn (V 13) – DIN 52143
  a_4) Dichtungsbahnen (J 300 D; G 220 D; Cu 0,1 D; Al 0,2 D; PETP 0,03 D) – DIN 18190
  a_5) Bitumen-Schweißbahnen (J 300 S4; J 300 S5; G 200 S4; G 200 S5; V 60 S4) – DIN 52131
b) Kunststoff-Dichtungsbahnen:
  b_1) PIB-Bahn, – DIN 16935
  b_2) PVC weich-Bahn, bitumenbeständig, – DIN 16937
  b_3) PVC weich-Bahn, nicht bitumenbeständig, – DIN 16938
  b_4) ECB-Bahn, – DIN 16729
c) Kalottengeriffelte Metallbänder (in Ausnahmen auch unprofiliert):

c_1) Kupferband (Sf-Cu) – DIN 1708
c_2) Aluminiumband (Al 99,5) – DIN 1712
c_3) Edelstahlband (x 5 CrNiMo 18 10) – DIN 17440
Lieferart: 600 mm breite Rollen, bei Kupferband max. 100 mm breit.

Asphaltmastix ist ein inniges Gemenge aus Naturasphaltmehl oder anderem Gesteinsmehl und Bitumen. Es wird durch mehrstündiges Zusammenkochen in Rührkesseln hergestellt und kommt in Broten zu etwa 25 kg in den Handel. Auf Grund der verschiedenen Verwendungszwecke stellt man unterschiedliche Mischungen her.

● c) Asphaltmastix!

Naturasphaltmastix ist ein Gemisch aus natürlichem Asphaltmehl und Bitumen.

Künstlicher Asphaltmastix ist eine Mischung aus Gesteinsmehl und Bitumen.

Gußasphalt ist eine gekochte Masse aus Asphaltmastix, Bitumen und Gestein verschiedener Körnungen.

1.7 Schall- und Wärme-Dämmstoffe

1.7.1 Schall und Schalldämmung

Bringt man Stoffe durch Schlag, Stoß u. dgl. m. in federnde Schwingungen, so schwingt die den Stoff umgebende Luft mit. Die Luftwellen dringen als Schall an unser Ohr.

Wie entsteht ein Schall?

Man unterscheidet: Körper-, Tritt- und Luftschall.

Welche Schallarten unterscheidet man?

Dichte (schwere) Baustoffe leiten Körper- und Trittschall gut, weil sich die Schallwellen durch das porenarme Gefüge ungehindert fortpflanzen (Metalle, Schwerbeton, Klinker). Der Luftschall wird bei glatter Oberfläche dieser Baustoffe und dicken Wänden zurückgeworfen (Echo); dünne Wände schwingen mit und übertragen so den Schall.

Welche Beziehung besteht zwischen Baustoffgefüge und Schalldämmung?

Porige (leichte) Baustoffe leiten Körper- und Trittschall schlecht, weil die Schallwellen durch die Porenräume in ihrer Fortpflanzung gestört werden (Leichtbeton, Bims, Glaswolle, Kork). Der Luftschall dagegen dringt durch die Poren (z. B. Glaswolle). Echo entsteht infolge rauher Oberfläche nicht.

Besonders schalldämmend wirken porige Baukörper mit einer dichten Oberfläche, die zur Vermeidung des störenden Echos aufgerauht ist (z. B. Kratzputz in Versammlungshallen), oder weiche Stoffe, die nicht mitschwingen, sondern die Schallwellen schlucken (Polster, Gummi usw.).

Welche Baustoffe wirken besonders schalldämmend?

Näheres siehe DIN 4109 E 10.84 „Schallschutz im Hochbau".

1.7.2 Wärme und Wärmedämmung

Wie wirken Wärme und Kälte auf Baustoffe?

Bei Erwärmung dehnen sich Körper aus, bei Kälte ziehen sie sich zusammen (Dehnungsfugen!).

Wasser besitzt bei +4 °C seine größte Dichte, bei höheren oder tieferen Temperaturen vergrößert sich sein Volumen (Frostsprengung!).

• Wie wird die Wärmeleitung gemessen?

Temperaturen werden von Baustoffen übertragen. Ausgedrückt wird dies durch die *Wärmeleitfähigkeit λ*.

• Was gibt die Wärmeleitfähigkeit an?

Die Wärmeleitfähigkeit λ gibt die Wärmemenge in Joule (J) an, die in 1 Sekunde (s) 1 m² Fläche einer 1 m dicken Wand eines Stoffes durchfließt, wenn der Temperaturunterschied zwischen den Außenflächen 1 Kelvin (K) beträgt. Da 1 J/s = 1 Watt ist,

lautet die Maßeinheit: $\dfrac{W}{K\,m}$.

Welche Baustoffe sind schlechte, welche gute Wärmeleiter?

Je leichter der Baustoff (porig oder lose), um so niedriger die Wärmeleitzahl, um so größer die Wärmedämmfähigkeit; je schwerer der Baustoff (dicht), um so größer die Wärmeleitzahl, um so geringer die Wärmedämmfähigkeit.

• Nenne Wärmeleitfähigkeiten einiger Baustoffe und vergleiche sie mit ihrem Gewicht!

Stoff	Raumgewicht in kg/m³	Wärmeleitfähigkeit in W/K m
Beton	2200	1,16
Ziegelmauerwerk	1800	0,87
Leichtbeton	1200	0,52
Leichtbauplatten (Heraklith)	400	0,07
Holzfaserplatten	280	0,05
Kork	160	0,04
Glaswolle	75	0,04
Kieselgur	54	0,035
Korkschrot	37	0,03
Perlite	≦ 100	0,055
Styropor	≦ 20	0,03

Die Wärmeleitfähigkeit λ bezieht sich auf die Materialdicke von 1 m.

Der *Wärmedurchlaßkoeffizient Λ* bezieht sich auf die Materialdicke s in Meter (z. B. einer Wand).

Wärmedurchlaßkoeffizient $\Lambda = \dfrac{\lambda}{s}$ in $\dfrac{W}{K\,m^2}$

Der Wärmedurchlaßwiderstand $\dfrac{1}{\Lambda}$ = Wärmeleitwiderstand

R_λ ist der Widerstand des Baustoffes gegen den Durchfluß der Wärme = umgekehrter Wert des Wärmedurchlaßkoeffizienten.

Wärmedurchlaßwiderstand $\frac{1}{\Lambda} = \frac{s}{\lambda}$ in $\frac{m^2 \, K}{W}$
(Wärmeleitwiderstand R_λ)

Je größer der Wärmedurchlaßwiderstand eines Baustoffes ist, um so besser ist seine Dämmwirkung.

Das *Wärmedämmvermögen* wird durch Hohlräume (Poren bzw. Kammern) mit stehender Luft im Material hervorgerufen. Wärmeleitfähigkeit der Luft = 0,023 W/m K.

Worauf beruht das Wärmedämmvermögen der Baustoffe?

Der *Wirkungsgrad* der Dämmung ist abhängig von der Anzahl, der Verteilung und der Größe der Porenräume (viele kleine Poren dämmen besser als wenige große).

Wovon ist es abhängig?

Er kann beeinflußt werden:
a) vom Feuchtigkeitsgehalt des Materials (feuchte Baustoffe leiten wesentlich schneller die Wärme);
b) vom Winddruck.

Bei festen Baustoffen wächst der Wärmedurchlaßwiderstand im gleichen Verhältnis wie die Dicke des Materials zunimmt.

Luftschichten im Mauerwerk haben unterschiedliche Wärmedurchlaßwiderstände je nach Anordnung der Luftschichten (waagerecht oder senkrecht) und der Strömungsrichtung der Luft. Bei Berechnungen beachten! (Berechnungswerte hierzu siehe DIN-Blatt 4108).

Was ist bei Luftschichtmauerwerk zu beachten?

Wände sollen außerdem Wärme speichern können. Geringes Wärmespeicherungsvermögen einer Wand bewirkt die Bildung von Schwitzwasser (vgl. Schwaden am Fenster), welches zur Durchfeuchtung der Mauer und damit zur Herabsetzung der Wärmedämmung führt (siehe hierzu Abschn. Erd- und Obergeschoßmauerwerk, Wärmeschutz bei Gebäuden S. 162 ff).

Warum soll eine Wand Wärme speichern können?

1.7.3 Dämmstoffe

Schalldämmende Baustoffe sind – bis auf wenige Ausnahmen (z. B. Gummi) – gleichzeitig wärmedämmend; dagegen sind nicht alle Wärmedämmstoffe ohne entsprechende Verarbeitung (siehe „Schall und Schalldämmung") auch schalldämmend (Glaswolle).

Sind schalldämmende Baustoffe auch wärmedämmend?

Bei genormten Dämmstoffen wird die Verwendbarkeit durch Kurzzeichen ausgewiesen:

Wärmedämmstoffe:

Welche Bedeutung haben bei Dämmstoffen die Kurzzeichen?

Kurzzeichen	Beanspruchungsart	Dämmschichtanordnung
W	nicht druckbelastbar	Wände, Decken, Dächer
WL	nicht druckbelastbar	zwischen Balken und Sparren
WD	druckbelastbar	unter der Dachhaut bei unbelüfteten Dächern (keine Trittschalldämmung)
WV	Abreißen und Abscheren	verputzte Fassadenverkleidung

Kurz-zeichen	Beanspruchungsart	Dämmschichtanordnung
WB	Biegung	Fassadenverkleidung auf Gerippe-wänden bei Winddruck
WS WDH	erhöhte Belastbarkeit	Fußböden unter Parkdecks (keine Trittschalldämmung)
WDS	druckbelastbar	unter der Dachhaut bei unbelüfteten Dächern (keine Trittschalldämmung)

Trittschalldämmstoffe:

T	druckbelastbar	unter schwimmendem Estrich
TK	geringe Zusammen-drückbarkeit	unter Fertigteilestrich

Nenne die wichtigsten Dämmstoffe!

Wichtige Dämmstoffe:

Schüttungen:
Aufgeblähte Mineralien (Perlite, Vermiculite), Mineralfaser-flocken (Stein-, Glas- oder Schlackenwolle), Kieselgur, Natur- und Hüttenbims, Asche, Schlacke, Korkschrot u. a. m.

Matten, Bahnen, Platten und Filze:
Schaumkunststoffe (Phenolharz, Polystyrol-Hartschaum, Polyurethan-Hartschaum), Mineralfasern (Stein-, Glas- und Schlackenwolle), Pflanzenfasern (Kokos, Holz, Torf), Kork-platten, Holzwolle- und Gipskarton-Verbundplatten, Bitumen-filzplatten u.a.m. Kunststoff-Hartschaum wird auch an Ort und Stelle durch Spritzen aufgetragen.

Nenne Tritt-schalldämm-stoffe!

Als Trittschalldämmung finden z.Zt. überwiegend Faserdämm-stoffe (Mineralfasern und Pflanzenfasern) und Polystyrol-Par-tikelschaumstoffe Verwendung.

1.8 Glas

Schmelzerzeugnis aus ~60% Quarzsand, Soda, Kalk und Dolo-mit, findet am Bau in verschiedenen Formen Verwendung:

Fensterglas (DIN 1249)
Es findet als Einscheibenglas und Mehrscheiben-Isolierglas Ver-wendung.

Glasplatten

Nenne Glasbau-stoffe und gib ihre Verwen-dung an!

Gepreßte Platten aus Trübglas mit glatter oder rauher Ober-fläche (in den üblichen Plattenmaßen) für Wände und Fuß-böden; witterungsbeständig, widerstandsfähig gegen chemische Einflüsse und Verschleiß.

Glasbausteine
Gepreßte, teilweise geblasene Glaskörper verschiedener For-men zur Herstellung lichtdurchlässiger Wände und Dächer (auch für Glasstahlbeton = Glasbausteine zwischen Stahlbeton-rippen). Wände aus Glasbausteinen sind wärmedämmend, bei Maueranschlüssen müssen Dehnungsfugen verbleiben (mit

Glaswolle ausstopfen). Zur besseren Mörtelhaftung haben Glasbausteine besondere Fugenprofile.

Glasdachsteine
Gepreßte Glaskörper in allen gebräuchlichen Dachziegelgrößen und -formen.

Drahtglas
Glasbahnen mit zwischengewalztem Drahtgewebe; besonders geeignet für Glasdächer und gewerbliche Zwecke, widerstandsfähig gegen Bruch, Brand und Einbruch.

Prismenglas
Größere Glasplatten mit prismatischen Längsrippen bewirken durch Lichtbrechung eine Erhellung dunkler Räume (Flure, Keller, Lichtschächte usw.).

Ornamentgläser
Schmuckgläser mit Ornamenten, weiß oder farbig, dienen weniger der Belichtung, sondern sollen Effekte durch Lichtwirkung bringen

Glasfasern
Glaswolle und Glaswatte (Dämmstoffe).

1.9 Farben

Für Bauzwecke verarbeitet man vornehmlich *Mineralfarben* = Erdfarben = Farben aus Salzen von Schwermetallen = natürliche Farben. Erdfarben sind weitgehend wetterfest, lichtecht und wirken nicht zerstörend auf Stein und Mörtel.

Die wichtigsten Erdfarben sind:

Bleifarben (giftig!)
  Bleiweiß: ausgezeichnet für Außenanstrich auf Holz und Putz;
  Bleimennige: vorzügliches Rostschutzmittel.

Zinkfarben (weniger giftig)
  Farbtöne: Zink-Weiß, Zink-Gelb, Zink-Grau, Zink-Grün.

Schweinfurter Grün (sehr giftig)
  Besonders lichtechte, leuchtend grüne Erdfarbe, aus dem Grünspan (zersetztes Kupfer) gewonnen.

Zementfarben (zum Färben von Mörtel, Beton und für Zementschlämmanstriche):
  Eisenoxid-Rot (Totenkopf), Eisenoxid-Gelb, Eisenoxid-Schwarz, Mangan-Schwarz, Titan-Weiß, Zink-Weiß, Chromoxid-Grün.

Anstriche aus Weißkalkschlämme (evtl. mit Farbzusätzen) sind wasserlöslich, durch Zusatz von weißem Portlandzement werden sie wetterfest.

Anstriche auf Mauerwerk und Putzflächen werden zweckmäßig mit Fassadenfarben auf Kunststoffbasis (z. B. Latex-Wandfarben) ausgeführt.

Randnotizen:
Was sind Mineralfarben? Welche Eigenschaften besitzen sie? Nenne und beschreibe Erdfarben!

Farben für Wandanstriche!

2. ARBEITSKUNDE
2.1 Planung

Was ist vor Beginn eines Bauvorhabens zu beachten?

Alle baulichen Anlagen bedürfen einer Genehmigung. Der Antrag auf Erteilung der Bauerlaubnis ist schriftlich der Bauaufsichtsbehörde einzureichen.

- **Welche Unterlagen müssen eingereicht werden?**

Dem Antrag sind beizufügen:
a) Lageplan,
b) Bauzeichnungen,
c) Baubeschreibung,
d) Nachweis der Standsicherheit (statische Berechnungen),
e) Wärmeberechnung,
f) Plan der Grundstücksentwässerung,
g) Berechnung des umbauten Raumes, Nutzflächenberechnung.

- **Was enthält a) ein Lageplan,**

Der *Lageplan* kennzeichnet unter Angabe der Himmelsrichtung die Lage des Baugrundstückes zu den Nachbargrundstücken und Straßen, die Baufluchtlinien und den genauen Umriß des geplanten Gebäudes mit den erforderlichen Maßen und Abständen. Maßstab 1:250 oder 1:500.

b) eine Bauzeichnung,

Die *Bauzeichnung* enthält die Grundrisse aller Geschosse, Schnitte und Ansichten mit Maßangaben. Maßstäbe: für den Bauantrag 1:100, als Baustellenzeichnung 1:50 oder als Detailzeichnung (schwierige Einzelkonstruktionen) 1:20 bis 1:1. Zu den Ausführungszeichnungen sind außerdem anzugeben (DIN 1053):
a) Wandaufbau,
b) Art, Rohdichte und Druckfestigkeit der zu verwendenden Steine,
c) Mörtelgruppe,
d) Ringanker,
e) Aussparungen und Schlitze,
f) gegebenenfalls Verankerung der Wände,
g) gegebenenfalls Bewehrung des Mauerwerks,
h) gegebenenfalls verschiebliche Auflagerungen (Gleitfugen).

c) eine Baubeschreibung,

Die *Baubeschreibung* enthält alle nicht aus der Bauzeichnung entnehmbaren Angaben über Ausführung, Baustoffe, Anschüttung usw.

d) ein Nachweis der Standsicherheit?

Der Nachweis der Standsicherheit muß rechnerisch die Tragfähigkeit der Konstruktionen (Mauerwerk, Stahl, Beton und Stahlbeton) nachweisen.

- **Welche Erkundigung ist vor Beginn der Planung einzuholen?**

Vor Beginn der Planung muß bekannt sein, ob das vorgesehene Gelände bebaut werden darf (Bauamt) und ob Anschlußmöglichkeiten an das Versorgungsnetz (Gas, Wasser, Elektrizität, Entwässerung) bestehen.

Örtliche baubehördliche Bestimmungen schreiben zwecks Erreichung eines guten Gesamtbildes für die einzelnen Straßenzüge die Baufluchtlinie, Bauweise, Bebauungstiefe, Anzahl der Geschosse, Form, Ausbildung und Eindeckung des Daches usw. vor (Bebauungsplan).

• Was enthält ein Bebauungsplan?

Man unterscheidet:

a) *Offene Bauweise* = freistehende Einzelhäuser mit bestimmtem seitlichen Abstand (Bauwich). Doppel- oder Reihenhäuser mit vorgeschriebener Höchstlänge (bis 50,00 m) und Höhe können zugelassen werden (oft als „halboffene Bauweise" bezeichnet).

• Welche 2 Bauweisen unterscheidet man?

b) *Geschlossene Bauweise* = ohne Längenbeschränkung aneinandergebaute Häuser, kein seitlicher Bauwich, Höfe von der Straße nur durch die Gebäude zugänglich.

Die Himmelsrichtung wirkt sich auf die Wohnlichkeit der Zimmer aus. Nach Möglichkeit sollen die Räume wie im Bild angeordnet sein.

Nach Erteilung der *Bauerlaubnis* (Bauschein) durch die Bauaufsichtsbehörde darf ein Bauvorhaben begonnen werden.

• Warum muß die Himmelsrichtung beachtet werden.
• Wie sollen die Räume liegen?
• Wann darf das Bauvorhaben begonnen werden?

2.2 Baugrunduntersuchung und Vermessung

2.2.1 Baugrunduntersuchungen

dienen zur Ermittlung der Tragfähigkeit des Bodens (Art des Baugrundes und Schichtung) als Grundlage für Erddruck-, Setzungs- und Gleitsicherheitsberechnungen und werden mit Schlitzsonden (für schnelle Untersuchungen bis etwa 5 m Tiefe), durch Ausschachten von Probelöchern und mit Erdbohrern (Hand- und Maschinenbohrer) durchgeführt.

Warum und wie wird der Baugrund untersucht?

Außerdem ist der Höchststand des Grundwasserspiegels festzustellen (50 cm unter Fundamentsohle – vgl. hierzu Abschnitt „Sperrschichten"). In dicht bebauten Gegenden können Erfahrungen von Nachbarbaustellen genutzt werden.

Die Bodenuntersuchungen müssen so tief erfolgen, daß man unter der Fundamentsohle überall eine tragfähige Schicht von ausreichender Dicke weiß.

• Wie tief muß der Boden untersucht werden?

(Teilstück) Schlitzsonde

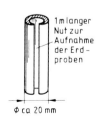

125

Welche Baugrundarten unterscheidet man?

Man unterscheidet:

a) *guten Baugrund:* Fels, festgelagerter Kies- und Grobsandboden, fester und trockener Ton, Lehm oder Mergel;

b) *mittleren Baugrund:* halbfester Kies- oder Grobsandboden, Fein- und Mittelsand, feuchter, doch noch fester Ton, Lehm oder Mergel;

c) *schlechten Baugrund:* nasser, weicher Ton, Lehm oder Mergel, Fließsand, Torf- oder Moorboden, Schlamm, angeschütteter Boden.

Welche Baugrundarten unterscheidet man nach DIN 1054?

Man unterscheidet des weiteren nach DIN 1054:

a) Fels (alle Festgesteine fallen unter diesen Begriff).

b) Gewachsenen Boden:
Offensichtlich unberührter Boden, durch erdgeschichtlich abgeschlossene Vorgänge entstanden.

  b^1) Nichtbindige Böden: Sand, Kies, Steine oder deren Gemische, wenn der Feinkornanteil unter $\varnothing$ 0,06 mm 15 Gewichts-% nicht übersteigt. Hierzu gehören die Bodengruppen (DIN 18196) GE, GW, GI, SE, SW, SI (grobkörnig) und GU, GT, SU (gemischtkörnig).

  b^2) Bindige Böden: Ton, toniger Schluff, Schluff und deren Mischungen mit nichtbindigen Böden (z. B. sandiger Ton, sandiger Lehm usw.), wenn der Feinkornanteil der bindigen Bestandteile unter $\varnothing$ 0,06 mm größer als 15 Gewichts-% ist. Hierzu gehören die Bodengruppen UL, UM, TL, TM, TA (feinkörnig) und SÜ, ST, S̄T, GÜ, ḠT (gemischtkörnig).

c) Geschütteter Boden (entstanden durch Aufspülen oder Aufschütten).

  c^1) Unverdichtete Schüttungen in nicht bestimmter Zusammensetzung.

  c^2) Verdichtete Schüttungen aus bindigen oder nichtbindigen Bodenarten oder aus anorganischem Schüttgut (Schlacke, Bauschutt usw.)

Zulässige Bodenpressungen in kN/m^2 (DIN 1054)

a) Fels

Zustand der Lagerung	Zulässige Bodenpressung in kN/m^2 bei Flächengründungen und dem Zustand des Gesteins	
	nicht brüchig, nicht oder nur wenig angewittert	brüchig oder mit deutlichen Verwitterungsspuren
Fels, gleichmäßig fest im Verband	4000	1500
Fels, klüftig oder in Wechselschichtung	2000	1000

b¹) Nichtbindiger Baugrund

Wie hoch dürfen die verschiedenen Bodenarten belastet werden?

Kleinste Einbindetiefe des Fundaments m	Bauwerksetzungsempfindlich Zulässige Bodenpressung in kN/m^{2*}) bei Streifenfundamenten mit Breiten b bzw. b' von						Bauwerksetzungsunempfindlich Zulässige Bodenpressung in kN/m^{2*}) bei Streifenfundamenten mit Breiten b bzw. b' von			
	0,5 m	1 m	1,5 m	2 m	2,5 m	3 m	0,5 m	1 m	1,5 m	2 m
0,5	200	300	330	280	250	220	200	300	400	500
1	270	370	360	310	270	240	270	370	470	570
1,5	340	440	390	340	290	260	340	440	540	640
2	400	500	420	360	310	280	400	500	600	700
bei Bauwerken mit Gründungstiefen t ab 0,3 m und mit Fundamentbreiten b ab 0,3 m	150						150			

*) Für Kraftgrößen wird nach DIN 1301 die Einheit kN (Kilonewton) $1\,kN = 10^3\,N$ verwendet ($1\,kN = 1000/9{,}80665$ kp, $1\,kN \approx 100$ kp bzw. $1\,kN/m^2 = 0{,}010$ kp/cm²)

b²) Bindiger Baugrund*)

Kleinste Einbindetiefe des Fundaments m	Reiner Schluff Zulässige Bodenpressung in kN/m^{2*}) bei Streifenfundamenten mit Breiten b bzw. b' von 0,5 bis 2 m und steifer bis halbfester Konsistenz	Gemischtkörniger Boden (Ton- bis Sand-, Kies-, Steinbereich) Zulässige Bodenpressung in kN/m^2 bei Streifenfundamenten mit Breiten b bzw. b' von 0,5 bis 2 m und einer Konsistenz			Tonig schluffiger Boden Zulässige Bodenpressung in kN/m^2 bei Streifenfundamenten mit Breiten b bzw. b' von 0,5 bis 2 m und einer Konsistenz			Fetter Ton Zulässige Bodenpressung in kN/m^2 bei Streifenfundamenten mit Breiten b bzw. b' von 0,5 bis 2 m und einer Konsistenz		
		steif	halbfest	fest	steif	halbfest	fest	steif	halbfest	fest
0,5	130	150	220	330	120	170	280	90	140	200
1	180	180	280	380	140	210	320	110	180	240
1,5	220	220	330	440	160	250	360	130	210	270
2	250	250	370	500	180	280	400	150	230	300
Entspricht Bodengruppe nach DIN 18196	UL	SŪ, ST, SŢ, GU, GŢ			UM, TL, TM			TA		

*) Bindiger Baugrund:
Breiig ist ein Boden, der in der geballten Faust gepreßt zwischen den Fingern durchquillt.
Weich ist ein Boden, der sich leicht kneten läßt.
Steif ist ein Boden, der nur schwer knetbar ist, sich aber in der Hand zu 3 mm dicken Walzen ausrollen läßt, ohne zu reißen oder zu bröckeln.
Halbfest ist ein Boden, der beim Versuch, ihn zu 3 mm dicken Walzen auszurollen, zwar bröckelt und reißt, der aber doch noch feucht ist und sich erneut zusammenballen läßt.
Fest ist ein Boden, der ausgetrocknet ist und deshalb hell aussieht, dessen Schollen zerbrechen und der sich nicht erneut zusammenballen läßt.

c) Schüttungen:
Es ist der Nachweis zu erbringen, daß die Schüttungen die im Normblatt (DIN 1054) genannten Voraussetzungen erfüllen. Dann dürfen die Werte der Tabellen für nichtbindige und bindige Böden entsprechend der Bodenart der Schüttung verwendet werden.

2.2.2 Vermessung

● Wie werden die Eckpunkte eines Neubaues im Gelände festgelegt?

Festlegen der Eckpunkte eines Gebäudes im Gelände:

a) Die Hauptfluchtlinie wird nach dem Lageplan durch Abstecken mit Fluchtstäben oder durch Spannen einer Schnur in Richtung der Hauptflucht der Nachbarhäuser bestimmt.
b) Auf der Hauptfluchtlinie wird an jeder Seite der Bauwich waagerecht eingemessen und die verbleibende Hauptflucht auf ihre Maßgenauigkeit kontrolliert.
c) An den so ermittelten vorderen Eckpunkten werden Holzpflöcke in die Erde geschlagen, auf denen das genaue Maß durch eingeschlagene Nägel festgelegt wird.

Pflock mit Nagel

d) Durch Anlegen von rechten Winkeln an die Hauptflucht in den Eckpunkten erhält man die Seitenfluchten, deren Endpunkte wieder mit Pflöcken (und Nägeln) gekennzeichnet werden.
e) Zur Kontrolle wird die hintere Bauflucht auf ihre Maßhaltigkeit geprüft.

● Wie wird eine Fluchtlinie durch Abstecken festgelegt?

Das Abstecken von Linien

im Gelände geschieht durch Einvisieren von Fluchtstäben nach zwei festen Punkten. Hierbei sind verschiedene Verfahren möglich:

a) Gegeben sind der Anfangs- und der Endpunkt:

Fluchtstab mit Stahlspitze (rotweiß oder schwarzweiß)

b) Gegeben sind die ersten beiden Punkte oder der Anfangs- und ein Zwischenpunkt:

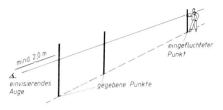

c) Einweisen aus der Mitte
  c₁) zwischen Gebäuden (*A* und *B* gegeben):

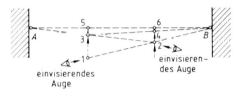

  c₂) über einen Hügel (*A* und *B* gegeben):

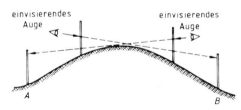

Merke: Fluchtstäbe müssen unbedingt lotrecht gehalten bzw. in die Erde gesteckt werden (nach Wasserwaage, Hängelot oder Hausecke).

Längenmessungen:

a) *Bei waagerechtem und ebenem Gelände* werden Längen mit dem Bandmaß oder mit Meßlatten (5-m-Latten) gemessen.

Für Bandmaßmessungen sind Maßbänder aus Stahl zu bevorzugen (kein Ausrecken); jedes Durchhängen des Bandes ergibt ungenaue Ergebnisse und ist zu vermeiden.

Messungen mit 5-m-Latten sind in der Regel genauer. 2 Meßlatten (rotweiß und schwarzweiß) werden abwechselnd voneinandergelegt.

- Worauf ist beim Einfluchten der Stäbe zu achten?
- Wie werden Längen im Gelände gemessen:
  a) bei waagerechter und ebener Lage,

Aneinanderlegen und Aufnehmen von 5-m-Latten

Maßeinteilung der 5-m-Latte:

1 m = 3 Nägel und Farbwechsel
0,5 m = 2 Nägel
0,1 m = 1 Nagel

Zwischenmaße werden mit dem Zollstock eingemessen.

● b) bei nicht waagerechter und unebener Lage?

b) *Bei nicht waagerechtem oder unebenem Gelände* wird die Baustelle mit einer 3 bis 5 m langen Wiegelatte (mit Maßeinteilung) waagerecht durchgemessen, wobei das Ende einer jeden Latte unmittelbar vor (a) oder lotrecht über (b) dem Beginn der nächsten Latte liegen muß. Bei abschüssigem Gelände wird von oben nach unten gemessen.

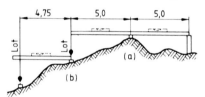

Längenmessung bei nicht waagerechtem Gelände (Gesamtlänge der Baustelle = 14,75 m)

Rechte Winkel

Wie werden rechte Winkel angelegt?

können ohne oder mit Hilfe von Spezialinstrumenten (Zeitersparnis bei größerer Genauigkeit) angelegt werden.

Rechte Winkel ohne Instrumente:

Beschreibe das Anlegen rechter Winkel ohne Instrumente:
a) nur mit einer Schnur,

a) nur mit Hilfe einer Schnur angelegt: auf der Fluchtlinie werden mit einer Schnur von dem Punkt aus, in dem der rechte Winkel angelegt werden soll (W), nach beiden Seiten gleiche Strecken (a) abgeteilt. Endpunkte e und E_1.

Um E und E_1 wird mit einer gleich langen, straff gespannten Schnur (b), die länger als a sein muß, je ein Stück Kreisbogen in Richtung des gesuchten Winkelschenkels geschlagen. Die beiden Kreisbögen schneiden sich in S. Die Verbindungslinie $S-W$ steht rechtwinklig zur Flucht.

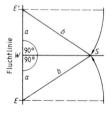

b) mit *Meßlatten* angelegt: nach dem Lehrsatz des Pythagoras ist ein Dreieck, dessen Seiten sich wie 3:4:5 verhalten, ein rechtwinkliges Dreieck. Mit 3 Meßlatten (5-m-Latten) läßt sich nach nebenstehendem Beispiel ein rechter Winkel einmessen. Ebenso ergeben sich bei gleichem Seitenverhältnis rechte Winkel aus Bruchteilen bzw. einem Vielfachen der angegebenen Maße. Beispiele:

b) mit 2 Meßlatten!

30:40:50 cm
60:80:100 cm
1,5:2,0:2,5 cm
6,0:8,0:10,0 m

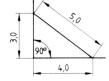

Rechte Winkel mit Instrumenten:

a) mit dem Kreuzkopf (Kreuzscheibe) angelegt:

Der Kreuzkopf ist ein kegelstumpfförmiger Hohlkörper aus Blech mit 2 über Kreuz angeordneten Sehschlitzpaaren (siehe Bild).

Er wird auf der Fluchtlinie im Punkt *W* mit dem Ständer senkrecht in die Erde gesteckt (Libelle a. d. Kreuzkopf).

Der Kopf wird so eingestellt, daß durch das in der Fluchtlinie liegende Sehschlitzpaar die Fluchtpunkte E und E_1 gleichzeitig sichtbar sind. Mit dem zweiten Sehschlitzpaar wird der freie Schenkel des Winkels einvisiert.

● Beschreibe das Anlegen rechter Winkel mit Instrumenten:
a) mit dem Kreuzkopf,

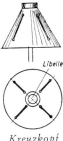

Kreuzkopf

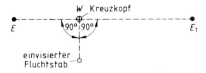

Das Arbeiten mit dem Kreuzkopf

b) mit dem *Winkelspiegel* angelegt:

Hauptbestandteile des Winkelspiegels sind die beiden unter 45° zueinander stehenden Seitenflächen, deren obere Hälften offen, während die unteren Hälften mit einem Spiegel versehen sind.

● b) mit dem Winkelspiegel,

Längsschnitt durch einen Winkelspiegel

Öffnung
Spiegel

131

Der Winkelspiegel wird in der Fluchtlinie lotrecht im Punkt W so aufgestellt bzw. gehalten, daß die sich deckenden Fluchtstäbe E und Z im Spiegel der Seite a als ein Stab sichtbar werden, dessen Bild auf den Spiegel der Seite b und von dort auf das einvisierende Auge A übertragen wird. Ein rechter Winkel ist vorhanden, wenn der einvisierte Fluchtstab E_2 durch die Öffnung der Seite b genau über dem Spiegelbild der sich deckenden Stäbe E und Z zu sehen ist.

Die Kontrolle erfolgt in umgekehrter Richtung (E_1–W–E_2).

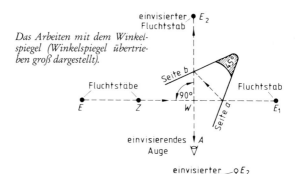

Das Arbeiten mit dem Winkelspiegel (Winkelspiegel übertrieben groß dargestellt).

● c) mit dem Winkelprisma,

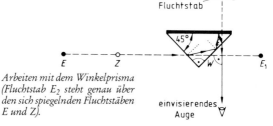

Arbeiten mit dem Winkelprisma (Fluchtstab E_2 steht genau über den sich spiegelnden Fluchtstäben E und Z).

● d) mit dem Pentagon-Prisma!

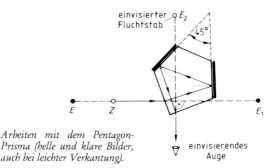

Arbeiten mit dem Pentagon-Prisma (helle und klare Bilder, auch bei leichter Verkantung).

Höhenmessungen

Die genaue Höhenlage über dem Meeresspiegel wird durch Höhenfestpunkte angegeben. Bezugsgrundlage der Höhenfestpunkte ist das mittlere Hochwasser der Nordsee (Amsterdamer Pegel) = Nullpunkt = Normal Null = NN.

● Was sind Höhenfestpunkte!

Man findet sie als Rundstahlbolzen im Sockel markanter (meist öffentlicher) Gebäude eingesetzt.

● Wo findet man sie?

Die Höhenlage eines Neubaues wird nach dem jeweiligen Höhenfestpunkt unter Angabe der Höhe über NN (z. B. 128,3 über NN) festgelegt.

● Wonach wird die Höhenlage eines Neubaues festgelegt?

Höhenmessungen in kleinerem Umfang
(z. B. für kleinere Gebäude) können mit *Wiegelatte, Wasserwaage und Meßlatte* bzw. Zollstock ausgeführt werden (siehe Bild). Maße entweder alle von der Unterkante oder alle von der Oberkante der Wiegelatte messen!

Wie werden einfache Höhenmessungen durchgeführt?

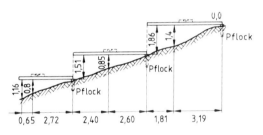

Höhenmessung in kleinerem Umfang:
Gesamthöhenunterschied = Summe der Endmaße der Latten (Staffelmessung)
Höhenfestlegung mit Visiertafeln s. Seite 275 f. (Verlegen von Entwässerungsleitungen)

Höhenmessungen in größerem Umfang und bei schwierigem Gelände werden mit *Nivelliergeräten* durchgeführt.

● Wie werden Höhenmessungen in größerem Umfang vorgenommen?

Ein Nivellierinstrument ist ein Fernrohr, welches mit 3 Stellschrauben am Fuß des Gerätes so eingestellt wird, daß die Sehlinie beim Drehen des Rohres nach allen Richtungen waagerecht verläuft. Bei älteren Geräten steht das mit dem Instrument gesehene Bild auf dem Kopf.

● Beschreibe ein Nivellierinstrument!

Es ist richtig eingestellt, wenn die Libelle (Röhren- und Dosenlibellen) in jeder Stellung des Fernrohres genau einspielt. Für einen festen Stand des Gerätes ist zu sorgen.

● Wann ist es richtig eingestellt?

- **Wie werden beim Nivellieren die Maße abgelesen?**

Beim Nivellieren werden die Maße durch das Fernrohr von einer Nivellierlatte (Meßlatte mit cm-, dm- und m-Einteilung in schwarz- bzw. rotweißem Farbwechsel) abgelesen. Bei älteren Geräten stehen die Maßzahlen der Nivellierlatte auf dem Kopf, durch das Fernrohr sieht man sie richtigstehend.

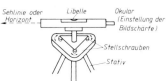

Merke: Die Meßlatte muß unbedingt lotrecht gehalten werden.

Achtung! Gilt nur für ältere Geräte: Als Folge der Bildumkehrung werden die Maße durch das Gerät von oben nach unten abgelesen (s. Bild).

- **Wodurch wird ein genaues Ablesen möglich?**

Im Fernrohr befindet sich ein Fadenkreuz. Mit dem senkrechten Faden wird die lotrechte Stellung der Nivellierlatte kontrolliert, mit dem waagerechten wird die genaue Höhe abgelesen. Die kurzen waagerechten Markierungen machen Längenmessungen möglich (Reichenbacher Distanzstriche).

Fadenkreuz im Fernrohr des Nivelliergerätes

Nebenstehende Abbildung zeigt das untere Ende einer Nivellierlatte für ältere Geräte, durch das Fernrohr erscheint es oben. Abgelesenes Maß: 0,11 m. Bei moderneren Geräten steht das Bild nicht auf dem Kopf (von unten nach oben ablesen!).

- **Wie wird mit dem Nivelliergerät gemessen?**

Nach Einstellung des Gerätes wird zunächst die Nivellierlatte im Höhenfestpunkt aufgestellt. Das abgelesene Maß gilt als Bezugsgröße für alle nachfolgenden Messungen. Anschließend erfolgt das Einnivellieren der übrigen Punkte. Die Differenz zwischen der Bezugsgröße und der jeweils abgelesenen Maßzahl gibt die Höhenlage (+ oder −) des eingemessenen Punktes zum Festpunkt an.

- **Beschreibe das Nivellieren ohne Standortwechsel des Instrumtes!**

Beispiel einer Höhenmessung mit dem Nivellierinstrument (ohne Standortwechsel des Gerätes):

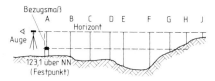

Nivellieren ohne Standortwechsel

Festpunkt A	Abgelesene Zahl	Differenz*⁾	Höhe über NN
	0,8 = Bezugsmaß	±0	123,1
Punkt B	1,2	−0,4	122,7
Punkt C......	1,55	−0,75	122,35
Punkt D	1,50	−0,70	122,40
Punkt E	2,05	−1,25	121,85
Punkt F	2,45	−1,65	121,45
Punkt G	1,2	−0,4	122,7
Punkt H	0,6	+0,2	123,3
Punkt J	0,35	+0,45	123,55

*⁾ Differenz = Bezugsmaß minus abgelesene Zahl = Höhe, bezogen auf den Festpunkt A.

Bei Messungen über größere Entfernungen oder in stark abfallendem Gelände wird ein Standortwechsel des Gerätes notwendig

• Beschreibe das Nivellieren mit Standortwechsel des Instrumentes!

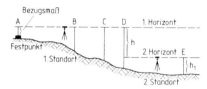

Nivellieren mit Standortwechsel

Hierbei muß ein Punkt der vorausgegangenen Messung (in diesem Falle *D*) vom neuen Standort aus nochmals eingemessen werden (Bezugspunkt für den 2. Horizont). Die Differenz zwischen beiden Messungen (h) ist der Unterschied der Horizonthöhen, welcher bei der Auswertung zu berücksichtigen ist.

Beispiel:

Lage des Punktes *E* unter dem Festpunkt (*A*) = Bezugsmaß − h − h_1.

2.3 Einrichten der Baustelle und Ausschachtung

2.3.1 Einrichten der Baustelle

Beim Einrichten der Baustelle müssen der *Verbandskasten*, die *Unfallverhütungsvorschrift* und ein *Abort* (gegen Einsicht von oben und von den Seiten gesichert) zuerst vorhanden sein. Es folgen: Baubuden (Mannschafts-, Geräte- und Materialbuden), Werkzeug und Geräte, Maschinen, Bauzaun, Strom- und Wasseranschlüsse, Bauschilder und Baustoffe.

Welche drei Dinge gehören zuerst auf die Baustelle?

Welche Absperrmaßnahmen sind erforderlich?	Baustellen sind durch standfeste Bauzäune und Verbotstafeln abzusperren. An belebten Straßen sind geschlossene Zäune (evtl. mit Schutzdach) zu verwenden. Während der Dunkelheit müssen an vorspringenden Kanten und vorgelagertem Material gelbe Warnlampen angebracht werden. (Rote Warnlampen nur bei Straßensperrung.) Straßen- oder Bürgersteig-Absperrungen sind erst nach Genehmigung durch das Ordnungsamt oder Straßenverkehrsamt zulässig.
Wie wird die Baustelle eingerichtet?	Das Baugelände ist Arbeitsplatz. Unterkunftsbaracken werden abseits errichtet. Der Abort nimmt die äußerste Ecke des Platzes ein. Material- und Geräteschuppen sollen in der Nähe der Baugrube stehen, dürfen aber nicht behindern. Die Baustoffe sind rechtzeitig, doch nicht zu früh zu bestellen (evtl. hinderlich). Sie sollen übersichtlich und so gelagert werden, daß ein reibungsloser Arbeitsablauf möglich ist. Fahrwege freihalten! Evtl. später aufzustellende Bauaufzüge, -kräne, große Mischmaschinen usw. sind bei der Planung zu berücksichtigen. Für Großbaustellen ist die Anfertigung eines Einrichtungsplanes (Zeichnung) notwendig.

Schnurgerüste

werden aufgestellt:

Wo werden Schnurgerüste aufgestellt?	a) bei einfachen Bauten an allen vorspringenden, mindestens aber an den vier Hauptecken; b) bei größeren Gebäuden außer an den Ecken auch vor der Flucht in Höhe der Haupttrennwände; c) bei komplizierten Bauvorhaben (besonders bei schiefwinkligen) als durchlaufender Bretterkranz rund um die Baugrube.
Wozu dienen sie?	Auf den Schnurgerüstbrettern werden *Fluchtrichtungen* und *Maße* des Neubaues von der Ausschachtung bis zur Errichtung in Sockelhöhe festgelegt.
Beschreibe verschiedene Schnurgerüste!	

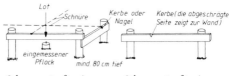

Schnurgerüst für eine Ecke   *Schnurgerüst für eine Haupttrennwand*

Die Mauerfluchten werden mit Hilfe gespannter Schnüre nach den eingemessenen Eckpflöcken des Gebäudes (siehe Bild) festgelegt und durch Einkerben oder Einschlagen von Nägeln an den Brettern der Schnurgerüste gekennzeichnet.

Beim Ausschachten bzw. Anlegen des Mauerwerks wird die Flucht von der gespannten Schnur herabgelotet. Befinden sich an einem Brett eines Schnurgerüstes mehrere Kerben bzw. Nägel (Ausschachtung, Fundament, Mauerwerk usw.), so ist eine Kennzeichnung der Punkte erforderlich.

An einem Winkel sollen die Bretter zwar waagerecht, aber nicht auf gleicher Höhe liegen, um ein gegenseitiges Berühren der Schnüre und damit Ungenauigkeiten zu vermeiden.

Warum sollen die Bretter eines Schnurgerüstwinkels verschieden hoch liegen?

Das Schnurgerüst darf nach der Ausschachtung nicht abrutschen. Sein Abstand von der Bauflucht richtet sich nach der Bodenbeschaffenheit (Böschung), der Tiefe der Baugrube und dem notwendigen Arbeitsraum. Mindestabstand 1,50 m.

Gib den Abstand eines Schnurgerüstes von der Bauflucht an!

Der Arbeitsraum soll auf der Baugrubensohle mindestens 0,50 m breit sein (Anbringen von Sperrschutzschichten usw.). Böschungswinkel beachten!

Wie breit soll der Arbeitsraum sein?

Die Schnurbretter werden waagerecht in Höhe der Oberkante Kellerdecke bzw. Unterkante Erdgeschoß an die Pfähle geschlagen.

In welcher Höhe werden die Bretter angeschlagen?

Die sich gegenüberliegenden Bretter zweier Schnurgerüste müssen auf gleicher Höhe liegen, damit die gespannten Schnüre waagerecht verlaufen. Andernfalls entstehen beim üblichen Nachmessen des Gebäudes entlang den Schnüren falsche Maße.

Was ist beim Aufstellen von Schnurgerüsten in abfallendem Gelände zu beachten?

Es gibt zwei *Möglichkeiten*, in abschüssigem Gelände Schnurgerüste aufzustellen:

Wie werden sie aufgestellt?

Fall 1

An den tiefgelegenen Ecken wird ein höheres, kreuzweise gegen Verschieben verstrebtes Schnurgerüst (über Reichhöhe mit Laufsteg) aufgestellt.

Fall 2

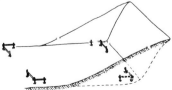

Wie werden nach Fertigstellen der Schnurgerüste die Baumaße kontrolliert?

Was versteht man unter „Abwinkeln"?

Es werden zunächst nur an den tiefgelegenen Ecken Schnurgerüste errichtet und die Baugrube provisorisch ausgehoben. Anschließend sind die fehlenden Eckpunkte des Gebäudes im ausgeschachteten Raum einzumessen und die Schnurgerüste aufzustellen.

Entlang den gespannten Schnüren werden die Maße und Winkel (3:4:5) mit einer Meßlatte nachgeprüft (Zeichen mit Kopierstift auf angefeuchteter Schnur machen!). Andere Winkelkontrolle für Rechteckbauten: Die Übereckmaße (Diagonalmaße) müssen gleich sein.

Das Aufstellen von Schnurgerüsten wird auch „Abwinkeln" eines Gebäudes genannt.

2.3.2 Ausschachtung

● Was muß vor Beginn der Ausschachtung bekannt sein?

Vor Beginn der Ausschachtungsarbeiten muß die Sockelhöhe (Oberkante Kellerdecke=OKD) bekannt und an einem Höhenpflock oder an einem Schnurgerüstpfahl festgelegt sein (bezogen auf den nächstgelegenen Höhenfestpunkt).

Höhenpflock:
 a) von vorn, b) von der Seite gesehen

Womit beginnen die Ausschachtungsarbeiten?

Die Ausschachtungsarbeiten beginnen mit dem Abräumen der Muttererde (wertvoller Humusboden) mit der Hand oder der Planierraupe (Bagger greifen leicht zu tief!). Sie ist abseits zu lagern und findet später als Gartenerde Verwendung.

Wie tief wird ausgeschachtet?

Der übrige Boden wird bis Unterkante Kellerfußboden ausgeschachtet.

Wie wird die Tiefe eingemessen?

Die *Baugrubentiefe* ist vom Höhenpflock aus entweder:

a) mit *Wiegelatte*, Wasserwaage und Meßlatte herunterzumessen (Bild) oder

b) mit dem *Nivelliergerät* zu bestimmen. Tiefe = abgelesenes Maß minus dem Unterschied zwischen OKD und Horizontlinie des Gerätes (Bezugsmaß).

Wie muß die Baugrubensohle beschaffen sein?

Die *Baugrubensohle* muß waagerecht und eben sein. Ihre waagerechte Lage kann auf zwei Arten kontrolliert werden:

Einmessen der Baugrubentiefe

a) mit *Wiegelatte* und Wasserwaage nach eingeschlagenen Pflöcken (siehe Bild). Um Unebenheiten des Bodens zu überbrücken, läßt man die Pflöcke um das Maß h (10 bis 15 cm) über die Baugrubensohle (UK Kellerboden) ragen.

Wie kontrolliert man ihre waagerechte Lage?

Einwiegen der Baugrubensohle

h muß an allen Punkten der Baugrubensohle gleich groß sein

b) mit dem Nivelliergerät. Die Nivellierlatte steht auf eingeschlagenen Pflöcken = UK Kellerfußboden. Bei unverändertem Standort des Gerätes müssen die abgelesenen Maßzahlen für alle Stellen der Baugrube gleich sein.

Man unterscheidet folgende *Bodenarten:*

Nenne die verschiedenen Bodenarten und die erforderlichen Böschungswinkel!

schlammigen Böden, besonders Triebsand, der nur mit Schöpfkellen zu beseitigen ist;

leichten Boden (loser Boden, Sand), der mit Schaufel und Spaten bearbeitet werden kann. Böschungswinkel etwa 45°;

mittleren Boden (fester Lehm, leichter Ton), der mit Spitzhacke, Breithacke oder Spaten lösbar ist. Böschungswinkel etwa 60°;

festen Boden (fester Ton, grober Kies mit Ton, fetter Mergel, Steingeschiebe oder schieferartiger Fels), den man ohne Sprengstoffe brechen kann. Böschungswinkel etwa 80°;

Felsen, den man nur mit Sprengstoffen lösen kann. Böschungswinkel bis 90°.

Ein Teil der ausgeschachteten Erde wird für die spätere Hinterfüllung des Kellermauerwerks benötigt und auf der Baustelle gelagert.

Was geschieht mit dem ausgeschachteten Boden?

Der restliche, nicht zum allgemeinen Auffüllen des Baugeländes benötigte Boden wird abtransportiert.

Die ausgehobene Erde darf nicht unmittelbar neben der Baugrube gelagert werden. Mindestabstand ½ der Baugrubentiefe (Erdrutschgefahr!).

Wo darf er nicht gelagert werden?

Ist ein Ausschachten mit Böschung nicht möglich, oder wird die Böschung zu steil, müssen die Baugrubenwände nach innen abgestützt werden. Die Abspreizung erfolgt entweder im Arbeitsraum oder über die Flucht hinaus nach innen. Im zweiten Fall werden für die Stützen im aufgehenden Mauerwerk Aussparungen gelassen, die später geschlossen werden.

Welche Maßnahmen sind erforderlich, wenn ein Ausschachten mit Böschung nicht möglich ist?

2.4 Mauerarbeiten

2.4.1 Mauerwerk und Verbandsregeln

Was versteht man unter Rezeptmauerwerk?

Nach DIN 1053 unterscheidet man:

Rezeptmauerwerk:
Mauerwerk, dessen Festigkeit sich aus Steinfestigkeitsklassen, Mörtelarten und Mörtelgruppen ergibt und

Was versteht man unter Nachweismauerwerk?

Nachweismauerwerk:
Mauerwerk, dessen Festigkeit durch Prüfung und Versuch nachzuweisen ist.

Einfache Mauerwerksbauten (z. B. Wohnungsbau), deren Erstellung Durchschnittsanforderungen an Statik und Ausführung stellen, können als Rezeptmauerwerk mit vereinfachten Bemessungsverfahren (DIN 1053, T. 1) durchgeführt werden.

● **Wann findet das vereinfachte und wann das genaue Bemessungsverfahren Anwendung?**

Voraussetzungen für das vereinfachte Verfahren:

Bauwerksteil	Wanddicke d in cm	Wandhöhe	Verkehrslast der Decke in kN/m²
Innenwände	$\geq 11{,}5$ $< 24{,}0$	$\leq 2{,}75$ m	≤ 5
	$\geq 24{,}0$	beliebig	
einschalige Außenwände	$\geq 17{,}5$[1] $< 24{,}0$	$\leq 2{,}75$ m	
	$\geq 24{,}0$	$\leq 12 \cdot d$	
Tragschalen zweischaliger Außenwände und zweischaliger Haustrennwände	$\geq 11{,}5$[2] $< 17{,}5$[2]	$\leq 2{,}75$ m	≤ 3[3]
	$\geq 17{,}5$ $< 24{,}0$		≤ 5
	$\geq 24{,}0$	$\leq 12 \cdot d$	

[1] auch $\geq 11{,}5$ zulässig für Bauwerke, die nicht dem dauernden Aufenthalt von Menschen dienen (eingeschossige Garagen o. ä.)
[2] maximal 2 Vollgeschosse und ausgebautes Dachgeschoß. Abstand aussteifender Querwände bis 4,5 m, Randabstand von einer Öffnung bis 2,0 m.
[3] einschließlich Trennwandzuschlag

Maximale Gebäudehöhe über Erdreich 20,0 m.
Deckenstützweite $l \leq 6{,}0$ m, wenn nicht die Biegemomente aus dem Deckendrehwinkel durch konstruktive Maßnahmen begrenzt werden.
Bei geneigten Dächern gilt als Gebäudehöhe das Mittel zwischen First- und Traufhöhe.

Bauwerke mit großer Höhe oder wenig aussteifenden Wänden, bei großen Deckenstützweiten, besonderen Nutzlasten usw. erfordern Rezeptmauerwerk mit genauem Bemessungsverfahren (DIN 1053, T. 2).

Mauerschichten

Je nach der Lage der Steine im Mauerwerk unterscheidet man verschiedene Mauerschichten:

Nenne und beschreibe die verschiedenen Mauerschichten!

Läuferschicht

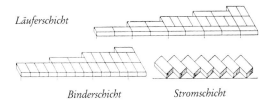

Binderschicht   *Stromschicht*

Rollschicht   *Zahnschicht*

Schränkschicht

Verzahnungen

sind Anschlußstellen für später hochzuführende Mauern.

Was versteht man unter Verzahnungen?

Gebräuchliche Verzahnungen:

Welche Verzahnungen sind üblich?

Abtreppung oder liegende Verzahnung

Stockzahnung oder stehende Verzahnung

Lochzahnung

Schlitzzahnung
(Abmessungen und Abstände der Schlitze richten sich nach dem Material der einzubindenden Wand)

Gib die üblichen Mauerdicken an!

Übliche Mauerdicken*):

Mauer-dicken in cm	Formate					Be-mer-kung
	NF	DF	1½ NF	2¼ NF	Hbl	
5,25	—	▨	—	—	—	Für Verblendungen sind Kombinationen der Vormauerziegel mit allen Formaten möglich.
7,1	▨	—	—	—	—	
11,5	▨	▨	▨	—	—	
17,5	—	▨	—	▨	▨	
20,0	▨	—	—	—	—	
24,0	▨	▨	▨	—	—	
30,0	—	▨	1½NF + 2¼NF		▨	
32,0	▨	—	—	—	—	
36,5	▨	▨	▨	—	▨	
49,0	▨	▨	▨	—	—	

Welche Verzahnung ergibt den besten, welche den schlechtesten Maueranschluß?

Die Abtreppung ergibt den besten, die Stockzahnung den schlechtesten Maueranschluß (geringe Festigkeit gegen seitliches Verschieben, da schlechter Fugenschluß unter den vorgestreckten Steinen).

Nenne die allgemeinen Verbandsregeln!

Allgemeine Verbandsregeln:

a) Überbinde mindestens ¼ Stein!
b) Halte Schnittfuge!
c) Verlege im Innern der Mauer möglichst viele Binder!

---

*) Berechnung der Mauerdicken, -längen und -höhen wird im Fachrechenteil des Buches behandelt.

d) Verwende möglichst viele ganze Steine!
e) Parallel laufende Mauern haben gleiche Schichten!
f) An Maueranschlüssen und Ecken laufen die Schichten abwechselnd durch. Grundregel: Läufer binden durch, Binder stoßen stumpf an.
g) Vermeide Kreuzfugen!

Schnittfuge (quer durch die ganze Wand)

Kreuzfuge

Mauerwerksfugen (DIN 1053, T. 1)

Es werden Lager-, Stoß- und Längsfugen unterschieden. Der Fugenmörtel gibt den Steinen Halt, außerdem lassen sich mit dem Fugenmörtel kleine Ungenauigkeiten der Steinmaße ausgleichen.

Welche Fugenarten gibt es?

Die *Fugendicke* muß so gewählt werden, daß Fugen- und Steinmaß zusammen dem Baurichtmaß (s. Abschn. „Mauerziegel") entsprechen. Daraus ergeben sich *im Regelfall* folgende Fugendicken:

Nenne die Fugendicken!

Lagerfugen 12 mm,
Stoß- und Längsfugen 10 mm.
Beim Vermauern der Steine *mit Dünnbettmörtel:*
Lager- und Stoßfugen 1 bis 3 mm (Die dafür geeigneten Mauersteine sind in ihren Längen- und Höhenmaßen 9 mm größer).

Lagerfugen erhalten ein vollflächiges Fugenbett; Längsfugen sind voll auszufüllen; Stoßfugen sind entsprechend dem Steinformat und der Steinform so zu verfüllen, daß die Anforderungen an Schall- und Wärmeschutz, Brandschutz, Schlagregen und Winddruck erfüllt werden (s. Abb.).
Dünnbettmörtel ist stets vollflächig aufzutragen.

Wie werden die Fugen vermörtelt?

Mögliche Stoßfugen (Maßangaben in mm):

Beschreibe mögliche Stoßfugenausführungen!

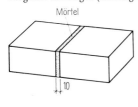

Vermauerung von Steinen ohne Mörteltaschen (Stoßfuge voll verfüllt)

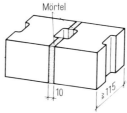

Vermauerung von Steinen mit Mörteltaschen (Mörtel nur an Steinflanken aufgetragen)

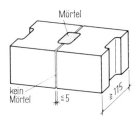
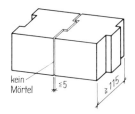

Vermauerung von Steinen mit Mörteltaschen (Knirschfuge = Knirschverlegung)

Vermauerung von Steinen mit Nut und Feder (ohne Stoßfugenvermörtelung)

Beschreibe die gebräuchlichsten Mauerverbände:

a) den Läuferverband,

b) den Binderverband,

c) den Blockverband,

d) den Kreuzverband!

Die gebräuchlichsten Mauerverbände:

a) *Läuferverband:* nur Läuferschichten, Überbindung ½ Stein (evtl. auch ¼ Stein), Abtreppung und Verzahnung regelmäßig ½ Stein.

b) *Binderverband:* nur Binderschichten, Überbindung ¼ Stein, Abtreppung und Verzahnung regelmäßig ¼ Stein.

c) *Blockverband:* Läufer- und Binderschichten im gleichmäßigen Wechsel, Überbindung ¼ Stein, Abtreppung unregelmäßig ¼ Stein und ¾ Stein, Verzahnung regelmäßig ¼ Stein.

d) *Kreuzverband:* Läufer- und Binderschicht in Wechsel, Stoßfugen der Binderschichten senkrecht übereinander, die der Läuferschichten sind jeweils um ½ Stein (1 Kopf) versetzt. Überbindung ¼ Stein, Abtreppung regelmäßig ¼ Stein, Verzahnung unregelmäßig ¼ Stein.

Läuferverband *Binderverband*

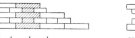

Blockverband *Kreuzverband*

Wie mauert man gerade Mauerenden:

a) im Regelverband,

Gerade Mauerenden:

a) *Regelverband:*

Die Läuferschicht schließt mit soviel ¾-Steinen in Läuferrichtung ab, wie die Mauer halbe Steine stark ist. Beim Kreuzverband liegt in jeder 2. Läuferschicht ein Kopf hinter dem Läuferdreiviertel.

Die Binderschicht schließt bei einsteinigem Mauerwerk mit einem ganzen Binder, bei dickeren Wänden mit zwei Paar ¾-Steinen in Binderrichtung ab.

*Läufer-
schichten*

*Binder-
schichten*

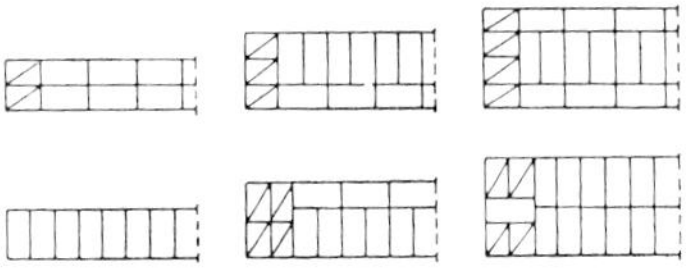

b) *Sparverband* (vereinfachter Regelverband):

b) im Sparverband,

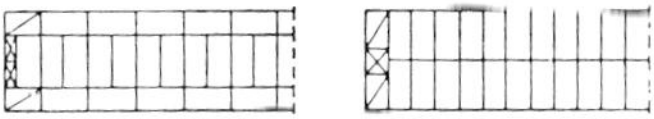

c) *Viertelsteinverband:*
(Sparverband mit geringfügiger Fugendeckung, in der Praxis häufig angewandt.)

c) im Viertelsteinverband,

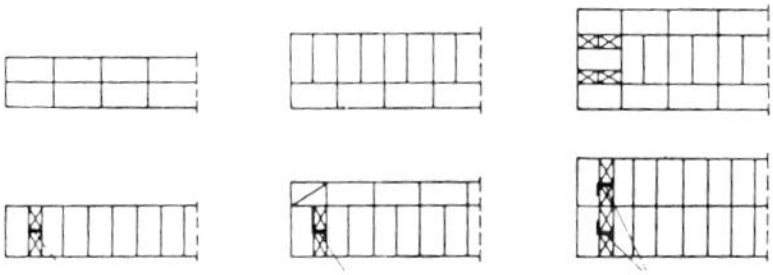

Fugendeckung Fugendeckung Fugendeckung

d) *Umgeworfener Verband:*
Ist die Mauerlänge nicht durch ganze Köpfe teilbar (½ Kopf Rest), findet der umgeworfene Verband Anwendung, d. h. die Läuferschicht schließt als Binderschicht ab und umgekehrt.

d) im umgeworfenen Verband?

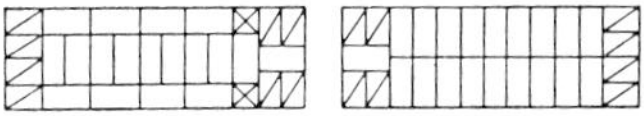

Rechtwinklige Ecke:
2 gerade Mauerenden stehen in ihren Endpunkten rechtwinklig zueinander.

Wie wird eine rechtwinklige Ecke gemauert:

a) *Regelverband:*

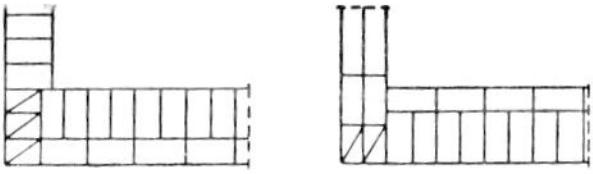

a) im Regelverband,

b) im Sparverband,

b) *Sparverband* (vereinfachter Regelverband):

c) im Viertelsteinverband,

c) *Viertelsteinverband:*

Abwandlung der allgemeinen Regel: Binderschicht bindet durch!

d) im umgeworfenen Verband?

d) *Umgeworfener Verband:*

Abwandlung der allgemeinen Regel: Binderschicht mit Läuferende bindet durch!

Wie mauert man einen rechtwinkligen Maueranschluß:

Rechtwinkliger Maueranschluß (Mauerstoß):

Gerades Mauerende steht rechtwinklig zur durchlaufenden Mauer.

a) im Regelverband,

a) *Regelverband:*

Die Stoßfugen der Läuferschichten müssen ¼ oder ¾ Stein von der inneren Ecke entfernt liegen.

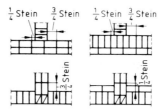

b) im umgeworfenen Verband,

b) *Umgeworfener Verband:*

Die Stoßfugen der Binderschichten müssen ¼ oder ¾ Stein von der inneren Ecke entfernt liegen.

c) *Sparverband:*
   Die einbindende Wand kann auch in Sparverbänden entsprechend den geraden Mauerenden ausgeführt werden.

c) im Sparverband,

Mauerkreuzungen:
2 durchlaufende Mauern stehen rechtwinklig zueinander.

Wie wird eine rechtwinklige Mauerkreuzung gemauert:

a) *Regelverband:*
   Lage der Stoßfugen in den inneren Ecken wie bei Mauerstößen.

a) im Regelverband,

b) *Umgeworfener Verband:*
   Binderschicht bindet durch, Läuferschicht stößt stumpf vor.

b) im umgeworfenen Verband?

Mauervorlagen
werden wie Maueranschlüsse bzw. Kreuzungen behandelt.
¼-Stein-Vorlagen werden in jeder Schicht (Schrägfuge!) eingebunden.

Wie werden Mauervorlagen gemauert?

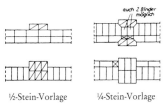

½-Stein-Vorlage   ¼-Stein-Vorlage

Mauernischen und -schlitze
werden wie teilweise Mauerenden behandelt.

Wie werden Mauernischen und -schlitze gemauert?

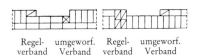

Regel-   umgeworf.   Regel-   umgeworf.
verband Verband   verband   Verband

Schiefwinklige zusammengesetzte Mauern:
Die Regeln für rechtwinklige zusammengesetzte Mauern finden sinngemäß Anwendung.

Worauf ist bei schiefwinkligen zusammengesetzten Mauern zu achten:

a) bei stumpfwinkligen Ecken,

Stumpfwinklige Mauerecken

Die Binderschichtschnittfuge liegt immer in der inneren Ecke. Die Läuferschichtstoßfuge liegt ¼ Stein von der inneren Ecke entfernt. An der äußeren Ecke geht die Läuferschicht bis zur Binderschnittfuge durch.

b) bei spitzwinkligen Ecken,

Spitzwinklige Mauerecken

An der spitzwinkligen Ecke bindet nur die äußere Läuferreihe durch, die Binderschicht stößt dagegen. Länge des Eckläufersteines = Schräge (s) + ¼ Stein.

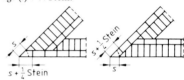

c) bei schiefwinkligen Maueranschlüssen und -kreuzungen?

Schiefwinklige Maueranschlüsse und -kreuzungen

Die Schnittfuge der durchbindenden bzw. der einbindenden Schicht muß immer ¼ Stein von der inneren Ecke entfernt liegen.

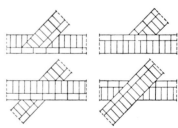

Wie wird gemischtformatiges Mauerwerk erstellt?

Gemischt-formatiges Mauerwerk

(1½ NF + 2¼ NF = 2 DF + 3 DF) kann nur mit Abweichungen von den allgemeinen Verbandsregeln erstellt werden. Es sind bisweilen verschiedene Verbandslösungen möglich. Folgende grundlegende Mauerverbände mögen als Anhalt dienen (die 2. Schicht ist gestrichelt).

Verschiedene Mauerverbände!

30 cm Mauerdicke

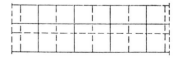

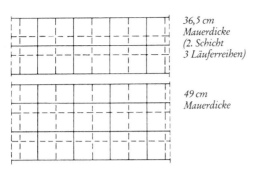

36,5 cm
Mauerdicke
(2. Schicht
3 Läuferreihen)

49 cm
Mauerdicke

Überbindung möglichst 1 Kopf = 11,5 cm.
Alle Mauern zeigen in der Ansicht Läuferverbände.
Beispiele für Mauerwerkskonstruktionen:

Wie sieht die Ansicht solcher Verbände aus?

Verschiedene Möglichkeiten bei der 30er Mauerecke!

a) mit Schnittfugen und
   mit Teilsteinen

b) ohne Schnittfugen und
   ohne Teilsteine

30er Mauerecke

In beiden Fällen ergibt sich *keine* Fugendeckung.

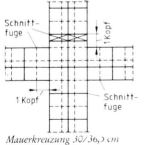
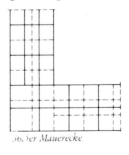

Mauerkreuzung!

36,5er Mauerecke!

Mauerkreuzung 30/36,5 cm   *36,5er Mauerecke*

Mauerwerkswände

Die Einteilung in Wandarten erfolgt nach der:
a) *Lastaufnahme:*
   Tragende Wände, Nichttragende Wände.

Nach welchen Gesichtspunkten werden Wände eingeteilt?

Tragende Wände tragen mehr als ihr Eigengewicht aus einem Geschoß. Hierzu zählen auch aussteifende Wände, die das Gebäude stabilisieren (s. hierzu auch Abschn. „Ringanker").

Nenne Mindestwanddicken für verschiedene Wandarten!

Mindestwanddicken (DIN 1053, T. 1):

Tragende Innen- und Außenwände, aussteifende Wände, tragende Innenschale bei zweischaligen Außenwänden	11,5 cm
Kelleraußenwände (ohne Erddrucknachweis)	24,0 cm
Unverputzte einschalige Außenwände (auch Verblendmauerwerk)	31,0 cm
Einschalige Außenwände:	
Witterungsschutz nur Putz	24,0 cm
anderer Witterungsschutz	17,5 cm
Nichttragende Außenwände ohne statischen Nachweis	11,5 cm
Außenschale zweischaliger Außenwände,	9,0 cm
bei Kerndämmung	11,5 cm

Für tragende Pfeiler gelten als Mindestmaße 11,5 cm × 36,5 cm bzw. 17,5 cm × 24 cm. Tragende und aussteifende Wände sind direkt auf Fundamenten zu gründen.

b) *Lage im Gebäude*
Innenwände: einschalig
zweischalig (Haustrennwände, DIN 4109)
Außenwände: einschalig
zweischalig
Kellerwände (Außenwände).
Außenwände müssen Schlagregenbeanspruchungen standhalten und frostbeständig sein.

Welche besonderen Eigenschaften müssen Außenwände haben?

Beschreibe einschalige Außenwände!

Einschalige Außenwände
erhalten auf der Außenseite eine Putzschicht oder einen anderen Witterungsschutz: Platten, hinterlüftete Fassade usw. (Mindestwanddicke s. Tabelle). Bei einschaligem unverputztem Mauerwerk (Sichtmauerwerk oder Verblendmauerwerk) besteht jede Mauerschicht aus mindestens 2 Reihen gleich dicker Steine, zwischen denen eine durchgehende und schichtweise versetzte 2,0 cm breite Längsfuge (dicht vermörtelt) angeordnet ist. (Zweischalige Außenwände s. Abschn. „Übliche Bauverfahren für Erd- und Obergeschosse")

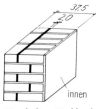

Einschaliges Verblendmauerwerk, 37,5 cm dick

2.4.2 Baugründung unter normalen Bodenverhältnissen (Fundamente)

Fundamente (Bankette) nehmen den Druck des Mauerwerks auf und verteilen ihn gleichmäßig auf den Baugrund.

Geeignete Baustoffe für Fundamente: Beton- oder Mauerwerk aus feuchtigkeitsbeständigen und druckfesten natürlichen oder künstlichen Bausteinen, mit hydraulischem Mörtel (Gruppen II, IIa und III) hergestellt.

Je größer die Last des Baukörpers und je weniger tragfähig der Boden, um so breiter werden die Fundamente angelegt.

Die Fundamentdicke muß der Breite entsprechen, um den vollen Druck übertragen zu können. Der Druckverteilungswinkel ist bei unbewehrtem Beton abhängig von der Belastbarkeit des Bodens und der Betonfestigkeitsklasse. Breite Fundamente mit zu geringer Höhe brechen an den Mauerkanten ab. Faustregel für die Ermittlung der Fundamentdicke:

Druckverteilungswinkel ca. 60°.

¼ × seitlicher Überstand ($ü$)

Mindestdicke = 0,30 m.

Druckverteilung im Fundament

Aus Ersparnisgründen ist bei dicken Fundamenten eine Abtreppung vor der 60°-Linie zulässig.

Die Fundamentsohle muß in jedem Fall in frostfreier Tiefe liegen (in unserer Gegend 0,80 bis 1,00 m).

Bei nicht frostfreier Gründung kann beim Gefrieren des durchfeuchteten Bodens das Fundament gehoben werden und beim Tauen im aufgeweichten Boden (Wasser kann in den darunter noch gefrorenen Boden nicht einsickern) absacken.

Fundamentsohle und -oberfläche müssen waagerecht und eben sein. Bei nicht waagerechter Lage treten Schubkräfte auf.

Schubkräfte bei nicht waagerechter Gründung

An Abhängen ist zwecks Arbeits- und Materialersparnis ein waagerechtes Abtreppen der Fundamente (Stufenfundamente) möglich. Auf frostfreie Gründung achten!

Stufenfundament
f = frostfreie Tiefe
l = mindestens 0,50 m Überdeckung

Wie werden Fundamente eingemessen?

Das Einmessen der Fundamente erfolgt durch Herabloten von den zwischen den Schnurgerüsten gespannten Fluchtschnüren. Das aufgehende Mauerwerk steht im Normalfall mitten auf dem Fundament (gleicher Bankettüberstand beiderseitig).

**Beschreibe das Ausheben der Fundamentgräben:
a) bei losem Boden,
b) bei festem Boden!**

Nach dem Ausschachten der Baugrube werden die Fundamentgräben ausgehoben:

a) bei losem Boden mit entsprechender Böschung unter Zugabe des erforderlichen Arbeitsraumes;

b) bei festem Boden:

für Betonfundamente: Die eingemessenen Außenkanten der Bankette werden durch Bretter oder Kanthölzer unverschiebbar festgelegt und die Grabenwände senkrecht abgestochen. Unzulässig ist eine Verjüngung des Grabenquerschnitts nach unten (Keilwirkung). Ausführung siehe Abschnitt „Betonarbeiten";

für gemauerte Fundamente: Ausschachtung wie für Betonfundamente, doch muß auf beiden Seiten ein Arbeitsraum von mindestens 10 cm frei bleiben.

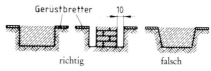

Fundamentgräben in festem Boden

Wie muß die Fundamentgrabensohle beschaffen sein?

Die Fundamentgrabensohle muß tragfähig (gewachsener Boden), waagerecht und eben sein.

2.4.3 Kellergeschoßmauerwerk

Wie werden Geschoßhöhen gemessen?

Geschoßhöhen werden von OK (Oberkante) fertiger Fußboden bis OK fertiger Fußboden gemessen.

Gib die üblichen Kellergeschoßhöhen an!

Kellergeschosse sollen nicht höher als 2,5 m sein. Vorzugshöhe 2,25 m.

Wonach richtet sich der Maurer beim Hochführen der Geschosse?

Alle Höhenmaße eines Geschosses (Mauerschichten, Brüstungen, Fenster- und Türstürze, Podeste, UK Geschoßdecke usw.) werden auf einer Hochmaßlatte (Schichtenlatte) festgelegt, welche auf die eingemessenen oder einnivellierten Hochmaßpunkte des Gebäudes (mindestens an jeder Ecke) gehalten wird und dem Maurer jederzeit die Möglichkeit zur Überprüfung der Höhen gibt.

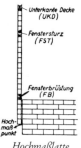

Hochmaßlatte

Kellerwände

werden aus Beton (siehe Abschn. „Betonarbeiten"), aus Beton in Verbindung mit Mauerwerk oder nur aus Mauerwerk hergestellt. Sie sind immer einschalig.

Die Dicke der Kellerwände richtet sich nach der Druckfestigkeit des verwendeten Materials und der aufzunehmenden Last. Sie ist jeweils statisch zu ermitteln. Auch bewehrtes Kellermauerwerk ist zulässig (s. auch S. 178). Sockelvorsprünge nach außen sind zu vermeiden (Behinderung des Wasserablaufs).

Kellerwände sollen vollfugig gemauert werden. Zulässige Mörtelgruppen (DIN 1053) II, IIa, III oder IIIa. Auf der Innenseite ist Fugenverstrich (Abfugen des frischen Mauerwerks mit einem Fugholz) zweckmäßiger als Rapputz.

Die Abmessungen der Kellermauern und ihre Aussteifung, ihre Abstände und Lage zur Baufluchtsind für die Ausführung der Obergeschosse maßgebend (tragende Wände). Näheres hierzu s. DIN 1053. Das Anlegen derselben muß daher mit größter Sorgfalt geschehen.

Eckpunkte, Fluchtrichtungen, Maueranschlüsse usw. werden von den gespannten Fluchtschnüren herabgelotet und auf den gesäuberten Banketten angerissen. Das Mauerwerk wird in ausreichendem Mörtelbett, von den Eckpunkten ausgehend, angelegt und mit dem Hängelot nochmals auf seine genaue Lage überprüft. Nach dem Aufsetzen der Ecken bzw. Schnurmauern wird die jeweils dazwischenliegende Flucht gemauert.

Unmittelbar unter der Erdoberfläche (bzw. der Auffüllung) und in Kellergeschoßhöhe werden die Gebäudeabmessungen durch nochmaliges Spannen der Fluchtschnüre zwischen den Schnurgerüsten überprüft, damit evtl. notwendig werdende Maßkorrekturen möglichst wenig sichtbar werden.

Mauerschlitze und -aussparungen (DIN 1053)

beeinträchtigen die Festigkeit und Standsicherheit des Mauerwerks. Größere Aussparungen und Schlitze müssen daher bei der statischen Berechnung berücksichtigt werden. Bei Hohlblockmauerwerk ist es sinnvoll, im Bereich der Schlitze Vollblöcke zu verarbeiten.

Waagerechte und schräge Schlitze dürfen nicht im mittleren Wandbereich liegen. Abstand bis zur nächsten Rohdecke höchstens 40 cm (für Langlochziegelwände sind solche Schlitze nicht zugelassen).

Für Aussparungen und Schlitze mit kleineren Abmessungen gilt:
Zulässige Maße für Aussparungen und Schlitze ohne statischen Nachweis (Maße in mm):

Gemauerte Aussparungen und Schlitze					Nachträglich angelegte Schlitze					Zugelassene Gesamtbreite senkrechter Aussparungen und Schlitze
Wanddicke	Breite der Aussparung	Restwanddicke	Abstand zwischen Aussparungen	Abstand zur nächsten Wandöffnung	senkrechte Schlitze			waagerechte und schräge Schlitze		Zugelassene Gesamt-Aussparungs- und Schlitzbreite (senkrecht)/ 2 m Wandlänge
					Schlitztiefe	Schlitzbreite	Abstand bis nächste Wandöffnung	Schlitzlänge bis 1,25 m	Schlitzlänge beliebig	
115	–	–	–	–	≤10	≤100		–	–	–
175	≤260	≥115	mindestens 1 Aussparungsbreite	mind. 2fache Aussparungsbr., mind. 365 mm	≤30	≤100	115	≤25	–	≤260
240	≤260	≥115	mindestens 1 Aussparungsbreite	mind. 2fache Aussparungsbr., mind. 365 mm	≤30	≤150	115	≤25	≤15	≤385
300	≤385	≥175	mindestens 1 Aussparungsbreite	mind. 2fache Aussparungsbr., mind. 365 mm	≤30	≤200	115	≤30	≤20	≤385
365	≤385	≥240	mindestens 1 Aussparungsbreite	mind. 2fache Aussparungsbr., mind. 365 mm	≤30	≤200	115	≤30	≤20	≤385

Bei Wanddicken ≥ 240 mm gilt im unteren Bereich (bis 1 m über Rohdecke): Schlitztiefe = 80 mm, Schlitzbreite = 120 mm (senkrechte Schlitze).

Für waagerechte und schräge Schlitze der Tiefe ≤ 25 mm und ≤ 30 mm gilt: Mindestabstand bis Öffnung 490 mm, bis zum nächsten waagerechten Schlitz: doppelte Schlitzlänge.

Welche Aufgaben haben Lichtschächte?

Lichtschächte

ermöglichen die Belichtung und Entlüftung von Kellerräumen, deren Fenster ganz oder teilweise unter der Erdoberfläche liegen. Die Fenster sind möglichst dicht unter der Kellerdecke anzuordnen.

Gib ihre üblichen lichten Abmessungen an!

Übliche Lichtschachtabmessungen (Innenmaße):

Länge = lichte Kellerfensterbreite, evtl. auf beiden Seiten ¼ Stein mehr;

Breite = senkrecht vor der Flucht 13,5 bis 51 cm;

Tiefe = von OK Erdboden bis 1 Schicht unter Vorderkante Kellerfensterbank.

Womit werden sie abgedeckt?

Zur Vermeidung von Unfällen werden Lichtschächte mit in Falzen gelagerten Stahlrosten abgedeckt.

In welchen Ausführungen gibt es Lichtschächte?

Zwei *Lichtschachtausführungen* finden Verwendung:

a) nicht mit dem Gebäude verbundene, lose vorgesetzte Lichtschächte (Fertigbauteile aus Stahlbeton oder Kunststoff).

   Vorteile: geringe Erstellungskosten bei wenig Zeitaufwand, keine Beschädigung der Gebäudeisolierung bei unterschiedlichen Setzbewegungen.

   Nachteil: Lichtschächte stehen auf angeschüttetem Boden und setzen sich stark, wiederholtes Einrichten erforderlich.

b) mit dem Haus fest verbundene Lichtschächte, unterstützt durch Mauerauskragungen, Kragbalken aus Stahlbeton oder ummantelten I-Trägern oder durch Kragplatten aus Stahlbeton. Das Lichtschachtmauerwerk ist mit dem des Gebäudes verzahnt.

Vorteil: gleichmäßiges Setzen von Gebäude und Lichtschacht, kein Nachrichten notwendig.

Nachteil: relativ hohe Erstellungskosten.

Mögliche Lichtschachtausführungen zu b):

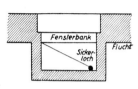

Beschreibe Lichtschächte mit verschiedenen Unterstützungsarten!

Waagerechter Schnitt durch einen Lichtschacht

Senkrechter Schnitt durch einen Lichtschacht auf Stahlbetonkragplatte (rechtwinklig zur Flucht)

   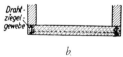

a *b*

Senkrechte Schnitte durch Lichtschachtbodenplatte aus Stahlbeton (parallel zur Flucht);
a) auf Stahlbetonbalken (evtl. ummantelte I-Träger)
b) zwischen einbetonierten I-Trägern

Senkrechter Schnitt durch Lichtschachtbodenplatte aus Stahlbeton auf Mauerauskragung

Bei Lichtschächten, deren Bodenplatten auf der Gebäudehinterfüllung ruhen, während die Wände mit dem Kellermauerwerk verzahnt sind, reißen die Verzahnungen ab.

Wie dürfen Lichtschächte nicht ausgeführt werden?

Wie werden Lichtschachtwände ausgeführt?	Lichtschachtwände werden aus Beton oder Mauerwerk (gefugt oder verputzt) hergestellt. Für kleinere Lichtschächte genügt eine Wanddicke von ½ Stein, bei größeren und solchen in befahrenen Durchlässen werden zur Aufnahme des größeren Erddruckes einsteinige, bisweilen auch leicht vorgewölbte Mauern notwendig.
Worauf ist bei der Herstellung der Bodenplatte zu achten?	Die Bodenplatte erhält zwecks Ableitung des Regenwassers einen Gefälleestrich zum Sickerloch, welches in einer Außenecke des Bodens oder in der untersten Schicht der Lichtschachtwand (siehe Bild) angelegt wird.

Welche Aufgaben haben Sperrschichten?	**Sperrschichten** schützen das Mauerwerk gegen eindringende Feuchtigkeit und die damit verbundenen Schäden.
Auf welche Weise kann Feuchtigkeit in Mauerwerk gelangen?	Wasser kann in das Mauerwerk gelangen: a) als *einsickerndes Regenwasser* (für gute Abdeckungen sorgen!); b) als *aufsteigende und seitlich eindringende Feuchtigkeit ohne Druck* (Normalfall) in Form von: aufsteigender *Grundfeuchtigkeit;* *Spritzwasser* (von der Erde an die Mauer zurückgespritztes Regenwasser) und *Tageswasser* (in die Erde einsickerndes Regenwasser); c) als *Druckwasser* in Form von: *Grundwasser* (Grundwasserspiegel über OK Kellerboden) und *Berg- oder Hangwasser* (wasserführende Schichten am Berghang angeschnitten).
Welche Sperrschichten werden im Normalfall angelegt?	Gegen aufsteigende Feuchtigkeit werden waagerechte, gegen seitlich eindringende Feuchtigkeit werden senkrechte Sperrschichten angelegt.
Gib Anzahl und Lage der waagerechten Sperrschichten eines Gebäudes an!	Ein Gebäude wird zweimal waagerecht gesperrt: 1. Sperrschicht: 1 Schicht über OK fertiger Kellerboden; Schutz gegen aufsteigende Grundfeuchtigkeit; 2. Sperrschicht: 30 bis 50 cm über dem Erdreich (möglichst durch Fensteröffnungen); Schutz gegen aufsteigendes Spritzwasser (siehe Bild).

Waagerechte Sperrschichten werden gewöhnlich mit besandeter Bitumenpappe (meist R 500) ausgeführt. (Sonderdichtungsbahnen siehe Abschn. „Sperrstoffe".)

Womit wird waagerecht gesperrt?

Mörtelsperrschichten (mit Dichtungszusätzen!) sind weniger elastisch, bekommen bei ungleichmäßigem Setzen des Gebäudes oder bei Bergbauschäden leicht Risse und sind daher unzweckmäßig. Sperrschichten aus heißem Asphalt erfordern trockenes Mauerwerk, da sich anderenfalls Wasserdampfblasen bilden.

Die Sperrpappe ist auf eine eben abgeglichene Mauerschicht mit ausgefüllten Fugen zu legen. Besonders gute Bettung und Mörtelhaftung: frisches Mörtellager unter und über der Pappe.

Wie muß das Sperrschichtlager beschaffen sein?

An Stößen (Ecken, Verzahnungen usw.) und beschädigten Stellen soll die Pappe mindestens 15 cm überdeckt und möglichst geklebt werden.

Wieviel cm muß die Sperrpappe an Stößen überdeckt werden?

Liegt die Kellerdecke in Erdgleiche oder nur wenig darüber, wird die Sperrpappe der 2. Sperrschicht innen unter die Decke gelegt und nach vorne bis zu einem ≦ 30 cm hohen Spritzwassersockel aufgebogen (Bild).

Wie liegt die 2. Sperrschicht bei OK Kellerdecke = Erdoberfläche?

Spritzwassersockel: OK Decke = OK Erdreich

Verlauf der 2. Sperrschicht bei Gebäuden am Berghang

Wie verläuft die 2. Sperrschicht beim Gebäude am Berghang?

Bei Bauten am Berghang verläuft die 2. Sperrschicht treppenförmig.

Soll auch der Kellerfußboden trocken bleiben, so muß auf einem Magerbeton-Unterboden in Höhe der 1. Sperrschicht eine lückenlose waagerechte Isolierung über die ganze Kellersohle bis Außenkante Mauerwerk verlegt werden; darüber wird der Bodenbeton bzw. -belag aufgebracht (siehe Bild Seite 158).

Wie erhält man einen trockenen Kellerboden?

Besondere Sicherheit bieten zusätzliche Dränageleitungen unter dem Kellerboden und rund um das Gebäude.

In gleicher Weise wird bei Fußböden nicht unterkellerter Räume verfahren.

Wie schützt man den Boden nicht unterkellerter Räume gegen aufsteigende Nässe?

Die *senkrechte Sperrschicht* besteht aus einem etwa 2 cm dicken geglätteten Sperrputz aus Zementmörtel (1:3) mit mindestens 2-lagigem Schutzanstrich. Bessere Ausführung: Zementputz mit Dichtungszusatz + 2 Anstriche.

Woraus besteht die senkrechte Sperrschicht?

Ist der Sperrputz immer erforderlich?	Bei glatt gefugtem Mauerwerk oder gut verdichteten Betonwänden kann der Anstrich ohne Putz unmittelbar auf der gesäuberten Wand erfolgen.
Wie hoch wird seitlich gesperrt?	Die seitliche Sperrschicht reicht von OK Erdboden bis OK Fundament. Zwecks besserer Ableitung des Wassers schließt der Sperrputz auf dem Fundament mit einer Hohlkehle ab. Lichtschächte sind ebenfalls gegen eindringende Feuchtigkeit zu schützen.
Womit werden die Anstriche ausgeführt?	Für Schutzanstriche finden die im Abschnitt „Sperrstoffe" aufgeführten Mittel Verwendung.
Welche Anstriche werden bevorzugt?	*Bevorzugte Anstriche:* mehrmalige Kaltanstriche oder Heißanstriche auf Kaltanstrichgrund.
Worauf ist beim Sperranstrich zu achten?	Der Sperranstrich soll eine lückenlose, gut haftende Schutzschicht ergeben; daher ist zu beachten: a) nur bei trockenem Wetter streichen! b) der 1. Anstrich muß vor dem Auftragen der 2. Schicht trocken sein! c) die Streichrichtungen der Anstriche müssen über Kreuz laufen: 1. Schicht ↔, 2. Schicht ↕.
Wann werden Heißanstriche spröde?	Unmittelbar auf Mauerwerk oder Putz aufgetragene Heißanstriche sind spröde und springen beim Anschlagen ab. Daher ist ein Grundanstrich mit kaltflüssigen Mitteln ratsam.
Wann entstehen Blasen in der Schutzschicht?	Alle Heißanstriche und die Mehrzahl der Kaltanstriche dürfen nur auf trockenen Grund gestrichen werden, anderenfalls entstehen Blasen.
Beschreibe die Kellergeschoßabdichtung!	Mögliche Ausführungen normaler Kellergeschoßsperrschichten siehe Bild.
a) mit,	
b) ohne Bodensperrschicht.	

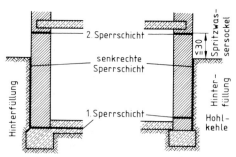

Abdichtung gegen Feuchtigkeit eines Kellergeschosses:
a) mit trockenem Boden *b) ohne trockenen Boden*

Das Hinterfüllen der Wände darf erst nach vollständigem Trocknen des Sperranstrichs erfolgen. Unmittelbar an die Wand nur stark dränierende Materialien wie Sand, Kiessand, Granulat usw. (keinen Schutt!) füllen.

Schutz vor Beschädigung und gute Wasserabführung garantieren Trockenmauern aus Hochlochziegeln oder Spezial-Dränagesteinen und Dränageplatten aus Hartschaum zwischen Wand und Hinterfüllung.

Gegen *Druckwasser* wendet man je nach der chemischen Verunreinigung des Wassers zwei Sperrverfahren an:

a) *bei nicht betonzerstörendem Wasser:*
Kellerboden und -außenwände bis mindestens 50 cm über OK Erdreich werden aus wasserdichtem Beton (gegebenenfalls mit Stahlbewehrung) in einem Arbeitsgang betoniert. Rohrdurchbrüche sind mit Spezialmanschetten abzudichten.

b) *bei betonzerstörendem (aggressivem) Wasser:*
Greift das Wasser in beschränktem Maße den Beton an, kann das obige Verfahren (a) mit gegen chemische Einflüsse widerstandsfähigeren Zementarten (Sulfathüttenzement, Erzzement, Tonerdeschmelzzement usw.) angewendet werden.

Ist mit größeren Zerstörungen zu rechnen, erfolgt die Trog-(Wannen-)Isolierung, wobei das Gebäude in einem mindestens 30 cm über den höchsten Grundwasserstand hinausragenden gemauerten (evtl. mit Bitumenmörtel) oder betonierten Trog steht. Auf die glatt mit Zementmörtel verputzten Innenflächen des Troges (Seiten und Boden) werden lückenlos 3 bis 4 Lagen unbesandete Teer- bzw. Bitumenpappe mit Heißklebemasse übereinandergeklebt. Die Innenkanten der Wanne sind zur Vermeidung scharfer Knicke in der Pappe ausgerundet. Die Trogwände erhalten an den Gebäudeecken, längere Wände in Abständen von 5 bis 10 m, senkrechte Trennfugen (2 Lagen Pappe), um die Mauer so elastisch zu halten, daß ständig ein ausreichender Druck auf die Dichtung wirkt.

Wann und wie wird hinterfüllt?

● **Wie isoliert man ein Gebäude gegen Druckwasser:**
a) **bei nicht betonzerstörendem Wasser,**

b) **bei betonzerstörendem Wasser?**

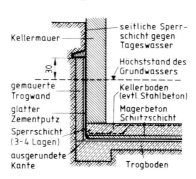

Trog- oder Wannenisolierung bei Druckwasser

Unmittelbar nach Aufkleben der Sperrschicht wird die Trogsohle mit einer 5 bis 10 cm dicken Feinbetonschutzschicht (Zementgehalt mindestens 250 kg/m³) versehen. Darüber wird der Kellerboden betoniert. Er erhält eine dem Wasserdruck entsprechende Stahlbewehrung, erforderlichenfalls auch die Wände. Die Außenmauern des Gebäudes sind so auszuführen, daß kein Zwischenraum bis zur Dichtungsschicht besteht (evtl. mit Zementmörtel ausfüllen).

Während der Bauausführung ist der Grundwasserspiegel zu senken (siehe Abschnitt „Baugrubenentwässerung").

• Welche zusätzliche Maßnahme wird bei Hangwasser erforderlich?

Bei Hangwasser erhält die dem Hang zugekehrte Gebäudeseite zusätzlich eine Sickerpackung (grober Kies) oder Dränage zwecks Ableitung des Wassers nach den Seiten.

Welche Nachteile entstehen bei schlecht abgedichtetem Mauerwerk:

Feuchtigkeitsschäden

Bei schlechter oder fehlender Abdichtung gegen Feuchtigkeitseinwirkung entstehen:

a) für die Bewohner,

a) *Nachteile für die Bewohner:*
Krankheiten treten auf und die Wohnlichkeit wird beeinträchtigt: Tapeten fallen ab, Fenster, Türen und Schubladen klemmen, Wärmedämmvermögen der Wände wird vermindert, feuchte, kalte Räume mit muffigem Geruch entstehen usw.

b) für das Gebäude?

b) *Schäden am Gebäude:*
Frostsprengungen, Ausblühungen und Mauersalpeter treten auf, Putz fällt ab, Fugenmörtel aus Luftkalk verliert seine Bindekraft, Schwammbildung, Holzteile faulen u. a. m.

Was versteht man unter Frostsprengung?

Frostsprengung:
Durchfeuchtete Steine werden bei starkem Frost infolge Ausdehnung des gefrierenden Wassers rissig, oder die Oberfläche wird zermürbt und grust blätterig ab.

Wie entstehen Ausblühungen und wie werden sie beseitigt?

Ausblühungen zeigen sich als weißer Belag auf dem Mauerwerk. Man unterscheidet zwei Arten:

a) *Salzausblühungen:* Im Ziegel oder Mörtel befindliche Salze werden durch Feuchtigkeit gelöst, gelangen als Salzwasser an die Außenflächen der Mauern und bleiben dort nach Verdunstung des Wassers als weißer bis weißgrauer Belag zurück. Ständiges Nachsaugen bzw. Verdunsten der Salzlösung bewirkt eine den Frostschäden ähnliche Sprengbzw. Zermürbungserscheinung am Mauerwerk = Salzsprengung.

Beseitigung: Wiederholt trocken abbürsten, nicht abwaschen!

b) *Kalkausblühungen:* Stark kohlensäurehaltiges Regenwasser wandelt den kohlensauren Baukalk des Fugenmörtels in wasserlöslichen doppeltkohlensauren Kalk um, welcher aus den Fugen fließt. Nach Abgabe von Kohlensäure an die Luft bleibt ein fester weißer Belag aus nicht mehr wasserlöslichem Kalk an der Außenfläche der Mauer zurück.

Beseitigung: Abwaschen mit verdünnter Salzsäure (etwa 1:10). Näheres siehe Abschnitt „Fugarbeiten".

Kalkausblühungen

Mauersalpeter (auch Mauerfraß genannt)

entsteht, wenn sich die Gase faulender Stoffe unter Feuchtigkeitseinwirkung mit dem Mauerkalk zu stark wassersaugendem Kalksalpeter verbinden, der das Mauerwerk zersetzt (blättert ab). Vorkommen: an Viehställen, Dung- und Jauchegruben, Abwässerkanälen usw.

Beseitigung: Bei mäßigem Auftreten durch Abbürsten und Anbringen guter Sperrschichten, bei starkem Vorkommen nur durch Abreißen und Neuerstellung des befallenen Mauerwerks.

Wie entsteht Mauersalpeter und wie läßt er sich beseitigen?

2.4.4 Erd- und Obergeschoßmauerwerk

Geschoßhöhen und Mauerdicken

Erd- und Obergeschosse sollen 2,50 m und höher hergestellt werden, wobei die (genormten) Höhenmaßsprünge 25 cm betragen (z. B. 2,50 m, 2,75 m, 3,00 m usw.).

Größte Höhe

Erdgeschoß 3,50 m, folgende Obergeschosse 3,00 m. Vorzugshöhe: 2,75 m.

Die Mauerdicken richten sich nach der Geschoßzahl, der aufzunehmenden Last, dem errechneten Schall- und Wärmeschutz, den verwendeten Baustoffen und dem angewandten Bauverfahren. Sie sind von Fall zu Fall neu zu ermitteln.

• Gib die üblichen Erd- und Obergeschoßhöhen an!

• Wonach richtet sich die Dicke der Geschoßmauern?

Was versteht man unter Brandmauern?	*Brandmauern* sind durchgehende, bis unter die Dachhaut reichende Haustrennwände (bei Reihenhäusern) ohne Öffnungen. Schornsteine, Schlitze, Nischen usw. dürfen nur angelegt werden, wenn die Mauer dahinter mindestens 24 cm dick bleibt. Balkenauflager sind verboten, in die Brandmauer ragende Stahlteile sind feuerbeständig zu ummanteln.

Wärmeschutz bei Gebäuden (Wärmeschutzverordnung)

Bis zum Inkrafttreten der neuen Wärmeschutzverordnung (1. 1. 1984) gab es Mindestwerte für Wanddicken und Wärmeschutz, abgeleitet nur von den Wärmedurchlaßwiderständen $\frac{1}{\Lambda}$ der Bauteile und der Einteilung der Bundesrepublik in Wärmedämmgebiete (s. hierzu auch S. 120 und S. 121).

Welche Bauteile unterliegen dem Wärmeschutz?	Nach der neuen Regelung werden ortsunabhängig die Anforderungen an den Wärmeschutz von Neubauten erheblich (bis zu 25%) erhöht. Der Wärmeschutz umfaßt das gesamte Bauwerk mit allen Einzelelementen.
Werden Wärmeschutzanforderungen bei bestehenden Gebäuden gestellt?	Darüber hinaus werden in gewissem Umfang Wärmeschutzanforderungen bei bestehenden Gebäuden gestellt, falls beheizbare Räume angebaut oder beheizbare Dachgeschosse ausgebaut werden.
Gilt der Wärmeschutz auch bei Ersatz von Bauteilen?	Weiterhin gelten die Wärmeschutzanforderungen auch für den Fall des Einbaues oder Ersatzes von Bauteilen, die den Wärmeschutz wesentlich beeinflussen (z. B. Außenwände, Fenster, Dächer usw.).
Was bedeutet Wärmeschutz?	Wärmeschutz verhindert Wärmeverlust = Sparen von Energie.
Welche Arten von Wärmeverlusten gibt es?	Man unterscheidet: a) *Transmissionswärmeverluste* (Wärmeverluste durch die Bauteile) und b) *Lüftungswärmeverluste*
Wodurch wird der Transmissionswärmeschutz ausgedrückt?	Zu a) Den Wärmeschutz von Bauteilen gibt der k-Wert (= Wärmedurchgangskoeffizient) an. Je kleiner der k-Wert, um so besser der Wärmeschutz.
Gilt der k-Wert nur für einzelne Baustoffe?	Der k-Wert wird nicht nur für einzelne Baustoffe gefordert; er muß jeweils für ganze Wände (evtl. mehrschichtig), Fenster, Fenstertüren, Geschoßdecken, Dächer usw. und als mittlerer k-Wert für ganze Gebäude berechnet werden.

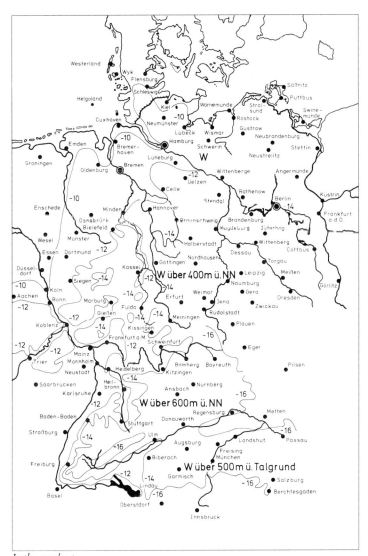

Isothermenkarte
Tiefstes Zweitagesmittel der Lufttemperatur in °C (10mal in 20 Jahren), Zeitraum: 1951 bis 1970. Aufgestellt vom Deutschen Wetterdienst, Zentralamt Offenbach/Main

● Nach welcher Formel wird der k-Wert berechnet?	Berechnet wird der k-Wert nach der Formel: $$k = \frac{1}{\frac{1}{\alpha_i} + \frac{1}{\Lambda} + \frac{1}{\alpha_a}} \quad \text{oder} \quad k = \frac{1}{\frac{1}{\alpha_i} + \frac{S_1}{\lambda R_1} + \frac{S_2}{\lambda R_2} + \cdots \frac{S_n}{\lambda R_n} + \frac{1}{\alpha_a}}$$ (einschichtig) (mehrschichtig) ($\frac{1}{\alpha_i}$ = innerer Wärmeübergangswiderstand, $\frac{1}{\alpha_a}$ = äußerer Wärmeübergangswiderstand)
● Wo steht Näheres zum k-Wert?	Näheres hierzu s. DIN 4108, Teil 5.
Was versteht man unter A/V-Verhältnis? Welche Auswirkung hat das A/V-Verhältnis?	Die Außenflächen eines Gebäudes sind Wärmeabgabeflächen = Wärmetauschflächen (A). Sie sollen je m³ umbauten Raumes (V) möglichst klein sein. Das Verhältnis der Wärmetauschflächen zum umbauten Raum ist das A/V-Verhältnis. Je größer das A/V-Verhältnis, um so mehr Wärmetauschfläche besteht je m³ umbauten Raumes, um so besser muß der Wärmeschutz sein. – Ein im Grundriß stark gegliederter eingeschossiger Bungalow (viele Außenwände) braucht bei gleichem Wärmeschutz pro m³ umbauten Raumes mehr Heizenergie als ein Mehrfamilienhaus in Kompaktbauweise.
Spielen Außentemperatur und Wind beim Wärmeschutz eine Rolle? Was bedeutet tiefstes Zweitagesmittel der Lufttemperatur?	Bei Transmissionswärmeverlusten spielt die Temperaturdifferenz zwischen innen und außen eine maßgebliche Rolle. Für die Berechnung des Wärmeschutzes müssen die Außentemperaturen und Windverhältnisse berücksichtigt werden. DIN 4701, Teil 2 enthält eine Tabelle der Städte mit mehr als 20 000 Einwohnern, deren Außentemperaturen (tiefstes Zweitagesmittel der Lufttemperatur, das 10mal in 20 Jahren erreicht oder unterschritten wird) und Zuordnung zu „windstarker Gegend". Als grobe Übersicht dient die Isothermenkarte (DIN 4701, Teil 2). W bedeutet „windstark" (s. S. 163).
Beeinflußt Feuchtigkeit den Wärmeschutz?	Für einen guten Wärmeschutz ist es unumgänglich, Feuchtigkeitseinflüsse (z. B. Tauwasser) zu berücksichtigen bzw. klimabedingten Feuchteschutz (Regen unter Winddruck) anzuordnen. Als Anhalt für die Schlagregenbeanspruchung dient die Regenkarte (s. S. 165) mit 3 Schlagregenbeanspruchungsgruppen.
● Wo steht Näheres zum Feuchteschutz?	Näheres hierzu s. DIN 4108, Teil 3.
Was versteht man unter Lüftungswärmeverlust?	Zu b) Lüftungswärmeverluste ergeben sich gewollt (z. B. Belüftungen oder Öffnen von Fenstern bei Bedarf für die Frischluftzufuhr) oder ungewollt durch Undichtigkeiten (z. B. Fugen an Fenstern, Türen usw.). Lüftungswärmeverluste durch Undichtigkeiten werden mit dem Fugendurchlaßkoeffizienten (a) erfaßt.

Regenkarte zur überschläglichen Ermittlung der durchschnittlichen Jahresniederschlagsmengen

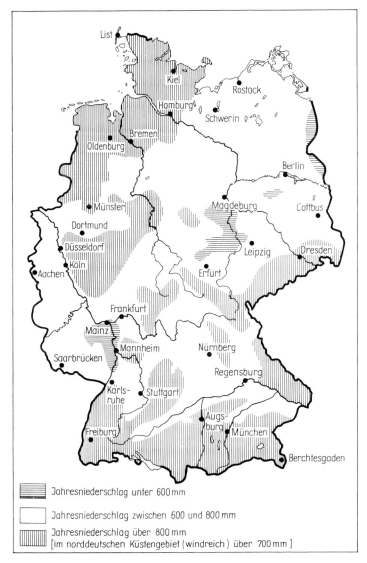

| **Was gibt der Fugendurchlaßkoeffizient an?** | Der Fugendurchlaßkoeffizient (a) gibt, bezogen auf eine Stunde, an, wieviel m³ Luft pro lfd. Meter Fuge pro Druckdifferenz zwischen Innen- und Außenluft die Fuge passieren. Bei beheizten Räumen soll der Fugendurchlaßkoeffizient (je nach Gebäude) bei |

● Wie groß soll der Fugendurchlaßkoeffizient sein?

$$a = 2 \cdot \frac{m^3}{h \cdot m \cdot (da\,Pa)^{2/3}} \text{ bis } a = 1 \cdot \frac{m^3}{h \cdot m \cdot (da\,Pa)^{2/3}} \text{ liegen.}$$

Der Fugendurchlaßkoeffizient sollte so klein wie möglich gehalten werden, doch ist in besonderen Fällen (z. B. offene Feuerstellen, Feuchträume usw.) auf den erforderlichen Mindestluftaustausch zu achten.

Wo steht Näheres über Lüftungswärmeverluste?

Näheres hierzu s. DIN 4108, Teil 4 und DIN 18055 (Entwurf).

Wo stehen Einzelheiten für die Berechnung des Wärmeschutzes?

Für die Berechnung des Wärmeschutzes und Wärmebedarfs siehe

DIN 4108, Teil 1 bis 5, Wärmeschutz im Hochbau,

DIN 4701, Teil 1 und 2, Regeln für die Berechnung des Wärmebedarfs von Gebäuden,

Bundesgesetzblatt Nr. 7 vom 27. Februar 1982, Seiten 209 bis 219 [Verordnung über einen energiesparenden Wärmeschutz bei Gebäuden (Wärmeschutzverordnung – Wärmeschutz V) vom 24. Februar 1982].

Schallschutz im Hochbau (DIN 4109)

Wie wirkt Schall auf den Menschen?

Die Schalleinwirkung (Lärm) auf den Menschen wird nicht nur störend empfunden, es können auch gesundheitliche Schäden entstehen und die Arbeitsleistung kann negativ beeinflußt werden. Daher ist Schallschutz erforderlich.

Schallwellen (= Schwingungen der Luft) werden vom menschlichen Ohr als Ton (Schall) wahrgenommen.

Was versteht man unter Schallfrequenz?

Unter Schallfrequenz versteht man die Anzahl der Schallwellen-Schwingungen (Sinuskurve) pro Sekunde. Maßeinheit Hz (Hertz).

Die Frequenz bestimmt die Tonhöhe:

Hohe Töne = hohe Frequenz = viele Schwingungen pro Sekunde

Tiefe Töne = niedrige Frequenz = wenig Schwingungen pro Sekunde

Tiefe Töne werden angenehmer empfunden als hohe Töne. Wahrnehmbare Frequenzen für das menschliche Ohr: 16 bis 16 000 Hz.

Unter Schalldruck versteht man die Ausschlagweite der Schwingungen unabhängig von der Frequenz. Starke Schwingungen = lauter Ton = hoher Schalldruck.

Der Schalldruck = Schallpegel wird in Dezibel (dB) angegeben. Dezibel ist ein Zeichen, das logarithmierte Verhältnisgrößen ausdrückt (keine Maßeinheit, wird aber wie eine solche benutzt). Steigende Dezibelwerte werden daher nicht in gleichem Maß als steigende Schallwirkung empfunden: z. B. die Erhöhung des Schallpegels von 40 dB auf 50 dB werden vom menschlichen Ohr als Verdoppelung der Lautstärke empfunden.

Der Schalldruck breitet sich nach allen Seiten aus als:

Luftschall (in der Luft),

Körperschall (in festen Baustoffen, kann als Luftschall weitergegeben werden),

Trittschall (entsteht als Körperschall, wird als Luftschall in andere Räume weitergegeben).

Bei der Schallübertragung bzw. Schalldämmung ist auch die Nebenwegübertragung zu berücksichtigen. Darunter versteht man jede Art der Luftschallübertragung die nicht direkt über die Trennwand (Trenndecke) erfolgt: Übertragung durch Undichtigkeiten, Lüftungsanlagen, Schächte für Warmluft-Heizungen, Rohrschlitze, Flankenübertragung durch angrenzende Bauteile usw.

Unter Schalldämmung einer Trennwand versteht man die Differenz, die sich aus dem Schallpegel des Raumes mit der Schallquelle minus dem Schallpegel des Nachbarraumes ergibt. Differenz = Schalldämm-Maß.

Für Berechnungen wird das Schalldämm-Maß bei Luftschalldämmung mit R'w und bei Trittschalldämmung mit L'n,w bezeichnet. Die Werte werden in dB angegeben. Je höher die Dezibelwerte, um so besser ist der Schallschutz.

Radiomusik (normale Lautstärke) ist bei einer Trennwand mit dem Schalldämm-Maß R'w = 40 dB im Nebenraum leise hörbar, bei einer Erhöhung des Schalldämm-Maßes R'w = 58 dB nicht mehr hörbar. Bei einer Erhöhung des Schalldämm-Maßes auf R'w = 62 dB ist sogar laute Radiomusik nicht mehr hörbar.

DIN 4109 nennt die möglichen Schall-Störquellen, gibt Mindestwerte an für den Schallschutz, Empfehlungen für erhöhten Schallschutz und macht Vorschläge für konstruktiven Schallschutz im Hochbau.

Außenwände müssen den Verhältnissen entsprechend oft sehr verschieden gegen Schalleinwirkung geschützt werden. Daher ist der Außenlärmpegel in 7 Bereiche mit unterschiedlichen Anforderungen eingeteilt.

Was versteht man unter Schalldruck?

Womit wird der Schallpegel ausgedrückt?

Welche Schallarten gibt es?

Was versteht man unter Nebenwegübertragung?

Was versteht man unter dem Schalldämm-Maß?

Mit welchen Buchstaben werden Luft- und Trittschalldämmung bezeichnet?

Was ist in DIN 4109 festgelegt?

Wieviel Außenlärmpegelbereiche gibt es?

Geforderte Luftschalldämmung von Außenwänden (bei Wohnungen und Aufenthaltsräumen):

Lärmpegelbereich	Außenlärmpegel in dB (A)	erf. R'w, res. in dB
I	≤ 55	30
II	56 bis 60	30
III	61 bis 65	35
IV	66 bis 70	40
V	71 bis 75	45
VI	76 bis 80	50
VII	> 80	Anforderungen sind durch Messungen zu ermitteln

Nenne Mindestforderungen für Innenwände!

Für Innenwände enthält die Norm Mindestforderungen für den Schutz gegen Schallübertragung aus fremden Wohn- und Arbeitsbereichen.
Hier einige Beispiele:
Wohnungstrennwände in Geschoßhäusern: R'w = 53 dB
Wohnungstrenndecken in Geschoßhäusern: L'n,w = 53 dB
Treppenhauswände: R'w = 52 dB
Treppenläufe und Podeste: L'n,w = 58 dB
Haustrennwand bei Einfamilien-Reihen- oder Doppelhäusern: R'w = 57 dB

Das Schalldämm-Maß für Bauwerksteile bzw. -konstruktionen ist nach DIN 4109 zu berechnen. Es dürfen auch Schalldämm-Angaben (nur behördlich bestätigte) des Baustoffherstellers für die Bemessung verwendet werden.

Was ist allgemein für Planung und Ausführung der Schalldämmung zu beachten?

Allgemein ist für die Planung und Ausführung der Schalldämmung zu beachten:
a) *Luftschalldämmung*
Schwere Wände (biegesteife Wände) dämmen besser als leichte Wände.
Verputzte Wände dämmen besser als unverputzte Wände.
Geeignete Wandkonstruktionen:
Biegesteife Wände mit biegeweicher Vorsatzschale, zweischalige schwere Wände aus biegefesten Schalen mit Luftschicht (vom Fundament bis zum Dach), Wände aus 2 biegeweichen Schalen (Flankenübertragung beachten!).

Was ist bei Trittschalldämmung zu beachten?

b) *Trittschalldämmung*
Schwimmender Estrich (siehe Abschnitt „Estrichböden"), schwimmender Holzfußboden.
Bauakustisch sind sich beide Fußböden ähnlich; die trittschalldämmende Wirkung wird durch Schallbrücken (feste Verbindung zwischen seitlichen Wänden bzw. Decke und Fußboden) erheblich verschlechtert (Vorsicht bei Tür-

zargen, Fußleisten, Steinplattenbelag, Durchführungen von Rohrleitungen usw.).

c) *Flankenübertragung*
ist sowohl bei Wänden als auch bei Decken und Fußböden möglich. Alle Anschlüsse einer Trennwand an angrenzende Bauteile müssen dicht sein. Die flankierenden Bauteile einer Trennwand sollten entweder ausreichend schwer sein oder zweischalig in geeigneter Weise ausgeführt werden. Hierbei sollte auch die Art des Wandanschlusses berücksichtigt werden.
(Näheres hierzu s. DIN 4109)

Übliche Bauverfahren für Erd- und Obergeschosse:

a) mit massiven Wänden:
- a_1) einschaliges Mauerwerk;
- a_2) Schütt- oder Stampfverfahren (volle Wände aus Schwer- oder Leichtbeton – siehe Abschnitt „Betonarbeiten");
- a_3) Skelett- oder Fachwerkbauweise.

b) mit nichtmassiven Wänden:
- b_1) zweischaliges Mauerwerk;
- b_2) Rahmenbauverfahren (Gerippewände).

Welche Bauverfahren finden für Erd- und Obergeschosse Anwendung?

Skelett- oder Fachwerkbauweise
Kennzeichen: Tragendes Gerippe aus Holz, Stahl oder Stahlbeton mit (meistens) massiv ausgemauerten „Gefachen" (Zwischenfeldern).

Nenne die Kennzeichen der Skelett- oder Fachwerkbauweise!

Bezeichnung der Einzelteile des Fachwerks:

Wie heißen die Einzelteile einer Fachwerkwand?

Holzfachwerk

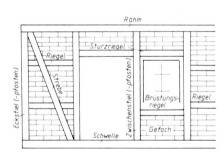

Holzfachwerkgebäude dürfen nur bei offener Bauweise auf einem mindestens 50 cm hohen, massiven Spritzwassersockel errichtet werden. Unter der Schwelle liegt zum Schutze des Holzes eine dritte waagerechte Sperrschicht (1. und 2. Sperrschicht im Keller). Die Außenwände sollen so auf der Sockelmauer stehen, daß das Regenwasser ungehindert ablaufen kann:

Welche Bauweise ist für Holzfachwerk zulässig?

Wie soll es auf dem Sockel stehen?

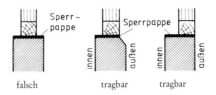

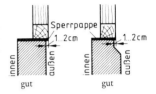

Falsche und richtige Anordnung der Schwelle auf dem Sockel bei Außenwänden aus Holzfachwerk

Wie werden die Gefache ausgemauert?

Fachwerkmauern werden meistens im Läuferverband, auch mit Ziermustern, ausgeführt. Es soll möglichst wenig Mörtel mit dem Holz in Berührung kommen (Feuchtigkeitsaufnahme und Schwammbildung). Entsprechend der vorgesehenen Oberflächengestaltung der Wände mauert man die Gefache nach verschiedenen Methoden aus:

a) Die Balken bleiben sichtbar: Gefache werden

      gefugt   oder   verputzt

Holzfachwerk mit sichtbaren Balken

In beiden Fällen soll eine glatte Außenwand erzielt werden. Die Gefache sollen weder vor- noch zurückspringen (Stauwasserbildung!).

b) Die Balken werden überputzt.

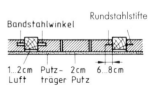

Holzfachwerk mit überputzten Balken

Die Ausführung b ist die dauerhafteste und dichteste, weil das Holz unter dem Putz ungehindert arbeiten kann; bei den Ausführungen a entstehen zwischen Mauerwerk und Balken Arbeitsfugen.

Welche Ausführung ist die beste?

Die Gefachausmauerung muß immer durch aufgeschlagene Dreiecklisten (a), eingelassene Nuten (a), angenagelte nichtrostende Bandstahlwinkel (b) oder durch eingeschlagene nichtrostende Rundstahlstifte ⌀ 5 mm (b) befestigt werden.

Wodurch bekommen die Gefache ihren Halt?

Die gleichen Methoden finden auch beim Ausbau des Dachgeschosses Anwendung.

Stahlfachwerk wird aus I-Trägern hergestellt. Sichtbare Stahlteile sind durch Schutzanstriche oder -überzüge vor Rostbildung zu schützen, verputzte mit Putzträgern (Drahtziegelgewebe) zu versehen. Feuerbeständige Stahlteile müssen mit einer wenigstens 3 cm dicken Zementmörtelschicht umhüllt werden.

Worauf ist bei der Ausmauerung von Stahlfachwerk zu achten?

Bei der Ausmauerung der Gefache ist besondere Sorgfalt beim Einfügen der letzten Schicht unter einem Riegel anzuwenden (Stein mit aufgelegter oberer Lagerfuge seitlich einschieben und fest unterfugen).

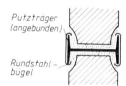

Anbringen eines Putzträgers auf Trägerflansch — Putzträger (angebunden), Rundstahlbügel

Beim *Stahlbetonskelett* ist zu beachten, daß Beton und Zwischenmauerung die Wärme unterschiedlich leiten; daher sind, mindestens auf der Innenseite des Betons, Dämmplatten anzuordnen (evtl. als verlorene Schalung).

Was ist bei der Stahlbetonskelettbauweise zu berücksichtigen?

Zweischalige Außenwände (DIN 1053, T. 1)

bestehen aus einer tragenden Innenschale und einer nichttragenden Außenschale. Deckenauflager sind nur auf der Innenschale zulässig.

Was versteht man unter zweischaligen Außenwänden?

Mit dieser Wandkonstruktion läßt sich das Schall- und Wärmedämmvermögen einer Wand erheblich verbessern, außerdem hält die Außenschale Schlagregen und Feuchtigkeit von der Innenschale fern.

Welche Vorzüge haben sie?

Nach dem Wandaufbau unterscheidet man zweischalige Außenwände mit:
Luftschicht
Luftschicht und Wärmedämmung
Kerndämmung
Putzschicht.

Welche Arten gibt es?

Womit und wie werden die Mauerschalen verankert?	Die beiden Mauerschalen sind mit nichtrostenden Stahldrahtankern (Luftschichtanker) zu verbinden. Höchstabstände der Anker: senkrecht 50 cm, waagerecht 75 cm.

Mindestanzahl und Durchmesser der Drahtanker/m² Wandfläche:

Gib die Mindestanzahl der Drahtanker je m² an!

	Drahtanker Anzahl	⌀ (mm)
Regelfall (normal)	5	3
Wandhöhe über 12 m oder Abstand der Mauerschalen über 7 bis 12 cm	5	4
Abstand zwischen den Mauerschalen über 120 bis 150 mm	7 oder 5	4 \ 5

Kunststoffscheibe

Drahtanker (Luftschichtanker)

Die Ankerausführungen können unterschiedlich sein, doch muß die Gewähr bestehen, daß sie keine Feuchtigkeit von der Außen- zur Innenschale leiten können.

An allen freien Mauerrändern (Ecken, Öffnungen, entlang von Dehnungsfugen und an den oberen Rändern der Außenschale) sind mindestens 3 Drahtanker je Meter Randlänge zusätzlich anzuordnen.

Wie werden Außenschalen aufgelagert?

Außenschalen haben eine Mindestdicke von 9 cm. Sie müssen in ihrer vollen Länge aufgelagert (Betonbalken oder Stahlträger) und gegen Abrutschen gesichert sein (erste Schicht Drahtanker möglichst tief anbringen).

Höhenabstände der Abfangungen und Überstände am Auflager für Außenschalen:

Dicke der Außenschale d in cm	maximale Höhe über Gelände in m	Überstand am Auflager	Höhenabstand der Abfangung
9,0 bis 11,5	20,0	1,5 cm	ca. 6,0 m
$d = 11,5$	unbegrenzt	$d/3$	≤ 2 Geschosse
$d = 11,5$	unbegrenzt	0	ca. 12,0 m

Sind in Außenschalen Dehnungsfugen erforderlich?

Um die freie Beweglichkeit zu gewährleisten, sind in Außenschalen Dehnungsfugen (senkrecht und waagerecht) anzuordnen und dauerhaft zu verschließen. (Näheres hierzu s. Abschn. „Dehnungsfugen").

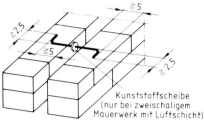

Drahtanker für zweischalige Außenwände

Wie werden Hohlmauern hergestellt?

Zweischalige Außenwände mit Luftschicht:
Luftschichtdicke 6 bis 15 cm, bei Abstreichen des Fugenmörtels an einer Hohlraumseite Mindestdicke 4 cm. Die Luftschicht darf 10 cm über Erdgleiche beginnen und muß bis zum Dach bzw. bis zur Abfangung des darüber liegenden Bauteils ohne Unterbrechung hochgeführt werden. In der Außenschale sind jeweils unten und oben Lüftungsöffnungen vorzusehen (offene Stoßfugen oder Lüftungssteine), die auf 20 m² Wandfläche 75 cm² ausmachen. Das gilt auch für Brüstungsbereiche. Die unteren Öffnungen dienen gleichzeitig der Entwässerung.

Beschreibe zweischalige Außenwände mit Luftschicht!

Zweischalige Außenwände mit Luftschicht und Wärmedämmung:
Die Außenseite der Innenschale enthält eine platten- oder mattenförmige Dämmschicht. Verbleibende Luftschicht zwischen Dämmung und Außenschale mindestens 4 cm, lichter Abstand der Mauerwerksschalen höchstens 15 cm. Verankerung, Be- und Entlüftung, Isolierung usw. wie Luftschichtmauerwerk ohne Dämmung.

Beschreibe zweischalige Außenwände mit Luftschicht und Wärmedämmung!

Zweischalige Außenwände mit Kerndämmung:
Mindestdicke der Außenschale 11,5 cm, lichter Abstand der Mauerwerksschalen höchstens 15 cm. Der Raum zwischen den Schalen wird mit dafür geeigneten Wärmedämmstoffen (Schaumkunststoffe, Mineralfaserdämmstoff, Ortschaum, lose Schüttungen z. B. Perlite, Mineralfasergranulat) verfüllt. In der Außenschale dürfen keine glasierten Steine oder Steine mit hohem Wasserdampf-Diffusionswiderstand verarbeitet werden. Im unteren Bereich der Außenschale (Fußbereich) sind Entwässerungsöffnungen (auf je 20 m² Wandfläche 50 cm² Entwässerungsöffnungen) vorzusehen.

Beschreibe zweischalige Außenwände mit Kerndämmung!

Zweischalige Außenwände mit Putzschicht:
Die Außenseite der Innenschale erhält eine zusammenhängende lückenlose Putzschicht. Davor ist so dicht wie möglich (fingerbreiter Luftspalt) die Außenschale vollfugig zu erstellen. Drahtanker ⌀ = 3 mm. Entwässerungsöffnungen wie bei Luftschichtmauerwerk ohne Dämmung, obere Entlüftung nicht erforderlich.

Beschreibe zweischalige Außenwände mit Putzschicht!

An den Berührungspunkten der Außen- und Innenschalen (z. B. Anschläge und Überdeckungen von Fenstern und Türen) sind wasserundurchlässige Sperrschichten anzuordnen.

Untere Sperrschicht in zweischaligem Verblendmauerwerk mit Luftschicht (Prinzipskizze). (DIN 1053)

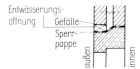

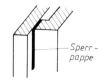

Schnitt durch einen Fenstersturz   *Fensteranschlag bei zweischaligem Mauerwerk*

Sind zweischalige Außenwände für Keller zugelassen?

Im Erdreich sind zweischalige Außenwände nicht zugelassen. Kellermauern müssen bis mindestens 10 cm über die Erdoberfläche voll ausgemauert werden.

Was versteht man unter Gerippewänden?

Rahmenbauwände (Gerippe- oder Montagewände) bestehen aus einem leichten Gerippe oder Rahmenwerk aus Kanthölzern, welches beiderseitig mit Bauplatten verkleidet wird. Die Platten können mit oder ohne Mörtelfuge versetzt werden. Alle senkrechten Stöße sollen auf den Kanthölzern liegen und sind dort mit verzinkten Nägeln zu befestigen. Fugen mit Putzträgern sichern! Für Gerippewände finden überwiegend folgende Kantholzquerschnitte Verwendung: 6/8 cm, 8/8 cm, 8/10 cm. Die seitlichen Abstände der senkrechten Kanthölzer richten sich nach der Plattenstärke:

● **Gib die Abmessungen und Abstände der senkrechten Kanthölzer an!**

Dicke der Platten in cm	Kantholzabstände in cm
bis 2,5	50
bis 3,5	67
ab 5,0	100

Höchstabstand für Außenwände 67 cm.

Mindestlänge der Nägel zur Befestigung von Leichtbauplatten oder Gipsbauplatten in Holzgerüsten nach DIN 4103:

Gib die Mindestlängen der Nägel an!

Plattendicke in mm	Nagellänge in mm (nach DIN 1151 und 1144)
25	60
35	70
50	90
75	120

Gerippewände sind leicht, wärme- und schalldämmend, relativ billig und lassen sich in kurzer Zeit aufstellen; ihre Tragfähigkeit ist jedoch gering.

Welche Vorteile bieten Gerippewände?

Durch Füllen der Rahmenfelder mit porigen Baustoffen (Bims-, Glas- und Steinwolle usw.) kann das Wärmedämmvermögen noch gesteigert werden.

Wodurch läßt sich die Wärmedämmung erhöhen?

Werden die Rahmenfelder nicht gefüllt, sollte man in jedem Falle geringe Mengen Glaswolle in die Gefache legen, um Ungeziefer (besonders Mäuse und Ratten) fernzuhalten.

Wie schützt man die Rahmenfelder vor Ungeziefer?

Als Außenwände müssen Gerippewände auf massivem Sockel- bzw. Kellermauerwerk (mindestens 50 cm über dem Erdreich) mit aufgelegter Sperrpappe stehen und wasserabweisend verputzt werden. Eine senkrechte Sperrschicht auf der Innenseite der äußeren Bauplatte ist angebracht.

Worauf ist bei Außenwänden zu achten?

Für Öffnungen (Türen, Fenster) müssen im Rahmenwerk entsprechende Zargen (Kantholzrahmen) vorgesehen werden.

Wie werden Öffnungen angelegt?

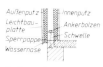

Stellung der Gerippeaußenwand auf dem Sockel

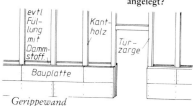

Gerippewand

Nichttragende innere Trennwände (DIN 4103)

dienen der Innenaufteilung eines Geschosses und werden daher häufig als Leichtwände ausgeführt. Die Neufassung der DIN 4103 T. 1 ist eine baustoffneutrale Grundnorm (keine Angaben über Wandbauarten und Ausführungen), in der allgemeine Anforderungen und Lastannahmen formuliert sind. Hieran schließen sich zahlenmäßig unbegrenzt Fachnormen an (DIN 4103 T. 2), die baustoffbezogen die weiteren Details regeln (s. dort). Die hier aufgeführten Wandarten und -abmessungen können daher nur als Anhaltswerte dienen.

Welche Aufgaben haben nichttragende innere Trennwände?

- **Gib ihre zulässigen Abmessungen an!**

Abmessungen für leichte Trennwände nach DIN 4103 (alte Norm, 06.50)

Wandart		Mindestdicke ohne Putz in cm	Zulässige Höhe in m	Zulässige Länge in m
Steinwände		11,5	5,00	6,00
		11,3 9,5	4,50	6,00
		7,1	2,50	4,50
Plattenwände		10,0	4,50	6,00
		7,5	3,50	6,00
		5,0	3,00	6,00
Wände aus Tonhohlplatten (Hourdis) mit bewehrten Zwischenstützen.............		7,0	4,50	6,00
Gerippewände	mit 10 cm Stieldecke	verschieden je nach der Dicke der Bekleidungsplatten	4,00	6,00
	mit 8 cm Stieldecke		3,50	6,00
Stahlsteinwände	nur waagerecht bewehrt	7,1	3,50	6,00
	waagerecht und lotrecht bewehrt		4,50	6,00
Glassteinwände	Fläche des Glasfeldes bis 12 m²	9,3 bis 9,6	4,00	3,00
			3,00	4,00
			2,67	4,50
	Fläche des Glasfeldes bis 10 m²	7,0 bis 8,0	4,00	2,50
			3,00	3,33
			2,50	4,00
Drahtputzwände		5,0	4,00	6,00
Anwurfwände.................		7,0	4,00	6,00
		5,0	3,50	6,00
Stahlbetonwände		8,0	6,00	6,00

Montagewände aus Gipskartonplatten auf Metallunterkonstruktion s. DIN 18183

Leichte Trennwände werden häufig als freitragende Wände ausgeführt. Hierunter versteht man Wände, die infolge ihrer Bauart als wandartige Balken ihr Eigengewicht auf die Auflager (Anschlußwände) übertragen, ohne die darunterliegende Decke zu belasten. Freitragende Wände sind waagerecht zu bewehren.

Arten leichter Trennwände:
a) unbewehrt:
   Steinwände,
   Plattenwände,
   Gerippewände,
   Schüttbetonwände (unbewehrte Leichtbetonwände, siehe Abschnitt „Betonarbeiten");
b) bewehrt:
   Stahlsteinwände,
   Glassteinwände,
   Drahtputz- oder Rabitzwände,
   Anwurfwände,
   Stahlbetonwände (auch Monierwände genannt).

Unbewehrte Trennwände:

Steinwände

werden ½ oder ¼ Stein dick mit Mörteln der Gruppe II oder III gemauert. ¼steinige Wände binden mit Schlitzverzahnung in die angrenzenden Mauern ein. Bei feuchtem Wetter oder wenig saugenden Steinen ist zur Erhöhung der Standsicherheit des frischen Mauerwerks ein Anbinden an lotrecht zwischen Decke und Boden verkeilten Kanthölzern zweckmäßig (siehe Bild).

¼steinige Wand
a) Anbinden einer ¼steinigen Wand;
b) Schnitt durch die angebundene Wand

Plattenwände

werden aus Ziegelton-, Beton- (schwer und leicht) und Gipsbauplatten bzw. -dielen oder aus Holzwolle-Leichtbauplatten (über 5 cm Plattendicke) hergestellt. Geeignete Mörtel: Für zementgebundene Platten Mauermörtel der Gruppen II und III, für gipsgebundene Platten Gips- oder Gipskalkmörtel.

Plattenwände werden zweckmäßig nach lotrecht in Wandrichtung aufgestellten Fluchtlehren (zwischen den Decken verkeilte Schalbretter oder Kanthölzer) errichtet und wie ¼steinige Wände daran befestigt. Die Abstände der Lehren richtet

Was versteht man unter freitragenden Wänden?

Welche Arten von leichten Trennwänden gibt es?

Beschreibe:
a) die Steinwände,

b) die Plattenwände,

177

sich nach der Plattenart. Die Einbindung der Wände erfolgt mit Schlitzverzahnung in die Anschlußmauern. Die letzte Fuge (unter der Decke) ist gut zu verkeilen und mit Mörtel auszufüllen.

c) die Gerippewände!

Gerippewände

wurden bereits unter „Rahmenbauwände" besprochen. Als Gerippeverkleidung finden überwiegend Gipsdielen, Gipskartonplatten, Holzwolle-Leichtbauplatten, seltener Bimsdielen, Ziegelton- und Torfplatten Verwendung. Gerippewände werden mit den Anschlußwänden durch Rundstahlbolzen oder Schlitzverzahnungen verbunden.

Welche Vorzüge haben bewehrte Trennwände?

Bewehrte Trennwände

sind widerstandsfähig gegen Biegebeanspruchung und können freitragend ausgeführt werden.

Wie werden Stahlsteinwände bewehrt, und worauf ist bei der Herstellung zu achten? Beschreibe: a) die waagerecht bewehrte Wand,

Stahlsteinwände

werden entweder nur waagerecht oder kreuzweise bewehrt. Zulässiger Mörtel: Gruppe III. Steine: mindestens Festigkeitsklasse 12. Öffnungen dürfen nur in kreuzweise bewehrten Wänden angelegt werden (s. hierzu DIN 1053, Teil 1).

Die waagerecht bewehrte Wand erhält je Meter Höhe mindestens 4 durchlaufende, in den Anschlußwänden verankerte, waagerechte Einlagen aus Monierstahl ($\varnothing$ 5 bis 8 mm) oder Bandstahl (0,75/20 mm bis 1,25/26 mm). Der Stahl muß mit Mörtel satt umhüllt werden (Mörteldeckung mindestens 15 mm bis Wandaußenfläche und 5 mm zwischen Stahl und Stein). Mindestdicke der Wand 11,5 cm.

b) die kreuzweise bewehrte Wand!

Für kreuzweise bewehrte Steinwände findet überwiegend Bandstahl, seltener Rundstahl, Verwendung (Abmessungen wie bei waagerecht bewehrten Wänden). Die mit 51 cm Abstand in den Anschlußwänden bzw. in Decke und Boden verankerten Stahleinlagen bilden miteinander ein Netzwerk. An

Wie werden die Stahleinlagen verbunden?

Bandstahlschloß

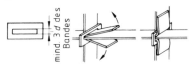

Einlegen der Bänder in das Schloß — Fertig verbunden

Kreuzungspunkte der Bandstähle

den Kreuzungspunkten werden Rundstähle kreuzweise mit Bindedraht, Bandstähle mit besonderen Bandstahlschlössern verbunden.

Die Felder (51 × 51 cm) werden mit flach oder hochkant gesetzten Steinen (auch im Zierverband) mit oder ohne Fugendeckung ausgemauert. Beispiele:

Wie werden die Gefache ausgemauert?

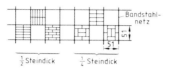

Beispiele für die Gefachausmauerung kreuzweise bewehrter Steinwände

Die bekanntesten kreuzweise bewehrten Steinwände sind:

Keßler Wand: durchlaufende waagerechte Bandstähle mit zwischengespannten senkrechten Bändern.

Prüß-Wand: durchlaufende senkrechte Bandstähle mit zwischengespannten waagerechten Bändern. Bei freitragender Wand wird etwa 2 bis 3 cm über dem Boden ein waagerechter Bandstahl angeordnet, an dem die senkrechten Bänder befestigt werden. Bis zur Fertigstellung des Mauerwerks muß das untere Stahlband unterstützt werden.

Bei beiden Wänden ist darauf zu achten, daß vor Anbringen der durchlaufenden Bandstähle die erforderliche Anzahl Schlösser aufgeschoben wird.

Welches sind die bekanntesten kreuzweise bewehrten Steinwände?

Was ist bei der Herstellung der Keßler- bzw. Prüß-Wand zu beachten?

Glassteinwände

werden auf einer Unterlage aus Bitumenpappe mit Glasbausteinen im Verband oder mit Fugendeckung (ohne Verband) gemauert und in jeder 4. Lagerfuge mit Bandstählen (2/30 mm) oder in jeder 3. Fuge mit verzinktem Streckmetallstreifen bewehrt. An Wand- und Deckenanschlüssen, ebenso an eingebauten Öffnungsrahmen, sind Dehnungsfugen zu lassen, die mit wasserabstoßend imprägnierten Gewebestreifen, Stricken, Dämmplatten usw. ausgefüllt werden. Glassteinwände bis 3 m² Fläche werden nur durch die Bewehrung mit den seitlichen Begrenzungswänden verbunden; größere Wände binden in Mauerschlitze, Holz- oder Metallrahmen ein.

● **Was ist bei der Herstellung von Glassteinwänden zu beachten?**

Drahtputz- oder Rabitzwände:

An einem zwischen Wänden und Decken befestigten tragendem Gerippe aus Bewehrungsmatten (z. B. Baustahlgewebe) oder aus über Kreuz in Abständen von etwa 50 cm verspannten 5 mm-Rundstählen wird mit Bindedraht ein Putzträger (z. B. Rippenstreckmetall) befestigt und ein- oder beiderseitig mit Mörtel ausgedrückt. Nach Erhärtung desselben wird die Wand verputzt.

Wie werden Drahtputz- oder Rabitzwände hergestellt?

Geeignete Mörtel: Steifer Gips- oder Gipskalkmörtel, mit Rinderhaaren und tierischem Leim durchsetzt (Stahlteile schützen!) und Kalkzement- oder Zementmörtel mit Rinderhaaren.

Geeignete Putzträger: Rabitzdraht (für Gips bis 20/22 mm, für Zement bis 10/10 mm Maschenweite), Drahtziegelgewebe, Rippenstreckmetall u. a. m.

Anwurfwände

Was versteht man unter Anwurfwänden und wie werden sie hergestellt?

sind bewehrte Wände aus Gipsmörtel mit leichten Zuschlagstoffen (Kesselschlacke, Bims, Ziegelsplitt u. a. m.). Der Mörtel wird an eine einseitige Wandschalung mit geriffelter Oberfläche bis zur halben Wanddicke angeworfen. Nach Einbringen der Bewehrung wird der restliche Mörtel angetragen. Die Wand- und Deckenanschlüsse sind mit 5 mm-Rundstahlankern oder -bolzen zu sichern (kein Einbinden).

Stahlbetonwände (Monierwände)

Wie werden Trennwände aus Stahlbeton hergestellt?

können zwischen zweiseitiger Schalung in bekannter Weise (Beton mindestens B 15) oder mit einseitiger Schalung im Anwurfverfahren (Zementmörtel 1:4, evtl. mit geringem Kalkzusatz) hergestellt werden. Sie werden kreuzweise wie Drahtputzwände bewehrt. Für Wände bis 10 cm Dicke genügt eine Bewehrung in der mittleren Zone der Wand.

2.4.5 Maueröffnungen

Benenne die einzelnen Teile einer Maueröffnung!

Bezeichnung der einzelnen Teile der Maueröffnungen:
Senkrechte Öffnungsbegrenzung = Leibung. Ausführung ohne und mit Anschlag (½ oder ¼ Stein breit).
Waagerechte Öffnungsbegrenzung:
oben: Sturz oder Bogen. Ausführung ohne und mit Anschlag;
unten: Schwelle (bei Türen), Brüstung (übrige Öffnungen). Fensterbrüstungen werden mit Fenster- oder Sohlbänken abgedeckt.

Öffnung ohne Anschläge

Öffnung mit Anschlägen

Bezeichnung der Teile einer Maueröffnung

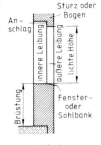

Teile einer Maueröffnung

Mögliche Anschlagarten:

Innenanschlag   Außenanschlag   Doppelanschlag

Welche Anschlagarten unterscheidet man?

Leibungen ohne Anschlag werden wie gerade Mauerenden ausgeführt.

Wie mauert man Leibungen:
a) ohne Anschlag,

Bei Innenanschlägen liegt die Läuferschichtschnittfuge ¾ Stein von der inneren Leibung entfernt (Regelverband), die Binderschicht schließt mit der inneren Leibung wie ein gerades Mauerende ab, die äußere Leibung wird in Anschlagbreite vorgesetzt (geringe Abweichungen beim Verblendmauerwerk – siehe Bild).

b) mit Innenanschlägen,

normales Mauerwerk   Verblendmauerwerk
(kein Viertelstein am Anschlag)

Innenanschläge

Beim Außenanschlag beginnt die Läuferschicht mit einem um Anschlagbreite zurückgesetzten ¾ Stein (Schnittfuge), die Binderschicht fängt mit einem ganzen Binder an (Schnittfuge ½ Stein von der äußeren Leibung entfernt).

c) mit Außenanschlägen,

   Außenanschlag

Beim Doppelanschlag finden die Regeln des Innenanschlages Anwendung:

d) mit Doppelanschlägen?

   Doppelanschlag

Schräge Leibungen begünstigen den Lichteinfall bei dickem Mauerwerk. Es sollen außen möglichst wenig geschlagene Steinseiten sichtbar sein.

Wann und wie werden schräge Leibungen angelegt?

   Schräge Leibungen

Eine sinngemäße Anwendung der verschiedenen Sparverbände ist auch für Maueröffnungen möglich.

Beschreibe das Anlegen von Öffnungen:
a) für Kellertüren,

Keller- und Stalltüren besitzen glatte Leibungen. Die Türaufhängungen (Nocken, Kloben) werden zweckmäßig beim Hochmauern eingesetzt und stehen genau lotrecht übereinander. Nocken wie Schließaugen werden mit Zementmörtel eingesetzt; die darüberliegenden Steine müssen gegebenenfalls ausgeklinkt werden (keine Schaukeln!).

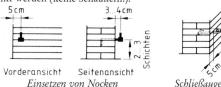

Einsetzen von Nocken

Schließauge
Überstand vor der Flucht etwa 5 bis 6 cm, Höhe vom Boden etwa 1,00 m

b) für Zimmertüren,

Zimmertüren werden im Rohbau 8 cm breiter und 4 cm höher als das Fertigmaß angelegt (Türbekleidung!). Sie haben glatte Leibungen mit mindestens 3 eingemauerten Holzdübeln oder nagelbaren Steinen (z. B. Holzbeton) auf jeder Seite (gleichmäßig verteilen!).

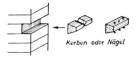

Konische Holzdübel für Türbekleidung

Nagelbarer Stein aus Holzbeton

c) für Blendrahmentüren!

Blendrahmentüren (Hauseingang, Balkon, Garage usw.) erhalten einen Anschlag. Die Türbefestigung erfolgt mit Blendrahmenschrauben (mindestens 3 Stück auf jeder Seite).

Blendrahmenschraube

Richtig eingesetzte Blendrahmenschraube

Was sind Zargentüren und wie werden sie angelegt?

Zargentüren finden besonders bei dünnen Trennwänden Verwendung (kein Halt für Dübel), wobei Türgerüste aus Kanthölzern vor dem Hochführen der Wand in der Flucht lotrecht unverschiebbar aufgestellt werden. Die Steine werden ohne Mörtelfuge gegen das Holz gemauert und durch Anker mit den Zargen verbunden (siehe Bild).

Bei Zargen aus Stahlblech Fuge
zum Stein voll vermörteln!

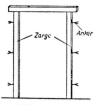

Bandstahlanker *Türzarge*

Türschwellen werden aus harten Baustoffen (Beton, Naturstein, Klinker usw.) mit nur geringem Gefälle nach außen (Rutschgefahr!) hergestellt. Sie sind so anzulegen, daß weder Zugluft noch Regenwasser eindringen kann. Es gibt drei mögliche Ausführungen:

Wie werden Türschwellen hergestellt?

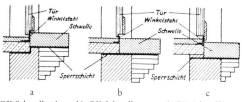

a) OK-Schwelle über OK-Fußboden
b) OK-Schwelle = OK-Fußboden
c) OK-Schwelle unter OK-Fußboden

a) und b) Tür schlägt von innen vor   c) Tür schlägt von außen vor

Fensterbrüstungen erhalten häufig Nischen für die Aufnahme von Wandschränken und Heizkörpern. Mindestdicke der Brüstung: ½ Stein. Die Innenfläche wird zweckmäßig zum Schutz gegen Wärmeverlust mit Dämmplatten versehen.

Wie werden Fensterbrüstungen mit Nischen ausgeführt?

Fensterbrüstung mit Nische und Dämmplatte

Fensterbänke (Sohlbänke) sollen das Einsickern von Feuchtigkeit in die Wand verhindern und sind zwecks Ableitung des Regenwassers nach außen geneigt, ragen 6 bis 8 cm vor die Flucht und haben an der Unterkante eine Wassernase. Baustoffe und Ausführung können verschieden sein:

Beschreibe verschiedene Fensterbankausführungen!

a) aus gefugten Klinkern (Flachschicht, Rollschicht, Platten);
b) aus verputzten Hintermauerungssteinen (evtl. mit Zinkblechabdeckung);

c) aus Beton- oder Naturwerkstein (mit Hohlfuge verlegen und nach dem Setzen des Mauerwerks unterfugen!);
d) aus durchgehenden Platten (z. B. Asbestbeton).

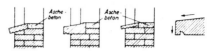

gemauert   aus Werkstein   aus Platten   Wassernase

Beispiele für mögliche Sohlbankausführungen

Sohlbänke sollen seitlich etwas über die lichte Fensterbreite hinausragen (etwa ¼ Stein).

2.4.6 Pfeiler

Wie werden Pfeiler gemauert:
a) im Regelverband,
b) im Sparverband?

werden wie kurze Mauern behandelt und nach den entsprechenden Verbandsregeln gemauert.

Außer dem vereinfachten Regelverband können Sparverbände mit Fugendeckung Anwendung finden, doch ist wegen der meistens besonderen Druckbeanspruchung der Pfeiler die Fugendeckung nicht immer zulässig.

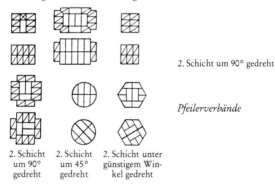

2. Schicht um 90° gedreht

Pfeilerverbände

2. Schicht um 90° gedreht   2. Schicht um 45° gedreht   2. Schicht unter günstigem Winkel gedreht

Aus welchen Baustoffen werden Pfeiler hergestellt?

Mäßig belastete Pfeiler werden aus Mz 12 oder VMz 20 mit Mörteln der Gruppe II, stark belastete aus Klinkern mit Zementmörtel hergestellt.

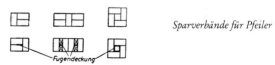

Sparverbände für Pfeiler

2.4.7 Hausschornsteine (Kamine) – DIN 18160, Teil 1

Hausschornsteine sind Schächte in oder an Gebäuden zwecks Abführung der Abgase von Feuerstätten für feste, flüssige oder gasförmige Brennstoffe ins Freie. Schornsteine dürfen nicht mit Be- oder Entlüftungsschächten (z. B. Wrasenabzug) von Gebäuden verwechselt werden.

Was ist nach DIN-Norm ein Schornstein?

Kennzeichnung in der Bauzeichnung:

Schornsteine für feste und flüssige Brennstoffe   für gasförmige   Belüftung   Entlüftung

Ein Schornstein zieht, weil die in der Feuerstelle erwärmte Luft durch Ausdehnung leichter wird und nach oben steigt, während von unten kalte Luft nachströmt. Zugbegünstigend wirkt die über den Schornstein streichende Außenluft (Wind).

Warum „zieht" ein Schornstein?

Der Schornsteinzug ist abhängig:
a) vom Druck und der Temperatur der Außenluft (Wetter);
b) von der Beschaffenheit, Lage und Länge des Rauchrohres;
c) von der Form und Größe des Rauchrohrquerschnittes;
d) von der Art und Anzahl der angeschlossenen Feuerstellen.

Wovon ist der Schornsteinzug abhängig?

Ein *Rauchrohr* soll mit gleichbleibendem lichtem Querschnitt möglichst gerade hochgeführt werden; die Innenflächen müssen glatt (keine Wirbelbildung!), die Wangen dicht (Fugenverstrich) und wärmehaltend sein.

Wie muß ein gutes Rauchrohr beschaffen sein?

Je weniger wärmehaltend eine Rauchrohrwandung, um so schneller kühlen sich die Gase ab und um so schlechter zieht der Schornstein.

Warum sollen die Wandungen wärmehaltend sein?

Um die Auskühlung auf ein Mindestmaß herabzusetzen, sollen Schornsteine möglichst an Innenwänden liegen. Die Anordnung von mehrzügigen Schornsteinen (Verkleinerung der Außenfläche) wirkt in dieser Hinsicht begünstigend (besonders unter der Dachhaut).

Wo sollen deshalb Schornsteine angeordnet werden?

Entlüftungsschächte sollen aus wärmetechnischen Gründen immer zwischen Schornsteinen liegen.

Welches ist die günstigste Lage für Entlüftungsschächte?

Schornsteine in Außenwänden müssen mindestens 1 Stein dicke Außenwangen erhalten. Die Anordnung von Luft- oder Dämmstoffschichten ist vorteilhaft.

Wie werden Schornsteine in Außenwänden angelegt?

Mögliche Anordnung von Schornsteinen in Außenwänden

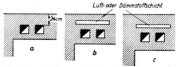

Wie wirkt die Schornsteinhöhe auf den Zug?

Die Leistung (Zugkraft) eines Schornsteins steigt mit zunehmender Höhe (z. B. Fabrikschornstein).

Wirksame Mindesthöhe:

bei eigenen Schornsteinen (eine angeschlossene Feuerstätte) für feste, flüssige oder gasförmige Brennstoffe 4 m, bei gemeinsamen Schornsteinen (bis 3 Anschlüssen) für feste oder flüssige Brennstoffe 5 m.

Nenne gute Formen für Rauchrohrquerschnitte!

Günstigste Rauchrohrquerschnittsform:

rund; *gute Formen:* quadratisch oder rechteckig mit dem Seitenverhältnis 3:2.

Wonach richtet sich die Querschnittsgröße?

Die *Querschnittsgröße* richtet sich nach Art und Anzahl der angeschlossenen Feuerstellen.

Mindestmaße für den Wohnungsbau:

gemauert: 13,5 × 20 cm
Lichter Querschnitt ≥ 100 cm², kleinste Seitenlänge 10 cm (gemauert 13,5 cm).

Welche Schornsteine unterscheidet man hinsichtlich der Querschnittsgröße?

Hinsichtlich der Querschnittsgröße unterscheidet man:

a) nichtbesteigbare und
b) besteigbare Schornsteine: Wangenstärke mindestens 24 cm, lichte Mindestweite 51 × 51 cm, größere Schornsteinquerschnitte müssen eingemauerte Steigeisen besitzen (Abstand 30 cm). Maße der Einstiegluke 40 × 60 cm. Bei zu großen Rauchrohrquerschnitten muß mit Durchfeuchtung der Wangen und Kaltlufteinbrüchen am Schornsteinkopf gerechnet werden. Strömungsgeschwindigkeit der Abgase: mindestens 0,5 m/s.

Welche Regeln gelten für den Feuerstättenanschluß?

Feuerstättenanschluß nach DIN 18160, Teil 1 (Auszug):
(für Regelfeuerstätten: Nußkohle, Koks, Briketts, Holzkohle, Holzstücke, Torf, Heizöl, Gas)

a) Anschluß an eigenen Schornstein erforderlich:
jede Feuerstätte, Nennwärmeleistung >20 kW (bei Gas: >30 kW),
jede Feuerstätte bei mehr als 5 Vollgeschossen,
jeder offene Kamin,
jede Feuerstätte mit Brenner mit Gebläse (z. B. Ölheizung).

b) Anschluß an gemeinsamen Schornstein möglich:
bis zu 3 Feuerstätten für feste und flüssige Brennstoffe, Nennwärmeleistung von je ≤ 20 kW (bei Gas: ≤ 30 kW).
Bei Gebäuden, die vor Februar 1987 (Erscheinen der DIN 18160, Teil 1) errichtet wurden, dürfen mehr als 3 Feuer-

stätten an gemeinsame Schornsteine angeschlossen werden, wenn weder Gefahren noch erhebliche Beeinträchtigungen drohen (bei baurechtlicher Ausnahmegenehmigung auch gemischte Belegung von Schornsteinen möglich = für feste und flüssige Brennstoffe. Mindestabstand der Anschlüsse: senkrecht gemessen 1 m).

Erforderliche Rauchrohrquerschnitte für die üblichen Feuerstellen (Faustregel):

a) für normale Zimmeröfen 75 bis 80 cm²,
b) für Küchenherde oder Waschkessel 150 bis 160 cm²,
c) für größere Feuerstellen (Zentralheizungen, gewerbliche Feuerungsanlagen) müssen die Querschnitte jeweils berechnet werden.

• Gib die erforderlichen Querschnitte für die üblichen Feuerstellen an!

An einen Schornstein von 13,5 × 20 cm dürfen somit 3 Zimmeröfen oder 1 Herd und 1 Zimmerofen angeschlossen werden; für 2 Herde und 1 Zimmerofen ist ein Schornstein von 20 × 20 cm erforderlich.

Wieviel Öfen dürfen an einen Schornstein angeschlossen werden?

In *Zentralheizungsschornsteine* dürfen keine sonstigen Rauch- oder Entlüftungsrohre geleitet werden (siehe hierzu DIN 4705: Berechnung von Schornsteinabmessungen).

Entlüftungs- und Wrasenschächte werden wie Rauchrohre hergestellt, dürfen jedoch nicht ineinandergeführt werden (getrennte Züge!) (siehe auch DIN 18017: Lüftungsschächte für Badezimmer ohne Fenster).

Was ist bei Entlüftungsschornsteinen zu beachten?

Ausführung:

Schornsteine müssen aus nichtbrennbaren Mauersteinen mit Mörtel der Gruppe II oder IIa hergestellt werden. Als Bausteine sind zugelassen: Schamottesteine, Vollziegel, Hochlochziegel (Modell A), Hütten-Vollsteine, Kalksand-Vollsteine, Formstücke aus Leichtbeton nach DIN 18150, Teil 1.

Welche Baustoffe sind für Schornsteine zugelassen?

Benennung der Schornsteinteile

Wangen und Zungen werden mindestens 11,5 cm dick vollfugig gemauert, Außenwangen mindestens 17,5 cm. Wangendicke bei Querschnitten >400 cm² mindestens 24 cm. Ist eine Wange gleichzeitig Brandmauer (Giebel), muß ihre Mindestdicke 24 cm betragen.

Gib die Mindestdicken für Wangen und Zungen an!

Ergänzend zu den bekannten Mauerverbandsregeln gelten folgende allgemeine Regeln für die Schornsteinherstellung:

a) Verarbeite möglichst viele ganze Steine!
b) Vermeide unnötige Stoßfugen in den Zügen!
c) Binde die Zungen wechselseitig ein!

Nenne die Schornsteinverbandsregeln!

d) Viertelsteine am Rauchrohr sind unzulässig (nach außen legen)!
e) An Außenecken sollen sich keine Viertelsteine kreuzen!

Welche Schornsteinausführungen gibt es?

Je nach Lage des Schornsteins und Anzahl der Züge unterscheidet man:

a) freistehende Schornsteine { einzügig / mehrzügig

b) eingebaute Schornsteine { einzügig / mehrzügig

Verbände der verschiedenen Schornsteinausführungen:

Wie mauert man:
a) freistehende Schornsteine,
b) eingebaute Schornsteine?

Freistehende Schornsteine

a) *freistehend*, ein- und mehrzügig,

b) *eingebaut*, ein- und mehrzügig.

Bei Schornsteinen in voller Mauer schließt die Binderschicht wie ein gerades Mauerende mit der Innenkante der äußeren Züge ab, die Läufer binden in die Wange ein.

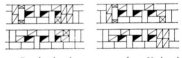

Eingebaute Schornsteine   Regelverband   umgeworfener Verband

Bei Schornsteinen in Mauervorlagen stößt die Binderschicht stumpf (24er Wand) bzw. mit 1 Paar ¾-Steinen (über 24 cm) gegen die Wangen, die Läufer binden ein.

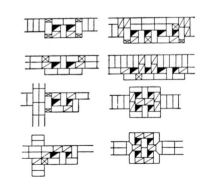

Schornsteine in Mauervorlagen

Gegen aufsteigende Feuchtigkeit werden Schornsteine wenigstens einmal (eine Schicht über fertigem Kellerboden) isoliert. Die Züge werden erst eine Schicht über der Sperrpappe angelegt.

Wie werden Schornsteine gegen aufsteigende Feuchtigkeit isoliert?

Feuchtigkeitsisolierung eines Schornsteins

falsch richtig

Jeder Schornstein muß im Keller (etwa 60 cm über dem Boden) und auf dem Dachboden (in Brusthöhe) bzw. über Dach (Laufstege!) separate *Reinigungsöffnungen* besitzen, ein stark gezogener auch an den Knickpunkten. Das Zusammenlegen mehrerer Züge an eine Reinigungsöffnung (z. B. bei hintereinanderliegenden Schornsteinen) wirkt zughehindernd und ist verboten.

Wo und wie werden Reinigungsöffnungen angelegt?

Anordnung der Reinigungsöffnungen für hintereinanderliegende Schornsteine

falsch richtig

Größe der Reinigungsöffnung = lichter Schornsteinquerschnitt (mindestens 10 × 18 cm). Verschluß: Doppelschieber (-türchen) aus verzinktem Stahlblech (mindestens 2 mm stark) mit 7 cm Zwischenraum (Prüfzeichen erforderlich). Reinigungsschieber sollen allgemein zugänglich sein (im Kellerflur anordnen!).

Schornsteine für gasförmige Brennstoffe müssen an der Reinigungsöffnung und an der Schornsteinmündung mit „G", solche mit gemischter Belegung mit „GR" gekennzeichnet sein.

Der Mindestabstand zwischen brennbaren Baustoffen (z. B. Holz) und Außenfläche Schornstein muß 5 cm betragen. Balkenauswechslungen (auch bei Dachsparren) sind mit formbeständigen, nichtbrennbaren Baustoffen dicht auszufüllen (z. B. Beton).

Was ist beim Einbau von Holzteilen an Schornsteinen zu beachten?

Das Herausschieben einer Schicht bzw. einzelner Steine der Schornsteinwange bis zum Balken ist unzulässig. Reinigungsschieber müssen von ungeschützten brennbaren Baustoffen (z. B. Holz) mindestens 40 cm, bei Schutz gegen Strahlungswärme 20 cm entfernt liegen.

Die *Belastung von Schornsteinwangen* durch Decken, Träger, Betonrähme usw. ist verboten. Gegebenenfalls ist ein Auflager vorzumauern.

Dürfen Schornsteinwangen belastet werden?

Der Schornstein ist in voller Breite durch die Decke zu führen, der Beton darf nicht bis Innenkante Rauchrohr reichen (wird zustört!).

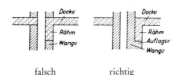

Durchführung eines Schornsteins durch eine Decke mit Unterzugauflager

falsch   richtig

Wie werden Anschlüsse für Ofenrohre ausgeführt?

Anschlüsse für Ofenrohre sollen eine von außen zu bedienende Absperrvorrichtung (Rußabsperrer) besitzen, die in geschlossenem Zustand eine genügend große Öffnung für den Abzug giftiger Gase aufweisen muß. Sie darf die Reinigung nicht behindern. Rußabsperrer werden zweckmäßig nach den jeweils angegebenen Maßen beim Hochführen des Schornsteins eingemauert.

Sollen zwei Ofenrohre auf einer Etage in denselben Schornstein geführt werden, muß zur Vermeidung zugbehindernder Wirbel im Rauchrohr zwischen ihnen ein Mindestabstand von 50 cm bestehen (gemessen von Mitte bis Mitte Anschluß). Höchstabstand 6,50 m.

2 Ofenanschlüsse an einem Schornstein

Bei Schornsteinen an Mauerstößen sollen Rußabsperrer wenigstens ½ Stein aus der inneren Ecke entfernt liegen.

Wann werden Schornsteine gezogen?

Gezogene (geschleifte) *Schornsteine:* können aus verschiedenen Gründen angeordnet werden:
a) aus wärmetechnischen Erwägungen (möglichst langer Verlauf unter der Dachhaut oder Zusammenfassen mehrerer Züge);
b) zwecks Erreichung besserer Windverhältnisse (am First größte Saugwirkung des Windes);
c) infolge ungünstiger Dachkonstruktionen.

Unter welchem Winkel ist ein Ziehen erlaubt?

Bei entsprechender Unterstützung darf ein Schornstein bis zu einem Winkel von 60° (zwischen Rauchrohr und der Horizontalen) gezogen werden. Das Hochmauern erfolgt nach vorher eingemessenen und gespannten Fluchtschnüren (auf Abstand von Holzteilen achten!). Ein Bestreuen der inneren Schräge mit Sand verhindert das Festsetzen von dem auf die untere Wange fallenden Mörtel (rollt ab).

Worauf ist beim Mauern gezogener Schornsteine zu achten?

Beim Mauern gezogener Schornsteine ist darauf zu achten:
a) daß der lichte Querschnitt des Zuges sich nicht verkleinert;
b) daß alle Lagerfugen rechtwinklig zum Rauchrohr liegen;
c) daß die äußeren Knickpunkte ausgerundet werden;
d) daß an den inneren (einspringenden) Knickpunkten Rundstähle eingemauert werden;
e) daß der innere Knickpunkt mindestens eine Schicht tiefer liegt als der Beginn der äußeren Rundung.

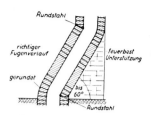

Richtig gezogener Schornstein

Zusammenziehen zum mehrzügigen Schornstein (Vereinigung zu einem großen Rohr verboten!)

Wie werden Schornsteine zusammengezogen?

Bei untenstehend abgebildetem, falsch gezogenem Schornstein werden durch das Behauen der Steine die Wangen geschwächt, es entstehen unebene Innenflächen, und der lichte Querschnitt verkleinert sich. Die Außenflächen eines Schornsteins müssen bis unter die Dachhaut verputzt werden (auch im Keller!).

Falsch gezogener Schornstein

Wie dürfen Schornsteine nicht gezogen werden?

Wie werden die Außenflächen von Schornsteinen behandelt?

Heute werden in immer stärkerem Maße Schornsteine mit einem Innenrohr aus gebranntem Schamottematerial (z. B. „Plewa") bevorzugt (Darstellung in Bauzeichnungen s. Bild). Innenschalen gibt es auch aus Leichtbeton (nach DIN 18 147).

Welche Schornsteine werden heute bevorzugt?

Beschreibe sie!

Isolierschicht (Dämmplatten aus Mineralfaser, 30 bis 35 mm dick)
Innenrohr
Mantel gemauert 7,1 cm, ab Rauchrohr 25 × 25 cm, 11,5 cm dick

Dreischaliger Schornstein mit Dämmstoffschicht und beweglicher Innenschale

Abschluß des Rauchrohres und Verbindung mit dem Mantel erfolgt am Schornsteinkopf durch Edelstahlmanschette mit Dehnungsausgleich.

Schornsteine können auch aus fertigen Formstücken mit Mindestdruckfestigkeiten von 4, 6, 8 und 12 N/mm² nach DIN 18 150 hergestellt werden = Montageschornsteine. Diese Formstücke gibt es mit verschiedenen Rauchrohrquerschnitten (rund, quadratisch, rechteckig), ein- oder mehrzügig, wobei die Schornsteinwangen und -zungen ein-, zwei- oder mehrschalig ausgeführt sein können (z. B. Plewa, Siemokat, Schwend).

In ihren Abmessungen passen sie in das genormte Rohbau-Raster-System.

Verwendetes Material: Leichtbeton.

Montageschornsteine sollen nicht mit dem umgebenden Mauerwerk im Verband gemauert werden.

Nenne die Vorzüge und gib die Verwendung an!

Diese Schornsteine besitzen bei glatter Innenwand (wenig Fugen) gleichbleibende Rauchrohrquerschnitte und gute Wärmehaltung. Keine Rißbildung durch Temperaturspannungen. Verwendung: für alle Schornsteinarten, besonders für Ölheizungen. Formstücke sind auch für Lüftungsschächte geeignet.

Schornsteinköpfe

Wie hoch werden Schornsteinköpfe gemauert?

sollen bei harter Bedachung etwa 40 bis 50 cm über den fertigen First ragen (55 bis 60 cm über Sparrenspitze), bei weicher Bedachung (z. B. Pappdach) 80 cm bis 1,00 m. Liegt der Schornstein nicht in der Nähe des Firstes, muß er so hoch geführt werden, daß der über das Dach streichende Wind nicht auf den Schornstein drückt, sondern saugend wirkt. Bei Dachneigungen von 20° oder weniger müssen Schornsteine mindestens 1 m über der Dachfläche enden.

richtig   richtig   falsch

Richtige und falsche Schornsteinkopfhöhen

Wann sind Schornsteinköpfe zu verankern?

Bei freien Höhen von mehr als 2 m über der Dachfläche sind Schornsteine zu verankern. Die Anker müssen so beschaffen sein bzw. angebracht werden, daß an ihnen herunterlaufendes Regenwasser nicht die Dachkonstruktion zerstören kann (Gefälle zum Schornstein oder Wassernase vor der Dachfläche).

Welche Baustoffe finden Verwendung?

Schornsteine sollten über Dach mit reinem Zementmörtel (möglichst Hochofenzement) gemauert werden. Verputzte Schornsteinköpfe sind unzweckmäßig, weil infolge häufigen Temperaturwechsels der Putz rissig wird und abfällt. Besonders gut sind gefugte Klinkerköpfe.

Wie dick werden die Wangen gemauert?

Zwecks besserer Wärmehaltung werden die Wangen von Schornsteinköpfen (über OK Sparren) vielfach auf 24 cm verbreitert. Die Auskragung ermöglicht gleichzeitig einen besseren Anschluß der Dachhaut an den Schornstein (unterschieben!).

Wieviel cm Höhe beansprucht der Dachanschluß?

Für den Dachanschluß benötigt man einen etwa 10 bis 12 cm breiten Streifen rund um den Schornstein, senkrecht von OK Sparren gemessen. Die Dichtung wird gewöhnlich mit Zinkblech oder Walzblei ausgeführt.

Nach oben konisch zulaufende Schornsteine haben ein gefälligeres Aussehen und wirken zugbegünstigend. Die Wangenstärke darf oben nicht weniger als ½ (NF) Stein betragen.

Eine gleichmäßige Verjüngung des Schornsteinkopfes erreicht man durch Anwendung einer Lotlehre (= entsprechend zugeschnittenes Schalbrett, siehe Bild). Der lichte Querschnitt des Rauchrohres bleibt unverändert.

Haben konische Schornsteine Vorteile?

Wie erreicht man beim Mauern eine gleichmäßige Schräge?

Loten eines konischen Schornsteinkopfes

Schornsteinkopfabdeckungen sollen das Mauerwerk vor eindringender Feuchtigkeit und den dadurch evtl. auftretenden Schäden schützen. Sie dürfen nicht zu dünn ausgeführt werden (platzen ab!) oder die Wirbelbildung begünstigen. Überstände und Verzierungen wirken zugbehindernd und sind zu vermeiden. Abdeckungen aus Beton oder anderen witterungs- und abgasfesten, nichtbrennbaren Baustoffen über den Schornsteinköpfen (Hamelner Scheiben) verhindern Rißbildung und schützen unbenutzte Schornsteine vor Durchfeuchtung und Verrottung.

Beschreibe die zweckmäßigste Schornsteinabdeckung?

Beste Ausführung: geglättete, mindestens 5 cm dicke Feinbetonschicht mit leichtem Gefälle nach außen; darüber Hamelner Scheibe.

richtig schlecht falsch
(Abdeckung
zu dünn)

Schornsteinköpfe

2.4.8 Verlegen von Trägern und Stahlbetonstürzen

Wegen ihrer großen Biegefestigkeit finden für die Überdeckung von Öffnungen und die Herstellung von Decken überwiegend I-Träger im Normalprofil und breitflanschig Verwendung, seltener [-Träger. Die übrigen Profile werden weniger verarbeitet. (Trägerhöhen siehe Abschnitt „Gußeisen und Stahl".)

Welche Stahlträger finden überwiegend Verwendung?

Trägerauflager sollen auf beiden Seiten gleich groß, doch nicht zu lang sein. Bei zu großer Auflagerlänge wirkt das Trägerende als Hebel und verursacht am Auflager ungleiche Druckspannungen (Vorderkante zu stark belastet). Richtige Auflagerlänge = Höhe des Trägers. Mindestlänge der Auflager 20 cm.

Welche Länge müssen Trägerauflager haben?

Hebelwirkung bei zu langem Auflager

Wie werden sie ausgeführt?	Die Ausführung der Auflager richtet sich nach der aufzunehmenden Last: a) bei mäßiger Belastung: Mauerwerk aus gewöhnlichen Hintermauerungssteinen mit Kalkzementmörtel verarbeitet; b) bei stärkerer Belastung: Mauerwerk aus Hartbrandziegeln oder Klinkern mit Zementmörtel verarbeitet, bisweilen genügen mehrere, nach hinten abgetreppte Schichten dieser Art (Druckverteiler); c) bei sehr starker Belastung: Blöcke aus hartem Naturgestein (Granit) oder Unterlagsplatten aus Stahl bzw. Gußeisen als Druckverteiler (besonders für die Druckübertragung mehrerer nebeneinanderliegender Träger geeignet).
Was ist bei der Herstellung von Druckverteilern zu beachten?	*Druckverteiler* sollen die Last gleichmäßig auf eine größere Fläche übertragen. Hierbei ist zu beachten, daß sich der Druck unter einem Winkel von 60° nach innen fortpflanzt (siehe „Fundamente").

Gemauerter Druckverteiler   *Granitblock als Druckverteiler*

Sind Auflager aus Leichtbausteinen zulässig?	Wegen ihrer geringen Druckfestigkeit sind Auflager aus Leichtbausteinen unzulässig (Druckverteiler anordnen!).
Wie werden Träger verlegt?	Träger werden hochkant im Zementmörtelbett verlegt. Zwecks Vermeidung unnötiger Kantenpressung soll die Mörtelfuge etwa 2 cm hinter der Vorderkante des Auflagers beginnen und der Träger ein wenig hinter der Flucht liegen. Bei Deckenträgern müssen die angegebenen Trägerabstände sorgfältig eingehalten werden. Die verlegten Träger sind gegen Verschieben und Umkanten zu sichern. Zur Vermeidung von Unfällen werden I-Träger beim Transport und Verlegen mit der Hand grundsätzlich nur am oberen Flansch angefaßt.
Worauf ist beim Einmauern von Trägerköpfen zu achten?	Vor den Köpfen langer Träger soll ein Hohlraum von 1 bis 2 cm verbleiben (Dehnungsfuge!). Trägerköpfe in Außenwänden müssen wenigstens ½ Stein Vormauerung haben.
Wann werden Träger nebeneinander verlegt?	Reicht die zur Verfügung stehende Höhe für das Verlegen eines schweren Trägers nicht aus, oder ist eine Öffnung mit breiter Leibung zu überdecken, verlegt man mehrere Träger nebeneinander.

Nebeneinanderliegende Träger werden durch Bandstahlklammern oder Schraubenbolzen mit zwischengesetzten Rohrstücken verbunden bzw. auf Abstand gehalten. Der zwischen den Trägern verbleibende Raum wird mit Beton oder Mauerwerk ausgefüllt.

Wie werden sie verbunden?

Bandstahlklammern

Rohrstück mit durchgeschobenem Schraubenbolzen

Für das *Verputzen von Trägern* ist zu beachten: Träger von geringer Höhe werden an den Außenseiten ganz mit Putzträgern (Drahtziegelgewebe, Rippenstreckmetall) umspannt, bei höheren Trägern nur die unteren Flansche, während die Seiten zwischen den Flanschen ausgemauert werden.

Wie werden Träger für die Putzaufnahme vorbereitet?

Stahlbetonstürze werden wie Stahlträger verlegt, doch ist darauf zu achten, daß die Stürze der Bewehrung entsprechend zu liegen kommen. Ihre Oberseiten sollten daher stets gekennzeichnet sein.

Was ist beim Verlegen von Stahlbetonstürzen zu beachten?

2.4.9 Mauerbogen

dienen der Überdeckung von Öffnungen oder der Entlastung darunterliegender Bauteile (Entlastungsbogen). Sie übertragen den auf ihnen lastenden Druck auf das anstoßende Mauerwerk.

Welche Aufgabe haben Mauerbogen?

Benennung der einzelnen Bogenteile:

Benenne die einzelnen Bogenteile!

- s = Spannweite
- Kp = Kämpferpunkt
- Kl = Kämpferlinie
- M = Mittel- oder Leierpunkt
- Wi = Widerlager
- r = Bogenradius
- h = Stichhöhe
- Sch = Scheitelpunkt
- L = Leibung
- d = Bogendicke
- St = Stirn oder Haupt
- t = Bogentiefe
- $Rü$ = Bogenrücken
- Ba = Bogenanfänger
- Bs = Bogenschlußstein

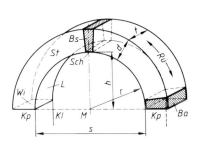

Wovon ist die Tragfähigkeit eines Bogens abhängig?	Die Tragfähigkeit eines Bogens ist abhängig von der Druckfestigkeit der verwendeten Baustoffe, der Spannweite, der Bogendicke und dem Grad der Krümmung (je stärker gewölbt, um so tragfähiger).

Ausführung:

Wie muß ein Widerlager beschaffen sein?	Widerlager werden, der Bogenart entsprechend, waagerecht oder schräg, immer in Richtung auf den Bogenmittelpunkt verlaufend, hergestellt. Zwecks gleichmäßiger Druckaufnahme bzw. -übertragung müssen sie unbedingt eben sein (sorgfältig behauen!).

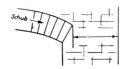

Widerlagerbreite

Wie breit müssen Widerlager sein?	Die vom Bogen ausgehenden seitlichen Schubkräfte erfordern bei den verschiedenen Bogenarten und Stichhöhen unterschiedliche Widerlagerbreiten. Sie sind durch statische Berechnungen zu ermitteln. Als Faustregel mögen folgende ungefähren Widerlagerbreiten (für lichte Öffnungshöhen bis 3,00 m) gelten:

für scheitrechte Bogen	½ bis ⅓ der Spannweite
für Segmentbogen (je nach Stichhöhe)	¼ bis ½ der Spannweite
für Rundbogen	etwa ¼ der Spannweite
für Spitzbogen	etwa ⅕ der Spannweite
für Korbbogen	etwa ⅓ der Spannweite

Welche Maßnahmen sind bei zu geringer Widerlagerbreite zu treffen?	Ist die erforderliche Widerlagerbreite nicht vorhanden, wird der Einbau von Zugankern (nach statischer Berechnung) notwendig.

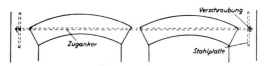

Eingebauter Zuganker bei zu schmalen Widerlagern

Wie werden Lehrbogen hergestellt?	*Lehrbogen* werden entsprechend den unter „Bogenarten" aufgeführten Konstruktionsschemen auf Schalbrettern bzw. Schalplatten aufgerissen und ausgeschnitten; große Lehrbogen werden aus Schalbrettstücken zusammengesetzt und verstrebt.

Lehrbogen

a) für ½steinige Bogenleibung

b) für dickere Bogenleibungen (teilw. fertig)

Für ½ Stein starke Leibungen genügt 1 Lehrbogen, bei tieferen Bogen werden über 2 miteinander verbundene Lehrbogen Querlatten von gleicher Dicke genagelt.

Wie wird ein Bogen eingerüstet?

Lehrbogen können auf verschiedene Art unterstützt werden:

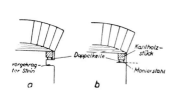 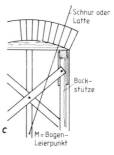

a) durch aus den Leibungen vorgekragte Steine, die später abgeschlagen werden (nicht bei Verblendbauten!);
b) durch in eine Lagerfuge der Leibung geschlagene Monierstahlstücke oder Putzhaken;
c) durch über Kreuz verstrebte Bockstützen.

Die Methoden a und b eignen sich nur für geringe Spannweiten, für größere Bogen ist immer die Lösung c anzuwenden.

Der Bogenmittelpunkt soll auf einer besonderen Leiste festgelegt werden. Von dort aus erfolgt die Kontrolle des Fugenverlaufs im Bogen mit einer Schnur oder Latte.

Bei a und b ist es angebracht, bei c unerläßlich, daß die Lehrgerüste auf untergeschobenen Doppelkeilen ruhen. Sie ermöglichen ein einwandfreies Einrichten der Lehrbogen und später ein müheloses Ausschalen ohne Beschädigung des Bogens.

Worauf ist dabei zu achten?

Auch Lehrgerüste für Rundfenster müssen so zusammengesetzt sein, daß sie sich später trotz Bogendrucks und durch Feuchtigkeit gequollenen Holzes leicht lösen lassen.

Bogen werden im *Pfeilerverband,* von beiden Widerlagern gleichzeitig ausgehend, so gemauert, daß alle Lagerfugen in Richtung zum Bogenmittelpunkt verlaufen und das Bogenmauerwerk im Scheitelpunkt möglichst mit einem Schlußstein (keine Mittelfuge!) endet. Bei großen Bogen oder starken Krümmungen wird das seitlich angrenzende Mauerwerk gleichzeitig mit hochgeführt.

Wie werden Bogen gemauert?

Welcher Mörtel wird verarbeitet?	Geeignete Mörtel für Bogenmauerwerk: je nach Beanspruchung Kalkzement- oder Zementmörtel.
Gib die Stärke der Lagerfugen an!	Bei Verwendung normaler Mauersteine entstehen infolge der Bogenkrümmung keilförmige Fugen, die an der Leibung des Bogens nicht schmaler als 0,5 cm, am Rücken nicht breiter als 2 cm sein dürfen.
Wie werden starke Krümmungen gemauert?	Unter- bzw. überschreiten die Fugen infolge starker Bogenkrümmung ihre vorgeschriebenen Maße (besonders bei dicken Bogen), werden entweder Schalbogen (s. Bild) angeordnet oder keilförmige Steine (siehe Abschnitt „Vollziegel") vermauert.

Schalbogen für stark gewölbte Bogen

Wann erhält man im Bogenscheitel einen Schlußstein?	Bei ungerader Schichtenzahl liegt in der Mitte des Bogens ein Schlußstein. Dementsprechend ist die Schichteneinteilung auf dem Lehrbogen vorzunehmen.
Wie bestimmt man die Zahl der Bogenschichten?	Bestimmung der Schichtenzahl für einen Bogen: Ausgangsgrößen: gemessene Bogenlänge und ungefähre Schichtdicke an der Bogenleibung.

$$\frac{\text{Bogenlänge} - 1 \text{ (angen.) Fuge a. d. Bogenleibung}}{\text{angenommene Schichtdicke an der Bogenleibung}} = \frac{\text{Anzahl der}}{\text{Schichten}}$$

Beispiel: Bogenlänge 1,34 m, angenommene Schichtdicke 7,7 cm (Fuge 0,6 cm)

$$\frac{134 \text{ cm} - 0,6 \text{ cm}}{7,7 \text{ cm}} = \frac{133,4 \text{ cm}}{7,7 \text{ cm}}$$
$$= 17 \text{ Schichten} + 25 \text{ mm Rest}$$

Evtl. übrigbleibende Reste (hier 25 mm) werden auf die Schichten gleichmäßig verteilt.

Ergibt sich eine gerade Schichtenzahl, so ist die Rechnung mit einer anderen angenommenen Schichtdicke zu wiederholen.

Wie werden die Schichten angerissen?	Auf dem Lehrbogen wird zuerst der Schlußstein angerissen, danach werden von den Widerlagern aus die übrigen Schichten eingeteilt.
Was ist beim Setzen der Bogenanfänger zu beachten?	Bei kleineren Öffnungen läßt sich eine gerade Schichtenzahl bisweilen nicht vermeiden. Für das Setzen der Bogenanfängersteine ist daher zu beachten: bei ungerader Zahl beginnt man mit gleichen, bei gerader Zahl mit ungleichen Schichten.

ungerade gerade

Bogenanfänger bei ungerader und gerader Schichtenzahl

Nach Fertigstellung des Bogenmauerwerks sind die Doppelkeile unter der Einrüstung etwas zu lockern, damit sich der Bogen setzt (Ausnahme: scheitrechter Bogen mit senkrechten Widerlagern).

Warum lockert man nach dem Mauern die Keile der Einrüstung?

Ein Bogen soll etwa eine Woche nach Fertigstellung vorsichtig ausgeschalt werden.

Wann darf ein Mauerbogen ausgeschalt werden?

Bogenarten:

Scheitrechter Bogen,
Segment-, Stich- oder Flachbogen,
Rundbogen,
Spitzbogen,
Korbbogen,
Elliptischer Bogen,
Steigender oder einhüftiger Bogen.

Nenne die verschiedenen Bogenarten!

Scheitrechte Bogen

wirken infolge ihrer geraden Konstruktion wie Stürze. Die Kämpferpunkte sollen möglichst nicht, die Bogenrücken müssen mit einer Lagerfuge des anschließenden Mauerwerks zusammenfallen (vor der Herstellung des Widerlagers einmessen!).

Beschreibe scheitrechte Bogen!

Um den Anschein des Durchhängens zu vermeiden, erhält der Bogen einen geringen Stich von $1/100$ der Spannweite. Die Herstellung des Lehrbogens ist einfach und in zwei Arten üblich.

Wie werden Lehrbogen hergestellt?

Lehren für scheitrechte Bogen (Stich übertrieben dargestellt)

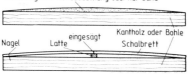

Scheitrechte Bogen werden mit senkrechten (bes. bei Verblendbauten) und schrägen Widerlagern (bis zu einem Winkel von 30° zur Senkrechten) ausgeführt. Der Kreuzungspunkt der nach innen verlängerten Widerlagerschrägen bildet den „Bogenmittelpunkt".

Welche Bogenausführungen sind möglich?

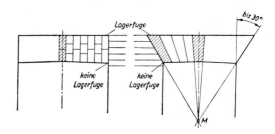

mit senkrechten Widerlagern   mit schrägen Widerlagern

Scheitrechte Bogen

Gib die Faustregel für die Herstellung schräger Widerlager an!

Faustregel für die Herstellung der gebräuchlichsten schrägen Widerlager:

Das waagerecht zurückspringende Maß beträgt pro Kopf der Bogendicke etwa 4 cm.

Beispiel:

Bogendicke 1 Stein = 2 Köpfe
eingerücktes Maß 2 × 4 cm = 8 cm

Bogendicke 1½ Stein = 3 Köpfe
eingerücktes Maß 3 × 4 cm = 12 cm.

Welche Nachteile haben scheitrechte Bogen?

Widerlagerschräge

Nachteilig wirken sich beim scheitrechten Bogen die geringe Tragfähigkeit und die beschränkte Spannweite (bis 1,30 m) aus. Bei größeren Spannweiten muß das Bogenmauerwerk durch Drahtbügel mit einer tragenden Betonkonstruktion (z. B. Sturz oder Decke) verbunden werden = Zierbogen ohne tragende Funktion.

Segment-, Stich- oder Flachbogen

Wo findet der Segmentbogen Verwendung? Gib übliche Stichhöhen an!

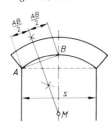

finden zur Überdeckung von Maueröffnungen und als Entlastungsbogen Verwendung. Stichhöhe ⅛ bis 1/12 der Spannweite.

Wie wird ein Stichbogen konstruiert?

Konstruieren eines Segmentbogens bei gegebener Spannweite und Höhe ist in nebenstehendem Bild dargestellt.

Der *Bogenrücken* soll im Scheitelpunkt mit einer Lagerfuge zusammenfallen (keine Schalen), ebenso die Oberkante der Widerlager; die *Kämpferpunkte* liegen auf ½ bis ⅔ Schichthöhe.

Wie soll der Bogen zum anstoßenden Mauerwerk liegen?

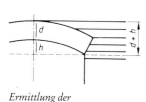

Ermittlung der genauen Kämpferhöhe:

Die ungefähre Kämpferhöhe wird von unten aus eingemessen. Das Maß wird um die Summe *(h + d)* nach oben verlängert. Von der nächsten (darüberliegenden) Lagerfuge wird *(h + d)* wieder heruntergemessen = Kämpferpunkthöhe.

Ermittlung der Kämpferhöhe

Wie ermittelt man die genaue Lage der Kämpferpunkte?

Berechnung des Bogenhalbmessers bei den üblichen Stichhöhen:

Stichhöhe:	Radiuslänge.
⅙ s	Spannweite − 1 Stichhöhe
⅛ s	Spannweite + ½ Stichhöhe
¹⁄₁₀ s	Spannweite + 3 Stichhöhen
¹⁄₁₂ s	Spannweite + 6½ Stichhöhen

● **Wie berechnet man den Bogenradius bei den üblichen Stichhöhen?**

Entlastungsbogen werden über Zimmertüren mit Überlagshölzern angeordnet und sollen bei einem evtl. Brand das Mauerwerk über der Öffnung stützen.

Sie sollen so lang wie die Überlagshölzer, auf keinen Fall kürzer, gemauert werden.

Entlastungsbogen

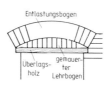

Warum und wie werden über Zimmertüren Entlastungsbogen gemauert? Wonach richtet sich ihre Spannweite?

Rundbogen

werden mit waagerechten oder schrägen (vorgekragten) Widerlagern ausgeführt.

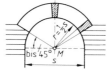

Beschreibe und konstruiere Rundbogen!

Spitzbogen

gelangen in normaler, gedrückter und überhöhter Form zur Anwendung.

Welche Spitzbogenarten gibt es?

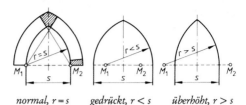

normal, r = s   *gedrückt, r < s*   *überhöht, r > s*

Konstruiere einen Spitzbogen, wenn h und s gegeben!

Konstruieren eines Spitzbogens bei gegebener Spannweite und Stichhöhe siehe nebenstehendes Bild.

Wie werden die Bogenspitzen beim Spitzbogen ausgebildet?

Die Bogenspitzen können verschiedenartig ausgeführt werden:

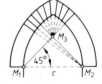

a) gemauerter Abschluß } mit normalem Fugenverlauf
b) Werksteinabschluß
c) gemauerter Abschluß mit verzogenen Fugen

Korbbogen

- **Wie konstruiert man:**
- **a) Korbbogen,**

werden mit Hilfe von 3, in gefälligerer Form mit 5 Mittelpunkten konstruiert. Die Fugen verlaufen jeweils in Richtung des zugehörigen Leierpunktes (Mittelpunktes).

Gegebene Größen: Spannweite und Stichhöhe.

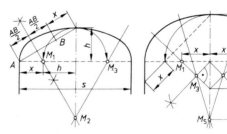

mit 3 Mittelpunkten   mit 5 Mittelpunkten

Korbbogenkonstruktionen

Elliptische Bogen

gegeben: nur Spannweite   gegeben: Spannweite und Stich

● b) elliptische Bogen,

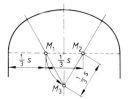
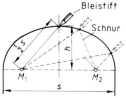

Konstruktion elliptischer Bogen

Steigende oder einhüftige Bogen
gegebene Größen: Spannweite und Kämpferhöhe

● c) steigende oder einhüftige Bogen?

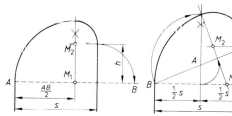

Konstruktion steigender Bogen

2.4.10 Gewölbe

finden zur Überdeckung von Räumen und Durchfahrten oder zur Steigerung der architektonischen Wirkung größerer Bauwerke Verwendung.

● Wo finden Gewölbe Verwendung?

Benennung der Gewölbeteile:

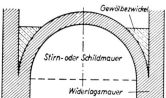

● Benenne die einzelnen Gewölbeteile!

Gewölbeteile

Die gedachte Parallele zu den Widerlagsmauern durch M wird mit Gewölbeachse, die durch den Scheitelpunkt mit Scheitellinie, bezeichnet. Die übrigen Gewölbeteile werden den Mauerbogen entsprechend benannt. Die Stichhöhe bezeichnet man auch wohl mit Gewölbehöhe. Offene Gewölbe sind solche ohne Schildmauern (z. B. Durchfahrten).

Gewölbearten:

• Beschreibe verschiedene Gewölbearten:
a) das Tonnengewölbe,

Das Tonnengewölbe
stellt einen halben Hohlzylinder dar. Es läßt sich durch 2 Diagonalschnitte in Kappen und Wangen zerlegen, aus denen sich die meisten Gewölbeformen zusammensetzen.

b) das Kappengewölbe,

Das *Kappengewölbe* (Preußische Kappe) ist der obere Abschnitt eines Tonnengewölbes. Querschnittsform der Kappe = Segmentbogen mit einer Stichhöhe von mindestens 1/10 der Spannweite (nach DIN 1053). Übliche Stichhöhen 1/8 bis 1/10 der Spannweite.

c) das Klostergewölbe,

Das *Klostergewölbe*
setzt sich aus 4 Wangen des Tonnengewölbes zusammen. Werden seine Ecken abgeschnitten, so erhält man das offene Klostergewölbe.

d) das Muldengewölbe,

Das *Muldengewölbe*
ist ein Tonnengewölbe mit Gewölbewangen als Schildmauern.

e) das Spiegelgewölbe,

Das *Spiegelgewölbe*
erhält man durch einen waagerechten Schnitt durch den oberen Teil des Muldengewölbes.

f) das Kreuzgewölbe,

Das *Kreuzgewölbe*
setzt sich aus 4 Kappen des Tonnengewölbes zusammen (rechtwinklige Durchkreuzung zweier Tonnengewölbe über quadratischer Grundfläche). Kreuzgewölbe gibt es in verschiedenen Abwandlungen.
Verwandte Formen: Netz- und Sterngewölbe.

g) die Rundkuppel,

Die *Rundkuppel*
ist eine über kreisförmiger Grundfläche gewölbte Halbkugel. Abarten: Flachkuppel (obere Kugelkappe), Spitzkuppel (Rundkuppel mit überhöhtem Zentrum) und eckige Kuppel (z. B. über achteckiger Grundfläche).

Die *Sturz- oder Hängekuppel*
entsteht aus einer Rundkuppel durch Abschneiden der Seitenstücke entlang den Kanten des in die Grundfläche eingeschriebenen Quadrates.

h) die Sturz- oder Hängekuppel,

Die *Böhmische Kappe*
ist ein Ausschnitt aus einer Hängekuppel.

i) die Böhmische Kappe,

Die *Byzantinische Kuppel*
besteht aus einer Hängekuppel mit aufgesetzter Rundkuppel.

k) die Byzantinische Kuppel!

Gewölbeausführungen

Heute werden Gewölbe überwiegend aus Stahlbeton oder als Scheingewölbe aus verputztem Rabitzgewebe oder Rippenstreckmetall hergestellt. Gemauert werden, abgesehen von Ausbesserungen, hin und wieder Tonnengewölbe (Kanalbau) oder Preußische Kappen.

Die Herstellung der Lehrbogen, die Einrüstung und das Mauern erfolgen sinngemäß wie bei den Mauerbogen. Form und Größe der Lehrbogen für Gewölbegrate (Übereck-Lehrbogen, z. B. beim Kreuzgewölbe) werden zweckmäßig zeichnerisch durch Vergatterung ermittelt.

• In welchen Ausführungen werden Gewölbe hergestellt?

• Wie werden Gewölbe eingerüstet?

2.4.11 Ziegelsteinverblendungen

sollen das Mauerwerk mit einer witterungsbeständigen Außenhaut umgeben und gleichzeitig die Ansichtsflächen wirkungsvoll gestalten.

Eine lebendige Flächenwirkung kann durch Kombination verschiedener Mauerschichten mit von den üblichen Verbänden abweichender Steinfolge (Verblenderverbände) in Verbindung mit geeignetem Fugenverstrich erreicht werden. Für kleinere Flächen eignen sich besonders gut die holländischen Kleinformate (Waalformat und Vechtformat, s. S. 69).

Was soll durch Ziegelverblendungen erreicht werden?

Wodurch werden Mauerflächen belebt?

Verblenderverbände:

Gotischer Verband

In allen Schichten wechseln je 1 Kopf und 1 Läufer einander ab. Entsprechend dem Ansetzen der Schichten entstehen verschiedene Muster.

(Der untere Verband wird auch Polnischer Verband genannt.)

Beschreibe verschiedene Verblenderverbände:
a) den Gotischen Verband,

b) den Märkischen oder Wendischen Verband,

Märkischer oder Wendischer Verband

In allen Schichten wechseln je 1 Kopf und 2 Läufer einander ab. Entsprechend dem Ansetzen der Schichten entstehen verschiedene Muster.

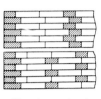 

c) den Schlesischen Verband,

Schlesischer Verband

In allen Schichten wechseln je 1 Kopf und 3 Läufer einander ab; verschiedene Muster möglich.

d) den Holländischen Verband,

Holländischer Verband

Je eine Binderschicht und eine Schicht des Gotischen Verbandes wechseln sich ab.

e) den Flämischen Verband,

Flämischer Verband

Je 1 Binderschicht und 1 Schicht des Märkischen Verbandes wechseln sich ab.

f) den Tannenberg-Verband,

Tannenberg-Verband

Je 1 Läuferschicht und 1 Schicht des Gotischen Verbandes wechseln sich ab. Entsprechend dem Ansetzen der Schichten ergeben sich verschiedene Muster.

g) den Wilden Verband!

Wilder Verband

Hierbei soll unter Verwendung möglichst vieler Läufer ein unregelmäßiges Bild ohne geschlossene Blöcke entstehen. Die zur Durchbindung erforderlichen Köpfe sind so zu verteilen, daß sie in einem jeweils übersehbaren Abschnitt möglichst nicht übereinander liegen. Läufersteine und Abtreppungen von ¼-Steinen sollen sich nicht mehr als fünfmal wiederholen.

Ausführung:

Wie werden Verblendungen ausgeführt?

Ziegelsteinverblendungen können mit der Hintermauerung im Verband gemauert oder als Schale (mindestens jede 4. Schicht verankern!) vorgesetzt werden. Besonders gut sind Ausführungen mit zwischengeschalteten Luft- oder Isolierschichten.

Wie erhält man einen gleichmäßigen Verband?

Zur Erlangung eines gleichmäßigen, genau aufgehenden Verbandes ist es bei Verblendungen angebracht, vor der Ausführung 1 Schicht trocken durchzulegen.

Wie müssen die Fugen beschaffen sein?

Die Fugen werden vor dem Festwerden des Mörtels für die Aufnahme des Fugenverstrichs etwa 1,5 cm tief ausgekratzt und mit einem scharfen Besen nachgefegt.

Den besten Schutz gegen Verschmutzung (besonders bei Sockelmauerwerk) bietet ein Anstrich mit Lehmschlämme. Bretterverschalungen oder vorgehängte Tücher sind weniger zuverlässig und außerdem kostspieliger.

Fugarbeiten

Nach Abwaschen der Lehmschicht wird die zu fugende Fläche gut angenäßt, mit verdünnter Salzsäure (1:10 bis 1:20) abgesäuert und gründlich mit klarem Wasser nachgespült.

Mit Hilfe der Salzsäure werden Mörtelverunreinigungen am Mauerwerk gelöst und entfernt. Salzsäure ist giftig und wirkt ätzend!

Vorsichtsmaßnahmen für das Absäuern:

Schutzbrille und Handschuhe tragen! Haut vor Spritzern schützen (Bürsten mit langen Stielen versehen!)! Holz- oder Kunststoffeimer benutzen!

Durch das Annässen bzw. Nachspülen soll verhindert werden, daß Salzsäure vom Mauerwerk aufgenommen wird (→ Ausblühungen).

Die gut angefeuchteten Fugen werden mit erdfeuchtem Kalkzement- (1:1:6), Zementmörtel (1:3) oder Traßzementmörtel ausgedrückt, glatt gebügelt und mit einem weichen Haarbesen nachgefegt. Niemals trockenes Mauerwerk fugen (Fugen lösen sich)!

Fugmörtel kann mit Erdfarben getönt werden. Farbige Fugen schaffen bisweilen reizvolle Effekte (z. B. rote Stoß- und weiße Lagerfugen). Für weiße Fugen verwendet man hellen Sand und weißen Portlandzement. – Vorsicht! – Bei Fugeisen aus Stahl nicht zu lange „bügeln" (Fugen werden schwarz!)! Möglichst Fugeisen mit Kunststoffüberzug benutzen!

Fugen können mit unterschiedlichen Profilen, vorspringend oder zurückliegend, ausgeführt werden. Zweckmäßig ist die mit dem Mauerwerk bündig verlaufende (glatte) Fuge, die weniger anfällig für Verschmutzung, eindringende Feuchtigkeit und Verwitterung ist.

Bei Frostwetter sind Fugarbeiten einzustellen und erst nach vollständigem Durchtauen des Mauerwerks wieder aufzunehmen, da sonst die Fugen herausgedrückt werden.

2.4.12 Mauerfriese, Gesimse und Lisenen

Fries

nennt man waagerecht in einer Wand verlaufende Zierschichten zur Belebung, Gliederung oder zum Abschluß einer größeren Mauerfläche.

Wie schützt man das Mauerwerk während der Bauausführung vor Verschmutzung?

Wie wird das Mauerwerk für den Fugenverstrich vorbereitet?

Was bewirkt das Absäuern?

Welche Vorsichtsmaßnahmen sind dabei zu treffen?

Warum ist Mauerwerk vor und nach dem Absäuern zu spülen?

Wie und mit welchem Mörtel wird gefugt?

Womit kann Fugmörtel gefärbt werden?

Welches ist die zweckmäßigste Fugenausbildung?

Was ist bei Fugarbeiten im Winter zu beachten?

Was versteht man unter einem Mauerfries?

Wie werden Friese hergestellt?

Friese werden unabhängig vom Verband mit dem Mauerwerk bündig oder nur gering (höchstens 3 cm) vorspringend hergestellt. Auch Putzfriese (z. B. Sgraffito) sind möglich. Beispiele:

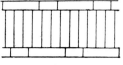
Fries: mit dem Mauerwerk bündig

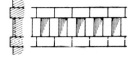
Fries: vorspringend

● Wonach richtet sich die Friesbreite?

Die Friesbreite muß der jeweiligen Größe der Wandfläche und der vorgesehenen Höhenlage angepaßt sein.

Gesimse

Was versteht man unter Gesims?

sind waagerechte, mindestens ¼ Stein über die Mauerflucht hinausragende Streifenvorlagen mit meist profilierter (gegliederter) Ansichtsfläche.

Warum werden Gesimse angelegt?

Durch das Spiel von Licht und Schatten wirken Gesimse stärker als Friese. Außerdem beeinflussen sie die Größenerscheinung einer Fläche (waagerechte Unterteilung läßt eine Fläche breiter und niedriger erscheinen). Weit ausladende Gesimse bieten dem Mauerwerk außerdem Schutz gegen Feuchtigkeit.

Nenne die wichtigsten Gesimsarten!

Entsprechend der Lage am Gebäude unterscheidet man:

a) Haupt- oder Dachgesims,
b) Gurtgesims,
c) Sockelgesims.

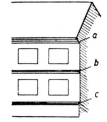
Gesimsarten

Mögliche Gesimsausführungen

In welchen Ausführungen werden Gesimse hergestellt?

a) gemauert und gefugt (Vormauerziegel oder Werkstein);
b) verputzt (mit gemauertem Gesimskern oder als Rabitzkonstruktion);
c) betoniert;
d) gemauerter Kern für verputztes Gesims.

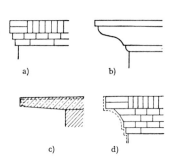

Ein Gesims ist nur dann wirkungsvoll, wenn es dem Stil des Hauses und seiner Höhenlage entsprechend ausgebildet ist. Ein weit ausladendes, reich gegliedertes Gesims an einem kleinen Gebäude ist ebenso fehl am Platze wie ein kleines, unscheinbares am Hochhaus.

• Wonach richten sich Größe und Gliederung eines Gesimses?

Alle der Feuchtigkeitseinwirkung ausgesetzten Gesimse sollen eine geneigte Oberfläche und an der vorderen Unterkante eine Wassernase haben (evtl. Zinkblechabdeckung).

Worauf ist bei der Herstellung von Gesimsen zu achten?

Weit vorgekragte Gesimse sind gegen Abkippen zu verankern. Stahlbetongesimse werden zweckmäßig in Verbindung mit einer Betondecke hergestellt (Lage der Monierstähle beachten!).

Lisenen

sind senkrechte, nur wenig (¼ bis ½ Stein) über die Mauerflucht ragende Streifenvorlagen von geringer Breite. Sie beleben und gliedern größere Mauerflächen, verleihen der Wand eine Tiefenwirkung und lassen das Gebäude höher bzw. schmaler erscheinen.

Was versteht man unter Lisenen und was bewirken sie?

2.4.13 Einfriedigungs- und Böschungsmauern

werden aus frostbeständigen Bausteinen mit reinem Zementmörtel (1:3 bis 1:4) gemauert und verfugt, aus Beton oder aus gefugtem Mauerwerk in Verbindung mit Beton (Mischmauerwerk) hergestellt. Böschungsmauern können auch aus Trockenmauerwerk bestehen (siehe Abschnitt „Natursteinmauerwerk"). Verputzte Mauern sind wegen ihrer geringen Beständigkeit (z. B. bei Frost) weniger zu empfehlen.

In welchen Ausführungen werden Einfriedigungs- und Böschungsmauern hergestellt?

Alle im Freien stehenden Mauern müssen in frostfreier Tiefe gegründet werden (auch bei geringer Höhe).

Wie tief werden sie gegründet?

Gegen aufsteigende Feuchtigkeit wird eine waagerechte Sperrschicht 2 bis 3 Schichten über OK Erdboden angeordnet, eine gute Abdeckung leitet das von oben anfallende Wasser ab. Böschungsmauern erhalten außerdem an der dem Erdreich zugekehrten Seite eine senkrechte Isolierung.

Wie schützt man die Mauern vor Feuchtigkeit?

Gute *Mauerabdeckungen* sollen dicht sein, nach außen geneigte Oberflächen mit möglichst wenig Fugen besitzen, beidseitig über die Mauerflucht ragen und mit Wassernasen versehen sein.

Wie muß eine gute Abdeckung beschaffen sein?

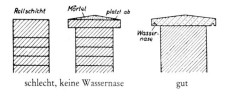

schlecht, keine Wassernase   gut

Mauerabdeckungen

Welche Baustoffe eignen sich hierfür?	Geeignete Baustoffe für Abdeckungen: Mauersteine mit dichter Oberfläche, steinmetzmäßig bearbeitete Natursteine, Betonwerksteine, witterungsbeständiges Metall (z. B. Zinkblech). Mörtelabdeckungen sind wenig dauerhaft.
Wie werden stark gerundete Mauern ausgeführt?	*Stark gekrümmte Mauerrundungen* werden mit Ringziegeln oder, bei Verwendung normaler Steine, mit keilförmigen Fugen (innen mindestens 0,8 cm, außen höchstens 2 cm) im Binderverband gemauert. Bei dickeren Mauern mit verbandsmäßig voneinander unabhängigen Schalen (vgl. Schalbogen) arbeiten.

Stark gekrümmte 1½steinige Mauer

Wie können Einfriedigungsmauern materialsparend hergestellt werden?	Größere Einfriedigungsmauern können aus Gründen der Materialersparnis in geringerer Dicke (auch als Stahlsteinwände) zwischen Verstärkungspfeilern mit etwa 3,00 m Abstand ausgeführt werden. Die Herstellung der Fundamente erfolgt zweckmäßig in voller Breite.
Welche Arten von Böschungsmauern gibt es?	Bei den *Böschungsmauern* unterscheidet man: a) Stützmauern, die einen seitlich wirkenden Erddruck aufzunehmen haben, und b) Futtermauern, die lediglich einen Schutz der Böschungsoberfläche darstellen.
Beschreibe: **a) Stützmauern,**	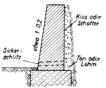 *Stützmauern* werden entsprechend der Wirkungsweise des Erddruckes am Fuß breiter als an der Krone hergestellt. Neigungsverhältnis etwa 1:0,2 (siehe Bild). Bei gemauerten Stützwänden muß die Kronenbreite mindestens 2 Steinlängen betragen.

Die geneigte Fläche kann außen oder innen (am Erdreich) angeordnet werden. In seitlichen Abständen von etwa 8,00 m sollen durchgehende senkrechte Dehnungsfugen liegen.

Größere Stützmauern müssen unbedingt statisch berechnet werden.

Liegt die Schräge außen, so ist bei Verwendung von künstlichen Bausteinen mit rechtwinklig zur Außenfläche verlaufenden Lagerfugen zu arbeiten.

b) Futtermauern!	*Futtermauern* passen sich mit ihrer Neigung in etwa dem natürlichen Böschungswinkel an, haben keinen Erddruck aufzunehmen und brauchen daher unten nicht verstärkt zu werden.

Alle Lagerfugen stehen im rechten Winkel zur Oberfläche. Bei starker Neigung (flacher Winkel) ist eine gut verfestigte Magerbetonschicht unter dem Mauerwerk zu empfehlen. Das Fundament wird als Widerlager ausgeführt.

Zur Entwässerung des hinter der Mauer liegenden Erdreichs sind in allen Stützmauern und in steilen Futtermauern Sickerschlitze (-rohre) anzuordnen, deren Mündungen auf der Außenseite der Wand nicht unterhalb der Erdoberfläche liegen dürfen (siehe Bild). Seitlicher Abstand der Öffnungen je nach Wasserandrang 1 bis 10 m. Eine Kies- oder Schotterpackung (evtl. in Verbindung mit Dränrohren) auf der Rückseite der Mauer begünstigt den Wasserablauf.

Worauf ist bei der Herstellung von Böschungsmauern zu achten?

Ausführung:

Bei geringer Neigung werden die Ecken bzw. Schnurmauern mit Hilfe einer Lotlehre (siehe „konische Schornsteine") errichtet und die Zwischenstücke nach gespannten Fluchtschnüren aufgemauert.

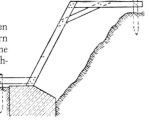

Wie erhält man eine gleichmäßig geneigte Mauer?

Bei stärkerer Neigung werden in Abständen von etwa 2,50 m Böschungslehren aus schräg gestellten und gegen Verschieben gesicherten Schalbrettern aufgestellt (s. Bild). Die Fluchtschnüre werden entlang den Schalbrettinnenkanten waagerecht gespannt.

2.4.14 Natursteinmauerwerk (DIN 1053, T. 1)

Natürliche Mauersteine müssen ein gesundes Gefüge haben und, soweit sie der Witterung ausgesetzt sind, frostbeständig sein.

Wie müssen natürliche Mauersteine beschaffen sein?

Schichtige Natursteine sind ihrem natürlichen Lager entsprechend zu verarbeiten (nicht hochkant setzen!). Alle Lagerfugen sollen rechtwinklig zur Druckrichtung liegen. Die Länge eines Steines darf das Fünffache der Steinhöhe nicht überschreiten; Mindestlänge = einfache Steinhöhe.

Worauf ist beim Vermauern zu achten?

Hochkant vermauerte schichtige Steine wirken unnatürlich und werden durch Druck und Witterungseinflüsse leicht beschädigt bzw. zerstört (blättern oder spalten).

Für Natursteinmauerwerk sind nur Normalmörtel zugelassen (bevorzugt: Gruppe II).

Warum sollen schichtige Steine nicht hochkant versetzt werden?

Welcher Mörtel ist zu verarbeiten?

Wonach richtet sich die Fugenstärke?	Die *Fugenstärke* richtet sich nach der Beschaffenheit der Steinflächen (unebene Flächen = dicke Fuge), doch soll sie 3 cm (bei Quadermauerwerk 4 mm) nicht überschreiten.
Worauf ist beim Verfugen zu achten?	Im Freien stehende Natursteinmauern sind voll zu verfugen; die Fugentiefe ist gleich der jeweiligen Fugenstärke.
Wie schützt man das Mauerwerk vor Verschmutzung?	*Schutz gegen Verschmutzung* des Mauerwerks während der Bauausführung bietet ein Anstrich mit Lehmschlämme.
Wie wird es gereinigt?	Kalk- und Mörtelspritzer lassen sich durch Abwaschen, Absäuern (nicht bei Kalksteinen!) oder Abbürsten mit Drahtbürsten entfernen.

Verbandsregeln für Natursteinmauerwerk:

Nenne die wichtigsten Verbandsregeln!

a) Setze die größten Steine an die Ecken!

b) Auf keiner Außenfläche (Vorder- und Rückseite) dürfen mehr als 3 Fugen zusammenstoßen (keine Kreuzfugen).

c) Überbinde:

beim Schichtenmauerwerk mindestens 10 cm,

beim Quadermauerwerk mindestens 15 cm!

d) Keine Stoßfuge darf durch mehr als 2 Schichten reichen!

e) Je 2 Läufersteinen ist mindestens 1 Binder zuzuordnen, oder es müssen Läufer- und Binderschichten abwechselnd gemauert werden.

f) Die Läufersteinbreite (Tiefe) ist etwa gleich der Schichthöhe.

g) Die Tiefe (Länge) der Binder soll etwa 1½ Schichthöhe, mindestens 30 cm betragen.

h) Mörtelnester im Innern der Mauer sind unzulässig; evtl. entstehende Zwischenräume sind mit passenden, von Mörtel umhüllten Steinstücken auszuzwickeln.

Nenne Mauerwerksarten aus Natursteinen und beschreibe sie:

a) Trockenmauerwerk,

Natursteinmauerwerksarten:

Trockenmauerwerk:

Wenig bearbeitete Bruchsteine sind ohne Mörtel im richtigen Verband so aneinanderzufügen, daß möglichst enge Fugen und nur kleine Hohlräume verbleiben. Diese sind durch kleinere Steine auszufüllen, so daß durch Einkeilen Verspannung zwischen den Mauersteinen entsteht. Trockenmauerwerk ist nur für Stützmauern (Schwergewichtsmauerwerk) zugelassen.

Bruchsteinmauerwerk:

Wenig bearbeitete, lagerhafte Bruchsteine werden im Verband satt in Mörtel versetzt. Die Größe der aufeinanderfolgenden Steine spielt keine Rolle (unregelmäßiger Fugenverlauf). Beim Auszwickeln ist eine Zusammenballung kleiner Steine in der Ansicht zu vermeiden. In Höhenabsätzen von höchstens 1,50 m ist das Mauerwerk zwecks gleichmäßiger Verteilung der Belastung rechtwinklig zur Druckrichtung (meist waagerecht) auszugleichen.

b) Bruchsteinmauerwerk,

Zyklopenmauerwerk:

Wenig bearbeitete, massige (nicht schichtige) Bruchsteine werden ohne einheitliche Lagerfugenrichtung in sattem Mörtellager so aneinandergefügt, daß möglichst enge Fugen entstehen. Evtl. verbleibende Zwischenräume sind auszuzwickeln (bienenwabenförmiges Aussehen). In Höhenabsätzen von höchstens 1,50 m wie Bruchsteinmauerwerk ausgleichen!

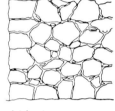

c) Zyklopenmauerwerk,

Hammerrechtes Schichtenmauerwerk:

Die Steine der Sichtflächen erhalten auf mindestens 12 cm Tiefe bearbeitete Lager- und Stoßfugen, die ungefähr rechtwinklig zueinander stehen. Die Schichthöhe darf innerhalb einer Schicht und in den verschiedenen Schichten wechseln. In Höhenabsätzen von höchstens 1,50 m wie Bruchsteinmauerwerk ausgleichen!

d) Hammerrechtes Schichtenmauerwerk,

Unregelmäßiges Schichtenmauerwerk:

Die Steine der Sichtflächen erhalten auf mindestens 15 cm Tiefe bearbeitete Lager- und Stoßfugen, die zueinander und zur Oberfläche senkrecht stehen. Die Schichthöhe darf innerhalb einer Schicht und in den verschiedenen Schichten in mäßigen Grenzen wechseln. In Höhenabsätzen von höchstens 1,50 m wie Bruchsteinmauerwerk ausgleichen!

e) Unregelmäßiges Schichtenmauerwerk,

f) Regelmäßiges Schichtenmauerwerk,

Regelmäßiges Schichtenmauerwerk:

Es gelten die Festlegungen für „Unregelmäßiges Schichtenmauerwerk". Darüber hinaus darf innerhalb einer Schicht die Steinhöhe nicht wechseln. Jede Schicht ist rechtwinklig zur Druckrichtung auszugleichen. Die Schichtsteine sind auf ihrer ganzen Tiefe in den Lagerfugen zu bearbeiten, bei den Stoßfugen genügt eine Bearbeitung auf 15 cm Tiefe.

g) Quadermauerwerk!

Quadermauerwerk:

Die Steine sind genau nach den angegebenen Maßen (Zeichnung) zu bearbeiten. Lager- und Stoßfugen müssen in ganzer Tiefe bearbeitet sein. Die Quader werden numeriert und nach Setzplänen vermauert (meist als Mischmauerwerk).

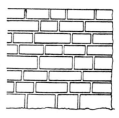

Was versteht man unter Mischmauerwerk?

Unter *Mischmauerwerk* versteht man mittragendes Verblendmauerwerk aus Natursteinen. Die Hintermauerung kann aus künstlichen Bausteinen oder Beton hergestellt werden. Das Verblendmauerwerk muß gleichzeitig mit der Hintermauerung verbandgerecht gemauert werden.

● Welche Richtlinien gelten für die Herstellung desselben?

Richtlinien für die Herstellung von Mischmauerwerk: Mindestens 30% des Verblendmauerwerks müssen Binder sein. Bei einer Hintermauerung aus künstlichen Steinen ist jede dritte Natursteinschicht als Binderschicht auszuführen. Mindesteinbindungstiefe = 10 cm. Mindestlänge (Tiefe) der Binder = 24 cm. *Mittragende Verblendplatten* müssen eine Dicke haben, die gleich oder größer ist als $1/3$ ihrer Höhe, Mindestdicke 11,5 cm. Plattenverkleidungen bei Pfeilern dürfen nicht zum tragenden Querschnitt gerechnet werden. Die Verblendplatten werden zweckmäßig untereinander und mit der Hintermauerung verankert.

Warum ist Mischmauerwerk für den Wohnungsbau geeigneter?

Natursteinmauern dämmen infolge ihres dichten Steingefüges schlecht Schall und Wärme, außerdem atmen sie wenig oder gar nicht. Durch eine geeignete Hintermauerung (evtl. mit Luftschicht) können diese Nachteile behoben werden.

Wie wird nichttragendes Verblendmauerwerk erstellt?

Nichttragendes Verblendmauerwerk ist nach den Festlegungen für zweischalige Außenwände zu erstellen, zu verankern und abzufangen.

Verblendungen aus *nicht mittragenden Werksteinplatten* sind erst nach Fertigstellung des Rohbaues auszuführen. Für die Aufnahme der Fassade muß das Mauerwerk rauh, sauber und angefeuchtet sein. Die nach der Zeichnung hergestellten und numerierten Platten werden nach Versatzplänen mit hydraulischem Mörtel (Gruppe II) angesetzt und durch nicht rostende Drahtanker oder Haken mit der Hintermauerung verbunden (Anker mit schnellbindendem Zementmörtel einsetzen!). Die Ankerlöcher sind vor dem Anbringen der Verblendung auszustemmen. An den Ecken sollen die Platten miteinander verklammert werden. Plattendicke 2,5 bis 7 cm. Fugenstärke bis 5 mm.

Wie werden Verblendungen mit Werksteinplatten ausgeführt?

Natursteinmauerwerk ist Nachweismauerwerk. Die geforderte Mindestdruckfestigkeit der Steine beträgt 20 MN/m² (N/mm²).

Ist Natursteinmauerwerk nachweispflichtig?

Mindestdruckfestigkeiten verschiedener Natursteine:

Gib die Mindestdruckfestigkeiten verschiedener Natursteine an!

Gestein	Mindestdruckfestigkeit in MN/m² (N/mm²)
Kalkstein, Travertin, vulkanisches Tuffgestein	20
Weicher Sandstein (Bindemittel tonig) und ähnliches Gestein	30
Fester (dichter) Kalkstein, Dolomitkalk (einschl. Marmor, Basaltlava und ähnliches Gestein)	50
Quarzitischer Sandstein (Bindemittel kieselig), Grauwacke und ähnliches Gestein	80
Dichte Steine vulkanischen Ursprungs wie Granit, Syenit, Diorit, Quarzporphyr, Melaphyr, Diabas und ähnliches Gestein	120

Je nach Ausführung (Verband, Steinform und -größe, Ausbildung der Fugen) wird Natursteinmauerwerk eingestuft in die *Güteklassen* N_1 bis N_4:

Welche Güteklassen gibt es bei Natursteinmauerwerk?

N_1 Bruchsteinmauerwerk
N_2 Hammerrechtes Schichtenmauerwerk
N_3 Schichtenmauerwerk
N_4 Quadermauerwerk.

Tragendes Natursteinmauerwerk muß eine Mindestdicke von 24 cm haben (Näheres hierzu s. DIN 1053, T. 1).

2.5 Betonarbeiten

2.5.1 Schalung

Durch die Schalung erhält der Betonkörper seine Form. Eine gute Schalung muß nachstehenden Anforderungen gerecht werden; sie muß sein:

Wie muß eine gute Schalung beschaffen sein?

a) tragfähig, biegefest und standsicher;
b) genau in der Maßhaltung;
c) unfall- und bauschadensicher;
d) leicht, sicher und stoßfrei zu entfernen;
e) wirtschaftlich durch vielfache Wiederverwendung.

Welche Schalungsarbeiten unterscheidet man?

Man unterscheidet folgende Schalungsarbeiten:
das Einschalen von
a) senkrechten Wänden (Fundamente, Wände, Böschungsmauern);
b) Platten (Decken, Kragplatten, Treppenläufe);
c) Balken (Unterzüge, Stürze);
d) Stützen (Pfeiler, Säulen).

Für senkrechte Wände

Wie werden Fundamente und Wände eingeschalt?

erhält die Schalung ihre Standsicherheit durch Pfähle; Kanthölzer, Riegel und Streben. Laschen, Spreizen, Rödeldraht und Spannvorrichtungen mit Keilen oder Verschraubungen sorgen für die erforderliche Aussteifung und Einhaltung der Betonmaße (s. Bild). Spreizen im Innern der Wand beim Betonieren entfernen! Die seitliche Wandschalung kann sofort beiderseitig hochgeführt oder im Zuge des Betonierens abschnittsweise (bes. bei Stampfbeton) angebracht werden. Auch eine Kombination beider Verfahren ist üblich: eine Seite wird voll verschalt, die andere wird mit fortschreitender Arbeit lagenweise aufgesetzt. Evtl. vorhandene Baumkanten an Schalbrettern müssen immer außen liegen.

Decken, Platten

Beschreibe das Einschalen von Decken und Platten!

und dergleichen erfordern ein Schalungsgerüst, das aus dem Tragwerk und der eigentlichen Schalung besteht (s. Bild). Das Tragwerk steht auf einer druckverteilenden Unterlage (Kanthölzer, Bohlen). Jede Stütze wird mit 2 Hartholzkeilen unterlegt.

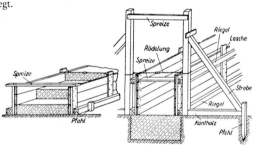

Fundamentschalung bei nicht stehendem Erdreich

Einschalen einer senkrechten Betonwand

Zunächst werden an den Längswänden die Stützen mit den darüberliegenden Holmen aufgestellt (Stützen und Holme mit Laschen verbinden!), dann an beiden Enden die letzten Rippenhölzer aufgelegt und mit Stichnägeln an den Holmenden befestigt (Rahmen). Danach folgt das Aufstellen der Zwischenholme sowie das Verlegen der übrigen Rippen (Abstand 50 bis 60 cm). Schalung durch Ankeilen auf richtige Höhe bringen und nach beiden Richtungen auswiegen! Die Stützen sind gegen Ausrutschen untereinander im Dreiecksverband zu verstreben. Baumkanten an Schalbrettern nach unten (auf die Rippen) legen!

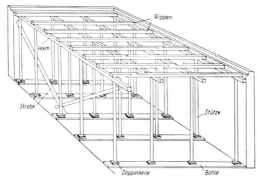

Schalungsgerüst (Tragwerk) für Stahlbetonplatte

Beim Aufstellen der Stützen ist zu beachten:

a) nur Rundhölzer mit mindestens 7 cm Zopfende verwenden!

b) Der seitliche Abstand der Stützen soll 1,00 bis 1,20 m betragen;

c) bei stark belasteten Stützen statt der Doppelkeile Schalkulis (Heber mit Schraubspindel), Sandtöpfe usw. verwenden!

d) Steinstapel unter zu kurzen Stützen sind verboten!

e) Bei Platten (Decken) darf jede zweite, bei Balken jede dritte Stütze im oberen oder unteren Drittel (nicht in der Mitte – Knickgefahr!) gestoßen sein. Nur ein Stoß je Stütze zulässig. Stoßsicherung: Rundholz 3, Kantholz 4 Laschen von mindestens 70 cm Länge.

f) Stützen möglichst so anordnen, daß beim Ausschalen Notstützen stehenbleiben können. Sie sollen in den einzelnen

Worauf ist beim Aufstellen der Stützen zu achten?

Stockwerken genau übereinander stehen. Bei Decken mit einer Stützweite von mehr als 3 m verbleiben Notstützen unter der Deckenmitte. Bei größeren Räumen darf der Abstand der Notstützen, rechtwinklig zur Stützweite gemessen, höchstens 6 m betragen. Unter Balken ist mindestens eine Stütze, bei größeren Stützweiten sind mehrere Notstützen zu belassen (DIN 4225).

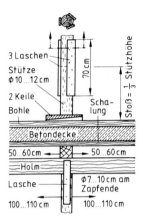

Übereinanderstehende Stützen in zwei Geschossen (obere Stütze gestoßen)

g) Bei Lastübertragung von Geschoß zu Geschoß obere Stützen genau über untere stellen.

Wodurch kann das Tragwerk ersetzt werden?

An Stelle des hölzernen Tragwerks verwendet man vielfach in der Länge verstellbare Stahlstützen mit Gewindespindel (Feineinstellung) und Schalungsträger aus Stahl (z. B. Hico-Träger), die bis zur normalen Zimmerbreite beliebig verstellbar sind. Sie werden mit ihren flachen Enden auf das Mauerwerk (gegen Einbetonieren mit Kalkmörtelumhüllung schützen!), besser auf ein davor aufgestelltes Kantholzrähm gelegt.

Wie unterstützt man Schalungsträger?

Balken (Unterzüge, Stürze)

Beschreibe eine Balkenschalung!

betoniert man in Schalungskästen, die tafelweise aus Boden- und Seitenflächen zusammengesetzt werden. Unterstützt werden sie von Bockstützen mit etwa 20 cm überstehenden Holmen (Kantholzstücke). Die seitlichen Schaltafeln der Kästen sichert man gegen Ausbrechen auf den Holmen durch Drängbretter und oben durch Längsriegel in Verbindung mit Spreizen und Rödeldraht (s. Bild) oder durch Schraubzwingen. Innenspreizen beim Betonieren entfernen!

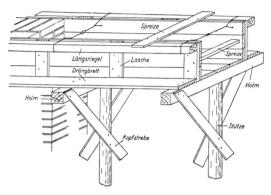

Einschalung für Fenstersturz

Eckige Säulen

größeren Ausmaßes werden an Ort und Stelle mit einzelnen Tafeln eingeschalt. Für kleinere Säulen wird die Schalung vorher zusammengesetzt und aufgestellt. Am Säulenfuß bleibt immer eine Reinigungsöffnung, die erst unmittelbar vor dem Betonieren geschlossen wird. Die Schalung wird auf dem Boden durch einen Brettkranz unverschiebbar festgelegt, lotrecht ausgerichtet und mit Streben oder Drahtankern gesichert. Notwendige Aussparungen für einmündende Unterzüge, Stürze und dergleichen sind nach der Schalungszeichnung genau anzulegen.

Frischbeton übt einen starken Seitendruck aus. Daher ist die Schalung im Abstand von etwa 50 cm mit Säulenkränzen aus gelochtem Flachstahl (Stahlzwingen) oder mit genagelten Brettkränzen zu sichern.

Wie werden a) eckige Säulen,

Rundsäulen

verschalt man mit schmalen Latten oder konischen Leisten, die durch zweiteilige Stahlreifen oder hölzerne Säulenkränze gehalten werden.

In neuerer Zeit verwendet man vielfach eine vorfabrizierte Schalung aus etwa 10 cm breiten Stahlblechstreifen, die spiralförmig aufgedreht sind (∅ der Säule = Innenmaß der Spirale). Sie ist sicher, gewährleistet gute Rundungen, gleichbleibenden Querschnitt und ist leicht auszuschalen (Abwickeln der Spirale).

b) runde Säulen eingeschalt?

Allgemeines

Wodurch kann die lose Brettschalung ersetzt werden:

a) Schaltafeln,

Die *lose Brettschalung* wird heute mehr und mehr durch hölzerne *Schaltafeln* ersetzt. Diese Holztafeln, die an den Rändern mit U- oder Flachstahl eingefaßt bzw. verstärkt sind, gibt es in verschiedenen Abmessungen. Sie ermöglichen ein bequemes, sauberes und zeitsparendes Einschalen großer Flächen (Decken, Wände) und einen geringen Holzverschleiß.

b) Stahlplatten,

Stahlplatten sind teuer. Sie ergeben bei sachgemäßer Behandlung eine glatte Betonfläche (nicht immer erwünscht).

c) gelochte Stahlbleche, Drahtnetze,

Bei der Schüttbetonbauweise sind als Schalung *gelochte Stahlbleche* oder engmaschige, starke *Drahtnetze* auf Stahlrahmen zweckmäßig. Sie ermöglichen eine gute Kontrolle der stockwerkshohen Einschüttung.

d) Sperrholzschalung,

Für Sichtbeton verwendet man Schalplatten aus fugenlos und wasserfest verleimtem *Sperrholz* (kein gewöhnliches Sperrholz).

e) Gleitschalung?

Die *Gleitschalung* eignet sich besonders für hohe Betonbauwerke von möglichst gleichbleibendem Querschnitt (Schächte, Brunnen, Silos, Türme, z. B. Hermesturm Hannover). Ein niedriger, hochziehbarer Schalungskranz gestattet ein fortlaufendes Betonieren. Auch kommen 2 Schalungskränze im Wechsel übereinander zum Einsatz.

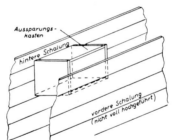

Aussparung für einen Mauerdurchbruch (größere Aussparungen innen verspreizen!). Zwischengesetzte Brettstücke werden beim Ausschalen nach innen geschlagen

Wie werden Aussparungen angelegt?

Aussparungen für Decken- und Wanddurchbrüche (Türen, Fenster), Schlitze, Maueranschlüsse, Fasen (gebrochene Kanten) usw. sind maßgerecht und unverschiebbar auf bzw. an der Schalung anzubringen.

Aussparung für einen Deckendurchbruch

Statt der Aussparungskästen aus Holz können auch entsprechend geformte Blöcke aus Styropor oder ähnlichem Material eingesetzt werden.

Rohrdurchführungen (z. B. Wasseranschluß) in Außenwänden sollen nicht nachträglich erfolgen, sondern mit wasserdichten Spezialmuffen in der Wandschalung vorgesehen werden.

Stichnagel Spreize

Schlitze (waagerechter Schnitt) werden mit gehobelten und geölten Brettern leicht konisch ausgespart (evtl. konisch gehobeltes Kantholz)

Dübel werden mit Stichnägeln an der Schalung befestigt

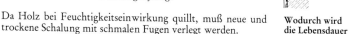

Da Holz bei Feuchtigkeitseinwirkung quillt, muß neue und trockene Schalung mit schmalen Fugen verlegt werden.

Vor dem Betonieren, bei Stahlbeton vor dem Verlegen der Bewehrung, muß die Schalung gesäubert und mit einem *Entschalungsmittel* gestrichen werden. Entschalungsmittel (Schalungsöl, Emulsion) verhindern das Eindringen des Betonwassers in das Schalholz, sie ermöglichen ein sauberes und leichtes Ausschalen, erleichtern die Reinigung der Schalung und verlängern deren Lebensdauer. Stahlblechschalung ist zu ölen (nicht zu stark!).

Bei „*verlorener Schalung*" finden Leichtbauplatten (z. B. Heraklith) oder Rippenstreckmetall als Betonschalung Verwendung. Die Platten bleiben später nach Entfernung des Stützgerüstes als Dämmschicht bzw. Putzträger auf der Oberfläche des Betonkörpers haften (Sicherung durch Drahtanker).

Wodurch wird die Lebensdauer der Schalung erhöht?

Was versteht man unter verlorener Schalung?

2.5.2 Einfache Betonarbeiten

Fundamente

Der erdfeuchte Beton KS (1:8 bis 1:12) wird lagenweise 15 bis 20 cm dick eingebracht. Jede Lage ist so lange zu stampfen, bis die Oberfläche merklich feuchter wird. Besondere Sorgfalt an Rändern und Kanten aufwenden! Planmäßiges *Verdichten* (gute Überdeckung der Stampfstöße) erhöht die Druckfestigkeit des Betons wesentlich. Für bewehrte Fundamente ist weicher Beton (Konsistenz KP) zu verarbeiten.

Wie werden Fundamente betoniert?

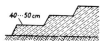

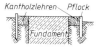

Abstufen eines Fundamentes bei Unterbrechung der Betonarbeiten

Fundamentoberfläche, über Lehren (= Randbefestigung) abgezogen

Bei Unterbrechung der Betonierarbeiten (nur an statisch unwichtigen Stellen) stuft man den Beton langflächig ab und rauht ihn auf. Bei Wiederaufnahme der Arbeit ist die Anschlußstelle gründlich zu säubern und mit dünnem Zementmörtel vorzuschlämmen. Die Oberfläche der Fundamente soll rauh, doch waagerecht und eben sein (abziehen über Oberkante Schalung oder über Lehren = Fundamentgrabenbegrenzung).

Wo und wie darf die Arbeit unterbrochen werden?

Wie soll die Fundamentoberfläche beschaffen sein?

Kellerwände

Nenne Einschalmöglichkeiten für Kellerwände!

betoniert man entweder
a) mit einhäuptiger Schalung (stehendes Erdreich ersetzt eine Seitenschalung der Wand) oder
b) mit zweihäuptiger Schalung (beiderseitig eingeschalt).

Was ist vor dem Betonieren zu beachten?

Vor dem Betonieren sind die Aussparungen für Maueröffnungen, Durchbrüche, Rohrschlitze usw. auf Vollständigkeit und festen Sitz zu prüfen (nachmessen!). Die Wandhöhe muß (mit Hilfe von Schlauchwaage oder Nivellierinstrument) an der Schalung so gekennzeichnet sein, daß ein waagerechtes Abgleichen des Betons möglich ist (Zeichen in geringen Abständen).

Wie werden Wände betoniert?

Wände werden wie Fundamente in Lagen von 15 bis 20 cm Dicke betoniert (keine „Schüttkegel"!). Bei schmalem Arbeitsraum (unter 50 cm) und Verwendung von Beton der Konsistenz KS (Stampfbeton) ist die seitliche Schalung absatzweise mit Einbringen des Betons hochzuführen. Muß eine solche Wand sofort auf beiden Seiten voll eingeschalt werden, ist weicher Beton (KR) zu verarbeiten. *Verdichtung* durch: a) elektrische Innenrüttler (werden in den Beton getaucht), b) Außenrüttler (von außen angesetzt, lassen die Schalung erzittern). Weicher Beton übt starken Seitendruck aus; vorsichtig einschütten!

2.5.3 Stahlbetonarbeiten (DIN 1045)

Der Stahl im Beton

Welche Aufgaben hat der Stahl im Beton?

soll die Zugspannungen (Zugbewehrung) und der Beton die Druckkräfte aufnehmen (siehe Bild). Stahleinlagen als Druckzonenverstärkung (Druckbewehrung) werden nur in besonderen Fällen (Bewehrung von Säulen, Balken usw.) angeordnet. Betonstahl siehe Abschnitt „Gußeisen und Stahl".

Druck- und Zugzone im Betonbalken

Wie erreicht man eine gute Verbindung von Beton und Stahl?

Die *Bewehrung* muß unverschiebbar mit dem Beton verbunden sein. Dies wird erreicht durch:

a) die natürliche Verbundspannung zwischen den beiden Baustoffen. Sie nimmt mit der Weichheit und Güte des Betons zu. Bei mageren Mischungen und Leichtbeton muß u. U. der Stahl mit Zementbrühe eingeschlämmt werden.

Bei festgelegtem Gesamtquerschnitt der Bewehrung wächst die Haftfläche (Oberfläche der Stähle) mit der Verringerung des Durchmessers der einzelnen Einlagen (bei gleichem Gesamtquerschnitt haben viele dünne Stähle eine größere Gesamtoberfläche als wenige dicke);

b) eine künstliche Verankerung mit aufgewalzten Rippen, Nocken usw. (siehe Abschnitt „Gußeisen und Stahl") durch aufgeschweißte Querstäbe (Betonstahlmatten) oder Endhaken, Winkelhaken (nur Rippenstahl) und Schlaufen.

Für Haken, Winkel und Schlaufen gelten folgende Mindestgrößen der Biegerollendurchmesser:

Mindestwerte der Biegerollendurchmesser d_{br} (DIN 1045)

Stabdurchmesser d_s mm	Haken, Winkelhaken, Schlaufen, Bügel
< 20	$4\,d_s$
20 bis 28	$7\,d_s$
Betondeckung rechtwinklig zur Krümmungsebene	Aufbiegungen und andere Krümmungen von Stäben (z. B. in Rahmenecken)[1]
> 5 cm und > 3 d_s	$15\,d_s$[2]
≤ 5 cm oder ≤ 3 d_s	$20\,d_s$

[1] Werden die Stäbe mehrerer Bewehrungslagen an einer Stelle abgebogen, sind für die Stäbe der inneren Lagen die Werte der Zeilen 5 und 6 mit dem Faktor 1,5 zu vergrößern.

[2] Der Biegerollendurchmesser darf bei vorwiegend ruhender Beanspruchung auf $d_{br} = 10\,d_s$ vermindert werden, wenn die Betondeckung rechtwinklig zur Krümmungsebene und der Achsabstand der Stäbe mindestens 10 cm und mindestens 7 d_s betragen.

Arten und Ausbildung der Verankerung nach DIN 1045:

Wie müssen die Verankerungen ausgeführt sein?

a) Gerade Stabenden

b) Haken   c) Winkelhaken   d) Schlaufen

e) Gerade Stabenden mit mindestens einem angeschweißten Stab innerhalb l_1

f) Haken   g) Winkelhaken   h) Schlaufen (Draufsicht)

mit jeweils mindestens einem angeschweißten Stab innerhalb l_1 vor dem Krümmungsbeginn

i) Gerade Stabenden mit mindestens zwei angeschweißten Stäben innerhalb l_1 (Stababstand $s_q < 10$ cm bzw. $\geq 5\,d_s$ und ≥ 5 cm) nur zulässig bei Einzelstäben mit $d_s \leq 16$ mm bzw. Doppelstäben mit $d_s \leq 12$ mm

Wonach richtet sich die Bewehrung?

Berechnung der Verankerungslänge, s. DIN 1045, Abschnitt 18.5.

Lage, Durchmesser und seitlicher Abstand der Bewehrungsstähle richten sich nach der Beanspruchung des Betonkörpers (Art, Spannweite, Belastung, Querschnitt usw.) und sind jeweils statisch zu berechnen.

Tragstäbe

Wo müssen die Tragstäbe liegen?

liegen in der Zugzone. Sie erhalten Endhaken (nur bei glatten Stäben) und sind als „gerade" Einlagen anzuordnen, wenn die Zugkräfte nur unten (vollständig frei aufliegend) oder nur oben (auskragend) auftreten (siehe Bild). Wechseln die Zugspannungen innerhalb des Betonkörpers von unten nach oben oder treten zusätzlich Schubkräfte auf (eingespannt), so werden die Stähle unter 45° oder 60° „auf-" bzw. „abgebogen" (in normaler Deckenplatte jeder 2. oder 3. Stab).

Verlauf der Tragstäbe in 4 grundlegenden Beispielen

a

b

c

d

a) *vollständig frei aufliegend (Tragstab „gerade")*

b) *auskragend (Einlagen z. T. abgebogen, da die Zugspannungen am Plattenende geringer)*

c) *eingespannt (jeder 2. bis 3. Tragstab „aufgebogen")*

d) *unterstützt (Zugzone wechselt von unten nach oben, obere Zugbewehrung reicht bis etwa $\frac{1}{5}$ Stützweite in das nächste Feld)*

Was ist bei Stahlbetonplatten zu beachten?

Platten werden je nach Beanspruchung bzw. Unterstützung in einer Richtung (einfach) oder kreuzweise bewehrt. Seitlicher Abstand der Bewehrungsstäbe = 1,5-fache Plattendicke, höchstens 20 cm. Mindestplattendicke = 7 cm, befahrbare Platten 12 cm, Dachplatten 5 cm. Auflagertiefe auf Unterstützungsmauer = Plattendicke in der Mitte des Stützfeldes, mindestens 7 cm.

Gib die Schnittlängenzugaben für Tragstäbe an!

Schnittlängenzugaben für Zug- und Druckbewehrung (reines Zugabemaß, das zur gerade gemessenen Stablänge zugeschlagen wird):

a) für Endhaken: je Haken 8 bis $10 \times \varnothing = 8 \ldots 10\, d_e$

b) für die 45°-Auf- bzw. Abbiegung: Aufbiegungshöhe *(h)* $\times 0{,}414$.

c) für die 60°-Auf- bzw. Abbiegung: h (waagerecht gemessen) $\times 0{,}58$

*Aufbiegung (45°)
eines Tragstabes*

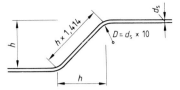

Der innere Krümmungsdurchmesser an den Abbiegestellen (D) muß mindestens 10 d_s betragen.

Dürfen Zugeinlagen gestoßen werden?

Stoßverbindungen in der Zugbewehrung sind möglichst zu vermeiden. Stöße sind an schwach beanspruchten Stellen und gegeneinander versetzt anzuordnen.

Stöße können durchgeführt werden (siehe hierzu DIN 1045):

a) als Übergreifungsstoß (zugbeansprucht),

*Übergreifungsstoß mit geraden Stabenden (Draufsicht)
für Profilstäbe*

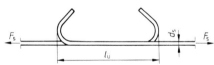

Übergreifungsstoß mit Haken (Ansicht)

Übergreifungsstoß mit Winkelhaken (Ansicht)

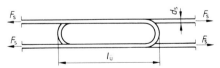

Übergreifungsstoß mit Schlaufen (Draufsicht)

b) mit geraden Stabenden und angeschweißten Querstäben (z. B. Betonstahlmatten),

c) durch Verschrauben,

d) durch Verschweißen,

e) durch Muffenverbindungen nach allgemeiner bauaufsichtlicher Zulassung (z. B. Preßmuffen),

f) Kontakt der Stabstirnflächen (nur Druckstöße).

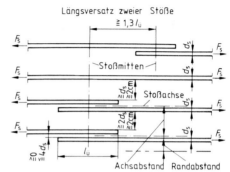

Längsversatz und Querabstand der Bewehrungsstäbe im Stoßbereich

Zulässiger Anteil der gestoßenen Stäbe und Berechnung der Übergreifungslänge s. DIN 1045, Abschnitt 18.6.

Welche Aufgaben haben:
a) Verteilerstäbe,

Verteilerstäbe = Querbewehrungsstäbe

halten die Tragstäbe während der Betonierarbeiten in ihrer Lage und wirken im erhärteten Beton lastverteilend. Sie werden rechtwinklig zu den Tragstäben (3 Stück/m, wenn nicht anders angegeben) verlegt, und zwar über diesen, wenn die Zugbewehrung in der unteren Zone, unter ihnen, wenn die Tragstäbe in der oberen Zone liegen. Mindestdurchmesser der Verteiler 7 mm.

b) Bügel,

Bügel

ermöglichen ein Zusammenwirken von Zug und Druck und nehmen die Schubspannungen auf. In Bauteilen mit Zug- und Druckbewehrung (Säulen, Balken) werden geschlossene Bügel verwendet (Sicherung gegen Ausknicken der Druckbewehrung). Fehlen die Druckstäbe, so bleibt der Bügel oben offen (mit Haken). Stahldurchmesser für Bügel 6 bis 10 mm. Je

größer die Schubspannungen, desto kleiner der Bügelabstand.
Bei *Säulen:* Bügelabstand geringer als die Säule an der dünnsten Stelle stark ist.

Montagestähle (mit Endhaken)

verwendet man bei Betonfertigteilen. Sie sollen ein Brechen der Bauteile beim Transport verhindern (Stahl in unbewehrter Zone anordnen!). Ihre Stärke richtet sich nach Querschnitt und Gewicht des Betonkörpers.

c) Montagestähle?

An Kreuzungspunkten werden alle Stahleinlagen mit geglühtem Bindedraht (etwa ⌀1,5 mm) verbunden. Häufig angewandte Knüpfungen: Eck-, Nacken- und Kreuzschlag.

Wie verbindet man Stahleinlagen an Kreuzungspunkten?

Eckschlag   Nackenschlag   Kreuzschlag

Bindedrahtknüpfungen an Kreuzungspunkten der Stähle

Die Stahleinlagen sind vor dem Verlegen von Schmutz, Fett und losem Rost zu befreien (schlechte Haftung). Verbogene Stäbe müssen gerichtet werden. Die Zugbewehrung eines Betonquerschnittes darf nur aus einer Stahlsorte bestehen (Güteklassen mit den Angaben der Zeichnung vergleichen!). Bewehrungsmatten dürfen nicht gerollt angeliefert werden.

Worauf ist beim Verlegen der Bewehrung zu achten?

Gegen Rosten sind die Stahleinlagen mit einer ausreichenden *Betondeckung* zu schützen.

Wie dick muß die Betondeckung der Stahleinlagen sein?

Maße der Betondeckung in cm, bezogen auf die Umweltbedingungen (Korrosionsschutz) und die Sicherung des Verbundes

Umweltbedingungen	Stabdurchmesser d_s in mm	Mindestmaße für $\geq$ B 25 min c in cm	Nennmaße für $\geq$ B 25 nom c in cm
Bauteile in geschlossenen Räumen, z. B. in Wohnungen (einschließlich Küche, Bad und Waschküche), Büroräumen, Schulen, Krankenhäusern, Verkaufsstätten – soweit nicht im folgenden etwas anderes gesagt ist. Bauteile, die ständig trocken sind.	bis 12 14, 16 20 25 28	1,0 1,5 2,0 2,5 3,0	2,0 2,5 3,0 3,5 4,0
Bauteile, zu denen die Außenluft häufig oder ständig Zugang hat, z. B. offene Hallen und Garagen. Bauteile, die ständig unter Wasser verbleiben, soweit nicht Zeile 3 oder Zeile 4 oder andere Gründe maßgebend sind. Dächer mit einer wasserdichten Dachhaut für die Seite, auf die die Dachhaut liegt.	bis 20 25 28	2,0 2,5 3,0	3,0 3,5 4,0
Bauteile im Freien. Bauteile in geschlossenen Räumen mit oft auftretender, sehr hoher Luftfeuchte bei üblicher Raumtemperatur, z. B. in gewerblichen Küchen, Bädern, Wäschereien, in Feuchträumen von Hallenbädern und in Viehställen. Bauteile, die wechselnder Durchfeuchtung ausgesetzt sind, z. B. durch häufige starke Tauwasserbildung oder in der Wasserwechselzone. Bauteile, die „schwachem" chemischem Angriff nach DIN 4030 ausgesetzt sind.	bis 25 28	2,5 3,0	3,5 4,0
Bauteile, die besonders korrosionsfördernden Einflüssen auf Stahl oder Beton ausgesetzt sind, z. B. durch häufige Einwirkung angreifender Gase oder Tausalze (Sprühnebel- oder Spritzwasserbereich) oder durch „starken" chemischen Angriff nach DIN 4030 (siehe auch Abschnitt 13.3).	bis 28	4,0	5,0

Die Mindest- und Nennmaße dürfen um 0,5 cm verringert werden bei Verwendung von Beton der Festigkeitsklasse B 35 und höher.
Nennmaße der Betondeckung sind Verlegemaße (Sicherstellung der Mindestmaße). Auf der Bewehrungszeichnung ist das Nennmaß der Betondeckung anzugeben.

Wird ein Bauteil mit Stahleinlagen im unteren Bereich unmittelbar auf dem Erdreich hergestellt (z. B. Fundamente, Fundamentplatten), so ist vorher eine mindestens 5 cm dicke Betonschicht (Sauberkeitsschicht) als Schutzschicht zu erstellen.

Die angegebenen Abstände der Bewehrungsstäbe sind unbedingt einzuhalten (evtl. Abstandhalter, z. B. Feinbetonklötzchen oder Bügel aus Draht).

Bei Minderung der Betonüberdeckung rostet der Stahl, der Beton platzt ab, und die Tragfähigkeit der Konstruktion wird herabgesetzt.

Stahlbetonbalken

zur Überdeckung von normalen Maueröffnungen (Stürze) gelangen als Fertigbauteile zur Verarbeitung. Bei großen Spannweiten, Unterzügen oder Plattenbalkendecken (große Deckenfläche durch Balken in kleinere Stützfelder aufgeteilt) werden sie an Ort und Stelle eingeschalt, bewehrt und betoniert (erforderliche Auflager beachten!).

Seitlicher Mindestabstand der Bewehrungsstäbe = Stabdurchmesser, mindestens 2 cm. Reicht die Balkenbreite bei Einhaltung der erforderlichen Abstände für die vorgesehene Anzahl der Stahleinlagen nicht aus, so sind dieselben in zwei Lagen übereinander anzuordnen (Abstände beachten!).

Was ist bei der Herstellung von Stahlbetonbalken zu beachten?

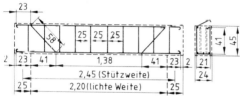

Bewehrung (Korb) für einen Fenstersturz

Wie bewehrt man einen Fenstersturz?

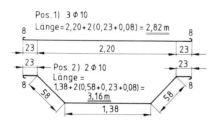

Erkläre Biegeplan und Stahlliste für einen Fenstersturz!

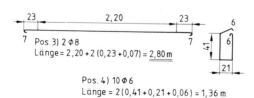

Biegeplan und Stahlliste für eine Sturzbewehrung

Pos.	Form	Bezeichnung	Stück	⌀	Schnitt-länge	Gesamt-länge	Gewicht m/kg	Gewicht i.G./kg
1	⌒	Tragstab, gerade	3	10	2,82	8,46	0,617	5,220
2	⎍	Tragstab, aufgebogen ..	2	10	3,16	6,32	0,617	3,899
3	—	Montagestab ..	2	8	2,80	5,60	0,395	2,212
4	⌂	Bügel	10	6	1,36	13,60	0,222	3,019
								14,350

Betonstahlmatten

Welche Vorzüge bieten Bewehrungsmatten?

(s. Werkstoffkunde, Abschn. Stahl), im modernen Stahlbetonbau häufig verwendet, erhalten keine Endhaken und Aufbiegungen. Sie sind bei einfacher (R-Matten) und kreuzweiser (Q-Matten) Bewehrung in der unteren (Tragstäbe unten) oder in der oberen (Tragstäbe oben) Zone des Bauteils einsetzbar.

Wie sieht ein Übergreifungsstoß aus?

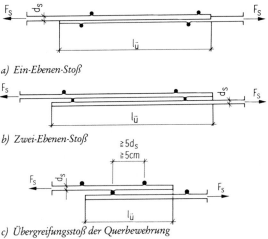

a) Ein-Ebenen-Stoß

b) Zwei-Ebenen-Stoß

c) Übergreifungsstoß der Querbewehrung

Beispiele für Übergreifungsstöße von Betonstahlmatten

Werden mehrere Betonstahlmatten als eine tragende Einheit benötigt, so dürfen sie durch Übergreifung gestoßen werden. Es werden Ein-Ebenen-Stöße (zu stoßende Stäbe liegen nebeneinander) und Zwei-Ebenen-Stöße (zu stoßende Stäbe liegen übereinander, s. Bild) unterschieden. Stöße nebeneinanderliegender Matten möglichst versetzen!

Sind Mattenstöße erlaubt?

Die Anwendung der verschiedenen Stoßausbildungen geschieht nach folgender Tabelle:

Berechnung der Übergreifungslänge s. DIN 1045, Abschnitt 18.6.4.

Zulässige Belastungsart und maßgebende Bestimmungen für Stöße von Tragstäben bei Betonstahlmatten (DIN 1045)

Wie groß sind die erforderlichen Übergreifungslängen?

Stoßart	Querschnitt der zu stoßenden Matte a_s	zulässige Belastungsart	Ausbildung nach Abschnitt
Ein-Ebenen-Stoß			
Zwei-Ebenen-Stoß mit bügelartiger Umfassung der Tragstäbe	beliebig	vorwiegend ruhende und nicht vorwiegend ruhende Belastung	18.6.4.2 DIN 1045
Zwei-Ebenen-Stoß ohne bügelartige Umfassung der Tragstäbe	≤ 6 cm²/m		18.6.4.3 DIN 1045
	> 6 cm²/m	vorwiegend ruhende Belastung	

Erforderliche Übergreifungslänge $l_{ü}$ beim Stoß der Querbewehrung (DIN 1045)

Stabdurchmesser der Querbewehrung d_s in mm	Erforderliche Übergreifungslänge $l_{ü}$ in cm
$\leq 6{,}5$	≥ 15 cm
$> 6{,}5$ bis $8{,}5$	≥ 25 cm
$> 8{,}5$ bis $12{,}0$	≥ 35 cm

2.5.4 Betonieren bei besonderer Wetterlage

Wie beeinflußt kühle Witterung den Beton?

Bei kühler Witterung (unter 5 °C)
erhärtet Beton nur sehr langsam; Temperaturen unter 0 °C lassen das Anmachwasser im Frischbeton gefrieren – das Betongefüge wird zerstört.

Gib die Mindesttemperatur des Frischbetons an!

Betonmischungen müssen daher eine *Mindesttemperatur* von 5 °C haben, solche mit weniger als 240 kg/m³ Zement 10 °C. Ebenso verhält es sich bei Zement mit niedriger Hydrationswärme und bei Mischbindern.

Welche Zemente werden bevorzugt?

In der kalten Jahreszeit sollen möglichst schnell erhärtende Zemente der Festigkeitsklassen 35 F, 45 L, 45 F und 55 verarbeitet werden. Die Zuschläge müssen frostfrei sein, sie werden zweckmäßig in hohen Haufen gelagert, abgedeckt und gegebenenfalls durch eingesteckte Heizkörper erwärmt.

Wie werden die Zuschläge behandelt?

Was ist für den Wasserzusatz zu beachten?

Anmachwasser ist so wenig wie möglich zuzusetzen. Durch erwärmtes Wasser (bis 70 °C) kann die Temperatur des Mischgutes angehoben werden. Arbeitsfolge: warmes Wasser und Zuschläge bis zum Temperaturausgleich mischen und dann erst Zement zusetzen. Die Temperatur des Frischbetons darf nicht über 30 °C liegen.

Bei Temperaturen unter 0 °C wird die fertige Mischung in vorgewärmten und abgedeckten Behältern zur Verwendungsstelle gebracht.

Wie wird der eingebrachte Beton geschützt?

Der eingebrachte Beton muß sofort abschnittsweise mit wärmedämmenden Stoffen (Strohmatten, Papiersäcke usw.) abgedeckt werden. Ein nachträgliches Beheizen des Betons durch Warmluft usw. ist zulässig, doch darf dabei der Mischung nicht das zum Abbinden und Erhärten notwendige Wasser entzogen werden. Alle Öffnungen (außer für Abgase) sind zu verschließen (auch unter der frischen Decke).

Sind Frostschutzmittel für Stahlbeton zulässig?

Das Anbetonieren an gefrorene Bauteile ist nicht zulässig. Frostschutzmittel für Stahlbetonarbeiten bedürfen einer besonderen Genehmigung.

Welche Maßnahmen sind unter −3 °C erforderlich?

Im allgemeinen soll nur bei Temperaturen bis −3 °C betoniert werden. Unter −3 °C muß bei Betonarbeiten die Baustelle umschlossen und beheizt werden.

Bei heißem Wetter

Wie betoniert man bei Hitze?

soll die Frischtbetontemperatur niedrig sein. Zuschläge und Zement sind kühl (schattig) zu lagern. Anmachwasser aus unterirdisch (möglichst tief) verlegten Leitungen entnehmen! Betonierarbeiten in der heißen Jahreszeit sollen möglichst frühmorgens oder abends ausgeführt werden.

Die richtige Nachbehandlung

des Betons ist für seine spätere Festigkeit von großer Bedeutung. Frischer Beton ist vor direkter Sonnenbestrahlung, Wind (trocknet aus), fließendem Wasser, Kälte, Chemikalien usw. zu schützen. Zum Abdecken eignen sich Stroh- oder Schilfmatten, Tücher, Bretter, notfalls Zementsäcke, bei warmem Wetter auch feuchter Sand, feuchtes Sägemehl oder Kunststoffolien. Zur Vermeidung von Schwindrissen ist der Beton mindestens 7 Tage feucht zu halten. Erschütterungen des Betonkörpers sind zu vermeiden.

Wie wird der Beton nachbehandelt?

Die Ausschalungsfristen

für Betonkörper richten sich nach der Zementart (Güteklasse), dem Mischungsverhältnis, der ehemaligen Frischbetonsteife, der Stützweite, der Belastung und der Witterung. Sie werden von der Bauleitung festgelegt.

Wonach richten sich die Ausschalungsfristen?
Wer bestimmt sie?

Unter Ausschalungsfrist versteht man die Zeit zwischen der Beendigung der Betonarbeit und dem Ausschalen.

Was versteht man unter Ausschalungsfrist?

Folgende Ausschalungsfristen sind bei über 5 °C mindestens einzuhalten (DIN 1045):

Welche Ausschalungsfristen sind einzuhalten?

Ausschalungsfristen (Anhaltswerte)

Zementfestigkeitsklasse	Seitliche Schalung der Balken und Schalung der Wände und Stützen Tage	Schalung der Deckenplatten Tage	Rüstung (Stützung) der Balken, Rahmen und weitgespannten Platten Tage
25	4	10	28
35 L	3	8	20
35 F und 45 L	2	5	10
45 F und 55	1	3	6

Gemäß obiger Tabelle werden zuerst die Seitenschalungen und danach die Unterstützungen entfernt.

Große Spannweiten und Temperaturen von 5° bis 0 °C erfordern eine *Verlängerung der Ausschalungsfristen* (evtl. doppelte Zeit). Bei Frostwetter ist die Ausschalungsfrist mindestens die Anzahl der Frosttage hinzuzurechen (+ Verlängerung für Tage mit Temperaturen von 0° bis 5 °C).

Was ist bei Frostwetter zu beachten?

Hilfsstützen (Notstützen) sollen möglichst lange nach dem Ausschalen stehen bleiben und bei Geschoßbauweise übereinander angeordnet sein.

Wie lange bleiben Hilfsstützen stehen?

Stützweite	Hilfsstützen
bis 3 m	keine
3 m bis 8 m	1
über 8 m	dem größeren Abstand entsprechend mehr

Spannbeton (DIN 4227)

● Was versteht man unter Spannbeton?

Beim Spannbeton werden Betonbauteile durch Spannglieder von den Seiten aus so stark unter Druckspannung gebracht (Vorspannung), daß bei der späteren Belastung keine oder nur geringe Zugspannungen auftreten.

Vorgespannter Betonbalken

● Was bewirkt die Vorspannung?

Die Vorspannung erübrigt die Zugzone im Betonquerschnitt (bei Belastungen entsteht keine Zugspannung, da im Beton ein Überdruck herrscht).

● Nenne Vorzüge des Spannbetons!

Vorzüge: Der ganze Betonquerschnitt kann als Druckzone statisch voll eingesetzt werden (geringere Querschnittsabmessungen, geringeres Eigengewicht). Der Spannstahl wird in seiner Zugfestigkeit voll ausgenutzt.

● Welche Baustoffe sind geeignet?

Für Spannbeton darf bei Vorspannung mit nachträglichem Verbund nur Beton der Festigkeitsklassen B 25 bis B 55 (nach DIN 1045) verwendet werden. Bei Vorspannung mit sofortigem Verbund ist nur werkmäßig (nach DIN 1045) hergestellter Beton zulässig, der mindestens der Festigkeitsklasse B 35 entspricht. Die Zuschläge sind in wenigstens 3 Körnungen getrennt anzuliefern. Wasserzusatz niedrig. Besonders gute Verdichtung des Betons erforderlich. Geringere Betonfestigkeitsklassen sind nur in Ausnahmefällen mit besonderer Genehmigung zulässig (z. B. Leichtbeton).

Die Spannglieder (Spannstähle) müssen aus hochwertigem Stahl bestehen, dürfen nicht geschweißt sein und müssen sich unverschiebbar mit dem Beton verankern lassen. Verwendung finden: Einzelstäbe, Drahtbündel, Litzen, Seile.

Betonzusatzmittel sind nur zulässig, wenn ein Prüfbescheid über die Anwendung bei Spannbeton vorliegt.

Arten der Vorspannung

a) *Vorspannung mit sofortigem Verbund:* Spannstähle vor dem Betonieren zwischen festen Widerlagern verankert und gespannt. Nach der Betonerhärtung werden die Spannvorrichtungen gelöst – die vorgespannten Stähle pressen den Beton zusammen. Mit Verbund vorgespannte Bauteile sind beliebig teilbar (Balken, Bauplatten usw.).

b) *Vorspannung ohne Verbund:* Spannstähle liegen ohne Verbund innerhalb des Betonkörpers (z.B. in Blechrohren) oder verlaufen frei entlang dessen Außenflächen. Das Anspannen erfolgt erst nach der Betonerhärtung. Spannstähle so anordnen, daß nachträglicher Rostschutzanstrich möglich ist!

c) *Vorspannung mit nachträglichem Verbund:* Spannstähle verlaufen innerhalb des Betonkörpers und werden nach dessen Erhärtung ohne Verbund angespannt. Danach wird in die Umkleidung der Spannglieder feinkörniger Beton gepreßt (Verbund).

● Welche Vorspannungsarten gibt es?

Die Vorspannung richtet sich in ihrem Umfang nach dem Verwendungszweck:

● Erkläre:

Volle Vorspannung: bei Belastungen wirken im Beton nur Druckspannungen; Zugspannungen sind unzulässig.

a) volle,

Beschränkte Vorspannung: bei Belastungen dürfen zusätzlich in geringem Umfang Zugspannungen auftreten (Zugbewehrung entsprechend verlegen!).

b) beschränkte Vorspannung!

Spannbeton findet bei der Herstellung von Stahlbetonfertigteilen und bei großen bzw. komplizierten Bauvorhaben Verwendung, z. B. Brücken, Hallen, Tribünen, Klärbecken mit dünnen Wandungen usw.

● Wo findet Spannbeton Verwendung?

2.6 Sonstige Decken

2.6.1 Unbewehrte Steindecken zwischen Trägern

sind scheitrechte Kappengewölbe. Sie werden mit Voll- oder Lochsteinen *gemauert* oder *aus Beton* (Kappenbeton) hergestellt.

Nenne verschiedene Ausführungen unbewehrter Steindecken!

Nach DIN 1046 dürfen sie als Kellerdecken in Wohngebäuden und einfachen Siedlungsbauten oder über Stallungen angeordnet werden, doch nur unter der Voraussetzung, daß die Endfelder und Auflager durch mindestens 2 m lange und 24 cm dicke Querwände mit höchstens 6 m seitlichen Zwischenräumen ausgesteift sind (gleichzeitig verbandgerecht gemauert oder durch Anker mit der Auflagerwand verbunden, Ankerabstand 2 m; bei Trägern parallel zur Wand muß die Ankerschiene mindestens über 2 Träger greifen).

● Wo finden sie Verwendung?

• Gib die zulässigen Baustoffe und Kappenabmessungen an!

Zulässige Baustoffe, Kappenabmessungen und Belastungen nach DIN 1046:

Steinart	DIN	Mindestdicke cm	Mindestdruckfestigkeit Stein MN/m² (N/mm²)	Mindestdruckfestigkeit Mörtel MN/m² (N/mm²)	Zulässige Stützweite m	Zulässige Gesamtlast (g+p) N/m²
Lochziegel zum Vermauern von Geschoßdecken	4159	10 15	22,5	15	1,20 1,60	4500 5500
Vollziegel........	105	11,5	15	15	1,30	5500
Beton	1045	10	–	15	1,50	5500

Mörtel = Zementmörtel nach DIN 1045 (Zement der Festigkeitsklasse 35 F oder höher, Mindestzementgehalt 400 kg/m³, gemischtkörniger Sand 0–4 mm).

Höhen und Abstände der Träger sind jeweils statisch zu ermitteln.

Worauf ist beim Einschalen zu achten?

Die *Schalung* der Kappen soll einen geringen Stich erhalten (vgl. scheitrechter Bogen!). Sie kann zwecks Einsparung von Stützen mit Rödeldraht oder Spezialklammern an den Trägern aufgehängt werden (Bild). Bei gemauerten Decken genügt eine Lattenschalung.

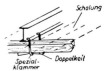

Schalung, mit Klammern aufgehängt

Wie werden die Kappen gemauert?

Die gut angenäßten Steine werden (abgesehen von einigen Formsteinen) rechtwinklig zur Kappenachse zwischen den Trägern vollfugig vermauert (Kleinesche Steindecke), wobei die Träger gegen Durchbiegen nach außen durch Spreizen zu sichern sind.

Kleinesche Steindecke

• Wie dick wird die Mörteldruckschicht?

Zur Erhöhung der Tragfähigkeit wird auf der Oberfläche eine *Mörteldruckschicht* (Zementmörtel 1:4) von 2 bis 5 cm Dicke angeordnet, darüber folgt die Auffüllung bis UK Fußboden.

Wie und in welchen Ausführungen werden Kappen betoniert?

Betonierte Kappen werden aus plastischem Beton (Konsistenz KP, Beton B 15) hergestellt. Innerhalb eines Feldes darf die Arbeit nicht unterbrochen werden. Die Träger der noch nicht ausbetonierten Felder sind wie bei der Kleineschen Decke zu verspreizen. In der Praxis werden Feldbreiten von 1,00 bis 1,20 m bevorzugt.

Je nach dem Verwendungszweck werden Betonkappen gestelzt oder ungestelzt, mit freiliegenden oder ummantelten unteren Trägerflanschen hergestellt.

Mögliche Ausführungen für Betonkappen

Bei Kappen mit ummantelten unteren Flanschen wird die Schalung mit 2 bis 2,5 cm Abstand von den Unterkanten der Träger aufgestellt. Für gute Betonausfüllung zwischen Schalung und Trägern ist zu sorgen.

Worauf ist bei Kappen mit ummantelten Flanschen zu achten?

Für die Aufnahme von Deckenputz müssen die unteren Trägerflansche vor dem Ausmauern bzw. Betonieren der Kappen mit Putzträgern (z. B. Drahtziegelgewebe) umkleidet werden.

Wie werden die unteren Trägerflansche für die Putzaufnahme vorbereitet?

Trägerflansch mit Putzträger

Zum Ausgleich von Unebenheiten (z. B. überstehende Flansche) und zur Erhöhung der Schall- und Wärmedämmung erhalten Decken eine *Auffüllung* bis UK Fußboden.

Warum erhalten Decken Auffüllungen?

Geeignete Baustoffe für Auffüllungen: ausgeglühter Sand, Bims, Schlacke, Asche, Leichtbeton usw.; nicht zulässig: Bauschutt (Schwammbildung!).

Welche Baustoffe eignen sich hierfür?

Deckenauffüllungen aus Asche oder Schlacke greifen Stahl an. Evtl. aus der Decke ragende Stahlteile müssen mit Zementmörtel oder Beton umhüllt werden. Nach der Fertigstellung müssen Steindecken während der ersten Tage der Erhärtung feucht gehalten werden.

Worauf ist bei Schlackenauffüllungen zu achten?

Wie müssen Steindecken nachbehandelt werden?

Trägerummantelung bei Schlackenauffüllung

Je nach Witterung, Spannweite und Ausführung können unbewehrte Steindecken nach 8 bis 15 Tagen vorsichtig ausgeschalt werden (Erschütterungen vermeiden!).

● **Wann darf ausgeschalt werden?**

2.6.2 Plattendecken zwischen Trägern

Welche Bauplatten finden für Trägerdecken Verwendung?

Geeignete Bauplatten für Trägerdecken: Hourdisplatten oder bewehrte Schwer- und Leichtbetonplatten.

Der Trägerabstand richtet sich nach der Plattenlänge, die Trägerhöhe muß entsprechend berechnet werden.

Wie werden die Platten verlegt?

Die Platten werden ohne Schalung zwischen den Trägerstegen auf den unteren Flanschen mit reinem Zementmörtel (nach DIN 1045, s. Abschn. „Unbewehrte Steindecken zwischen Trägern") verlegt. Alle Fugen (auch an den Trägern) müssen mit Mörtel ausgefüllt werden. Bei bewehrten Platten ist auf die richtige Lage zu achten (Oberseite mit „oben" gekennzeichnet).

Trägerdecken mit doppelt verlegten Bimsbetonplatten

Welche möglichen Ausführungen gibt es mit Hourdisplatten?

Decken aus Hourdisplatten können mit besonderen Auflager- bzw. Widerlagersteinen (Trägerummantelungssteinen), auch gestelzt oder mit umkleideten unteren Flanschen, hergestellt werden.

Mögliche Deckenausführungen mit Hourdisplatten

Deckenauffüllungen: siehe „Unbewehrte Steindecken zwischen Trägern".

2.6.3 Stahlsteindecken (DIN 1045)

Was versteht man unter Stahlsteindecken?

sind bewehrte Steindecken, bei denen durch Zusammenwirken von Deckenziegeln, Zementmörtel bzw. Beton und Betonstahl der tragfähige Querschnitt erreicht wird.

In besonderen Fällen kann auf der Decke eine zusätzliche Schicht aus Zementmörtel angeordnet werden. Sie darf aber statisch nicht als Druckschicht gerechnet werden.

Wo finden sie Verwendung?
Wo sind sie unzulässig?

Stahlsteindecken finden überwiegend im Wohnungsbau und bei Ställen Verwendung. Für Decken, die starke Erschütterungen oder schwere Einzellasten auszuhalten haben, sind sie nicht zulässig.

Gib die Mindestdicke an!

Stahlsteindecken dürfen nur als einachsig gespannte Decken gerechnet werden. Decken – Mindestdicke = 9 cm.

Welche Druckfestigkeiten müssen die Ziegel haben?

Zugelassen sind nur Deckenziegel nach DIN 4159 mit Druckfestigkeiten von 22,5 MN/m² und 30 MN/m². Die Deckenziegel gibt es in 2 verschiedenen Grundtypen:

a) für teilvermörtelbare Stoßfugen

Beschreibe die 2 Grundtypen der Deckenziegel!

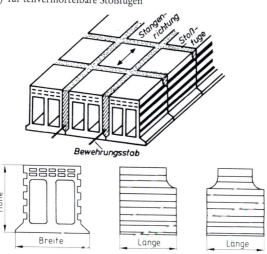

Hierbei gibt es Deckenziegel mit 1 halben Stoßfugenausnehmung und Deckenziegel mit 2 halben Stoßfugenausnehmungen.

b) für vollvermörtelbare Stoßfugen

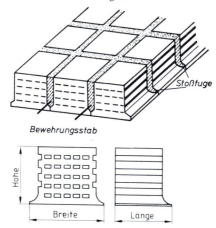

Hierbei ist auch eine Bewehrung quer zur Strangrichtung möglich.

Was weißt Du über die Bewehrung?	Alle in Richtung Stützweite verlaufenden Fugen (Strangrichtung) sind mit Betonstahl zu bewehren. Der Achsabstand der Bewehrungsstäbe darf höchstens 25 cm betragen. Die Stahleinlagen müssen durchgehend bis zu den Enden der Auflager reichen (bei Decken zwischen I-Trägern bis an die Stege). Aufbiegungen sind in der Zugbewehrung unzulässig.
Wie werden die Steine verlegt? **Welcher Vergußmörtel bzw. Beton ist erforderlich?**	Die gut angenäßten Steine werden unvermauert dicht auf der Deckenschalung verlegt (durchgehende Stoßfugen!), bewehrt und anschließend vermörtelt (vergossen). Der verwendete Beton bzw. Zementmörtel (wie Beton verdichtet) muß bei Steinen der Festigkeit 22,5 MN/m² B 15 entsprechen, bei Steinfestigkeiten von 30 MN/m² B 25. Mehrere Lagen Deckensteine übereinander sind verboten.
Wie werden die Auflager ausgeführt?	Die Deckenenden an den Auflagern werden als Vollbetonstreifen mit B 15 hergestellt, wenn die Stahlsteindecken am Auflager durch darauf stehende Wände (Ausnahme = leichte Trennwände nach DIN 4103) belastet werden.

Auflager einer eingespannten Decke

Wie werden Stahlsteindecken eingeschalt?	Der Steinform entsprechend werden Stahlsteindecken auf voll eingeschalter Fläche oder auf Streifenschalung hergestellt. Bei vorfabrizierten Ziegeltonfertigbalken entfällt die Schalung ganz (s. Abschn. „Balkendecken").

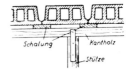

Einrüstung mit Streifenschalung

Wie werden Stahlsteindecken nachbehandelt?	Stahlsteindecken werden wie unbewehrte Steindecken nachbehandelt.
Wann werden sie ausgeschalt?	Ihre Ausschalfristen sind den jeweils gegebenen Umständen entsprechend verschieden, doch soll nicht früher als 1 Woche nach Fertigstellung der Decke ausgeschalt werden.

2.6.4 Stahlbetonrippendecken (DIN 1045)

Was versteht man unter Stahlbetonrippendecken?	Unter Stahlbetonrippendecken versteht man *Plattenbalkendecken* mit einem *Rippen-Höchstabstand* von 70 cm. Ein statischer Nachweis für die Platten ist nicht erforderlich.

Innerhalb der Decke werden die Zugspannungen von den Stahleinlagen der Rippen (Mindestbreite 5 cm), die Druckspannungen von der darüber angeordneten durchlaufenden Druckplatte (Dicke = 1/10 Rippenabstand, wenigstens 5 cm) aufgenommen. Unter der Druckplatte können zwischen den Rippen statisch nicht wirksame Zwischenbauteile nach DIN 4158 und DIN 4160 angeordnet sein.

Wovon werden die Deckenspannungen übertragen?

Der Abstand der *Stahleinlagen* in den Rippen ist gleich dem Stahldurchmesser, mindestens 2 cm. Bei mehreren Stählen wird jeder zweite am Auflager aufgebogen. Die Druckplatte erhält eine Querbewehrung von mindestens:
3 Stäben ⌀ 6 mm bei BSt 420 S (III S)
3 Stäben ⌀ 6 mm bei BSt 500 S (IV S)   } je m Rippe.
3 Stäben ⌀ 4,5 mm bei BSt 500 M (IV M)
oder eine größere Zahl dünnerer Stäbe mit gleichem Gesamtquerschnitt je Meter.

- **Was ist bei der Bewehrung zu beachten?**
- **Wie wird die Druckplatte bewehrt?**

Betonstahlbügel als Verbindung zwischen Rippen und Druckplatte sind im Normalfall erforderlich.

- **Wann sind Bügel erforderlich?**

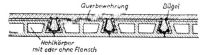

Stahlbetonrippendecke

Die *Deckenenden* an den Auflagern sind wenigstens 15 cm tief als Vollbetonstreifen ohne Füllkörper auszuführen. Ab 6 m Stützweite werden Querrippen erforderlich.

Wie sind die Deckenauflager auszuführen?
Sind Querrippen erforderlich?

Hinsichtlich der Ausführung unterscheidet man:

a) Stahlbetonrippendecken ohne Füllkörper (Herstellung mit Hilfe wiederverwendbarer Stahlblech-Schalungskästen – siehe Bild).

b) Stahlbetonrippendecken mit statisch nicht wirksamen Zwischenbauteilen (= verlorene Rippenschalung).

In welchen Ausführungen gibt es Stahlbetonrippendecken?

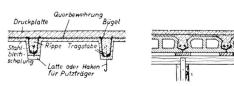

a) ohne Füllkörper   *b) mit Füllkörpern*

Verschiedene Stahlbetonrippendecken

c) Statt einer Druckplatte können auch Zwischenbauteile aus Leichtbeton (DIN 4158) oder Ziegelton (DIN 4159) angeordnet werden, die in Rippenrichtung mittragen. Achtung! Stoßfugen in der Druckzone sorgfältig vermörteln!

Bei dieser Stahlbetonrippendecke sind nach DIN 1045 folgende Festigkeiten gefordert:

Druckfestigkeiten der Zwischenbauteile und des Betons

Festigkeitsklasse des Betons in Rippen und Stoßfugen	Erforderliche Druckfestigkeit des Zwischenbauteile nach	
	DIN 4158 MN/m^2	DIN 4159 MN/m^2
B 15	20	22,5
B 25	–	30

Wie werden sie eingeschalt?

Das Einrüsten der Decken erfolgt meistens mit Streifenschalung. Evtl. benutzte Stahlblechschalkästen sind vor dem Betonieren mit Schalungsöl zu streichen.

Welche Aufgaben haben die Füllkörper?

Die Füllkörper werden mit Hohlräumen hergestellt und dienen der Schall- bzw. Wärmeisolierung; die meisten Fabrikate sind gleichzeitig gute Putzträger (ebene und gleichförmige Deckenunterfläche).

Aus welchem Material bestehen sie?

Sie werden aus Ziegelton, Leichtbeton, aus Holzrahmenzellen mit Schilfmaterialbespannung, aus gepreßten Pflanzenfasern und dergleichen mehr hergestellt.

2.6.5 Balkendecken (DIN 1045)

Welche Fertigbalken finden Verwendung?

Hierfür finden ganz oder teilweise vorgefertigte Ziegelton- und Stahlbetonbalken (Spannbeton) Verwendung. Letztere werden je nach Bauart der Decke mit verschiedenen Querschnittsformen geliefert.

Grundformen: ⊥ I ⊔

Fertigbalkendecken

In welchen Ausführungen gibt es Fertigbalkendecken?

können mit dicht nebeneinander verlegten Balken oder als Rippendecke mit nicht mittragenden Zwischenbauteilen ausgeführt werden. In jedem Falle ist durch geeignete Maßnahmen (z. B. querbewehrter Aufbeton) für eine gleichmäßige Lastverteilung zu sorgen.

Nenne Vor- und Nachteile der Fertigbalken!

Vorteile der Fertigbalken: schnelle Deckenausführung ohne Schalung mit nur geringem Feuchtigkeitsaufwand.

Nachteile: genormte Längen, nachträgliches Kürzen nicht gut möglich, bisweilen schlechte Schall- und Wärmedämmung.

Decken aus dicht verlegten Balken:

• Beschreibe Deckenausführungen:

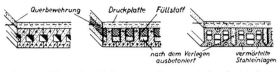

a) aus Stahlbetonfertigbalken b) aus Ziegeltonfertigbalken

a) mit dicht verlegten Balken,

Massivdecken aus Fertigbalken

Bei Belastung der Auflager durch daraufstehendes Mauerwerk (Ausnahme: Leichte Trennwände, DIN 4103) gilt das unter „Balkendecken mit Zwischenbauteilen" Gesagte (s. dort).

Was ist für die Auflager zu beachten?

Balkendecken mit Zwischenbauteilen:
Hierfür werden nur Stahlbetonbalken oder Stahl-Leichtträger mit anbetonierten unteren Flanschen verarbeitet. Der Balkenabstand darf nach DIN 1045 bis 1,25 m (Mitte bis Mitte) betragen. Die Zwischenbauteile können nicht für die Spannungsaufnahme mit herangezogen werden, wohl aber nach oben im Querschnitt breiter werdende Balken aus Ortbeton (B 15). Größte Balkenbreite = 1,5fache Deckenstärke, höchstens 35 cm.

b) mit Balken und Zwischenbauteilen!

*Stahlleichtträgerdecke
(Trägerfuß: Bimsbeton)*

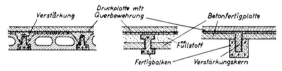

Verschiedene Fertigbalkendecken mit Zwischenbauteilen

Die Balken müssen wenigstens ½ Stein tief auf dem Mauerwerk aufliegen. Hohle Zwischenbauteile dürfen nie, sonstige nur dann, wenn ihre Druckfestigkeit mindestens der des Mauerwerks entspricht, bis auf die Wand reichen. Balkenzwischenräume unter 25 cm müssen am Aufleger ausbetoniert werden. Dicht verlegte Balken sollen volle Balkenköpfe besitzen (evtl. nachträglich ausbetonieren!).

• Wie werden die Balkenauflager ausgeführt?

Fertigbalkendecken sollen in Abständen von etwa 2 m durch Maueranker mit Splinten (siehe „Holzbalkendecke") mit dem Mauerwerk verankert werden. Die Ankerschienen müssen einbetoniert oder zugfest mit den Balken verbunden werden. Einbindungstiefe in die Decke: mindestens 1 m; Giebelanker müssen außerdem wenigstens über zwei Rippen reichen.

• Müssen Decken und Wände verankert werden?

● Wann ist keine Verankerung notwendig?

Eine Verankerung ist nicht erforderlich, wenn die Balken zugfest in ein Stahlbetonrähm (z.B. Ringanker – siehe dort) einbetoniert werden.

● Was ist bei der Deckenherstellung zu beachten?

Fertigbalken, die erst in Verbindung mit Verstärkungsrippen oder Druckplatten aus Ortbeton ihre volle Tragfähigkeit erhalten, müssen während der Montagearbeiten bis zur vollständigen Erhärtung des Mörtels bzw. Betons entsprechend unterstützt werden.

2.6.6 Holzbalkendecken

Welche Balkenlagen unterscheidet man?

Je nach der Lage im Gebäude unterscheidet man folgende *Balkenlagen:*

Geschoß- oder *Zwischenbalkenlage;*

Dachbalkenlage (über dem obersten Vollgeschoß);

Kehlbalkenlage (waagerechte Querverbindung zwischen den Dachsparren = Deckenbalken für ausgebaute Dachgeschosse);

Hahnenbalkenlage (2. waagerechte Querverbindung zwischen den Dachsparren, nur in sehr hohen Dächern).

Benenne die verschiedenen Deckenbalken!

Benennung der verschiedenen *Deckenbalken:*

Streichbalken: unmittelbar neben einer Wand verlaufend, bei Giebelwänden auch *Ort-* oder *Giebelbalken* genannt;

Zwischenbalken: zwischen den Streichbalken liegend;

Binder: durchgehende, an beiden Enden verankerte Streich- oder Zwischenbalken.

Stichbalken und Wechsel

In welchen Abständen werden sie verlegt?

Die Balken werden mit 50 bis 90 cm Abstand verlegt (Balkenabstände nicht verändern!).

Was ist für Balkenauflager zu beachten?

Balkenauflager in Brandmauern sind verboten (wenn unvermeidbar, Stahlschuh ansetzen und feuerbeständig ummanteln). Auflagerlänge = Balkenhöhe, Mindestlänge 20 cm.

Wie werden sie eingemauert?

Grundsätzlich wird ohne Mörtelfuge trocken so gegen den Balken gemauert, daß um den eingebauten Balkenkopf Luft zirkulieren kann. Verschiedene Ausführungen möglich (siehe Bild). Eine Dämmplatte vor dem Balkenende bei Auflagern in Außenwänden verhindert Wärmeverlust und die damit verbundene Bildung von Schwitzwasser (Fäulnisgefahr!).

Eingebaute Balkenköpfe

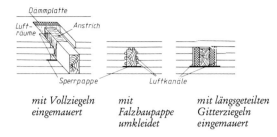

| mit Vollziegeln eingemauert | mit Falzbaupappe umkleidet | mit längsgeteilten Gitterziegeln eingemauert |

Nach DIN 1053 sind Holzbalkendecken in Abständen von 2 m mit dem Außenmauerwerk durch Anker mit Splinten zu verbinden. Seitliche Höchstabstände der Anker = 4 m (sinngemäß ist auch der Giebel mit dem Dachstuhl zu verankern).

In welchen Abständen wird die Balkenlage verankert?

Binderbalken sollen ungestoßen durch die ganze Gebäudetiefe reichen. Unvermeidbare Stöße sind zugfest über Zwischenwänden auszuführen (z. B. Balkenversatz mit Klammern oder Schraubenbolzen gesichert).

Wie müssen Binderbalken beschaffen sein?

Bei den Ankern unterscheidet man Kopfanker und Giebelanker (Bild). Die Hintermauerung zwischen Splint und Innenkante Mauerwerk darf nicht weniger als 24 cm betragen. Beim Giebelanker muß die Ankerschiene über 3 Balken reichen und mit diesen fest verbunden sein.

Nenne die üblichen Ankerarten und beschreibe deren Einbau!

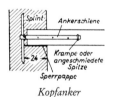

Kopfanker   *Giebelanker*

Binder müssen an beiden Kopfenden Anker haben. Sie sollen über vollen Wänden und nicht über bzw. unter Fensteröffnungen liegen.

Was ist dabei zu beachten?

Zur Erhöhung des Schall- und Wärmedämmvermögens und zum Schutz gegen durchsickernde Flüssigkeiten werden in Holzbalkendecken Zwischendecken mit Auffüllungen angeordnet. Die Ausführungen können verschiedenartig sein: ganzer oder halber Windelboden, Kreuzstakung, Einschubdecke, Kappen aus Leichtsteinen.

Welche Aufgaben haben Zwischendecken?

Beschreibe übliche Zwischendecken:	Allgemein üblich sind heute die Einschubdecke (verschiedene Ausführungen) und die Zwischendecke aus Leichtsteinen.
a) verschiedene Einschubdecken,	Beispiele für Einschubdecken:

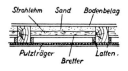 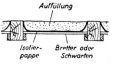

a) heute selten   *b) allgemein üblich*

a+b) einfache Ausführung

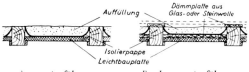

c) gute Ausführung   *d) sehr gute Ausführung*

Einschubdecken

b) Zwischendecken aus Leichtsteinen!	Beispiele für Zwischendecken aus Leichtsteinen:

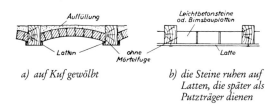

a) auf Kuf gewölbt   *b) die Steine ruhen auf Latten, die später als Putzträger dienen*

Welche Baustoffe eignen sich für Auffüllungen?	Baustoffe für die Auffüllung von Zwischendecken: ausgeglühter Sand (heute selten), Asche, Schlacke, Natur- und Hüttenbims, Kieselgur, Glas- und Steinwolle u. a. m.
Wie werden Deckenanschlüsse an Wänden ausgeführt?	Gute Deckenanschlüsse an Wänden erzielt man durch sorgfältiges Ausfüllen der Hohlräume zwischen Streichbalken und Wänden mit Dämmstoffen (siehe Bild „Giebelanker"). Deckenanschlüsse an Schornsteinen sind unter „Schornsteine" besprochen.

2.7 Treppen

dienen der Überwindung unterschiedlicher Höhenlagen.

Welchen Zweck haben Treppen?

2.7.1 Grundformen

Welche Grundformen unterscheidet man?

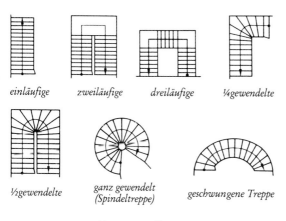

einläufige   *zweiläufige*   *dreiläufige*   *¼ gewendelte*

½ gewendelte   *ganz gewendelt (Spindeltreppe)*   *geschwungene Treppe*

Treppengrundformen

2.7.2 Teile der Treppe

Nenne Einzelteile der Treppe!

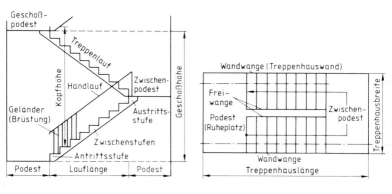

Wie bezeichnet man die Teile einer Stufe?

Die *Stufe* hat folgende Teile:

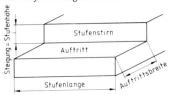

Wonach richtet sich das Steigungsverhältnis?

Ein gutes *Steigungsverhältnis* (= Verhältnis der Stufenhöhe [= Steigung] zur Auftrittsbreite [= Auftritt]) errechnet sich aus der durchschnittlichen Schrittlänge des Menschen (= 63 cm).

2 Steigungen + 1 Auftritt = 63 cm

Formel $\boxed{2h + b = 63}$

Berechne die Auftrittsbreite!

Beispiel: Steigung $h = 16$ cm
gesucht: Auftritt
Lösung: $32 + b = 63$
$\qquad b = 63 - 32 = \underline{\underline{31 \text{ cm}}}$

Berechne die Steigungshöhe!

Beispiel: Auftritt $b = 27$ cm
gesucht: Steigung
Lösung: $2h + 27 = 63$
$\qquad 2h = 63 - 27 = 36$
$\qquad h = \dfrac{36}{2} = \underline{\underline{18 \text{ cm}}}$

Welche Stufenformen sind üblich?

Stufenformen

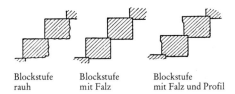

Blockstufe rauh   Blockstufe mit Falz   Blockstufe mit Falz und Profil

ausgeschaltete Stufe

Blockstufe mit Aussparung

Der *Lauf*
ergibt sich durch das Aneinanderreihen der Stufen:

    erste Stufe = Antrittsstufe
    letzte Stufe = Austrittsstufe
    übrige Stufen = Zwischenstufen

Die Herstellung kann erfolgen

   mit Einzelstufen (Versetzstufen) aus Beton – ohne und mit Vorsatz, Naturstein, Klinkern;

   als *Laufplatte* (Rampe) mit später aufgesetzten Stufen;

   als *Ganztreppe* (Lauf und Stufen aus einem Guß). Stufenbelag aus Hartholz, Natur- oder Kunststeinplatten.

Ein Lauf soll nicht mehr als 15 Stufen haben.

Podeste (Ruheplatz) sollen mindestens die Breite der Treppe haben (Ausweichen und Transport)

Man unterscheidet:

   Geschoßpodeste (in Geschoßhöhe),
   Zwischenpodeste (zwischen zwei Geschossen).

Die *Unterstützung* kann erfolgen durch

   gemauerte Wangen für Blockstufen (evtl. Zunge);

   Massivbalken (Beton, I-Träger), zwischen den Podesten verspannt;

   Rampen (Beton mit und ohne Stufen, scheitrechte Kappe zwischen I-Trägern);

   Stahlbetonbalken mit Stufenprofil, zwischen den Podesten verspannt;

Woraus setzt sich der Treppenlauf zusammen?

Welche Aufgaben haben Podeste?

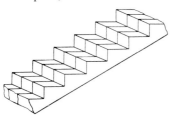

Stahlbetonbalken mit Stufenprofil

Freitragende Stufen: Jede 3. Stufe bindet 24 cm in die 1 oder 1½ Stein starke Treppenhauswand ein. Die übrigen Stufen 11,5 cm.

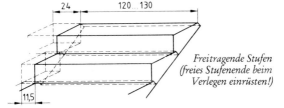

Freitragende Stufen (freies Stufenende beim Verlegen einrüsten!)

Wie muß die Treppe seitlich gesichert sein?

Ein *Geländer* oder eine *Brüstung* ist bei Treppen mit mehr als drei Stufen erforderlich. Sie müssen 90 cm über Stufenvorderkante hoch sein und einen störungsfreien Handlauf haben. Brüstungen (gemauert oder verschalt) sind im Wohnungsbau wegen des geringen Lichteinfalles nicht gestattet.

Bei Treppen zwischen zwei hochgeführten Wänden (Kellertreppen, Auf- und Abgänge zu Unterführungen) sind Handläufe erforderlich.

2.7.3 Berechnung und Aufreißen einer geraden Treppe

Wie berechnet man eine gerade Treppe?

Gegeben sind:

Geschoßhöhe:

von Fußbodenoberkante bis zur nächsten Fußbodenoberkante = 2,62^5 m und

Stufenhöhe = etwa 17 cm

Es sind zu ermitteln:

Anzahl der Stufen:

$$\frac{\text{Geschoßhöhe}}{\text{gewünschte Stufenhöhe}} = \frac{262,5}{17} = 15,44 \text{ Stufen}$$

Stufenhöhe:

262,5 : 15 (Stufen) = 17,5 cm Stufenhöhe

Auftrittsbreite:

$2h + b = 63$ cm

$b = 63 - 35 = 28$ cm

Lauflänge:

von Vorderkante Antrittsstufe bis Vorderkante Austrittsstufe in der Waagerechten gemessen.

Anzahl der Stufen weniger Austrittsstufe (schon Podest) mal Auftrittsbreite

$(15 - 1) \times 28$ cm = 392 cm

Kopfhöhe:

soll stets 200 cm sein.

Geschoßhöhe − (Deckenstärke + 2 Steigungen)

262,5 cm − (24,8 + 35) = 202,7 cm

Treppenloch

Lauflänge weniger 1 Auftritt (angenommen). Wird zur Vorderkante des 2. Auftritts heruntergelotet.

392 cm − 28 cm = 364 cm

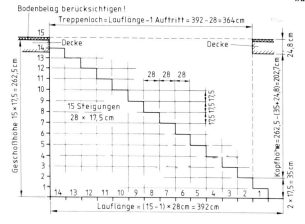

Aufreißen der Stufenprofile einer einläufigen geraden Treppe mit Treppenloch und Kopfhöhe

Zusammenfassend:
   Geschoßhöhe = 262,5 cm
   Stufenzahl = 15 Stück
   Stufenhöhe = 17,5 cm
   Auftrittsbreite = 28 cm
   Lauflänge = 392 cm
   Kopfhöhe = 202,7 cm
   Treppenlochlänge = 364 cm

Die errechneten Maße werden auf die Treppenhauswand übertragen. Evtl. fehlenden Bodenbelag berücksichtigen!

2.7.4 Verzogene und gewendelte Treppen

kommen dann zur Anwendung, wenn für einen geraden Lauf nicht genügend Platz vorhanden ist.

Folgende Lösungen sind möglich:

a) die ersten oder letzten 2–4 Stufen werden innerhalb der geraden Wangen verzogen (Bild Seite 252);

b) am Antritt oder Austritt sind so viele Stufen zu verziehen, daß eine ¼-Wendelung entsteht. An- bzw. Austritt seitlich (Bild Seite 252f).

Wie reißt man eine berechnete Treppe auf der Treppenhauswand auf?

Welche Möglichkeiten hat man beim Bau einer Treppe bei Platzmangel?

● Wie wird das Verziehen der Stufen errechnet?	In der Gehlinie (Laufmitte) bleibt die errechnete Auftrittsbreite (z. B. 30 cm) unverändert. An der Innenseite muß diese Breite, bei 15 cm Abstand von der Freiwange, noch mindestens 10 cm betragen (Bauordnung!).

Beispiel

zum Verziehen der ersten 4 Stufen bei einer geraden Treppe (Auftritt 30 cm).

Verkürzung der Freiwange gegenüber der Wandwange 40 cm. Dieses Maß wird auf die zu verziehenden Stufen verteilt:

    1. Stufe = 4 Teile (bei 4 vorgezogenen Stufen)
    2. Stufe = 3 Teile
    3. Stufe = 2 Teile
    4. Stufe = 1 Teil
              10 Teile

40 cm : 10 = 4 cm = 1 Teil

Stufen Nr.	Kürzung (Teile)	Auftritt in der Gehlinie	Abzug vom Normalauftritt	Auftritt an der Freiwange
1	4	30 –	(4×4 cm =) 16 cm	= 14 cm
2	3	30 –	(3×4 cm =) 12 cm	= 18 cm
3	2	30 –	(2×4 cm =) 8 cm	= 22 cm
4	1	30 –	(1×4 cm =) 4 cm	= 26 cm
	10 Teile		40 cm	

Die Verkürzung nimmt in Laufrichtung allmählich ab. Stufe 5 ist normal.

Gerade Treppe mit 4 verzogenen Stufen

Was ist bei der ¼-Wendelung zu beachten?	Beispiel einer ¼-Wendelung: Zur ¼-Wendelung verzieht man eine ungerade Anzahl Stufen, wobei die mittlere in der Ecke der beiden Wandwangen liegt. Daran schließen sich nach jeder Seite die gleiche Anzahl verzogener Stufen an. Es sollen z. B. 9 Stufen = Stufe 2–10 verzogen werden. Auftritt = 30 cm.
● Wie errechnet man die Verkürzung der Freiwange?	Freiwange wird kürzer als Gehlinie: *Verkürzung der Freiwange*

$\frac{b}{2} = 50$ cm
$r = 15$ cm
$R = 65$ cm
Laufbreite = b = 100 cm

Gehlinie = $\dfrac{D \cdot \pi}{4} = \dfrac{130 \cdot 3{,}14}{4} = 102{,}05$ cm

Freiwange = $\dfrac{d \cdot \pi}{4} = \dfrac{30 \cdot 3{,}14}{4} = 23{,}55$ cm

Kürzung = $\underline{78{,}50\ \text{cm}}$

Die Auftritte der geplanten 9 Wendelstufen müssen an der Freiwange um 78,5 cm gekürzt werden.

Diese Kürzung nimmt in Laufrichtung von der 2. Stufe (= 1. Wendelstufe) bis zur Mitte der Wendelung = 6. Stufe (= 5. Wendelstufe) zu und bis zur 10. Stufe (= 9. Wendelstufe) wieder ab.

• Wie wird das Verziehen der ¼-gewendelten Treppe errechnet?

```
 2.+10. Stufe je 1 Teil  weniger =  2 Teile
 3.+ 9. Stufe je 2 Teile weniger =  4 Teile
 4.+ 8. Stufe je 3 Teile weniger =  6 Teile
 5.+ 7. Stufe je 4 Teile weniger =  8 Teile
    6. Stufe    5 Teile weniger =  5 Teile
                                  25 Teile
```

78,5 cm : 25 = 3,14 cm = 1 Teil

Stufen Nr.	Kürzung (Teile)	Auftritt in der Gehlinie	Abzug vom Normalauftritt		Auftritt an der Freiwange
2	1	30–	(1×3,14 cm =)	3,14 cm	= 26,86 cm
3	2	30–	(2×3,14 cm =)	6,28 cm	= 23,72 cm
4	3	30–	(3×3,14 cm =)	9,42 cm	= 20,58 cm
5	4	30–	(4×3,14 cm =)	12,56 cm	= 17,44 cm
6	5	30–	(5×3,14 cm =)	15,70 cm	= 14,30 cm
7	4	30–	(4×3,14 cm =)	12,56 cm	= 17,44 cm
8	3	30–	(3×3,14 cm =)	9,42 cm	= 20,58 cm
9	2	30–	(2×3,14 cm =)	6,28 cm	= 23,72 cm
10	1	30–	(1×3,14 cm =)	3,14 cm	= 26,86 cm
	25 Teile			78,50 cm	

¼ gewendelte Treppe
(Wendelstufen auf dem Boden anreißen und Stufenvorderkanten hochloten!)

• Trage die errechnete Wendelung auf!

Nach welcher Methode kann man Stufen außerdem verziehen?

Vielfach wird das Verziehen der Stufen am Bau im Treppengrundriß mit dünnen Latten (Lattenmethode), bei Beachtung der Grundregeln, vorgenommen. Spalierlatten stellen die Stufenvorderkanten dar und werden so lange verschoben, bis eine gute Wendelung festliegt. Bei der ½-Wendelung verfährt man sinngemäß (= 2 × ¼-Wendelung).

2.7.5 Treppenarten

Welche Treppenformen sind vor Hauseingängen üblich?

Freitreppen (= Außentreppen)

vor *Hauseingängen* stellt man her als

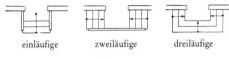

einläufige   zweiläufige   dreiläufige

Treppen

Wie werden diese Treppen gegründet:
a) bei 1–2-stufigen Treppen

Bei 1–2 Stufen (einschl. Schwelle) werden diese unterstützt durch

a) eine Kragplatte in Stahlbeton oder
b) zwei Konsolen aus Beton oder ausgekragtem Mauerwerk.

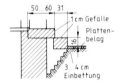

Stufen auf Mauerauskragung

b) bei mehr als 2-stufigen Treppen

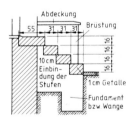

Mehr als 2 Stufen verlegt man auf frostfrei gegründete Wangen. Werden diese nicht als Brüstung hochgeführt, sollen die Stufenenden ca. 5 cm überstehen.

Freitreppenwangen frostfrei gegründet

Wie erhalten Kellerräume unter Treppen Außenlicht?

Der Lichteinfall zu dem evtl. unter der Treppe liegenden Kellerfenster erfolgt durch Aussparungen in den Stufenstirnen (siehe Bild Stufenformen).

Bei *Kellerfreitreppen* wird die Freiwange ebenfalls frostfrei (evtl. großstufig) gegründet. Das Bodenpodest erhält Gefälle zum Abfluß.

Was ist beim Bau der äußeren Kellertreppe zu beachten?

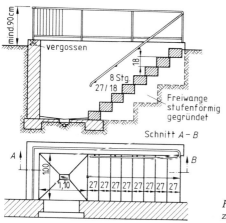

Freitreppe zum Keller

Bei *Geländefreitreppen* in Parks, Gärten usw. werden die Stufen oder Stufenplatten zwischen frostfrei angesetzten Wangen auf festem Boden oder auf Magerbeton im Sand- bzw. Mörtelbett verlegt.

Wie kann man das Stufenlager bei Geländefreitreppen herstellen?

Die Stufen der Freitreppen sollen aus einem griffigen, witterungsbeständigen und verschleißfesten Baustoff hergestellt sein. Leichtes Gefälle (ca. 1 cm) zur Stufenvorderkante geben. Seitliche Begrenzung durch Stahlgeländer oder Brüstung. Günstiges Steigungsverhältnis 16/31 cm. Laufbreite je nach Lage und Zweck, jedoch nicht unter 80 cm.

Wie sollen die Freitreppenstufen beschaffen sein?

Welche Steigung ist günstig?

Innentreppen:

Differenzstufen (stets massiv) sollen den Höhenunterschied zwischen Hauseingang und Erdgeschoß überbrücken.

Geschoßtreppen (massiv oder Holz) mit oder ohne Zwischenpodest reichen von Geschoß zu Geschoß.

Nebentreppen führen zum Keller (massiv) oder zum Dachboden (auch Holz).

Nenne die Arten der Innentreppen nach ihrer Lage!

Steigungsverhältnis für Geschoßtreppen 17/29 bis 18/27 cm, für Nebentreppen 19/25 bis 21/21 cm.

Die Laufbreite soll je nach Geschoß- und Wohnungszahl 80 bis 120 cm sein.

Welche Steigungsverhältnisse haben Innentreppen?

Verlegen von Einzelstufen

Was ist beim Versetzen der Einzelstufen zu beachten?

Hierbei ist zu beachten:

a) erste Stufe (Blockstufe) in volles Mörtelbett legen, nach Treppenprofil einwiegen und verankern;

b) die weiteren Stufen nur an den beiden seitlichen Auflagern in Mörtel legen und einwiegen;

c) Überbindung der Stufen 3–4 cm oder gutes Einrasten der Falzung;

d) alle Stufenvorderkanten eines geraden Treppenlaufes berühren die aufgelegte Richtlatte;

e) die Stirnunterkante erst nach dem Setzen (10–14 Tage) verfugen.

2.8 Putzarbeiten

2.8.1 Allgemeines

Welche Aufgaben erfüllt der Putz?

Außenputz schützt das Mauerwerk gegen die Unbilden der Witterung und gibt dem Rohbau besseres Aussehen.

Innenputz gleicht Unebenheiten der Wände und Decken aus (glatte Oberfläche), begünstigt die Schalldämmung, bietet Holzteilen einen guten Feuerschutz und verhindert bei porenarmem Putzgrund ein „Schwitzen" der Wände.

Putzmörtel

Die Wahl des Putzmörtels richtet sich nach dem Verwendungszweck (siehe hierzu Abschnitt Mörtelarten).

Was ist vor dem Verputzen zu beachten?

Grundsätzlich soll mit den Putzarbeiten erst begonnen werden, wenn das Mauerwerk ausgetrocknet ist (frühestens nach 5 bis 6 Wochen). Man fängt im obersten Stockwerk an. Die Putzflächen sind gründlich von losem Mörtel und Staub zu befreien und anzufeuchten. Eine gute Putzhaftung wird auf hohlfugigem Mauerwerk erreicht. Glatte Mauer- und Betonflächen sind aufzurauhen. Schwach saugender, ungleichmäßig saugender und stark saugender Putzgrund ist mit einem dünnflüssigen Zementmörtel „vorzuspritzen".

Bei Frostwetter oder auf gefrorenem Mauerwerk (unmittelbar nach Frosttagen) dürfen Putzarbeiten nicht ausgeführt werden (Putz fällt ab).

In der heißen Jahreszeit ist frischer Putz vor direkter Sonnenbestrahlung und vorzeitiger Austrocknung zu schützen (Spannen von schattenspendenden Tüchern, Feuchthalten des Putzes).

Maßnahmen für das Überputzen von Holz- und Stahlteilen siehe unter Fachwerkbauweise.

2.8.2 Innenputz

Beim Innenputz unterscheidet man den Wand- und den Deckenputz.

Beschreibe die Ausführung des Innenputzes:

Der Wandputz

a) als Wandputz,

wird normalerweise in zwei Lagen etwa 1,5 cm (nicht unter 1,0 cm) dick ausgeführt. Der Unterputz besteht aus einem grobsandigen Kalkmörtel (Rauhputz). Er wird feldweise zwischen den vorher hergestellten Putzlehren an die Wand geworfen und mit einer Abziehlatte oder Kartätsche über die Lehren von unten nach oben abgezogen. Evtl. verbleibende „Nester" füllt man nachträglich aus. Putzlehren sind etwa 15 cm breite, lotrechte Putzstreifen mit einem seitlichen Abstand von 1,0 bis 1,2 m. Sie müssen vor dem Anwerfen des Rauhputzes gut angetrocknet sein.

Hat die untere Lage genugend abgebunden (noch nicht trocken), wird der Oberputz (Feinputz = Kalk + Feinsand etwa 1:1 bis 1:2) einige mm dick aufgezogen und mit dem Reib- oder Filzbrett (statt Filz auch Schwamm) abgerieben.

Der Deckenputz

b) als Deckenputz!

a) auf Massivdecken wird in 2 Lagen (rauh und fein) ohne Lehren aufgezogen und abgerieben (geringer Gipszusatz möglich). Stahlbetondecken sind in jedem Falle mit einem Spritzbewurf zu versehen.

b) auf Spalierlatten (Abstand 1 bis 2 cm) wird ebenfalls 2lagig geputzt. Der Unterputz besteht aus fettem Heukalkmörtel (kurz gehacktes Heu beimischen!). Er muß gut durch die Fugen der Lattung gedrückt werden.

c) auf Holzwolle-Leichtbauplatten (z.B. Heraklith) wird 3lagig geputzt; 1. Spritzbewurf aus Kalkzementmörtel, 2. rauher Unterputz, 3. Feinputz. Putzdicke trotz der ebenen Fläche mindestens 1,5 cm. Sämtliche Fugen und Stöße sind vor dem Verputzen mit 10 bis 12 cm breiten Drahtgewebestreifen zu überspannen.

d) auf Rippenstreckmetall wird mindestens zwei-, besser noch dreilagig angetragen: 1. Ausdrücken des Putzträgers mit Mörtel (erhärten lassen – sonst Rissbildung!), 2. Aufziehen des Unterputzes, 3. Antragen und Abreiben (-filzen) des Feinputzes.

Geeignete Mörtel: alle Putzmörtel, bevorzugt Kalkzementmörtel und Gipskalkmörtel.

Nenne die verschiedenen Ausführungen von Rippenstreckmetall!

Rippenstreckmetall gibt es in den Ausführungen (s. Abb.):

Für aggressiven Mörtel (z. B. Gipsmörtel) werden vollackierte, für sonstige Mörtel galvanisch verzinkte Rippenstreckmetall-Sorten hergestellt. Besonders korrosionsgeschützt ist die Ausführung „F" (für Feuchträume und Außenarbeiten).

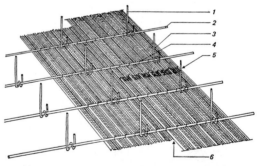

Vollrip®

Lochrip®

Sicke

Flachrip®

Sicke

Wie kann Rippenstreckmetall verarbeitet werden?

Rippenstreckmetall kann als Putzträger unmittelbar an der tragenden Deckenkonstruktion befestigt werden (z. B. Holzbalken) oder in abgehängter Form eingesetzt werden.

Beschreibe die Unterkonstruktion einer abgehängten Decke!

Abgehängte Decke mit Rippenstreckmetall LOCHRIP®

1. *Abhänger*
2. *Tragestäbe Rundstähle oder Profilstäbe*
3. *Rippenstreckmetall LOCHRIP®*
4. *Drahtbindung*
5. *Kopfstoß*
6. *Längsstoß*

Was ist bei Wandanschlüssen zu beachten?

Abgehängte Decken sollten möglichst keine starre Verbindung mit den angrenzenden Wänden bilden (Dehnungsfugen), besonders in Gebäuden mit starken Verkehrserschütterungen und dort, wo große Wärmestrahlung auftritt.

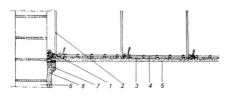

1. Dämmstreifen
2. Abhänger
3. LOCHRIP®
4. Tragestäbe
5. Deckenputz
6. Mauerwerk
7. Deckleiste
8. Wandputz

Wandanschluß einer freischwebend abgehängten Decke (mit Dehnungsfuge)

Bei Verwendung von Zementmörtel sind Dehnungsfugen unbedingt erforderlich (Rissebildung!). Große Decken sind in Einzelflächen von 20 bis 30 m² aufzuteilen (Fugen auch in Unterkonstruktion!).

2.8.3 Außenputz

Der Außenputz wird im Regelfall zweilagig 2 bis 2,5 cm dick ausgeführt. Es gelangen verschiedene Putzarten zur Anwendung (siehe dort). Dabei ist zu beachten: Glatter Oberputz erhält einen rauhen Unterputz; für einen rauhen Oberputz wird der Unterputz glattgerieben und mit einem Sägeblatt leicht angerauht. Als Putzmörtel ist Kalkzementmörtel wegen seiner größeren Dehnfähigkeit dem reinen Zementmörtel (spröde) vorzuziehen. Die Arbeitsausführung entspricht der des inneren Wandputzes, doch ist dabei zu beachten, daß zusammenhängende Flächen (z. B. Hauswand) zur Vermeidung von sichtbaren Arbeitsfugen in einem Zuge verputzt werden. Ist ein gleichzeitiges Arbeiten in allen Gerüsthöhen nicht möglich, wird die Wandfläche in waagerechten Abschnitten (= Gerüsthöhen) von oben nach unten verputzt.

Was ist für den Außenputz zu beachten?

Gerüste dürfen bei Putzarbeiten nicht mit der Putzfläche in Berührung kommen. Nachträgliches Ausbessern bzw. Schließen von Hebellöchern hinterläßt Putzflecken.

Worauf ist beim Aufstellen von Putzgerüsten zu achten?

2.8.4 Putzarten

Schlämmputz:

Dünnflüssiger Mörtel wird mit der Kelle an die Wandfläche geworfen und dort mit einem Quast verstrichen. Das Gefüge des Mauerwerks bleibt erkennbar.

Nenne bekannte Putzarten und beschreibe sie!

Rapputz:

Putzmörtel (für Keller Kalkzementmörtel) wird ohne Lehren an die Wandfläche geworfen, mit der Kelle verstrichen und in frischem Zustand mit Kalkmilch überpinselt.

Spritzputz:

Unterputz abgerieben und leicht aufgerauht. Für den Oberputz verwendet man dünnflüssigen (evtl. gefärbten) Mörtel, der mit einem Reisigbesen an die Wandfläche gespritzt wird (Besen in Mörtel tauchen und gegen einen vor die Putzfläche gehaltenen kurzen Stock schlagen). Bisweilen verarbeitet man auch einen Mörtel mit groben Zuschlägen, der mit der Kelle angeworfen wird (Kellenspritzputz).

Münchener Rauhputz

(Scheibenputz): Unterputz wie beim Spritzputz. Für den Oberputz wird grobkörniger Mörtel an die Wandfläche geworfen und mit einem Reibbrett so dünn gezogen, daß die groben Zuschlagkörner auf dem erhärteten Unterputz rollen und dadurch rillenförmige Vertiefungen in der Fläche entstehen (je nach Führung des Reibbrettes senkrecht, waagerecht oder kreisförmig).

Kratz- (Stock-), Wasch- und Steinputz

nennt man auch „Edelputze". 1,5 bis 2 cm dicker Unterputz erforderlich. Sie werden meistens fabrikmäßig als farbige Trockenmörtel hergestellt und entsprechend den beigefügten Verarbeitungsvorschriften am Verwendungsort aufgetragen und nachbehandelt. Besonders verbreitet sind die Terranova-Erzeugnisse: Terranova, Terranova-K-Rauhputz, K-Steinputz, Granaputz. Für Steinputz (nach der Erhärtung steinmetzmäßig bearbeitet) und Granaputz (Waschputz) muß ein Unterputz aus reinem Zementmörtel 1:3 hergestellt werden.

Kellenstrich:

Unterputz wie Spritzputz. Der frische Oberputz wird mit der Kelle in kreisbogenförmigen Strichen unregelmäßig abgeglättet.

Sgraffito-Putz:

Verschiedenfarbige Putzmörtel werden jeweils etwa 5 mm dick übereinander aufgetragen. Anschließend kratzt man nach aufgepauster Zeichnung vorsichtig aus dem noch frischen Mörtel der oberen Schichten Flächen aus. Es entsteht ein durch Farbwechsel sehr lebhafter Flächenschmuck.

2.8.5 Ziehen von Gesimsen

Das Ziehen von Gesimsen geschieht mit Hilfe von Putzschablonen (negatives Gesimsprofil aus Zinkblech mit 3 bis 4 mm Überstand auf ein entsprechend zugeschnittenes Brett genagelt und senkrecht auf dem Schlitten befestigt, siehe Bild), die entlang den am Mauerwerk befestigten Führungslatten geschoben werden. Arbeitsfolge: Mörtel in mehreren dünnen Lagen anwerfen und jeweils „vorziehen" (Ziehrichtung beachten!), bis die Gesimsform klar hervortritt. Hat der Unterputz genügend angezogen, wird dünnflüssiger Feinmörtel angetragen und das Gesims geglättet (umgekehrte Ziehrichtung, siehe Bild). Nach jedem Arbeitsgang ist die Schablone abzuwaschen.

Wie werden Gesimse gezogen?

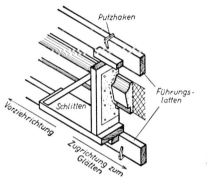

Ziehen mit der Putzschablone

2.9 Plattierungsarbeiten

2.9.1 Feinere Plattenböden

Feinere Plattenböden werden mit Steinzeug-, glasierten Steingut-, glasierten Schamotte-, Steinholz-, Asphalt-, Glas- oder kleineren Natursteinplatten ausgeführt.

* *Welche Platten eignen sich als feine Bodenbeläge?*

Der *Unterboden* muß fest und eben sein (Beton oder Ziegelpflaster). Etwa gewünschtes Gefälle ist schon hierbei zu berücksichtigen und darf nicht durch dickeren Mörtelauftrag gewonnen werden.

* *Wie muß der Unterboden beschaffen sein?*

Die *Platten* sind nach ihrer Größe zu sortieren. Übersehbare Flächen sollen an den gegenüberliegenden Seiten mit gleich breiten Platten beginnen. Für das Verlegen sind *3 Methoden* üblich:

* *Wie werden Platten verlegt?*

a) Auf sauberem, mit Zement vorgeschlämmtem Unterboden wird erdfeuchter Zementmörtel (etwa 1:4) 2 bis 3 cm dick aufgebracht, gut angestampft, in Höhe der UK Plattenbelag sorgfältig abgezogen und mit Zement leicht gepudert. Nach

Durchfeuchtung des aufgestreuten Zementes legt man mit mittelgroßen Platten an 3 Wänden entlang Lehren (siehe Bild), zwischen denen die sortierten Platten der verschiedenen Größen nach der Schnur oder einer Richtlatte versetzt werden. Fugenstärke 1 bis 3 mm. Durch leichte Schläge mit einer über mehrere Platten reichenden Latte wird der Belag so lange angeklopft, bis in den Fugen Zementschlämme sichtbar wird (nur für wenig saugende, kleinere Platten mit gleichmäßiger Dicke geeignet, z. B. Steinzeugplatten).

b) Auf einem fertigen Estrich (oder ähnl. ebenen Unterboden), rauh abgerieben und nicht geglättet (nur mit Reibbrett), werden die Platten im Dünnbettverfahren mit Klebemörtel verlegt und gut angepreßt. Dieses Verfahren eignet sich nur für wenig saugende Platten mit gleichmäßiger Dicke.

Aufteilen der Fußbodenfläche

c) Auf dem eingeschlämmten Unterboden setzt man mit steifem Zementmörtel (etwa 1:3, evtl. mit Kalkzusatz) nach eingewogenen Höhenpunkten an 3 Wänden (Bild) Lehren aus mittelgroßen Platten an. Zwischen diesen werden nach der Schnur die übrigen Platten verlegt. Jede Platte festklopfen! Fugenstärke: zwischen den Platten 1 bis 3 mm, zwischen Unterboden und Platten 1,5 bis 2 cm.

● Wie wird der Plattenbelag verfugt und gesäubert?

Nach Abbinden des Mörtels bzw. Erhärten des Klebers werden die Fugen mit Zement-Feinmörtel vollgeschlämmt. Anschließend wird der Boden zunächst mit feuchtem, dann mit trockenem Sägemehl von Mörtelresten gesäubert. Bei feineren Arbeiten erfolgt das Säubern mit einem Schwamm und klarem Wasser (bes. bei rauher Plattenoberfläche).

2.9.2 Anbringen von Wandplatten

● Wie wird eine Wand für die Plattierung vorbereitet?

Für die Aufnahme der Platten muß die Wand abgefegt und angenäßt werden. Glatte Wände werden mit Zementmörtel vorgespritzt. Größere Unebenheiten in der Wand sind durch Mörtelbewurf (Zementmörtel) zu beseitigen. Vorspritz- und Ausgleichsputz sollen vor dem Ansetzen des Wandbelags abgebunden sein.

Bei Verwendung von Klebern (bei Glasplatten nur!) muß die Wandfläche mit Kalkzementmörtel verputzt, eben und sauber sein. Kleber mit Lösungsmitteln (s. Werkstoffkunde) erfordern vollständig trockene Arbeitsflächen.

Die Wandplatten sind vor der Verarbeitung nach Farbe und Größe zu sortieren (dunkle Platten unten ansetzen!), poröse Fabrikate (z. B. glasierte Platten) müssen einige Minuten in sauberes Wasser getaucht werden (anderenfalls wird dem Mörtel Wasser entzogen – Platten fallen ab). Bei Einsatz von Klebern Platten trocken lassen!

● Was ist vor dem Ansetzen der Platten zu beachten?

Die Arbeitsfläche wird von der Wandmitte aus symmetrisch eingeteilt; evtl. notwendig werdende Teilplatten an den Enden sollen größer als eine halbe Platte sein. Daher muß auf der Wandmitte immer entweder eine Fuge oder eine Plattenmitte liegen.

● Wie soll die Arbeitsfläche aufgeteilt werden?

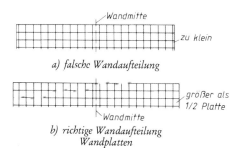

a) falsche Wandaufteilung

b) richtige Wandaufteilung
Wandplatten

Mit angetragenem Mörtel auf der Rückseite werden die Platten schichtenweise mit 1 bis 3 mm Fugenbreite nach der Schnur angesetzt und mit dem Kellengriff oder Hammerstiel in der Mitte festgeklopft (auf lot- bzw. waagerechten Fugenverlauf achten). Dicke der Ansetzfuge = 1,5 cm; geeigneter Mörtel: Zementmörtel (etwa 1:5).

● Wie werden die Platten angebracht:
a) mit Mörtel,

Wird statt des Mörtels ein Kleber verarbeitet, so ist dieser 2-3 mm dick auf der Plattenrückseite oder auf der Wandfläche anzutragen (mit Sägeblatt verteilen). Für das Einhalten der Fugenstärken Keile einsetzen! Ausrichten der angesetzten Wandplatten nur innerhalb von 10 bis 15 Min. möglich!

b) mit Kleber?

Bei fehlendem Bodenbelag oder vorgesehenen Fußleisten bzw. Sockeln muß zur Unterstützung der ersten Schicht ein Brett oder Kantholz auf genauer Höhe waagerecht an der Wand befestigt werden. Fußleisten oder Sockel werden nachträglich ein- oder vorgesetzt.

● Wie wird die unterste Plattenreihe bei fehlendem Bodenbelag angesetzt?

Regeln für das Ansetzen von Wandplatten mit Mörtel

a) Nicht zu wenig Mörtel angeben (hohle Fuge)!

b) Platte nicht einseitig anklopfen (ungleiche Mörtelverteilung)!

● Nenne wichtige Regeln für das Ansetzen von Platten!

c) Nach Anziehen des Mörtels Platte nicht mehr nachklopfen (Platte löst sich)!
d) Evtl. verbleibende Hohlräume hinter der Platte von oben mit Mörtel füllen!

● **Wie werden Wandplatten verfugt und gesäubert?**

Nach Fertigstellung des Belags werden die Fugen mit normalem oder weißem (evtl. gefärbtem) Portlandzement oder auch mit fertigem Fugenmörtel zugeschlämmt und die Platten mit einem Schwamm oder trockener Holzwolle von Mörtelresten gereinigt.

● **Wie werden Plattenbeläge auf Holzwänden ausgeführt?**

Holzwände müssen für die Aufnahme der Plattierung mit Sperrpappe verkleidet und mit einem Putzträger überspannt werden.

2.9.3 Mosaik

Was versteht man unter Mosaik?

Hierunter versteht man Muster oder Bildflächen, die aus bunten natürlichen oder künstlichen Steinstückchen zusammengesetzt sind. Mosaik findet als Fußbodenbelag oder als zierende Wandverkleidung Verwendung.

● **Wie werden die Steinchen gesetzt?**

Die Steinchen (meist würfel- oder prismenförmig mit 1 bis 4 cm Seitenlänge und ungefähr gleicher Höhe) werden nach gegebener Vorlage mit 1 bis 3 mm seitlichen Abständen in ein vorbereitetes Zementmörtellager (1:3 bis 1:4, evtl. mit geringem Kalkzusatz) gedrückt. Für Fußböden nur gleich harte Steinchen verwenden!

Zur Erleichterung der Arbeit oder bei der Ausführung von Mosaikbildern ist es zweckmäßig, die Steinchen mit ihrer Sichtfläche der Vorlage entsprechend auf Papierbogen zu kleben und das fertige Bildwerk (evtl. in Teilstücken) mit dem Papier nach außen in das Mörtelbett zu drücken. Nach Abbinden des Mörtels wird die Papierschicht abgeweicht.

● **Wie wird Mosaik verfugt?**

● **Wie wird die Oberfläche nachbehandelt?**

Die Fugen der Mosaikflächen werden mit normaler, weißer oder gefärbter Zementschlämme vergossen. Bei Steinzeug- oder glasierten Tonplättchen erübrigt sich eine weitere Oberflächenbehandlung. Die Flächen werden wie plattierte Wände bzw. Böden gereinigt. Hierbei ist auch das Verlegen im Dünnbettverfahren mit Klebern anwendbar (s. Abschn. „Feinere Plattenböden").

Unebene Oberflächen (z. B. bei rauhen Natursteinstückchen) werden nach Abbinden des Fugenmörtels mit Schleifmaschinen glattgeschliffen und nach vollständigem Trocknen gereinigt, mit heißem Leinöl getränkt und poliert.

Was versteht man unter Terrazzo?

2.9.4 Terrazzo

ist ein dem Mosaik verwandter fugenloser Bodenbelag (auch als Vorsatzbeton verwendbar).

Er besteht aus einem Gemisch von farbigem Natursteinsplitt (meist Kalkgestein) und Portlandzement (evtl. mit Farbzusätzen). Mischungsverhältnis 1:3.
Der Unterboden ist wie beim Plattenbelag auszuführen.

• **Woraus besteht er?**

• **Wie muß der Unterboden beschaffen sein?**

• **Wie wird Terrazzo hergestellt?**

Der mäßig feuchte Terrazzo-Estrichmörtel wird 1,5 bis 3 cm dick auf den gut vorgeschlämmten Unterboden aufgebracht, gestampft, sorgfältig abgezogen, gerieben und geglättet.
Während der ersten Tage ist der Boden feucht zu halten. Nach dem Erhärten wird die Oberfläche wie beim Mosaik geschliffen. Schadhafte Stellen sind mit Zementschlämme auszuspachteln und nachzuschleifen. Nach vollständigem Trocknen wird die Fläche gereinigt, mit heißem Leinöl getränkt und poliert.

• **Wie wird er nachbehandelt?**

2.10 Steinmetzarbeiten

2.10.1 Kunststeinherstellung

Mit Kunststein bezeichnet man Betonsteine, deren Ansichtsflächen durch besonders glatte Schalung, Vorsatzbeton oder geeignete Oberflächenbearbeitung ein den Natursteinen ähnliches Aussehen erhalten. Sie werden als Fertigbauteile oder bei größeren Stücken auch direkt am Bauwerk in Formen eingestampft.

Was versteht man unter Kunststein?

Entsprechend der nachträglichen Bearbeitung der Sichtflächen unterscheidet man:

Betonsteine oder Sichtbeton (ohne steinmetzmäßige Oberflächenbearbeitung),

Betonwerksteine (mit steinmetzmäßiger Oberflächenbearbeitung),

Waschbeton (gewaschene und klar gespülte Oberfläche).

Was versteht man unter Betonwerksteinen?

Kunststeine können mit Stahleinlagen hergestellt werden. Sie erhalten dadurch eine größere Biegefestigkeit als Natursteine und können bei verhältnismäßig geringer Höhe (Dicke) zur Überdeckung größerer Öffnungen, als Kragbalken, -platten usw. verwendet werden.

Welche Vorteile bieten Kunststeine?

Profilierte Kunststeine werden nicht durch steinmetzmäßige Bearbeitung, sondern durch entsprechend hergerichtete Schalungen (mit negativen Profilen) geformt:

Wodurch erhalten profilierte Kunststeine ihre Form?

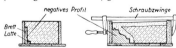

Sichtbetonstufe mit Schalung (Schnitt)

Profilierte Gesimsplatte mit Vorsatzbeton und Schalung (Schnitt)

Woraus werden die Formen hergestellt?	Die Formen sollen fugenlos sein und können aus gehobelten oder mit Blech verkleideten Schalbrettern, aus wasserfestem Sperrholz, aus Stahl oder Gips hergestellt werden. Gipsformen innen mit Schellack streichen!

2.10.2 Vorsatzbeton

Was versteht man unter Vorsatzbeton?	nennt man eine dem Kern eines Bauteiles vorgesetzte 4 bis 6 cm dicke hochwertige Feinbetonschicht (etwa 1:4). Durch Farbzusätze oder besonders ausgesuchte Zuschlagstoffe und steinmetzmäßige Überarbeitung veredelt sie die Ansichtsflächen.
Worauf ist bei der Herstellung zu achten?	Die *Vorsatzschicht* muß mit dem Kern des Bauteiles fest verbunden sein. Dies wird erreicht: a) bei gemauertem Kern durch gute Verzahnung der Mauer mit dem Beton (Vorsatzbeton nachträglich zwischen Schalung und Mauer eingestampft), b) bei betoniertem Kern durch gleichzeitiges Einstampfen von Vorsatz und Kern.
● Beschreibe die Herstellung von Kunststein mit Vorsatzbeton!	Bei der Herstellung von Kunststeinen wird die Vorsatzschicht in ausreichender Dicke an die geölte Schalung der Sichtflächen geworfen, dann die Hinterfüllung (Kern) aus gewöhnlichem Beton eingebracht und angestampft. Höhere Bauteile werden schichtweise betoniert (in jeder Schicht: erst Vorsatz, dann Kern).
● Welche Arten der Oberflächenbearbeitung sind bei Betonwerksteinen üblich?	**Oberflächenbearbeitung** Je nach der gewünschten Wirkung kann die Oberfläche der Betonwerksteine scharriert, gestockt, gekrönelt oder geschliffen werden. (Je nach Zementart und Witterung nach 3 bis 7 Tagen – wenn das Steinkorn beim Scharrieren durchschlagen wird.)
Gib die Zusammensetzung von Waschbeton an! **Welcher Zement ist geeignet?**	**Waschbetonherstellung** Man verwendet als Zuschlag zweckmäßig eine Ausfallkörnung mit Sand 0–2 mm und Kies bzw. Splitt 8–16 mm oder Sand 0–4 mm und Kies 16–32 mm. Sand:Kies ≈ 1:3. Als Bindemittel ist nur Portlandzement geeignet. Mischungsverhältnis = 1:3 bis 1:5.
Beschreibe die Herstellungsverfahren: **a) mit der Ansichtsseite nach unten,**	*2 Herstellungsverfahren* sind möglich: a) *mit der Ansichtsfläche nach unten:* Auf ebenem Untergrund wird ein zähes Papier, das mit einem Erstarrungsverzögerer getränkt ist (im Notfall als Verzögerer Zuckerwasser; – Probe machen!), ausgebreitet. Darüber setzt man die Form. Papierseite = Ansichtsseite. Das Füllen der Form erfolgt in 2 Lagen: 1. Schicht = Vorsatzschicht = Waschbeton, 2. Schicht = Unterbeton = Füllbeton (normal).

Nach Erstarren des Betons (je nach Temperatur und Luftfeuchtigkeit, im Sommer am folgenden Tag) wird der Baukörper entschalt, gedreht, das Papier wird entfernt und die Ansichtsfläche unter Wasserzugabe mit rotierenden Bürsten gewaschen;

b) *mit der Ansichtsfläche nach oben:*

Die Form ebenfalls in 2 Lagen füllen, doch in umgekehrter Reihenfolge: Oberschicht = Waschbeton. Waschbetonschicht mit vorbehandeltem Papier (siehe Buchst. a) abdecken oder mit einem VZ-Mittel im oberen Bereich des Waschbetons einbringen. Weitere Behandlung wie im ersten Verfahren.

b) mit der Ansichtsfläche nach oben.

Waschbeton ohne VZ-Mittel kann nur nach dieser Methode hergestellt werden. Dann bereits nach 4 bis 5 Stunden vorsichtig waschen!

Kann Waschbeton ohne VZ-Mittel hergestellt werden?

Achtung! Nicht mehr als ⅓ der Zuschlagkorn-Oberfläche freiwaschen! (Zerstörung durch Frost oder mechanisch!) Falls unklar in der Oberfläche, ist Absäuern möglich (anschließend gut spülen!).

Wie weit dürfen die Zuschläge freiliegen?

2.11 Steinfußböden

2.11.1 Allgemeines (mit Unterbau)

Zur Anwendung gelangen: Ziegelsteinböden, grobe Plattenböden (feinere Plattenböden, Mosaik und Terrazzo siehe unter „Plattierungsarbeiten") und Estriche.

Nenne verschiedene Steinfußböden!

Der *Unterboden* muß festgestampft und eben sein. Evtl. gewünschtes Gefälle ist bereits hierbei zu berücksichtigen.

Wie muß der Unterboden beschaffen sein?

Da bei Durchfeuchtung des Untergrundes bzw. des Belags Steinfußböden im Freien leicht hochfrieren, ist es wichtig, daß

Was ist bei Böden im Freien zu beachten?

a) unter dem Belag eine mindestens 20 cm dicke wasserableitende Schicht aus Kies, Schotter, Asche u. dgl. m. (mit Gefälle) angeordnet wird,

b) nur frostbeständige Baustoffe mit möglichst dichter Oberfläche (z. B. Klinker) verwendet werden,

c) die Fugen entweder mit Sand gefüllt (schnelles Absickern des Wassers) oder wasserdicht verfugt werden,

d) die Oberfläche ein Gefälle von 2 bis 4% erhält.

Befahrbare oder sonstwie stark beanspruchte Böden werden unter dem Belag mit einer festgerammten oder -gewalzten Packlage (Bruchsteine, schwere Hochofenschlacke usw.) befestigt.

Wie werden befahrbare Böden befestigt?

Wie werden Wandanschlüsse bei Mauer- bzw. Fundamentabsätzen ausgeführt?

Um Setzrisse zu vermeiden, darf der Bodenbelag (einschließlich Unterbeton) nicht unmittelbar auf Mauer- bzw. Fundamentvorsprünge verlegt werden, sondern ist mit 3 bis 4 cm Sandzwischenfüllung darüber oder vor dem Absatz anzuordnen.

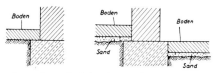

Anordnung des Bodenbelags bei Fundamentvorsprüngen

2.11.2 Ziegelsteinfußböden

In welchen Ausführungen sind Ziegelsteinböden üblich?

werden als *Flach- und Rollschichtpflaster* im Läuferverband oder mit zierenden Mustern hergestellt. Nur gut gebrannte Steine ohne Fehler und Risse dürfen verarbeitet werden.

Zierendes Flachschichtpflaster

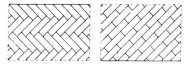

Zierendes Rollschichtpflaster

Welche Vorteile bietet Rollschichtpflaster?

Rollschichtpflaster kann stärker beansprucht werden und ist griffiger als Flachschichtpflaster.

Wie wird Ziegelpflaster hergestellt?

Herstellung: Der Unterboden erhält eine 4 bis 6 cm hohe Sandauffüllung, in welche die Steine nach gespannter Fluchtschnur ohne oder mit Kalkzementmörtel verlegt werden. Durch leichtes Klopfen mit dem Hammerstiel (Fäustel) werden die Steine auf die richtige Höhe gestaucht.

Wie wird es verfugt?

In Mörtel verlegte Steine werden mit erdfeuchtem Kalkzementmörtel sorgfältig verfugt, bei Sandbettung können die Fugen mit Sand vollgeschlämmt oder mit Mörtel ausgefüllt werden.

2.11.3 Grobe Plattenböden

Grobe Plattenböden werden aus größeren Naturstein-, aus Beton- und Terrazzoplatten hergestellt.

Die Platten werden wie Ziegelpflaster mit oder ohne Mörtellager verlegt: kleinere Platten in eine 4 bis 6 cm hohe Sandauffüllung, große Platten in ein 7 bis 10 cm dickes Kiessandbett. Das Ausfüllen der Fugen erfolgt sinngemäß.

Womit stellt man grobe Plattenböden her?

Wie werden die Platten verlegt?

2.11.4 Estrichböden (einschl. tragender Untergrund)

Unter Estrich (DIN 18 560) versteht man einen fugenlosen Bodenbelag aus erhärtetem Mörtel.

Verbundestrich = Estrich mit Unterboden fest verbunden.

Estrich auf Trennschicht = Estrich, von tragendem Untergrund durch eine dünne Zwischenlage getrennt.

Schwimmender Estrich = Estrich, durch Dämmschichten von Unterboden und Wänden getrennt.

Fließestrich = Estrich mit Fließzusatz, der ohne Verteilung oder Verdichtung eingebracht wird.

Vorbedingung für einen dauerhaften Estrich ist ein fester Untergrund. Als Unterlagen finden Ziegelpflaster (evtl. Ausgleichsschicht auftragen), meistens jedoch Betonschichten Verwendung.

Was versteht man unter Estrich?

Nenne geeignete Estrichunterböden!

Unterbeton (MV 1:8, meist B 5, KS)

wird erdfeucht 8 bis 10 cm dick zwischen eingewogenen Lehren (Kanthölzer) auf dem festgestampften Grund aufgebracht, so lange mit dem Stampfer verdichtet, bis sich Wasser an der Oberfläche zeigt, und mit einer Latte abgezogen. Die Oberfläche muß rauh bleiben. Nach Entfernen der Lehren werden die verbleibenden Hohlräume mit Beton gefüllt.

Beschreibe die Herstellung von Unterbeton!

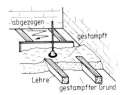

Herstellung von Unterbeton

Je nach Belastung kann der Unterbeton aus Leicht- oder Schwerbeton, bei ungleichmäßig festem Grund auch mit Stahlbewehrung (Betondeckung der Bewehrung beachten!) hergestellt werden.

Welche Unterbetonausführungen sind möglich?

Wie verhindert man die Bildung von Rissen?	Große Betonflächen müssen durch 1 bis 1,5 cm breite Dehnungsfugen aufgeteilt werden. Feldgröße 25 bis 30 m², Kantenlänge höchstens 6 m. Die Fugen werden nachträglich mit bituminösen Vergußmassen oder Silikonkautschuk ausgefüllt.

Estrich

Gibt es mehrschichtigen Estrich?	kann einschichtig und mehrschichtig, auch mit Zusätzen, erstellt werden. Zusätze (Zusatzmittel, Zusatzstoffe) dürfen keine nachteiligen Auswirkungen auf den Estrich oder angrenzende Bauteile haben.
Welche Estricharten gibt es?	Nach DIN 18 560 gibt es folgende Estricharten:
Woraus besteht Zementestrich?	**Zementestrich** (Kurzzeichen ZE) wird aus Zement (DIN 1164), Zuschlag (DIN 4226) und Wasser (gegebenenfalls mit Zusätzen) hergestellt.
Welche Festigkeitsklassen gibt es?	Festigkeitsklassen: (Die Ziffern geben die Mindestdruckfestigkeit = Nennfestigkeit nach 28 Tagen in N/mm² an.)

ZE 12   ZE 55 M ⎫
ZE 20   ZE 65 A ⎬ in der Regel für Hartstoffestriche
ZE 30   ZE 65 KS ⎭
ZE 40
ZE 50

Wie wird Zementestrich aufgezogen?	Frischer Unterboden kann sofort mit Estrich versehen werden, ältere Böden sind vorzuschlämmen (Mischung oder Haftemulsion). Der erdfeuchte Zementmörtel (meistens 1:3) wird 1 bis 8 cm dick, je nach Verwendungszweck, zwischen Lehren (Spalierlatten, dicker Betonstahl usw.) aufgebracht, gestampft und sorgfältig abgezogen. Dehnungsfugen sind wie beim Unterbeton anzulegen.
Wie kann die Oberfläche ausgeführt werden?	Die Oberfläche kann abgerieben, mit geriffelten Walzen aufgerauht oder geglättet (meist mit Glättmaschinen) werden.
Bei welcher Temperatur darf Estrich hergestellt werden?	Die Einbringtemperatur des Estrichs und die Temperatur des Estrichs während der ersten 3 Tage darf nicht unter +5 °C liegen.
Wie muß Estrich nachbehandelt werden?	Während der ersten acht Tage ist der Estrich feucht zu halten und vor Zugluft, starkem Regen und Sonnenbestrahlung zu schützen. Zementestrich darf erst nach 3 Tagen begangen und nach 7 Tagen belastet werden.
Was versteht man unter Schaum- oder Porenestrich?	Unter *Schaum- oder Porenestrich* versteht man Zementestrich, der durch schaum- oder gasbildende Zusätze ein blasiges Gefüge erhält. Verwendung findet er als Unterlage für Teppichboden und ähnliche Bodenbeläge (schwindet beim Abbinden!).
Woraus besteht Anhydritestrich?	**Anhydritestrich** (Kurzzeichen AE) wird aus Anhydritbinder (DIN 4208, Gütekl. AB 200) und Wasser, meist unter Verwendung von Zuschlag (DIN 4226) und evtl. unter Zugabe von Zusätzen hergestellt.

Festigkeitsklassen: (Die Ziffern geben die Mindestdruckfestigkeit nach 28 Tagen = Nennfestigkeit in N/mm² an.) AE 12; AE 20; AE 30 und AE 40.

Anhydritestrich soll einen Mindestgehalt an Anhydritbindern von 450 kg/m³ Estrich haben.

Der Estrich muß unmittelbar nach Anlieferung verarbeitet werden. Arbeitstemperatur nicht unter +5 °C.

Die Oberfläche des Estrichs wird abgerieben und geglättet. Pudern oder Nässen der Oberfläche ist unzulässig.

Der fertige Estrich muß wenigstens 2 Tage (bei mind. +5 °C) vor Wärme, Schlagregen und Zugluft geschützt werden.

Anhydritestrich darf nicht einer dauernden Feuchtigkeitsbeanspruchung ausgesetzt sein. Der Estrich ist begehbar nach 2 Tagen und belastbar nach 5 Tagen.

Gußasphaltestrich (Kurzzeichen GE)
wird aus Bitumen (DIN 1995 u. DIN 1996) sowie Hartbitumen oder einem Gemisch aus beiden und Zuschlag (DIN 4226 und DIN 1996, Teil 10) und gegebenenfalls unter Zugabe von Zusätzen hergestellt.

Härteklassen: (Eindringtiefe nach DIN 1996, Teil 13) GE 10; GE 15; GE 40 und GE 100.

Der Gußasphalt wird in Rührwerkskochern zur Baustelle gebracht und mit einer Temperatur von 210 bis 250 °C verarbeitet. Die Oberfläche des frischen, noch heißen Gußasphaltestrichs wird mit Sand abgerieben. Keine Nachbehandlung notwendig. Nach dem Abkühlen (ca. 2 bis 3 Std.) ist der Estrich benutzbar.

Magnesiaestrich (Kurzzeichen ME) (DIN 272/273)
besteht aus einem Gemisch von kaustischer (ätzender) Magnesia (= gebrannte kohlensaure Magnesia), Magnesiumchloridlösung und Zuschlagstoffen = Füllstoffe (Sägemehl, Korkschrot, Asbestfasern usw.). Zusätze (Farbstoffe) sind erlaubt.

Magnesiaestrich mit einer Rohdichte bis 1,6 kg/dm³ = Steinholzestrich.

Festigkeitsklassen: (Die Ziffern geben die Mindestdruckfestigkeit nach 28 Tagen = Nennfestigkeit in N/mm² an.) ME 5; ME 7; ME 10; ME 20; ME 30; ME 40 und ME 60.

Magnesiaestrich ist unmittelbar nach Anlieferung einzubringen, abzuziehen und zu verdichten. Arbeitstemperatur mindestens +5 °C. Achtung! - Stahlteile sind rostschützend zu ummanteln.

Der fertige Estrich muß wenigstens 2 Tage (bei mind. +5 °C) vor Wärme, Schlagregen und Zugluft geschützt werden.

Nenne die Festigkeitsklassen!

Nenne die Herstellungstemperatur!

Wie wird die Oberfläche behandelt?

Ist Anhydritestrich feuchtigkeitsbeständig?

Woraus besteht Gußasphaltestrich?

Nenne die Härteklassen!

Wie wird Gußasphalt verarbeitet?

• Was versteht man unter Magnesiaestrich?

Was versteht man unter Steinholzestrich?

Nenne die Festigkeitsklassen!

Was ist bei der Herstellung von Magnesiaestrich zu beachten?

Ist Magnesiaestrich feuchtigkeitsbeständig?	Magnesiaestrich darf nicht einer dauernden Feuchtigkeitsbeanspruchung ausgesetzt sein.
	Der Estrich ist begehbar nach 2 Tagen und belastbar nach 5 Tagen.
Was versteht man unter Hartstoffestrich?	**Hartstoffestrich** ist ein Zementestrich mit Zuschlag aus Hartstoffen nach DIN 1100. Er kann aus einer Schicht, der Hartstoffschicht, oder aus zwei Schichten, der Übergangsschicht und der Hartstoffschicht, bestehen.
Gib die Kurzzeichen an!	Kurzzeichen: (nacheinander stehen, durch Bindestriche getrennt: Kurzzeichen für Zementestrich, Kennbuchstabe der Hartstoffgruppe, Nenndicke des Estrichs)
	Beispiel: Hartstoffestrich DIN 18 560 – ZE 55 M – 10 oder für zweischichtige Ausführung: Hartstoffestrich DIN 18 560 – ZE 65 KS – 8 – 30 (die beiden letzten Ziffern geben die Nenndicken für die Hartstoffschicht und die Übergangsschicht an).
Wie wird Hartstoffestrich hergestellt?	Die Hartstoffschicht bietet als Nutzschicht des Estrichs einen hohen Widerstand gegen Verschleiß. Von angrenzenden Bauteilen ist der Estrich durch Fugen zu trennen. Einbringen und Nachbehandlung erfolgen wie beim Zementestrich. Bei zweischichtiger Ausführung muß die Hartstoffschicht auf die noch nicht erstarrte Übergangsschicht aufgebracht werden (frisch-auf-frisch).
Wonach richten sich Dicke und Hartstoffart?	Dicke des Hartstoffestrichs und Art des Hartstoffes richten sich nach der Beanspruchung.

Beanspruchungsgruppen (Auszug) nach DIN 18 560, Teil 5

I (schwer): Fabrikations-, Montage- und Lagerhallen für schwere Güter, Messehallen, Flugplätze, Wasserbau usw.

II (mittel): Fabrikations- und Lagerräume für mittelschwere Güter, Lkw-Hallen, Durchfahrten, Werksfahrbereich usw.

III (leicht): Fußgängerverkehr, Werkstatt- und Lagerräume für leichte Güter, Pkw-Garagen, Treppen, Gänge usw.

Mindestdicken von Hartstoffestrichen bei Verbundestrichen (Mittelwerte) Maße in mm

Beanspruchungsgruppe	Verwendete Hartstoffgruppe nach DIN 1100		
	A	M	KS
I schwer	$\geqq$ 15 (10)	$\geqq$ 8 (5)	$\geqq$ 6 (4)
II mittel	$\geqq$ 10 (6)	$\geqq$ 6 (4)	$\geqq$ 5 (3)
III leicht	$\geqq$ 8 (5)	$\geqq$ 6 (4)	$\geqq$ 4 (3)

Eingeklammerte Werte sind kleinste Einzelwerte.

Hartstoffe (DIN 1100)
sind werksseitig hergestellte Gemenge von ungebrochenen und/oder gebrochenen Körnern bestimmter Kornzusammensetzung aus natürlichen und/oder künstlichen mineralischen Stoffen oder aus Metallen (Kennbuchstaben s. Tabelle).

Hartstoffgruppen

Hartstoffgruppe	Stoffart
A (für allgemein)	Naturstein und/oder dichte Schlacke oder Gemische davon mit Stoffen der Gruppen M und KS
M (für Metall)	Metall
KS (für Elektrokorund und Siliziumkarbid)	Elektrokorund und Siliziumkarbid

Was versteht man unter Hartstoffen?

Nenne die Hartstoffgruppen!

Fertigteilestrich
ist ein Estrich, der aus vorgefertigten, kraftschlüssig miteinander verbundenen Platten besteht.

Was versteht man unter Fertigteilestrich?

Schwimmender Estrich (DIN 18560, Teil 2) = Estrich auf Dämmschichten
(Kurzzeichen: zusätzliches S mit Angabe der Nenndicke, z. B. Estrich DIN 18560 – ZE 20 – S 45)
ist weder mit dem Unterbeton noch mit den seitlich anschließenden Mauern direkt verbunden, sondern wird aus Estrichmörtel auf einer lückenlosen Lage aus Dämmstoffmatten für Trittschalldämmung T oder TK (Glas- oder Steinwolle, Kokosfasern, Kork, Platten aus Kunstharz-Schaumstoff [z. B. Polystyrol-Partikelschaumstoff] usw.) hergestellt. Die Estrichdicke richtet sich nach der Zusammendrückbarkeit der jeweilig verwendeten Dämmstoffe (DIN 18164 Schaumkunststoffe und DIN 18165 Faserdämmstoffe) und der Belastung.

Was versteht man unter schwimmendem Estrich?

Verwendung findet er zur Dämmung von Wärme und Schall bei Massivdecken.

Wo findet er Verwendung?

Die Dämmatten müssen auch an den Seiten zwischen Estrich und Mauer verlegt werden (mindestens 5 mm dick) und mindestens bis OK fertiger Fußboden reichen. Zwischen Dämmstoff und Estrich ist eine *Sperrschicht* (nackte Bitumenbahn mit Schrenzpapiereinlage oder Polyethylenfolie) anzuordnen.

Worauf ist beim Verlegen von Dämmatten zu achten?

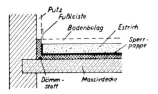

Wandanschluß bei schwimmendem Estrich

Dicken einschichtiger schwimmender Estriche auf Dämmschichten nach DIN 18164 Teil 1 und Teil 2 sowie DIN 18165 Teil 1 und Teil 2 für Verkehrslasten bis 1,5 kN/m²

Estrichart		Estrich-Nenndicke[1] bei einer Zusammendrückbarkeit[2] der Dämmschicht	
		bis 5 mm	über 5 mm[3] bis 10 mm
Anhydritestrich	AE 20	≥ 35	≥ 40
Magnesiaestrich	ME 7[4]		
Zementestrich	ZE 20		
Gußasphaltestrich	GE 10	≥ 20	–

[1] Bei Dicken der Dämmstoffe unter Belastung von mehr als 30 mm ist die Estrichdicke um 5 mm zu erhöhen.
[2] Die Zusammendrückbarkeit der Dämmschicht ergibt sich aus der Differenz zwischen der Lieferdicke d_L und der Dicke unter Belastung d_B des Dämmstoffs. Sie ist aus der Kennzeichnung der Dämmstoffe ersichtlich, z. B. 20/15 d_L = 20 mm, d_B = 15 mm. Bei mehreren Lagen ist die Zusammendrückbarkeit der einzelnen Lagen zu addieren.
[3] Für Heizestriche nicht geeignet.
[4] Die Oberflächenhärte bei Steinholzestrichen muß mindestens 30 N/mm² betragen.

2.12 Haus- und Grundstücksentwässerung

2.12.1 Allgemeines

● Welche Entwässerungsverfahren gibt es?
● Erkläre sie!

Für Haus- bzw. Grundstücksentwässerungen finden je nach den örtlichen Vorschriften 2 Verfahren Anwendung:

a) *das Mischverfahren:* Ableitung von Schmutz- und Regenwasser in einer Leitung;

b) *das Trennverfahren:* Schmutz- und Regenwasser werden in getrennten Leitungen abgeführt, wobei das Regenwasser auch oberirdisch abgeleitet werden kann.

Wo ist die Hausentwässerung eingezeichnet?

Der Verlauf der Bodenrohrleitung (mit Angabe des Durchmessers) ist in die Grundrißzeichnung des Kellergeschosses (meist gestrichelt) eingezeichnet.

Welche Rohre finden Verwendung?

Für Bodenleitungen werden heute allgemein glasierte Steinzeugrohre benutzt. *Übliche Maße:* Hauptleitungen ⌀150 mm, Nebenleitungen ⌀125 mm. Zementgebundene Rohre eignen sich nur für nicht betonzerstörende Abwässer (z. B. Regenwasser beim Trennverfahren).

2.12.2 Verlegen der Entwässerungsleitungen

Wie werden die Rohrgräben angelegt?

Rohrgräben müssen eine feste, ebene und gleichmäßig geneigte Sohle haben. Das Gefälle ist bereits beim Ausschachten mit Wiegelatte und Wasserwaage, bei größeren Längen mit Visiertafeln bzw. Visierschnurgerüsten anzulegen (siehe Bild). Gräben mit mehr als 1,25 m Tiefe sind lt. Unfallverhütungsvorschrift auszusteifen (Verbau: siehe am Ende dieses Abschnittes).

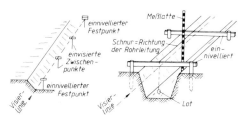

Festlegen des Gefälles mit gleichhohen Visiertafeln

Festlegen von Gefälle und Richtung der Rohrleitung mit Visierschnurgerüsten (der Abstand der Schnurgerüste ist übertrieben klein gezeichnet)

Das Gefälle für Entwässerungsanlagen muß nach DIN 1986 wenigstens 1:50 betragen = 2% = 2 cm/m.

Gib das Mindestgefälle für Abwasserleitungen an!

Rohrleitungen sollen möglichst geradlinig verlaufen. Man beginnt an der tiefsten Stelle und verlegt die Rohre mit der Muffe gegen das Gefälle. Das Zusammenlegen zweier Leitungen ist nur mit Hilfe von Abzweigen (bis 45°) zulässig. Doppelabzeige sind nicht statthaft. Übergänge von kleineren zu größeren Querschnitten sind mit Reduzierstücken vorzunehmen.

Wie werden die Rohre verlegt?

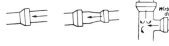

richtige Lage zum Gefälle   unzulässiger Abzweig   richtiger 45°-Abzweig

Verlegen von Steinzeugrohren

Anschlüsse an Straßenkanäle dürfen nur oberhalb von deren Mittelachse erfolgen (nur durch von der Gemeinde zugelassene Unternehmen).

Abdichten der Rohrmuffen: Nach Ineinanderfügen der Rohre wird die Muffe bis auf etwa ½ ihrer Tiefe mit mehreren Lagen Teerstricken fest ausgestampft (Strickeisen benutzen!). Der verbleibende Hohlraum der Muffe wird je nach den örtlichen Vorschriften mit Asphaltkitt ausgespachtelt oder mit heißflüssigem Asphalt unter Verwendung von Gießringen vergossen (elastisch). Andere Verfahren: Abdichten durch Gummi-O-Ringe, Kunststoffringe mit Dichtlippen, die nach Ineinanderfügen der Rohre zuverlässig schließen, und Steckmuffen mit Gummi-Dichtringen (Gleitmittel verwenden!). Lehmdichtungen sind

Wie werden die Rohrmuffen gedichtet?

unzweckmäßig, weil sie das Einwachsen von Baumwurzeln in die Rohre (Verstopfen bzw. Platzen der Leitung) nicht ausschließen.

(Verbinden von Kunststoffrohren s. Werkstoffkunde!)

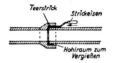
Verstricken einer Rohrmuffe

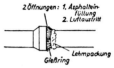
Vergießen einer Rohrmuffe

Darf zum Abdichten Zementmörtel benutzt werden?

Muffendichtungen aus Zementmörtel sind unzulässig, da sie bei Setzbewegungen ein Reißen der Muffen verursachen und außerdem ein Aufnehmen der Leitung ohne Beschädigung unmöglich machen.

Was versteht man unter Revisionsstücken und wo werden sie eingebaut?

Revisionsstücke sind Rohrstücke aus Gußeisen mit einer wasser- und geruchdicht verschließbaren Reinigungsöffnung. Sie sind in jeder Hauptleitung einer Hausentwässerungsanlage, möglichst nahe der Grundstücksgrenze (außerdem an stärkeren Krümmungen), anzuordnen. Der Einbau erfolgt in besonderen Revisionsschächten, die bei Gebäuden ohne oder mit kleinen Vorgärten im Keller, anderenfalls vor dem Haus anzulegen sind.

2.12.3 Revisionsschächte

Wie werden Revisionsschächte hergestellt?

erhalten 24 cm dicke Wandungen, werden mit Zementmörtel gemauert und innen gefugt. Querschnittsformen: rechteckig oder rund. Größere Schächte werden zweckmäßig mit durchgehender Fundamentplatte aus Beton hergestellt. Bei kreisförmigen Querschnitten können auch fertige Betonschachtringe verwendet werden. Nach Einbau des Revisionsstückes wird der Schachtboden bis in Höhe der Reinigungsöffnung mit einem Gefällebeton versehen, um gegebenenfalls ein Ablaufen des Wassers (z. B. bei Reinigungsarbeiten) zu ermöglichen.

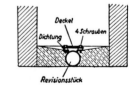

Schnitt durch Revisionsschacht

Besteigbare Schächte sollen eine lichte Weite von etwa 1,00 m besitzen. Bei tieferen Schächten ist oben eine Querschnittsverjüngung bis zur Einsteigeluke erlaubt. Die Steigeisenmauer wird immer lotrecht hochgeführt.

Schnitt durch oben verjüngten Schacht aus Betonschachtringen (DIN 4034) mit Steigeisen

Für *Schachtabdeckungen* finden je nach Beanspruchung Platten aus Stahlbeton, Stahl oder Gußeisen Verwendung.

Entwässerungsleitungen sollten möglichst vor der Herstellung der Fundamente in der Baugrube verlegt werden.

Draußen müssen sie in frostfreier Tiefe liegen; innerhalb von Gebäuden soll ihre Überdeckung einschl. Bodenbelag 25 bis 30 cm betragen, anderenfalls sind Muffenrohre aus Gußeisen zu verlegen.

Rohrleitungen werden unterhalb der Fundamente verlegt. Müssen sie aus zwingenden Gründen durch Mauern oder Bankette geführt werden, so sind die Leitungen gegen Druckbeanspruchung mit abdichtbaren Futterrohren zu schützen.

Sinkkästen, Abflüsse usw., die unterhalb der Straßenoberfläche liegen, sollten durch Rückstauventile (bei Hochwasser) verschließbar sein. Rückstausicherungen können auch behördlich vorgeschrieben werden.

Entwässerungsleitungen in angeschüttetem Boden werden gegen Absinken bzw. Durchbrechen mit einer Packlage aus Steinen oder einer Magerbetonschicht unterstützt.

2.12.4 Verbau von Rohrgräben (DIN 4124)

Bei der Aussteifung von Rohrgräben unterscheidet man:

a) den waagerechten Verbau (bei verhältnismäßig standfestem Boden) und
b) den senkrechten Verbau (bei nicht standfestem Boden).

Waagerechter Verbau

Aussteifung mit Saumbohlen: bei Rohrgrabentiefen bis 1,75 m und standfestem Boden. Lastfreier seitlicher Schutzstreifen mindestens 0,60 m.

Bohlenstärke: 5 cm.

Seitlicher Höchstabstand der Streben je nach Art und Durchmesser der Spreizen verschieden (DIN 4124). Es können Rundholzstreben oder verstellbare Stahlstreben mit Gewindespindeln verwendet werden.

Waagerechter Verbau bei geringer Tiefe

b) bei tieferen Gräben!

Verbau mit voller Verschalung (evtl. geringe Zwischenräume): bei tiefen Gräben oder weniger festen Böden. Bohlenstärke und seitlicher Abstand der Streben wie bei den Saumbohlen.

Mindestlänge der Brusthölzer: 3 Bohlenbreiten. Mindestanzahl der Streben je Brustholz: 2 Stück.

In tiefen Gräben werden Pritschen als Zwischenbühnen für das Herauswerfen der Erde auf besonders gesicherten Streben angelegt.

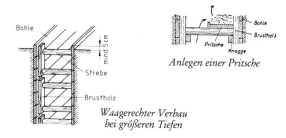

Waagerechter Verbau bei größeren Tiefen

Anlegen einer Pritsche

Eine weitere Methode des waagerechten Verbaues ist die Aussteifung mit Bohlen zwischen eingerammten breitflanschigen T-Trägern.

Wie wird senkrecht verbaut?

Senkrechter Verbau

Mit zunehmender Ausschachtungstiefe werden die Bohlen weiter in den Boden getrieben. Statt der Holzbohlen finden auch Stahl-Spundbohlen mit Nut und Feder Verwendung.

Senkrechter Verbau

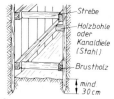

2.13 Abfangungen – Unterfangungen

2.13.1 Abfangungen

● **Was versteht man unter Abfangen?**

Mit Abfangen bezeichnet man bei Umbauarbeiten ein vorübergehendes Ab- bzw. Unterstützen von Wänden oder Bauteilen durch Balken, Rund- und Kanthölzer oder breitflanschige Träger.

● **Welche Stützarten sind üblich?**

Den jeweiligen Verhältnissen entsprechend (Art des Druckes oder Umbaues, Druckrichtung usw.) können die Stützen senkrecht, waagerecht oder schrägstehend angeordnet werden.

Das Ansetzen von Stützen unter Fensteröffnungen ist nicht zulässig.

● Wo dürfen keine Stützen stehen?

Lotrechte Abstützung

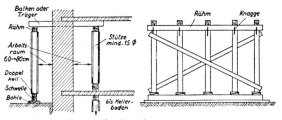

Doppelt angeordnete senkrechte Abstützung

● Wie wird senkrecht abgestützt?

Die Stützen werden einreihig (nur innen) oder doppelt (siehe Bild), häufig auch in Verbindung mit Schrägstützen, aufgestellt, gegen Einsinken in den Boden gesichert und mit Doppelkeilen angetrieben. Arbeitsräume freihalten!

Die waagerechte Abstützung

wird nach Abbruch eines Gebäudes innerhalb eines geschlossenen Häuserblocks zur Aussteifung der Baulücke angewandt. Die Steifen (Rundhölzer) müssen ungestoßen von Giebel zu Giebel reichen. Sie werden jeweils in Deckenhöhe oder vor Mittelwänden in waagerechter Lage verkeilt und durch Streben gesichert.

● Beschreibe die waagerechte Versteifung!

Waagerecht versteifte Baulücke

Schräg angeordnete Stützen

werden mit dem oberen Ende (je nach Belastung) ohne oder mit quer zur Steife befestigtem Kopfholz (s. Bild) auf Deckenhöhe in vorgestemmten Widerlagern angesetzt. Seitlicher Abstand etwa 2,00 m. Der Fuß ist in einer Treiblade oder auf einer untergelegten Schwelle anzukeilen. Keile gegen Abrutschen sichern!

● Wie wird eine schräge Abstützung ausgeführt?

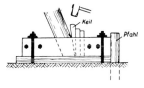

Ankeilen einer Stütze in einer Treiblade

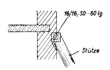

Oberes Ende einer Schrägstütze mit Kopfholz

Für kleinere Gebäude genügt eine Reihe Streben, bei mehreren Geschossen sind 2, evtl. 3 Stützen übereinander anzuordnen und miteinander durch waagerechte Streben (Zangen) zu verbinden.

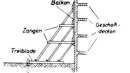

3fache Schrägstützen

● **Wann werden Abfangungen notwendig?**

Abfangungen sind erforderlich bei der Umgestaltung tragender Baukonstruktionen, beim nachträglichen Anlegen größerer Maueröffnungen und bei Unterfangarbeiten.

2.13.2 Nachträgliches Anlegen von Maueröffnungen

Wie werden Maueröffnungen nachträglich angelegt?

Über der auszubrechenden Öffnung wird zunächst auf einer Seite der Wand in Auflagerhöhe ein ausreichend tiefer Schlitz für die Aufnahme eines Trägers ausgestemmt. Anschließend wird derselbe im Zementmörtelbett verlegt und der darüber verbleibende Raum mit keilförmig behauenen Steinen ausgemauert oder nur mit reinem Zementmörtel ausgefugt. Die übrigen, zur Überdeckung der Öffnung notwendigen Träger werden danach von der anderen Wandseite aus in gleicher Weise eingezogen. Trägerlänge = lichte Öffnung + $2a + 2b$.

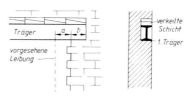

Nachträgliches Anlegen einer Maueröffnung

2.13.3 Unterfangungen

Was sind Unterfangarbeiten?

Mit Unterfangen bezeichnet man das nachträgliche Untermauern von tragenden Bauteilen (z. B. Wände oder Fundamente).

Wo finden sie Anwendung?

Unterfangarbeiten werden notwendig bei Tiefergründung eines bestehenden Gebäudes, z. B. beim nachträglichen Unterkellern oder beim Anbau eines Hauses mit tiefer liegenden Fundamenten.

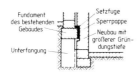

Unterfangung beim Anbau eines Gebäudes mit größerer Gründungstiefe

Ausschachtung und Untermauerung dürfen nicht zusammenhängend, sondern müssen abschnittweise (siehe Bild) ausgeführt werden. Man beginnt an den Ecken und mauert nacheinander die Felder, a, b und c aus (Stockverzahnung lassen!). Feldbreite bis 1,25 m. Erforderliche Steinfestigkeit für das Mauerwerk $\geq 12\,MN/m^2$.

Wie werden sie ausgeführt?

Abschnittweises Unterfangen eines Fundamentes

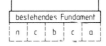

Zur Vermeidung von Setzbewegungen wird die Unterfangung mit Zementmörtel und möglichst dünnen Lagerfugen ausgeführt. Steine gut annässen! Die letzte Schicht unter dem alten Fundament ist mit keilförmigen Steinen in sattem Mörtelbett gut anzutreiben oder mit erdfeuchtem Beton auszustampfen.

Wodurch vermeidet man Setzbewegungen?

2.14 Besondere Baugründungen – Baugrubenentwässerung

2.14.1 Besondere Baugründungen

Besondere Baugründungen werden notwendig, wenn tragfähiger Boden nicht in ausreichendem Maße oder nur in tiefer gelegenen Schichten vorhanden ist oder wenn Sicherungen gegen bergbauliche Einwirkungen erforderlich sind.

- **Wann werden besondere Baugründungen erforderlich?**

Den jeweiligen Verhältnissen entsprechend finden verschiedene Verfahren Anwendung:

- **Nenne verschiedene Verfahren!**

a) Flachgründungen:
   breite Stahlbetonfundamente,
   Stahlbetonplatten,
   Schwellroste;

b) Tiefgründungen:
   Pfahlroste,
   Pfahlgründungen,
   Brunnengründungen;

c) Bodenverfestigung:
   Sand- bzw. Kiesschüttung,
   Versteinerung des Baugrundes.

- Was versteht man unter Flachgründungen?
- Wann sind Gründungen auf Stahlbetonplatten vorzunehmen?
- Beschreibe Schwellrostgründungen!

Flachgründungen

erfolgen bei nicht ausreichender Bodenfestigkeit. Die Gebäudelast wird gleichmäßig auf eine größere Grundfläche übertragen.

Stahlbetonplatten sind bei ungleichmäßig festem Grund, bei Grundwasserdruck und bei Gründungen auf Fließ- oder Flugsand anzuordnen. Bewährt haben sie sich auch in Bergbausenkungsgebieten. Zum Schutz der Stahleinlagen muß ein Magerbetonunterboden ausgeführt werden.

Schwellroste (Roste aus Holzbalken) eignen sich nur für Gründungen in wasserführenden Bodenschichten. Ihre Oberkanten müssen mindestens 30 cm unter dem niedrigsten Grundwasserspiegel liegen (Fäulnisgefahr!).

Je nach der Gründungsbreite werden in die mit Spundwänden geschützten Fundamentgräben 2 oder mehr Längsbalken (Abstand bis 1,00 m) auf querliegenden Schwellen (Abstand bis 1,50 m) verkämmt. Die Felder zwischen den Balken werden mit Kies ausgestampft und mit einem Bohlenbelag abgedeckt.

- Wann werden Tiefgründungen notwendig?
- Wie erfolgt die Übertragung der Gebäudelast?

Tiefgründungen

sind vorzunehmen, wenn tragfähige Bodenschichten erst in größeren Tiefen anstehen.

Die Gebäudelast wird hierbei entweder von Holz- oder Stahlbetonpfählen oder durch ausbetonierte Brunnen auf festes Erdreich übertragen. Ist guter Baugrund nicht erreichbar, sind so viele Pfähle anzusetzen, daß der dadurch verdichtete Boden in Verbindung mit dem seitlichen Reibungswiderstand der Pfähle den Druck aufnehmen kann.

- Wie werden Pfahlroste hergestellt?

Pfahlroste

sind Schwellroste, bei denen die Längsbalken von eingerammten Holzpfählen unterstützt werden (30 cm unter niedrigstem Grundwasserspiegel). Abstände wie beim Schwellrost.

Pfahlrostquerschnitt

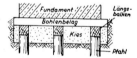

- Was versteht man unter Pfahlgründungen?
- Worauf ist bei Verwendung von Holzpfählen zu achten?

Statt der Schwellroste werden heute vielfach Stahlbetonbalken oder -platten direkt über den nach einem Versatzplan eingerammten bzw. betonierten Pfählen angeordnet. Solche Gründungen bezeichnet man allgemein mit *Pfahlgründungen*.

Holzpfähle sind nur unter Wasser beständig. Sie müssen entrindet sein und werden mit dem Zopfende (dünnes Ende) nach unten eingerammt. Ihre Köpfe sind gegen Absplittern mit Stahlreifen zu sichern. Bei steinigen Böden sind Stahlspitzen zweckmäßig.

Betonpfähle finden über und unter Wasser Verwendung. Man unterscheidet:
Rammpfähle = Betonfertigpfähle und
Ortpfähle   = im Erdreich mit Hilfe herausziehbarer Schalungen betoniert.

• Welche Arten von Betonpfählen unterscheidet man?

Pfahlgründung

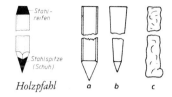

a) *Rammpfahl für die Druckübertragung auf festem Grund;*
b) *konischer Rammpfahl für die Bodenverdichtung; tragfähiger Grund nicht erreichbar;*
c) *Ortpfahl: wegen unebener Seitenflächen auch bei nicht erreichbarem Grund geeignet.*

Bei der *Brunnengründung* werden an den statisch wichtigsten Punkten eines Fundamentes (Ecken, Kreuzungen usw.) Schachtringe aus Stahlbeton oder Mauerwerk bis auf tragfähigen Baugrund abgesenkt, mit Beton ausgefüllt und durch Stahlbetonbalken miteinander verbunden. Auf diesen wird das Mauerwerk angelegt.

• Was sind Brunnengründungen?

Absenken eines Stahlbetonbrunnens (mehrere Ringe) übereinander

Bodenverfestigungen

Sand- bzw. Kiesschüttungen finden bei Schlamm- und Moorböden oder bei Gründungen in betonzerstörendem Grundwasser Anwendung, wenn tragfähiger Grund in geringer Tiefe vorhanden ist.

Zwischen Spundwänden wird nach Entfernen der Schlammschicht der Sand bzw. Kies lagenweise eingebracht und gestampft. Darüber werden die Fundamente angelegt.

Lockere Sand- oder Kiesböden können durch Einpressen von Zementbrühe oder besonderen chemischen Mitteln künstlich versteinert werden. Das Verfahren ist auch nachträglich bei bereits bestehenden Bauwerken anwendbar.

• Beschreibe Bodenverfestigungen:
a) durch Sand- bzw. Kiesschüttung,

b) durch Versteinerung des Baugrundes!

2.14.2 Baugrubenentwässerung

Was versteht man unter Baugrubenentwässerung?

Hierunter versteht man die Ableitung von Grund- oder Tageswasser aus Baugruben.

● Welche Entwässerungsverfahren gibt es?

Je nach Bodenbeschaffenheit und Wasserandrang finden folgende Verfahren Anwendung:

offene Wasserhaltung;

geschlossene Wasserhaltung;

Senkung des Grundwasserspiegels.

Beschreibe:
a) die offene Wasserhaltung,

Offene Wassserhaltung

Baugrube nicht durch Spundwände gesichert, Wasserandrang mäßig. Das anfallende Wasser wird in einen außerhalb der Fundamente angelegten Pumpensumpf (Brunnen) geleitet und ausgepumpt.

b) die geschlossene Wasserhaltung,

Geschlossene Wasserhaltung

Baugrube mit Spundwänden umschlossen, Wasserandrang mäßig, Ableitung wie bei der offenen Wasserhaltung.

c) die Senkung des Grundwasserspiegels!

Senkung des Grundwasserspiegels

Wasserandrang stark. Außerhalb der Baugrube werden in ausreichender Anzahl Brunnen angelegt, aus denen das Grundwasser gepumpt wird. Der Spiegel muß bis unterhalb der Baugrubensohle gesenkt werden.

2.15 Nachträgliches Trockenlegen von Mauerwerk

Wie werden Wände nachträglich gegen aufsteigende Feuchtigkeit isoliert?

Das nachträgliche *Einziehen waagerechter Sperrschichten* in bestehenden Wänden wird wie bei den Unterfangarbeiten abschnittsweise (mit Zwischenfeldern) vorgenommen. Nach Ausstemmen einer Schicht des Mauerwerks wird in dem gesäuberten (mit Druckluft ausblasen!) Schlitz ein der Abschnittlänge (etwa 1,00 m) entsprechendes Stück Sperrpappe verlegt. Der darüber verbleibende Hohlraum wird mit Zementmörtel fest ausgefugt oder mit keilförmig behauenen Steinen ausgemauert. Auf ausreichende Überdeckung der Sperrpappebahnen an den Stößen ist zu achten.

Wie werden feuchte Mauern von innen her trockengelegt?

Feuchte Mauern (keine oder beschädigte waagerechte Sperrschicht) können *mit Hilfe von Falzbaupappe* (z. B. „Kosmos") *von innen her* trockengelegt werden.

Kosmos-Falzbaupappe wird aus wasserdichter Sperrpappe (Bahnbreite 1,00 m) in 2 Ausführungen hergestellt:

Beschreibe die Kosmos-Falzbaupappe!

KOSMOS-NORMAL
für Ziegelmauerwerk

KOSMOS-HERKULES
für Bruchsteinmauerwerk

Kosmos-Falzbaupappe

Mit der Falzbaupappe wird zwischen der feuchten Wand und dem Innenputz ein Luftkanalsystem geschaffen. Die in den Hohlfalzen zirkulierende Luft entzieht der Mauer allmählich die Feuchtigkeit.

Wodurch trocknen die Wände aus?

Anbringen der Kosmos-Falzbaupappen:

Evtl. vorhandener Putz ist vor Anbringen der Pappe zu entfernen. Die Falzbaupappe wird mit 4 bis 8 cm langen verzinkten Nägeln und einer Verspannung aus verzinktem Pliesterdraht an der Wand befestigt. Am Fußboden, zwischen den einzelnen Bahnen und etwa 10 cm unter der Decke sind waagerechte Querkanäle zu lassen. Der obere Querkanal muß gegebenenfalls in die Mauer gestemmt werden; der Luftaustritt führt nach außen.

Wie werden Kosmos-Falzbaupappen angebracht?

Der Putz wird in 2 Lagen angetragen:
erste Lage: rauher Bewurf mit Kalkzementmörtel,
zweite Lage: glatter Kalkmörtelputz.

Für die Befestigung der Fußleiste müssen auf dem Bodenbelag eine Anschlaglatte oder eine Reihe Dübelsteine in Putzstärke angebracht werden.

Wie werden sie verputzt?

Abdichtung durchlässiger Wände von außen

Die Befestigung der Pappe erfolgt wie oben angegeben. Die Falze werden für den Lufteintritt unten offen gelassen und der Putz als Wassernase ausgebildet (siehe Bild). Unter dem Dachvorsprung bleibt ein etwa 1,5 cm breiter waagerechter Schlitz für den Luftaustritt (nicht zuzuputzen!).

Wie werden durchlässige Wände von außen mit Falzbaupappe gedichtet?

Verputzt wird in 2 Lagen:
erste Lage: rauher Zementmörtelbewurf (1:2);
zweite Lage: 2 cm Edelputz.

Abdichtung durchlässiger Außenwände
a) mit Kosmos-Herkules
b) mit Kosmos-Normal

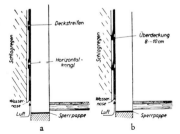

Nenne eine andere Herstellungsmethode für hinterlüftete Fassaden!

Hinterlüftete Fassaden
können auch mit Faserzementplatten, Wärmedämmplatten oder verputztem Rippenstreckmetall „F" (s. Abschnitt „Putzarbeiten") auf einer 4 cm dicken, senkrecht angebrachten Verlattung hergestellt werden.

Hinterlüftete Fassade mit Rippenstreckmetall

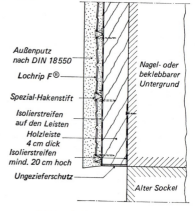

2.16 Ringanker und Ringbalken (DIN 1053)

Was versteht man unter Ringankern?

Ringanker
sind Stahlbetonbalken, die ohne Unterbrechung ringförmig über Außen- und durchgehenden Querwänden angeordnet werden.

Sie müssen angebracht werden:

● Wann sind sie anzuordnen?

a) bei Bauten mit mehr als 2 Vollgeschossen oder Bauten, die länger als 18,0 m sind.
b) bei Wänden mit besonders großen oder vielen Öffnungen;
c) wenn die Baugrundverhältnisse es erfordern (z. B. in Bergbausenkungsgebieten).

Wo müssen sie liegen?

Ringanker sind in Höhe jeder Deckenlage oder unmittelbar darunter anzubringen; die Vereinigung mit Massivdecken oder Fensterstürzen aus Stahlbeton ist zulässig. Sie können aus Stahlbeton, bewehrtem Mauerwerk, Stahl oder Holz hergestellt sein. Mindestzugkraft (Gebrauchslast) 30 kN.

● Wie werden sie ausgeführt?

Ringanker aus Stahlbeton sollen etwa 15 cm hoch sein und in 2 sich schräg gegenüberliegenden Querschnittsecken mit je 1 Bewehrungsstahl $\varnothing$ 10 mm erstellt werden (s. Bild). Evtl. vorkommende Stöße der Stahleinlagen sind sachgemäß nach DIN 1045 zu überdecken (s. „Stahlbetonarbeiten").
Ringanker aus Mauerwerk müssen gleichwertig bewehrt werden. Stahleinlagen bis $\varnothing$ 8 mm, Lagerfugendicke bis 2,0 cm.
Ringanker wirken zusammen mit der Massivdecke.

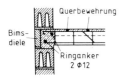
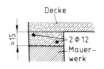

*Stahlbetonrippendecke mit
Hohlkörpern (DIN 4158)
aus Bimsbeton*

*Ringanker,
mit Deckenbeton
vereinigt*

Ringbalken (DIN 1053)
bewirken die seitliche Aussteifung von Wänden. Sie werden auf Zug und Biegung beansprucht und sind erforderlich, wenn ein Zusammenwirken mit der Decke wie bei Ringankern nicht möglich ist, z. B. bei Holzdecken oder wenn zwischen Wand und Massivdecke eine Gleitfuge angeordnet ist.

Was bewirken Ringbalken?

Wann sind sie erforderlich?

Ringbalken erhalten eine Balkenbewehrung mit 4 Bewehrungsstäben und Bügeln. Maße und Bewehrung sind jeweils statisch zu ermitteln.

Wie werden sie bewehrt?

2.17 Trennfugen

Zum *Ausgleich von Spannungen*, die im Baukörper Risse hervorrufen, sind längere Bauwerke nach DIN 1053 mit durchgehenden Trennfugen in kleinere Abschnitte aufzuteilen. Bei Flachdächern (Warmdach) erfolgt der Ausgleich über Gleitfugen zwischen Mauerwerk und Dachbeton.

Warum werden Trennfugen angelegt?

Spannungen im Mauerwerk können entstehen:
a) durch Größenveränderungen der Bauteile infolge starker Temperaturschwankungen;
b) durch Schwinden der Baustoffe (z. B. bei Mörtel und Beton);
c) durch Setzen des Baugrundes;
d) bei zeitlich verschobener Ausführung der Bauarbeiten (z. B. Anbau).

Wodurch können Spannungen im Mauerwerk entstehen?

Der Trennfugenabstand richtet sich nach Art bzw. Stärke der Beanspruchung und dem verwendeten Baustoff (10 bis 40 m). Bei Verarbeitung von Leichtbetonsteinen soll das Zwischenmaß 35 m nicht überschreiten.

● In welchen Abständen sind Trennfugen anzuordnen?

Entsprechend den auftretenden Spannungen unterscheidet man:
a) *Setzfugen;*
b) *Dehnungsfugen;*
c) *Gleitfugen.*

Welche Trennfugen unterscheidet man?

2.17.1 Setzfugen

Wo finden Setzfugen Anwendung?

Setzfugen finden vor allem in Bergbausenkungsgebieten und beim Anbau an bereits länger stehende Gebäude Anwendung.

Wie werden sie ausgeführt?

Sie müssen in voller Höhe (einschl. Fundamente) senkrecht durch die ganze Bautiefe reichen. Fugenbreite etwa 3 mm. Eine Lage unbesandeter Sperrpappe als Fugenfüllung oder Fugenbänder aus Gummi erleichtern die Setzbewegungen. Die Fugen werden mit einseitig am Mauerwerk befestigten Blechstreifen abgedeckt.

Verschiedene Ausführungen von Setzfugen

2.17.2 Dehnungsfugen

Wo werden Dehnungsfugen angeordnet?

verlaufen wie die Setzfugen quer durch das ganze Bauwerk. Sie werden angeordnet:

a) zwischen Wohnungstrennwänden;
b) zwischen dopppelt angelegten Querwänden oder Doppeldeckenbalken und Doppelpfeilern; } bevorzugt
c) unmittelbar neben Wandanschlüssen;
d) wenn nicht anders möglich, in gerader Mauer.

Zweischalige Außenwände erhalten darüber hinaus in der Außenschale Dehnungsfugen, um die freie Beweglichkeit dieser Mauerschale zu gewährleisten:

– an den Gebäudeecken (senkrecht),
– bei längeren Wänden im Abstand von etwa 8 m (senkrecht),
– bei großen Maueröffnungen in Verlängerung der Tür- bzw. Fensterleibungen (senkrecht),
– unter Abfangungen, Balkonen usw. (waagerecht).

Wonach richtet sich die Fugenbreite?

Die Fugenbreite muß dem jeweiligen Klima, der Baulänge und dem verwendeten Material entsprechen (bis 10 cm).

Wie werden sie ausgeführt?

Dehnungsfugen können offen bleiben (z. B. zwischen Wohnungstrennwänden) oder mit elastischen Spezialdehnungsfugenplatten ausgefüllt werden (besonders bei b, c und d). Die Verkleidung der sichtbaren Fugen erfolgt wie bei den Setzfugen durch Blechstreifen oder Kunststoff-Dehnungsfugenbänder.

● Wie werden wasserdichte Dehnungsfugen hergestellt?

Für den *wasserdichten Verschluß* von Dehnungsfugen (bei Kanälen, Staumauern, Kläranlagen, Dachflächen usw.) werden bei geringen Anforderungen Bitumenvergußmassen, bei größerer Beanspruchung dehnfähige Bitumenkitte, z. B. IGAS-DURUM oder IGAS-PLASTICUM (Erzeugnisse der Sika

GmbH) verwendet. Größte Sicherheit bei starken Dehnungen und hohem Wasserdruck bietet der Einbau von chemisch unempfindlichen Kunststoff-Dehnungsfugenbändern (z. B. Sika-Fugenband).

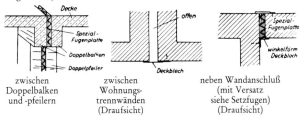

| zwischen Doppelbalken und -pfeilern | zwischen Wohnungstrennwänden (Draufsicht) | neben Wandanschluß (mit Versatz siehe Setzfugen) (Draufsicht) |

Verschiedene Ausführungen von Dehnungsfugen

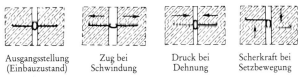

Ausgangsstellung (Einbauzustand) — Zug bei Schwindung — Druck bei Dehnung — Scherkraft bei Setzbewegung

Sika-Fugenband: Verformung des Mittelschlauches bei verschiedenartiger Beanspruchung

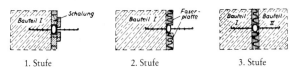

1. Stufe — 2. Stufe — 3. Stufe

Einbau des Sika-Fugenbandes

An Stößen und Kreuzungen lassen sich Kunststoffugenbänder auf der Baustelle leicht schweißen.

2.17.3 Gleitfugen

Wo finden Gleitfugen Anwendung?

werden bei Warmdächern (Stahlbeton-Flachdächer mit aufgeklebter Isolierung und Dachhaut) zwischen Wandmauerwerk und Unterseite Dachbetondecke angeordnet. Infolge Temperatureinwirkung verändert sich die Größe der Dachfläche und verursacht bei fehlenden Gleitfugen Spannungsrisse im Mauerwerk.

Ausführung: Die Betondecke wird nur an einer zentralen Stelle des Gebäudes mit dem tragenden Mauerwerk durch Anbetonieren verbunden (Festpunkt). Zwischen allen übrigen Wänden und der Decke werden Gleitfugenbänder angeordnet (doppellagige kräftige Kunststoffolie in der Breite des Mauerwerks), so

Wie werden sie ausgeführt?

daß sich die Dachplatte nach den freien Seiten hin verschieben kann (Bewegungsfuge zwischen den Kunststoffolien!). Zur Vermeidung von Rissen im Putz soll dieser an der Bewegungsfuge eingeschnitten werden.

2.18 Gerüste (DIN 4420 – Arbeits- und Schutzgerüste)

Nach welchen Grundsätzen baut man Gerüste?

Gerüste sind nach den Regeln der Technik einwandfrei herzustellen, auf- und abzubauen. Sie müssen ausreichend tragfähig und so beschaffen sein, daß weder die dort Beschäftigten noch die Verkehrsteilnehmer wesentlich belästigt oder behindert werden.

Gerüste über 7 m Höhe, die nicht für baugenehmigungspflichtige Arbeiten benutzt werden, müssen vor ihrer Errichtung der Bauaufsichtsbehörde gemeldet und statisch berechnet werden.

2.18.1 Einteilung der Gerüste nach ihrer Verwendung

Unterteile die Gerüste nach ihrer Verwendung!

Arbeitsgerüste

sind Gerüste, von denen aus Arbeiten durchgeführt werden können; sie haben außer den beschäftigten Personen die Werkzeuge und die erforderlichen Baustoffe zu tragen.

Schutzgerüste

Fanggerüste (Sicherung gegen Absturz und herabfallendes Werkzeug bzw. Material), ab 5 m Höhe. Erstes Gerüst bei 5 m Absturzhöhe (Ausschachtung mit berücksichtigen!), alle weiteren Gerüste mit höchstens 4 m Abstand darüber.

Mindestbreite (b) der Gerüste	1,0 m	1,3 m	1,8 m
für Höhen (h) bis	2,0 m	3,0 m	4,0 m

senkrecht über dem letzten Gerüstbelag.

Größtzulässiger waagerechter Abstand zwischen Gerüst und Absturzkante 0,30 m.

Höhe der Schutzwand mindestens 1,0 m (Einzelheiten hierzu siehe unter Seitenschutz).

Schutzdächer (Schutz gegen herabfallendes Material bzw. Werkzeug – Einzelheiten siehe dort!).

Traggerüste

Schalungs- oder Lehrgerüste, Montage-, Lagergerüste. (Für Traggerüste ist eine spezielle Norm in Vorbereitung.)

2.18.2 Gruppeneinteilung der Gerüste nach ihrer Belastung

Arbeitsgerüste werden nach ihrer Belastung in 4 Gruppen eingeteilt:

Gruppeneinteilung der Arbeitsgerüste

1	2	3
Gerüstgruppe	flächenbezogene Ersatzlast kN/m²	Mindestbreite der Belagfläche*⁾ m
I	1,00	0,50
II	2,00	0,60
III	3,00	0,95
IV	>3,00	0,95

*⁾ Einschließlich Bordbrettdicke.

Nach welchen Gesichtspunkten werden Gerüste eingeteilt?

Einzellasten

Gerüstgruppe	Einzellast*⁾ kN
I	1,0
II	1,0
III	1,5
IV	1,5

*⁾ Die Einzellast ist in ungünstigster Stellung anzusetzen und darf auf eine quadratische Grundfläche von 0,20 m Seitenlänge verteilt werden.

Bei der Auslegung des Gerüstes ist die Ersatzlast oder die Einzellast einzusetzen. Entscheidend ist der ungünstigere Wert.

Unter Ersatzlast ist die tatsächliche maximale Gesamtbelastung innerhalb eines Gerüstfeldes zu verstehen, die sich aus den jeweiligen vorhandenen Lasten (Personen + Material + Werkzeug) ergibt.

Was versteht man bei Gerüsten unter Ersatzlast?

Auch das Eigengewicht der Gerüstbauteile ist zu berücksichtigen.

Größere Einzellasten und besondere Belastungsarten (Steinpakete, Kranlasten, Hebezeuge, Verkleidungen an Gerüsten durch Planen usw.) sind nur bei Gerüsten der Gruppen III und IV zulässig und erfordern eine besondere statische Berechnung des Gerüstes.

Die Gerüste der Gruppe IV sind immer statisch nachzuweisen.

Schutzgerüste müssen mindestens wie Gerüste der Gruppe I belastbar sein.

Wie dürfen Schutzgerüste belastet werden?

(Näheres über die Belastung von Gerüsten s. Normblatt DIN 4420 und Merkheft „Arbeits- und Schutzgerüste" der Bau- und Berufsgenossenschaften.)

Welche Anforderungen an Gerüstbauteile sind zu stellen:

a) bei Verwendung von Stahl?

2.18.3 Bauliche Durchbildung der Gerüste (und Anforderungen an Gerüstbauteile)

Vorgefertigte Gerüstbauteile aus Stahl müssen in ihren Mindestabmessungen den Angaben des Normblattes (DIN 4420) entsprechen und einen ausreichenden Korrosionsschutz haben. Schweißarbeiten an Gerüstbauteilen aus Stahl sind nur dann zulässig, wenn mindestens der „Kleine Befähigungsnachweis" nach DIN 4100 Beiblatt 2, Ausg. Dez. 1968, mit Erweiterung auf Stahlrohrbau oder auf Stahlleichtbau vorhanden ist.

b) bei Verwendung von Holz?

Holzbauteile müssen mindestens der Güteklasse II nach DIN 4074 Bl. 1 und Bl. 2, Ausg. Dez. 1958, entsprechen. Gerüststangen und Riegel müssen einstämmig und entrindet sein. Gerüstbretter und -bohlen müssen vollkantig, an ihren Stirnenden gegen Aufreißen gesichert und mindestens 3 cm dick sein.

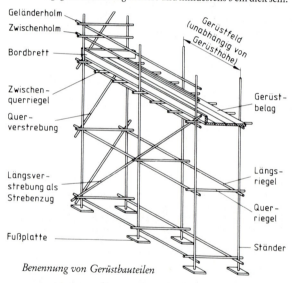

Benennung von Gerüstbauteilen

Verstrebungen

Wie werden Gerüste verstrebt?

sind zur Aufnahme der waagerechten Kräfte, die am Gerüst wirksam sind, notwendig. Sie müssen an den Kreuzungspunkten mit den senkrechten und waagerechten Konstruktionsgliedern fest verbunden werden und dürfen erst beim endgültigen Abbau entfernt werden (Standsicherheit beim Abbau beachten!). Standgerüste sind über die ganze Höhe und Länge durch Strebenkreuze oder entgegegesetzt wirkende Strebenzüge zu sichern. Jedem Strebenzug dürfen höchstens fünf Gerüstfelder zugeteilt werden.

Verankerung

Gerüste müssen verankert werden, wenn sie freistehend nicht standsicher sind. Es dürfen nur der Bauart des Gerüstes und des Bauwerks entsprechende, ausreichend feste und sichere Verankerungen vorgenommen werden (z. B. an Betondecken, belasteten Pfeilern, Stahlstützen usw.).

Unzulässig sind Befestigungen an eingeschlagenen Mauerhaken, Dachrinnen, Fallrohren, Blitzableitern, Fensterrahmen, nicht tragfähigen Fensterpfeilern usw.

Nur Verankerungsmittel, bei denen durch Prüfung der Nachweis erbracht ist, daß sie für den vorgesehenen Zweck die erforderlichen Ankerkräfte übertragen können, sind zugelassen.

Erforderliche Ankerkräfte (horizontal) für die Regelausführung der Standgerüste (keine Leitergerüste). Siehe auch Abb.!

parallel zum Bauwerk $P_{\parallel} = \pm 1{,}7$ kN/Anker

rechtwinklig zum Bauwerk $P_{\perp} = \pm 2{,}5$ kN/Anker

bei Gerüsthöhen über 15 m
an offenen Bauwerken
(über ⅔ der Fassade Öffnungen) $P_{\perp} = \pm 5$ kN/Anker

(Näheres über Verankerungen s. DIN-Blatt und „Merkblatt für das Anbringen von Dübeln zur Verankerung von Fassadengerüsten", Carl-Heymanns-Verlag, 5 Köln, Gereonstr. 18–32.)

Welche Gerüste müssen verankert werden?
Welche Verankerungen sind sicher?
Welche Verankerungen sind unzulässig?
Welche Ankerkräfte sind aufzunehmen?

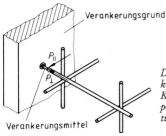

Darstellung der Ankerkräfte (Die dargestellten Kräfte können sowohl in positiver als auch in negativer Richtung auftreten.)

Gerüstbelag

Gerüstbohlen sind dicht aneinander und so zu verlegen, daß sie weder wippen noch ausweichen können. Ihr Querschnitt richtet sich nach Belastung und Stützweite (Tabelle). Jede benutzte Gerüstlage ist voll auszulegen. Gerüstbrettstöße müssen der Abbildung entsprechend oder mit 2 Querriegeln ausgeführt werden (keine „Mausefallen"!).

Wie ist der Gerüstbelag zu verlegen?

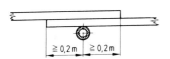

Auflagerung der Gerüstbelagteile

Zulässige Stützweiten in m für Gerüstbretter und -bohlen

Brett- oder Bohlenbreite cm	Gerüst- gruppe	Brett- oder Bohlendicke cm				
		3	3,5	4	4,5	5
		Zulässige Stützweite m				
20	I und II	1,25	1,75	2,25	2,75	3,00
	III*)	0,75	1,00	1,50	1,75	2,00
24	I und II	1,50	2,00	2,50	3,00	3,25
	III*)	1,00	1,25	1,75	2,00	2,50
28	I und II	1,75	2,25	2,75	3,00	3,50
	III*)	1,00	1,50	2,00	2,50	3,00

*) Gilt nicht für Einzelgewichte > 150 kg

Wann ist ein Seitenschutz erforderlich?

Seitenschutz

ist erforderlich bei genutzten Gerüstbelägen (Arbeits- und Fanggerüste), die über Verkehrswegen oder Gewässern oder mehr als 2 m über dem Boden liegen, ebenso bei Öffnungen in diesen Gerüstbelägen.

Woraus besteht der Seitenschutz?

Der Seitenschutz besteht aus Geländerholm, Zwischenholm und Bordbrett (gegen unbeabsichtigtes Lösen bzw. Kippen gesichert). Bei Schutzgerüsten ist auch eine schräge Schutzwand zulässig.

Welche Ausführungen sind möglich?

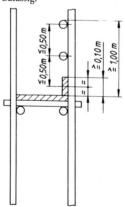

Seitenschutz bei Arbeits- und Fanggerüsten

Mögliche Ausführungen:

a) senkrecht:

Geländerholm und Zwischenholm Rundholz ∅ ≧ 8 cm oder Stahlrohr mindestens der Gruppe A oder bei einem Pfostenabstand bis 2 m Gerüstbohlen mit einem Mindestquerschnitt 15 × 3 cm.

Bordbretter-Mindestquerschnitt 10 × 3 cm.

Werden ausreichend tragfähige Netze oder Geflechte mit höchstens 10 cm Maschenweite verwendet, genügen Geländerholm und Bordbrett.

b) schräg (bei Schutzgerüsten):
geschlossene Schutzwand in der gleichen Dicke, wie sie der Gerüstbelag hat.
(Siehe hierzu auch die Abbildungen! Erklärungen zu h und b im Abschn. „Schutzgerüste".)
Bei mehr als 0,30 m Abstand zwischen Gerüstbelag und Bauwerk, ist auch auf dieser Gerüstseite ein Seitenschutz erforderlich.

Wann ist auf beiden Gerüstseiten ein Seitenschutz erforderlich?

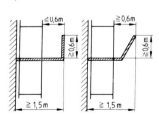

Belagbreite und Seitenschutz bei Fanggerüsten

Schutzdächer

sollen in ihrer Breite den gegebenen Verhältnissen angepaßt werden. Mindestbreite, waagerecht gemessen, 1,5 m. Bei Standgerüsten müssen die Abdeckungen das Gerüst waagerecht um mindestens 0,6 m überragen. Mindesthöhe der Bordwand = 0,60 m.

Was ist bei Schutzdächern zu beachten?

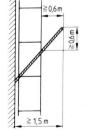

Schutzdächer mit Bordwand, Abmessungen

Geneigte Schutzdächer, Abmessungen

295

Welche Sicherheitsmaßnahmen sind bei Leitern notwendig?	**Leitern** (Metall oder Holz) sind gegen Ausgleiten, Abrutschen, Umkanten, Umstürzen, Schwanken und Durchbiegen zu sichern. Sie müssen als Steigeleitern mindestens 1 m über den Austritt hinausragen (keine behelfsmäßigen Verlängerungen!).
Wie groß ist der Anstellwinkel bei Leitern?	**Anlegeleitern** nur an sichere Stützpunkte anlehnen! Anstellwinkel etwa 70°.
Was versteht man unter Leitergängen?	**Leitergänge** sind fest mit dem Gerüst oder Bauwerk verbundene Steigeleitern (senkrecht oder schräg). Abstand der Befestigungspunkte maximal 2 m. Leitergänge zur Baustoffbeförderung dürfen in einer Länge höchstens durch 2 Gerüstlagen reichen. Leitern müssen nach Arbeitsschluß gegen ein Besteigen durch Unbefugte abgesichert werden. (Näheres s. „Unfallverhütungsvorschrift Leitern und Tritte".)

2.18.4 Gerüste üblicher Bauart

Beschreibe die wichtigsten Gerüstbauarten:

a) Stangengerüst!

Stangengerüste
sind ein- oder mehrreihige Gerüste aus Rundholzstangen, die mit Ketten, Rüstdrähten (Drahtbindelitzen), Drahtseilen oder Gerüsthaltern miteinander verbunden werden. Stangengerüste sind als Arbeits- und Schutzgerüste zugelassen.

Ständer und Querriegelabstände für Stangengerüste

Gerüstgruppe	Größter Ständerabstand l [1)] m	Größter Querriegelabstand m
I	4,00	1,50
II	3,00	1,00
III	2,50	1,00 [2)]

[1)] Bei einfeldigen Gerüsten verringert sich der Ständerabstand auf $0,8 \cdot l$
[2)] 0,75 m für Bretter 20 cm × 3 cm

Bauliche Einzelheiten:

Ständer: An der Verbindung mit dem obersten Längsriegel $\varnothing \geq 8$ cm. Ständer sind mindestens 1 m tief und leicht zum Bauwerk geneigt einzugraben sowie gegen Einsinken zu sichern. Ist ein Eingraben nicht möglich, so ist der Ständerfuß durch Bohlen, Kanthölzer, Verstrebungen usw. unverschieblich festzulegen. Fässer, Eimer und lose Steine sind als Ständerfüße unzulässig.

Bei der Verlängerung von Ständern muß die Übergreifungslänge mindestens 2 m betragen. Übergreifungsstelle zweimal verbinden, fest verkeilen und konstruktiv gegen Verschieben sichern!

Längsriegel: An der Bindung mit dem Ständer $\varnothing \geq 11$ cm. Unterster Längsriegel höchstens 4,5 m über dem Fußpunkt des Gerüstes. Höhenabstand der Längsriegel untereinander maximal 4 m. Stöße von Längsriegeln müssen immer an einem Ständer liegen und 2mal verbunden sein. Mindestüberdeckung 1 m. Die Belastung überkragender Längsriegel ist unzulässig. Längsriegel verbleiben bis zum Abrüsten.

Querriegel: Sie sind gegen Rollen bzw. Verschieben zu sichern. Durchmesser ≥ 10 cm. Unterster Querriegel höchstens 4,5 m über dem Fußpunkt des Gerüstes. Höhenabstand der Querriegel untereinander maximal 4 m. Bei einreihigen Stangengerüsten: Auflagerlänge auf dem Mauerwerk mindestens 12 cm. Nicht tragfähige Bauteile dürfen als Auflager nicht verwendet werden (keine Steinstapel!)

Verbindungsmittel: Zulässig sind Gerüstketten, Rüstdrähte (Drahtbindelitzen), Drahtseile oder Gerüsthalter.

Richtig:
Kettenbindung mit
$\perp$ *-Eisenschloß*

Verstrebung: Rundholzstangen $\varnothing \geq 8$ cm am Zopfende. Bei zweireihigen Gerüsten, bei denen die Ständer nicht eingegraben sind, ist jedes zweite Ständerpaar, höchstens 2,5 m über dem Fußpunkt beginnend, zusätzlich in Querrichtung zu verstreben.

Verankerung: Der waagerechte und lotrechte Abstand der Verankerungen darf nicht größer als 6 m, der lotrechte bei Randständern nicht größer als 4 m sein. Verankerungen sind versetzt anzuordnen. Oberste Verankerung nicht tiefer als 1,5 m unter der obersten Gerüstlage! (Siehe hierzu auch Abschn. „Verankerung".)

Bockgerüste

sind Gerüste, bei denen der Gerüstbelag mittelbar über Längs- und/oder Querriegel oder unmittelbar auf Gerüstböcken liegt.

Die Gerüstböcke müssen in der Lage sein, die lotrechten und waagerechten Lasten einwandfrei aufzunehmen.

b) Bockgerüste!

Bockgerüste sind nur auf sicherer Unterlage aufzustellen (offene Balkenlagen usw. dicht abdecken).

Mehr als 2 Böcke dürfen nicht übereinandergestellt werden. Zulässige Gesamthöhe bis 4 m. (Ab 2,00 m Höhe Seitenschutz erforderlich!).

Die Böcke müssen miteinander ausreichend verstrebt sein. Größter Bockabstand 3 m. Belagbretter und Abstände der Riegel bzw. Böcke für die verschiedenen Verwendungszwecke wie bei den Stangengerüsten.

c) Auslegergerüste!

Auslegergerüste

sind Gerüste, deren Belagbretter (Balken, Rundhölzer, Stahlprofile) kragartig aus dem Bauwerk hervorgestreckt werden.

Einfache Auslegergerüste: ohne zusätzliche anderweitige Abstützung, zulässig als Schutzgerüste und Arbeitsgerüste der Gruppe I.

Abgestrebte Auslegergerüste: Tragglieder mit zusätzlicher Abstützung durch Zug- oder Druckstreben, zugelassen als Arbeitsgerüste der Gruppen II bis IV. Abgestrebte Auslegergerüste sind jeweils statisch zu berechnen (Tragfähigkeitsnachweis).

Regelausführung einfacher Auslegergerüste:

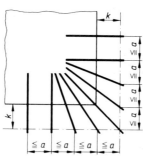

Die zulässige Kraglänge, gemessen rechtwinklig zum Bauwerk, beträgt $k \leqq 1,8$ m (s. Abb.). Die zulässigen größten Abstände a der Ausleger dürfen an der Außenkante des Gerüstes nicht überschritten werden (s. Abb.). Für die Eckausbildung können die Ausleger fächerartig angeordnet werden.

Größte Abstände für die Eckausbildung von Auslegergerüsten

Die Ausleger sind im Innern des Bauwerks unverschiebbar und kippsicher an tragfähigen Bauteilen zu befestigen (Befestigung nur durch Verkeilen in der Wand unzulässig).

Jeder Ausleger ist durch mindestens zwei Befestigungen zu verankern, von denen eine im Abstand v von der Kante des Bauwerks liegen muß. Abstand v entspricht mindestens der Kraglänge k und darf nicht kleiner als 1,5 m sein.

Bügel aus glattem Betonstabstahl ⌀ 8 mm (BSt 220 (IG) nach DIN 1013 aus St 37-2 nach DIN 17 100)

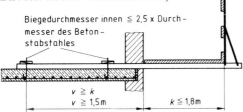

Auslegerbefestigung

Bei Verwendung von Verankerungsbügeln im Stahlbeton sind diese so einzubetonieren, daß sie mit ihren Haken unter die untere Bewehrung greifen (zulässiges Material und Ausführung siehe Abb.).

Ausleger erst nach ausreichender Erhärtung der Decke belasten.

Regelausführungen für einfache Auslegergerüste
(Arbeitsgerüste Gruppe I und Schutzgerüste)

Auslegerart	Auslegerquerschnitt min.	Auslegerabstand a m max.
Stahlprofile: Kraglänge $k \leq 1{,}30$ m Kraglänge $k \leq 1{,}80$ m	I 80 DIN 1025-St 37* I 100 DIN 1025-St 37*	1,50
Rundholz Kantholz	⌀ 14 cm 10 cm × 16 cm	1,00

*) Nach Normblattentwurf in Zukunft St 360.

Weitere Gerüstbauarten:

Stahlrohrgerüste (DIN 4420, Teil 1)
Leitergerüste (DIN 4420, Teil 2)
Hängegerüste
Konsolgerüste
Konsolgerüste für Schornsteinbau
Bügelgerüste
Traggerüste
Fahrbare Standgerüste
Fahrbare Hängegerüste
} (DIN 4420, Teil 1)

Abgebundene Gerüste für besondere Zwecke

Näheres hierzu:

„Unfallverhütungsvorschrift Gerüste", „Unfallverhütungsvorschrift Leitern und Tritte" und Merkhefte „Arbeits- und

Nenne andere Gerüstbauarten!

Wo findet man weitere Erklärungen hierzu?

Schutzgerüste" und „Sicherheit am Bau", herausgegeben von den Bau-Berufsgenossenschaften, erhältlich durch die Bauberufsgenossenschaft Wuppertal, Wuppertal-Elberfeld, Hofkamp 82/84.

Wie muß ein Heizungsraum beschaffen sein?	## 2.19 Heizräume und Heizöllagerung

Ein Heizraum muß (bei Kesseln ab 23 200 W = 83 800 kJ/h) ein geschlossener Raum und so groß sein, daß die Bedienung oder eine eventuelle Reparatur nicht behindert werden. Lichte Mindest-Raumhöhe bei Heizkesseln mit einer Wärmeleistung bis 69 600 W = 251 400 kJ/h 2,10 m, darüber 2,40 m. Der Fußboden ist feuerbeständig herzustellen, ebenso Wände und Decken, die außerdem einen gasdichten Putz (evtl. Putz + Anstrich) erhalten. Türen (feuerhemmend) müssen selbstgängig schließen und dürfen nicht in den Heizraum aufschlagen. Fenster (mindestens 1) sollen von ausreichender Größe sein (etwa 1/10 der Bodenfläche) und nach draußen führen. Außerdem |
Beschreibe die Be- und Entlüftung!	ist eine nicht verschließbare Be- und Entlüftung vorzusehen, wobei die Belüftungsöffnung draußen 0,5 m oder weiter von Zimmerfenstern entfernt und innen nicht höher als 0,5 m über Unterkante Heizkessel liegen darf. Größe der Frischluftöffnung: ½ Kaminquerschnitt (mindestens 300 cm²), bei Frischluft aus Belüftungsschornsteinen ¾ Kaminquerschnitt. Entlüftungen sollen möglichst hoch liegen. Größe: ¼ Kaminquerschnitt (mindestens 200 cm²). Für jeden Heizkessel ist ein eigener
Wieviel Heizkessel dürfen an 1 Kamin angeschlossen werden?	Kamin mit einer 24 cm starken Wange anzulegen.
Wo und wie darf Heizöl gelagert werden?	Heizöl bis zu einer Menge von 3000 l darf im Heizraum gelagert werden (Mindestabstand vom Heizkessel = 2 m oder Schutzwand), wenn der Heizraum wannenartig (mit Türschwelle) ausgeführt und genügend ölundurchlässig (Boden und Wände – evtl. Isolieranstrich) ist. Anderenfalls und bei größeren Mengen Heizöl ist ein besonderer Raum in der beschriebenen Art mit feuerhemmender Tür vorzusehen.

3. FACHRECHNEN

[Hinter den Übungsaufgaben stehen die Ergebnisse eingeklammert ( )]

3.1 Bruchrechnung

Brucharten:

echte Brüche: $\frac{1}{2}; \frac{2}{7}; \frac{3}{11}; \frac{7}{12}$ (Zähler kleiner als Nenner)

unechte Brüche: $\frac{6}{5}; \frac{7}{4}; \frac{9}{8}; \frac{15}{11}$ (Zähler größer als Nenner)

gemischte Zahlen: $1\frac{5}{7}; 3\frac{1}{4}; 12\frac{1}{3}$ (Ganze Zahl + echter Bruch)

gleichnamige Brüche: $\frac{1}{5}; \frac{4}{5}; \frac{3}{5}; \frac{2}{5}$ (Alle Nenner gleich)

Erweitern:
Zähler und Nenner mit der gleichen Zahl malnehmen.
$$\frac{3 \cdot 5}{4 \cdot 5} = \frac{15}{20}$$

Kürzen:
Zähler und Nenner durch die gleiche Zahl teilen.
$$\frac{6:2}{8:2} = \frac{3}{4}$$

Addieren (Zusammenzählen) und
Subtrahieren (Abziehen):
Brüche gleichnamig machen und die Zähler zusammenzählen bzw. abziehen.
$$\frac{1}{5} + \frac{1}{3} = \frac{3}{15} + \frac{5}{15} = \frac{8}{15}$$
$$\frac{1}{6} - \frac{1}{7} = \frac{7}{42} - \frac{6}{42} = \frac{1}{42}$$

Multiplizieren (Malnehmen):
Zähler mit Zähler und Nenner mit Nenner malnehmen.
$$\frac{3}{4} \cdot \frac{4}{5} = \frac{12}{20} = \frac{3}{5}$$

Dividieren (Teilen):
Ersten Bruch mit den Kehrwerten der folgenden Brüche malnehmen.
$$\frac{5}{6} : \frac{3}{4} = \frac{5}{6} \cdot \frac{4}{3} = \frac{20}{18} = 1\frac{2}{18} = 1\frac{1}{9}$$

Verwandeln:

Dezimalzahl in Bruch: $\quad 0{,}75 = \dfrac{75}{100} = \dfrac{3}{4}$

Bruch in Dezimalzahl: $\quad \dfrac{4}{5} = 4 : 5 = 0{,}8$

Aufgaben:

a) $\dfrac{5}{6} + \dfrac{7}{9} \qquad \left(1\dfrac{11}{18}\right)$ \qquad b) $3\dfrac{1}{4} + 1\dfrac{5}{7} + \dfrac{1}{2} \qquad \left(5\dfrac{13}{28}\right)$

c) $\dfrac{6}{7} - \dfrac{3}{5} \qquad \left(\dfrac{9}{35}\right)$ \qquad d) $4\dfrac{1}{2} - 1\dfrac{3}{4} + \dfrac{1}{3} \qquad \left(3\dfrac{1}{12}\right)$

e) $\dfrac{1}{4} \cdot \dfrac{5}{8} \qquad \left(\dfrac{5}{32}\right)$ \qquad f) $7\dfrac{3}{8} \cdot 3\dfrac{3}{4} \qquad \left(27\dfrac{21}{32}\right)$

g) $2\dfrac{4}{5} : \dfrac{1}{3} \qquad \left(8\dfrac{2}{5}\right)$ \qquad h) $6\dfrac{3}{4} : \dfrac{7}{8} \qquad \left(7\dfrac{5}{7}\right)$

Verwandle in Brüche:

i) $0{,}325 \qquad \left(\dfrac{13}{40}\right)$ \qquad k) $1{,}64 \qquad \left(1\dfrac{16}{25}\right)$

Verwandle in Dezimalzahlen:

l) $\dfrac{7}{8} \qquad (0{,}875)$ \qquad m) $\dfrac{11}{13} \qquad (0{,}846)$

3.2 Dreisatzrechnung

Einfacher Dreisatz

5 Maurer vermauern täglich 4600 Steine. Wieviel Steine verarbeiten 7 Maurer in der gleichen Zeit?

$$\begin{aligned}
&\text{5 Maurer vermauern 4600 Steine} \\
&\underline{\text{7 Maurer vermauern} \ ? \ \text{Steine}} \\
&\text{1 Maurer vermauert } \dfrac{4600}{5} \text{ Steine} \\
&\text{7 Maurer vermauern } \dfrac{4600 \cdot 7}{5} = \underline{\underline{6440 \text{ Steine}}}
\end{aligned}$$

3 Maurer verblenden einen Giebel mit Klinkern (NF) in 19 Stunden. In welcher Zeit schaffen 5 Maurer die gleiche Arbeit?

$$\begin{aligned}
&\text{3 Maurer brauchen 19 Stunden} \\
&\underline{\text{5 Maurer brauchen} \ ? \ \text{Stunden}} \\
&\text{1 Maurer braucht } \ 19 \cdot 3 \text{ Stunden} \\
&\text{5 Maurer brauchen } \dfrac{19 \cdot 3}{5} = \dfrac{57}{5} = \underline{\underline{11{,}4 \text{ Stunden}}}
\end{aligned}$$

Zusammengesetzter Dreisatz

3 Putzer verputzen bei 8stündiger Arbeitszeit 45 m² Wandfläche. Wieviel m² Wandputz stellen 4 Putzer bei 9stündiger Arbeitszeit her?

$$\begin{aligned}
&\text{3 Putzer in 8 Stunden } 45 \text{ m}^2 \text{ Wandputz} \\
&\underline{\text{4 Putzer in 9 Stunden } ? \text{ m}^2 \text{ Wandputz}} \\
&\text{1 Putzer in 8 Stunden } \frac{45}{3} \text{ m}^2 \text{ Wandputz} \\
&\text{1 Putzer in 1 Stunde } \frac{45}{3 \cdot 8} \text{ m}^2 \text{ Wandputz} \\
&\text{4 Putzer in 1 Stunde } \frac{45 \cdot 4}{3 \cdot 8} \text{ m}^2 \text{ Wandputz} \\
&\text{4 Putzer in 9 Stunden } \frac{45 \cdot 4 \cdot 9}{3 \cdot 8} = \frac{45 \cdot \cancel{4} \cdot \cancel{9}^3}{\cancel{3} \cdot \cancel{8}_2} = \frac{135}{2} = \underline{\underline{67{,}5}} \text{ m}^2 \text{ Wandputz}
\end{aligned}$$

Aufgaben:

a) 12 Arbeiter schachten eine Baugrube in 18 Tagen aus. Wie lange brauchen 9 Mann für die gleiche Arbeit? (24 Tage)

b) 4 Fliesenleger verdienen 224,64 DM. Wieviel Lohn erhalten 11 Fliesenleger? (617,76 DM)

c) Eine Mauer von 6,40 m Länge wird von 5 Maurern in 32 Stunden hergestellt. Wie lange arbeiten 8 Maurer an einer gleichen Mauer von 7,20 m Länge? (22,5 Stunden)

d) Bei 10stündiger Arbeitszeit wurde ein Kanal von 36 Mann in 15 Tagen fertiggestellt. Wieviel Tage würden 27 Mann bei 8stündiger Arbeitszeit brauchen? (25 Tage)

e) 9 Arbeiter schachten einen Graben in 15 Tagen aus. Nach 4 Tagen fallen 5 Arbeiter durch Krankheit aus. Wieviel Tage braucht der Rest, um den Graben fertigzustellen? (24,75 Tage)

3.3 Prozentrechnung

Die Prozentrechnung ist eine Dreisatzrechnung, bei der auf 100 bezogen wird.

$$1\% = \frac{1}{100}; \quad 2\% = 2 \cdot \frac{1}{100} = \frac{2}{100} \text{ usw.}$$

Wieviel sind 3% von 500?

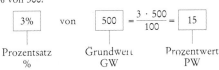

| Prozentsatz | Grundwert | Prozentwert |
| % | GW | PW |

Formeln:

$$PW = \frac{\% \cdot GW}{100}$$

$$\% = \frac{PW \cdot 100}{GW} \qquad GW = \frac{PW \cdot 100}{\%}$$

Ein Architekt erhält für die Bauleitung $3\frac{1}{4}\%$ der Bausumme, welche 64 215,00 DM beträgt. Wie groß ist sein Verdienst?

$$PW = \frac{\% \cdot GW}{100} = \frac{3\frac{1}{4} \cdot 64\,215}{100} = \frac{13 \cdot 64\,215}{4 \cdot 100} = \underline{\underline{2087,00\ DM}}$$

Ein Geselle vermauert am ersten Tag 750 Steine, am nächsten Tag 150 Steine mehr. Wieviel % beträgt die Leistungssteigerung?

$$\% = \frac{PW \cdot 100}{GW} = \frac{150 \cdot 100}{750} = \underline{\underline{20\%}}$$

Aus einer Klinkerlieferung wurden $3\frac{1}{2}\% = 112$ Steine wegen Fehlerhaftigkeit aussortiert. Wieviel Steine wurden angeliefert?

$$GW = \frac{112 \cdot 100}{3,5} = \frac{112\,000}{35} = \underline{\underline{3200\ Steine}}$$

Aufgaben:

a) Ein Bauunternehmer erhält beim Kauf von 100 000 Mauerziegeln [Preis pro Tausend = 73,00 DM] einen Rabatt von 3%. Wieviel DM spart er? (219,00 DM)

b) Bei Begleichung einer Rechnung von 219,00 DM innerhalb 8 Tagen wurde ein Nachlaß (Skonto) von 2,5% gewährt. Wieviel DM können vom Betrag abgezogen werden? (5,48 DM)

c) Ein Neubau war mit 225 000 DM veranschlagt. Die Bausumme wurde um 15 000 DM überschritten. Wieviel % sind das? ($\approx 6{,}67\%$)

d) Ein Grundstücksmakler erhält für die Vermittlung eines Grundstückes von 9500,00 DM Wert eine Vermittlungsgebühr von 225,00 DM. Wieviel % sind das? (2,37%)

e) Durch Bergbauschäden büßt ein Haus 24 500,00 DM = 15% seines früheren Wertes ein. Berechne den Jetztwert! (163 333,34 DM)

f) Ein Bauunternehmer verliert beim Konkurs eines Kunden 57% seiner Forderung = 2996,49 DM. Berechne die Höhe der gesamten Forderung! (5257,00 DM)

3.4 Verhältnisrechnung
3.4.1 Mischungsverhältnisse

Mörtel 1:3 = 1 Teil Bindemittel + 3 Teile Zuschläge = insgesamt 4 Teile.

Das Verhältnis der Mischung bleibt unverändert, wenn man beide Größen mit der gleichen Zahl malnimmt oder durch die gleiche Zahl teilt.

$$1:3 = 2:6 = 3:9 = 4:12 \text{ usw.}$$

Wieviel Sand ist einer Schiebkarre Kalk zuzugeben, um einen Mörtel 1:4 zu erhalten? 1:4 = 1 Teil Kalk : 4 Teile Sand
(1 Schiebkarre Kalk + 4 Schiebkarren Sand).

Mit einem Eimer Zement ist ein Kalkzementmörtel 1:2:8 herzustellen.

1:2:8 = 1 Teil Zement : 2 Teilen Kalk : 8 Teilen Sand
(1 Eimer Zement + 2 Eimer Kalk + 8 Eimer Sand).

3.4.2 Mörtelausbeute

Berechnung des fertigen Mörtels:

Trockene Mörtelbestandteile mischen sich bei Wasserzugabe ein (erfahrungsgemäß um 25 bis 30%).

Beispiel bei 25% Einmischung:

Mörtel 1:5 trocken = 6 Teile,
demnach: naß = dem Rauminhalt von 4,5 Teilen;
4,5 Teile fertiger Mörtel = 6 Teile Trockenmischung.

Das Verhältnis des Fertigmörtels zur Trockenmischung in % bezeichnet man mit Mörtelausbeute.

$$\frac{4,5 \text{ Teile Fertigmörtel} \cdot 100}{6 \text{ Teile Trockenmischung}} = \frac{450}{6} = \underline{75\% \text{ Ausbeute}}$$

Berechnung der Trockenmischung und Mörtelbestandteile:

Für die Ermittlung der Trockenmischung einer bestimmten Fertigmörtelmenge setzt man den Mörtel = 100%.

4,5 Teile = 100%
6 Teile = 133,3% ≈ 1,33 · 100% =

$$\boxed{1,33 \cdot \text{fertiger Mörtel} = \text{Trockenmischung}}$$

Unter Berücksichtigung des Streuverlustes und einer eventuell stärkeren Einmischung rechnet man zweckmäßigerweise mit dem Faktor 1,4.

$$\boxed{1,4 \cdot \text{fertiger Mörtel} = \text{Trockenmischung}}$$

Es sind 300 l Zementmörtel 1:3 herzustellen. Ermittle die trockenen Anteile an Zement und Sand.

300 l (Fertigmörtel) · 1,4 = 420 l (Trockenmischung) = 4 Teile
420 l : 4 = 105 l = 1 Teil

$$\begin{array}{r} 105 \text{ l} \cdot 1 = 105 \text{ l } \underline{\text{Zement}} \\ 105 \text{ l} \cdot 3 = 315 \text{ l } \underline{\text{Sand}} \\ \hline 420 \text{ l Trockenmischung} \end{array}$$

Aufgaben:

a) Mit 1 Sack Zement [rund 40 l] ist ein Beton 1:8 herzustellen.
   Berechne: 1. den Kiesanteil in l (320 l)
   2. den Kiesanteil in Schiebkarren
   [Inhalt 1 Karre etwa 80 l] (4 Karren)

b) Es ist ein Kalkzementmörtel 1:2,5:12 herzustellen. Berechne den Materialbedarf, wenn der Zementanteil 2 Schaufeln beträgt. (Zement 2 Schaufeln, Kalk 5 Schaufeln, Sand 24 Schaufeln)

c) Eine Mörtelpfanne [800 l Inhalt] soll mit Wasserkalkmörtel 1:4 gefüllt werden. Ermittle die trockenen Mörtelanteile, Einmischungsfaktor 1,4. (224 l Kalk, 896 l Sand)

d) Für eine Betonmischung werden Sand, Feinkies und Grobkies getrennt geliefert. Mischungsverhältnis 1:2:1,5:2,5 [Zement : Sand : Feinkies : Grobkies]. Berechne den Anteil der Zuschlagstoffe in l und m³ für 2 Sack [80 l] Zement. (80 l/160 l/120 l/200 l; 0,08 m³/0,16 m³/0,12 m³/0,20 m³)

e) 8¾ m³ Fertigbeton 1:5 sind herzustellen. Berechne den Anteil an Zement in l und Sack, den Kiesbedarf in l und m³. Einmischungsfaktor 1,4. (Zement 2041,67 l = 51 Sack, Kies 10 208,35 l = 10,208 m³)

3.4.3 Maßstäbe

In der Baupraxis finden folgende Maßstäbe Anwendung:

Flurkarte 1:1000;
Lagepläne 1:500 und 1:250;
Vorentwurf 1:200;
Zeichnungen für Baubehörde und Baustelle 1:100 und 1:50;
Detailzeichnungen 1:25; 1:20; 1:10; 1:1.

Formeln:

Zeichenerklärung:

NL = natürliche Länge;
ZL = gezeichnete Länge;
VZ = Verhältniszahl (1 : VZ = Maßstab);

$$ZL = \frac{NL}{VZ} \qquad NL = ZL \cdot VZ \qquad VZ = \frac{NL}{ZL}$$

Ein Mauervorsprung von 25 cm ist im Maßstab 1:50 zu zeichnen. Wie groß ist er darzustellen?

$$ZL = \frac{NL}{VZ} = \frac{25\ cm}{50} = \frac{1\ cm}{2} = \underline{0,5\ cm}$$

Im Maßstab 1:25 ist eine Türöffnung 8,40 cm hoch gezeichnet. Gib die natürliche Höhe an!

NL = ZL · VZ = 8,40 cm · 25 = 210 cm = 2,10 m

Eine Grundstückslänge von 65 m ist im Lageplan 13 cm groß dargestellt. Suche den Maßstab!

$$VZ = \frac{65 \text{ m}}{13 \text{ cm}} = \frac{6500 \text{ cm}}{13 \text{ cm}} = 500$$

Aufgaben:

a) Eine Türbreite von 1,15 m soll im Maßstab 1:50 gezeichnet werden. Wie groß ist die Öffnung in der Zeichnung? (2,30 cm)
b) Die Steigungshöhe einer Treppenstufe beträgt 17,50 cm. Wie groß ist sie im Maßstab 1:20 darzustellen? (8,75 mm)
c) Die Länge eines Zimmers ist im Maßstab 1:25 gleich 17 cm gezeichnet. Errechne die natürliche Länge. (4,25 m)
d) Im Maßstab 1:500 ist ein Fabrikschornstein 19,6 cm hoch dargestellt. Wie hoch ist er in Wirklichkeit? (98 m)
e) Eine Zimmerhöhe von 3,75 m ist in der Zeichnung 3,75 cm. Welcher Maßstab wurde gewählt? (1:100)
f) Die Nische für ein Blumenfenster wird 0,44 m tief. In der Zeichnung ist die Tiefe mit 2,2 cm dargestellt. Welcher Maßstab wurde gewählt? (1:20)

3.4.4 Neigungen und Gefälle

Neigungen werden in Verhältnissen angegeben, z. B. 1:1; 1:3; 1:4,5; 1:0,2.

Die Zahl 1 bezieht sich auf die Höhe, die andere Zahl auf die waagerechte Grundlinie des rechtwinkligen Dreiecks. (VZ = Verhältniszahl)

Formeln:

$$\boxed{VZ = \frac{l}{h} \quad h = \frac{l}{VZ} \quad l = h \cdot VZ}$$

In einem Neigungsdreieck ist l = 8,00 m und h = 4,00 m. Gib das Neigungsverhältnis an!

$$VZ = \frac{l}{h} = \frac{8}{4} = 2$$

Neigungsverhältnis = 1 : VZ = 1:2

Auf einer Länge von 7,50 m soll ein Gefälle von 1:15 angelegt werden. Wie groß ist der Höhenunterschied?

$$h = \frac{l}{VZ} = \frac{7,50 \text{ m}}{15} = \frac{750 \text{ cm}}{15} = 50 \text{ cm}$$

Ein Höhenunterschied von 85 cm ist mit einer Neigung 1:5 zu überbrücken. Wie lang wird die Grundlinie der Böschung?

l = h · VZ = 85 cm · 5 = 425 cm = <u>4,25 m</u>

Auch Gefälle werden in % angegeben. Hierbei wird die Höhe (h) in % zur Grundlinie (l = 100) angegeben.

3% Gefälle = 3 cm Höhe auf 100 cm Länge oder
= Neigungsverhältnis 3:100 = 1:33⅓

Aufgaben:

a) Ein Pultdachgiebel ist 5,60 m breit. Der Höhenunterschied zwischen Traufe und First beträgt 2,80 m. Wie groß ist das Neigungsverhältnis? (1:2)

b) Eine Fläche von 2,85 m Länge soll mit einer Neigung von 1:20 angelegt werden. Berechne den Höhenunterschied! (14,25 cm)

c) Auf einer Länge von 12,50 m sollen Steinzeugrohre mit einem Gefälle von 1:50 verlegt werden. Wieviel cm beträgt der Höhenunterschied der Rohrenden? (25 cm)

d) Ein Bürgersteig soll ein Quergefälle von 4% erhalten. Wieviel cm beträgt der Höhenunterschied bei einer Breite von 2,80 m? (11,2 cm)

e) Eine Verladerampe ist 1,20 m hoch. Die Auffahrt dazu soll mit einer Neigung von 1:4 angelegt werden. Wie lang wird die Grundfläche der Auffahrt? (4,80 m)

3.5 Ziehen von Quadratwurzeln

Eine Quadratwurzel ziehen heißt, die Zahl unter der Wurzel in 2 gleiche Faktoren zerlegen.

$\sqrt{25} = 5$; denn 5 · 5 = 25
$\sqrt{49} = 7$; denn 7 · 7 = 49

Verfahren:

$$\sqrt{6\,65\,64}$$

Teile vom Komma aus nach links und nach rechts Gruppen von je 2 Ziffern ab und rechne nach folgendem Schema:

$$\sqrt{6'65'64} = 258$$

```
2 · 2    →    4                        2 · 2
              ─────                      ↑
              26'5 : 4₅    →   26 : 4 = 5
5 · 45   →    225
              ──────
              406'4 : 50₈  →   406 : 50 = 8
8 · 508  →    406 4                     ↓
              ──────                  2 · 25
                  0
```

```
            √14'59',24 = 38,2
 3 · 3   →   9                  2 · 3
             55'9 : 6₈     →  55 : 6 = 8
 8 · 68  →   544
             152'4 : 76₂   →  152 : 76 = 2
 2 · 762 →   152 4
                 0
```

Aufgaben:

$\sqrt{196}$ (14); $\sqrt{5625}$ (75); $\sqrt{9801}$ (99); $\sqrt{2209}$ (47); $\sqrt{44521}$ (211); $\sqrt{5685,16}$ (75,4); $\sqrt{7447,69}$ (86,3); $\sqrt{3}$ (1,732); $\sqrt{0,1369}$ (0,37); $\sqrt{0,009}$ (0,09486); $\sqrt{10201}$ (101).

3.6 Lehrsatz des Pythagoras

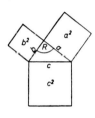

a und b = Katheten
c   = Hypotenuse

Die Hypotenuse liegt dem rechten Winkel gegenüber = längste Seite.

Lehrsatz: In einem rechtwinkligen Dreieck ist das Quadrat über der Hypotenuse gleich der Summe der Quadrate über den Katheten.

$$c^2 = a^2 + b^2$$

dann ist $b^2 = c^2 - a^2$ und $a^2 = c^2 - b^2$.

Beispiel:

An einem Standbaum eines Stangengerüstes soll in 12,00 m Höhe eine Strebe befestigt werden. Abstand des Strebenfußes vom Standbaum 4,00 m. Wie lang muß die Strebe sein (ohne Zugaben für das Anbinden bzw. Eingraben)?

$c^2 = a^2 + b^2$
$c^2 = 12^2 + 4^2 = 144 + 16 = 160$
$c = \sqrt{160} = \underline{12,65 \text{ m}}$

Mit Hilfe dieses Lehrsatzes ist es möglich, einen rechten Winkel (z. B. bei Gelände- und Bautenvermessung) einzumessen. Näheres hierzu siehe Abschnitt „Baugrunduntersuchung und Vermessung".

Aufgaben:

a) Ein Pultdachgiebel ist 8,00 m breit. Der Höhenunterschied zwischen Traufe und First beträgt 6,00 m. Wie lang müssen die Sparren sein, wenn sie an der Traufe 50 cm überstehen sollen? (10,50 m)
b) Die Schräge eines Satteldachgiebels ist 7,50 m lang. Die Gebäudebreite beträgt 10,80 m. Wie hoch ist das Giebeldreieck? (5,20 m)

c) Ein Damm hat eine Kronenbreite von 3,50 m, eine Höhe von 3,10 m und eine Sohlenbreite von 15,90 m. Wie lang ist die Schräge der Böschung? (6,95 m)

d) Wie lang ist die Strecke AB, wenn die Abstände AC = 85,0 m und BC = 55,0 m betragen? (64,81 m)

3.7 Technische Maßeinheiten

Längenmaße

1 m = 10 dm
   1 dm = 10 cm   } Umrechnungsfaktor = 10
      1 cm = 10 mm   (Komma 1 Stelle nach links bzw. rechts)

⎡ 1 Yard = 3 Fuß (')   = 91,44 cm ⎤
⎢   1 Fuß = 12 Zoll   = 30,48 cm ⎥ (keine gesetzlichen SI-Einheiten)
⎣   1 Zoll ('') = 2,54 cm ⎦

Flächenmaße

1 m^2 = 100 dm^2
   1 dm^2 = 100 cm^2
      1 cm^2 = 100 mm^2

1 km^2 = 100 ha
   1 ha = 100 a
      1 a = 100 m^2

Umrechnungsfaktor = 100 (Komma 2 Stellen nach links bzw. rechts)

Körpermaße

1 m^3 = 1000 dm^3
   1 dm^3 = 1000 cm^3
      1 cm^3 = 1000 mm^3

1 dm^3 = 1 Liter (l)

Umrechnungsfaktor = 1000 (Komma 3 Stellen nach links bzw. rechts)

Masse

1 t = 1000 kg
   1 kg = 1000 g
      1 g = 1000 mg

Umrechnungsfaktor = 1000 (Komma 3 Stellen nach links bzw. rechts)

Kraft-Einheit

Newton (N); frühere Bezeichnung kp

    1 N = 1 kg m/s^2 1 kN = 1000 N
   10 N = 1 daN   =   1 kp   1 MN = 1000 kN
0,01 N = 1 cN   =   1 p
10 000 N = 10 kN   = 1000 kp

Leistungs-Einheit

Watt (W); frühere Bezeichnung kpm/s, PS oder kcal/h

   1 W   = 1 Nm/s = 1 J/s
1000 W   = 1 kW
   1 W   = 0,86 kcal/h
   1 kJ/h = 0,24 kcal/h
   1 kW = 1,36 PS

Druck-Einheit

Pascal (Pa); frühere Bezeichnung kp/cm^2 oder at

     1 Pa = 1 N/m^2
100 000 Pa = 1 bar
     1 bar = 10 N/cm^2 = 1 daN/cm^2 = 1 kp/cm^2 = 1 at

Wärmemenge-Einheit

Joule (J); frühere Bezeichnung cal und kcal

   1 J   = 1 Ws
1000 Ws = 1 kWs = 1 kJ
   1 kWs = 0,24 kcal
   1 J   = Wärmemenge, die 1 g Wasser um 1 K (von 287,5 K auf 288,5 K) erwärmt

Elektrische Maßeinheiten

Einheit der Spannung   = Volt (V)
Einheit der Stromstärke   = Ampere (A)
Einheit des Widerstandes   = Ohm (Ω)
Einheit der Leistung   = Watt (W) und Kilowatt (kW) = 1000 W
Einheit der elektrischen Energie = Kilowattstunde (kWh)

Dezimale Vielfache und Teile von Einheiten

werden durch Vorsätze bzw. Vorsatzbuchstaben bezeichnet:

Vorsatzbuchstaben	Vorsatz	Zehnerpotenz
da	Deka	10^1
h	Hekto	10^2
k	Kilo	10^3
m	Mega	10^6
d	Dezi	10^{-1}
c	Zenti	10^{-2}
m	Milli	10^{-3}
μ	Mikro	10^{-6}

Winkel

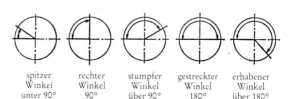

spitzer Winkel unter 90°   rechter Winkel 90°   stumpfer Winkel über 90°   gestreckter Winkel 180°   erhabener Winkel über 180°

Ein Winkel wird in Grad (°) gemessen. $1° = \frac{1}{360}$ des Kreisumfanges.

1 Grad (°) = 60 Minuten (')   1 Minute = 60 Sekunden ('')

Angegeben werden Winkel durch ein Symbol (∢) in Verbindung mit einem griechischen Buchstaben, z. B. ∢ α oder ∢ β = 45°.

Einige griechische Buchstaben:

α	β	γ	δ	ε	λ	π	ϱ	σ	τ
Alpha;	Beta;	Gamma;	Delta;	Epsilon;	Lambda;	Pi;	Rho;	Sigma;	Tau

Im Bereich der Vermessungstechnik werden Winkel in Gon (gon) gemessen.

Vollkreis = 400 gon | rechter Winkel = 100 gon | gestreckter Winkel = 200 gon

$1 \text{ gon} = \frac{1}{400}$ des Kreisumfanges

$\frac{1}{100}$ gon = 1 cgon

$\frac{1}{100}$ cgon = 0,1 mgon

1 Grad (°) = 1,1$\overline{11}$ gon
Die Stellen nach dem Komma werden nach dem Dezimalsystem gerechnet.

Formelzeichen nach DIN 1304:

Länge	l, s	Masse	m
Radius	r, R	Kraft	F
Durchmesser	d, D	Gewichtskraft	G, F_G
Höhe	h	Druck- und Zugspannung	σ
Fläche	A	Flächendruck	p
Rauminhalt	V	Dichte	ϱ

3.8 Mauermaße

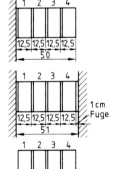

Mauerlängen und -dicken

| 1 Kopf = 12,5 cm = 1 Achtelmeter = 1 am |

Einseitig anstoßende Mauer (Mauerstoß):

| Zahl der Köpfe · 12,5 cm |

4 · 12,5 cm = $\underline{\underline{50 \text{ cm}}}$

Beiderseitig anstoßende Mauer (Maueröffnung):

| Zahl der Köpfe · 12,5 cm + 1 cm Fuge |

4 · 12,5 cm + 1 cm = $\underline{\underline{51 \text{ cm}}}$

Freistehende Mauer (auch für Mauerdicken):

| Zahl der Köpfe · 12,5 cm − 1 cm Fuge |

4 · 12,5 cm − 1 cm = $\underline{\underline{49 \text{ cm}}}$

Mauerhöhen

> Zahl der Schichten · Baurichtmaß für die Schichtdicke

Beispiel: Wie hoch sind 6 Schichten NF?
6 · 8,33 cm = 50 cm

Baurichtmaße der verschiedenen Formate siehe Abschnitt Künstliche Bausteine.

Aufgaben:
a) Wie lang ist eine einseitig anstoßende Mauer von 17 [21½] Köpfen? (2,125 m; 2,6875 m)
b) Eine Maueröffnung ist 6½ [16] Köpfe breit. Gib das lichte Maß an! (0,8225 m; 2,01 m)
c) Gib das Maß für einen Mauerpfeiler von 7 [12½] Köpfen an! (0,865 m; 1,5525 m)
d) Wie hoch sind: 22 Schichten NF?   (1,833 m)
   14 Schichten DF?   (0,875 m)
   45 Schichten 1½ NF?   (5,625 m)

3.9 Umstellen von Formeln

Formeln sind Gleichungen, d. h. linke Seite = rechte Seite.

Beispiel: $A = l \cdot b$
$20 = 5 \cdot 4$

Die unbekannte Größe einer Gleichung soll immer allein und auf der linken Seite stehen. Ist das nicht der Fall, muß man die Formel umstellen. Dabei ist zu beachten:

Werden die Glieder einer Gleichung von einer Seite auf die andere gebracht, so immer mit umgekehrten Vorzeichen.

$5 + 7 = 12$ $5 = 12 - 7$	aus + wird −	$x + 7 = 12$ $x\ \ = 12 - 7 = 5$
$9 - 4 = 5$ $9 = 5 + 4$	aus − wird +	$x - 4 = 5$ $x\ \ = 5 + 4 = 9$
$4 \cdot 2 = 8$ $4 = \dfrac{8}{2}$	aus · wird :	$x \cdot 2 = 8$ $x = \dfrac{8}{2} = 4$
$\dfrac{9}{3} = 3$ $9 = 3 \cdot 3$	aus : wird ·	$\dfrac{x}{3} = 3$ $x = 3 \cdot 3 = 9$
$5^2 = 25$ $5 = \sqrt{25}$	aus ² wird $\sqrt{\ }$	$x^2 = 25$ $x = \sqrt{25} = 5$
$\sqrt{49} = 7$ $49 = 7^2$	aus $\sqrt{\ }$ wird ²	$\sqrt{x} = 7$ $x = 7^2 = 49$

Der Wert einer Gleichung bleibt unverändert, wenn man beide Seiten vertauscht oder beide Seiten gleich behandelt.

Das Umformen einer Gleichung geschieht am besten stufenweise:

Beispiel a:

$$F = \frac{G \cdot s}{l} \rightarrow l \text{ ist unbekannt}$$

Unbekannte Größe auf die andere Seite in den Zähler bringen (aus : wird ·)

$$F \cdot l = G \cdot s$$

Unbekannte Größe isolieren (aus · wird :)

$$l = \frac{G \cdot s}{F}$$

Beispiel b:

$$F = \frac{G \cdot s}{l} \rightarrow s \text{ ist unbekannt}$$

Nenner l auf die andere Seite bringen

$$F \cdot l = G \cdot s$$

s isolieren

$$\frac{F \cdot l}{G} = s$$

Seiten vertauschen

$$s = \frac{F \cdot l}{G}$$

Aufgaben:

a) $A = \dfrac{l \cdot h}{2}$ $\rightarrow$ berechne h $\left(h = \dfrac{2A}{l}\right)$

b) $U = a + b + c + d$ $\rightarrow$ berechne b $(b = U - a - c - d)$

c) $A = \dfrac{l_1 + l_2}{2} \cdot h$ $\rightarrow$ berechne h $\left(h = \dfrac{2A}{l_1 + l_2}\right)$

d) $V = A \cdot h$ $\rightarrow$ berechne A $\left(A = \dfrac{V}{h}\right)$

e) $F = \dfrac{G}{n}$ $\rightarrow$ berechne n $\left(n = \dfrac{G}{F}\right)$

f) $A = \dfrac{d^2 \cdot \pi}{4}$ $\rightarrow$ berechne d $\left(d = \sqrt{\dfrac{4A}{\pi}}\right)$

3.10 Flächenberechnung

Quadrat **Raute** **Rechteck** **Rhomboid**

$$A = l \cdot h$$

Dreieck

  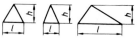

$$A = \frac{l \cdot h}{2}$$

Trapez 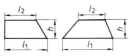 $$A = \frac{l_1 + l_2}{2} \cdot h$$

Vieleck  $$A = A_1 + A_2 + A_3$$

Umfangsformel für geradlinig begrenzte Flächen $\quad U =$ Summe aller Seiten

Kreis $\quad U = d \cdot \pi \quad A = d^2 \cdot 0{,}785 \quad$ $$A = \frac{d^2 \cdot \pi}{4}$$

Kreisring $\quad A = D^2 \cdot 0{,}785 - d^2 \cdot 0{,}785$
$= 0{,}785 \, (D^2 - d^2)$ $$A = \frac{D^2 \cdot \pi}{4} - \frac{d^2 \cdot \pi}{4}$$

Kreisausschnitt $\quad b = \dfrac{d \cdot \pi \cdot \alpha^\circ}{360^\circ} \quad A = \dfrac{d^2 \cdot 0{,}785 \cdot \alpha^\circ}{360^\circ}$
$$A = \frac{b \cdot r}{2} = \frac{d^2 \cdot \pi}{4} \cdot \frac{\alpha^\circ}{360^\circ}$$

Kreisabschnitt $\quad A \approx \dfrac{2}{3} s \cdot h \quad$ $$A = \frac{b \cdot r}{2} - \frac{s \cdot (r - b)}{2}$$

Ellipse 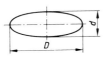 $\quad U = \dfrac{D + d}{2} \cdot \pi \quad$ $$A = \frac{D \cdot d \cdot \pi}{4}$$

Aufgaben:
a) Von dem untenstehenden Grundstück (S. 316) wird durch eine geplante Straße das schraffierte Mittelstück abgetrennt. Wieviel m² Fläche umfassen die beiden um die Straße verringerten Grundstücksteile? (2020,39 m²)
b) Berechne die Putzfläche des Hausgiebels. (122,18 m²)
c) Die Bodenfläche einer Pausenhalle soll mit Klinkerrollschicht-Pflaster versehen werden.

Berechne: 1. die Bodenfläche (171,31 m²)
2. die erforderliche Klinkermenge [50 Stück/m²] (8566 Stück)
d) Eine Lage der Seiltrommel hat 60 Windungen.
   1. Wieviel m Seil rollen bei einer Lage ab? (68,95 m)
   2. Wie lang ist die Seilrolle, wenn die Seilstärke 16 mm beträgt? (96 cm)
e) Ein Brunnen hat einen lichten Durchmesser von 1,20 m. Die Mauerstärke beträgt 24 cm. Berechne die Querschnittsfläche des Mauerwerks. (1,09 m²)

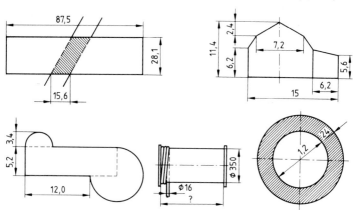

3.11 Körperberechnung

Würfel   **Prisma**   **Zylinder   Hohlzylinder**

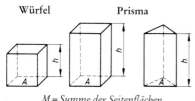
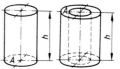

M = Summe der Seitenflächen
M = Mantelfläche

$M = d \cdot \pi \cdot h$

$O = 2A + M$ $\boxed{V = A \cdot h}$

Pyramide   **Kegel**

M = Summe der Seitendreiecke

$M = \dfrac{d \cdot \pi \cdot h_s}{2}$

$O = A + M$ $\boxed{V = \dfrac{A \cdot h}{3}}$

Pyramidenstumpf   Kegelstumpf

M = Summe der Seitentrapeze

$M = \dfrac{D \cdot \pi + d \cdot \pi}{2} \cdot h_s$

$O = A_1 + A_2 + M$

$V \approx \dfrac{A_1 + A_2}{2} \cdot h$

Genaues Ergebnis: $V = (A_1 + A_2 + 4 A_m) \cdot \dfrac{h}{6}$
(A_m wird aus d_m errechnet)

Kugel

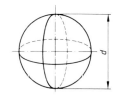

$O = d^2 \cdot \pi$ $V = \dfrac{d^3 \cdot \pi}{6}$

Aufgaben:

a) Ein Gartenweg von 35,00 m Länge und 90 cm Breite soll 10 cm hoch mit Asche aufgefüllt werden. Wieviel m³ Asche sind erforderlich? (3,15 m³)

b) Der Eckpfeiler soll in Klinkern gemauert werden. Höhe = 3,25 m. Berechne:
  1. den Rauminhalt des Pfeilers (1,026 m³)
  2. den Bedarf an NF-Steinen [405/m³] (416 Stück)
  3. den Bedarf an Mörtel [276 Liter/m³] (283,18 Liter)
  4. die Fugfläche [= Mantel] (7,99 m²)

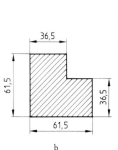
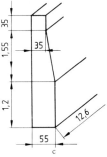

b   c

c) Wieviel m³ Beton sind zur Errichtung der Stützwand erforderlich? (18,648 m³)

d) Ein Mörtelfaß mit kreisförmiger Grundfläche hat einen Durchmesser von 0,56 m und eine Höhe von 0,42 m. Wieviel Liter faßt es, wenn es zu ⅞ gefüllt ist? (90,46 Liter)

e) Für einen ellipsenförmigen Springbrunnen mit den Maßen D = 3,20 m; d = 2,70 m; h = 0,60 m sind zu berechnen:

1. Innenputz der Wandung [18 Liter Mörtel/m²] (100,04 l)
2. Sohlenestrich [22 Liter/m²] (149,21 l)
3. Fassungsvermögen des Brunnens in l und m³ (4,069 m³)

f) Eine Rundkuppel mit dem lichten Durchmesser von 4,50 m soll innen verputzt werden. Errechne die Putzfläche. (31,7925 m²)

3.12 Dichte (spezifisches Gewicht)

Die Dichte (Kurzzeichen ϱ) ist die Masse pro Raumeinheit eines Körpers (= Gewicht des Körpers).
Beispiel: 1 m³ Granit (ϱ = 2,8) = 2800 kg oder 1 dm³ = 2,8 kg oder 1 cm³ = 2,8 g.

Man errechnet das Gewicht eines Stoffes nach der Formel

$$\begin{array}{ccc} \text{Masse} = \text{Volumen} & \cdot & \text{Dichte} \\ m & = V & \cdot & \varrho \end{array}$$

Dabei ergeben sich folgende Gewichtseinheiten:

$cm^3 \cdot \varrho = g$ (Gramm)
$dm^3 \cdot \varrho = \}$
$l \cdot \varrho = \}$ kg (Kilogramm)
$m^3 \cdot \varrho = 1000$ kg = 1 t

Dichte-Tabelle für die im Baugewerbe gebräuchlichen Materialien:

Material	Dichte	Material	Dichte
1. Werkstoffe		3. Mauerwerk aus künstlichen Steinen	
Blei	11,4		
Stahl	7,8	Klinkermauerwerk	1,9
Eichenholz	0,9	Ziegelmauerwerk	1,8
Tannenholz	0,5	Schwemmsteinmauerwerk	1,1
Mauerziegel	1,8	Kalksandsteinmauerwerk	1,8
Schwemmstein	0,7		
Kalksandstein	1,9	4. Mörtel	
Zement	1,2		
Wasserkalk	1,0	Zementmörtel	2,1
Weißkalk (Ätzkalk)	0,9	Kalk-Zementmörtel	1,9
Weißkalkteig	1,4	Kalkmörtel	1,7
Erde, feucht	1,7	Traßmörtel	2,1
Wasser (+ 4 °C)	1,0	Gipsmörtel	1,2
2. Mauerwerk aus natürlichen Steinen		5. Beton aus	
Basalt	3,0	Kies	2,2
Granit	2,8	Kies mit Stahleinlage	2,4
Kalkstein	2,2	Ziegelschotter	1,8
Sandstein	2,6	Kohlenschlacke und Sand	1,6
		Hochofenschlacke	2,2

Wie schwer ist eine Kiesbetonfertigstufe mit den Maßen
90 cm · 30 cm · 18 cm. $\varrho = 2{,}2$.

$\quad$ m = $V \cdot \varrho$ = 90 cm · 30 cm · 18 cm · 2,2
$\quad$ m = 9 dm · 3 dm · 1,8 dm · 2,2
$\quad$ m = 48,6 dm³ · 2,2 = <u>106,92 kg</u>

Aufgaben:

a) Wie schwer sind 1000 Vollziegel im NF? (3530 kg)

b) Berechne das Gewicht eines Rundstahls von 40 mm ⌀ und 1,5 m Länge. (14,707 kg)

c) Eine 24er Trennwand aus Schwemmsteinmauerwerk ist 3,50 m lang und 2,75 m hoch. Berechne ihr Gewicht. (2541 kg)

d) Eine Mauerabdeckung aus Sandstein hat nebenstehenden Querschnitt. Wieviel 1-m-Stücke können auf einen ¾-t-Lieferwagen (1 t = 1000 kg) geladen werden? (11,9 ≈ 11 Stück)

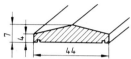

3.13 Ebene Trigonometrie

Die Trigonometrie findet Anwendung zur Ermittlung unbekannter Dreiecksgrößen. Im rechtwinkligen Dreieck sind die Seitenverhältnisse winkelabhängig. Daher lassen sich aus zwei Angaben die weiteren berechnen.

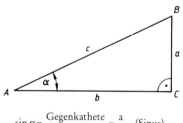

Bezogen auf ∢ α gilt:

a = gegenüberliegende Kathete (Gegenkathete)

b = anliegende Kathete (Ankathete)

c = Hypotenuse

$$\sin \alpha = \frac{\text{Gegenkathete}}{\text{Hypotenuse}} = \frac{a}{c} \quad \text{(Sinus)}$$

$$\cos \alpha = \frac{\text{Ankathete}}{\text{Hypotenuse}} = \frac{b}{c} \quad \text{(Kosinus)}$$

$$\tan \alpha = \frac{\text{Gegenkathete}}{\text{Ankathete}} = \frac{a}{b} \quad \text{(Tangens)}$$

$$\cot \alpha = \frac{\text{Ankathete}}{\text{Gegenkathete}} = \frac{b}{a} \quad \text{(Kotangens)}$$

Für praktische Rechnungen entnimmt man die trigonometrischen Werte Tabellen, oder man bestimmt sie mit Hilfe des Taschenrechners. Umgekehrt kann man zu gegebenen trigonometrischen Werten so die zugehörigen Winkel bestimmen.

Hinweis:

Sofern nicht alle trigonometrischen Funktionen direkt nachgeschlagen oder abgerufen werden können, lassen sich formelmäßige Beziehungen zwischen ihnen ausnutzen. Man findet solche Formeln in einer Formelsammlung.

Wenn aus zwei Größen eine dritte bestimmt werden soll, müssen die Grundgleichungen unter Umständen umgestellt werden.

Einige Beispiele:

Gegeben	Gesucht	Gleichung	Umgestellt
Katheten a, b	Winkel α	$\tan\alpha = \dfrac{a}{b}$	
Hypotenuse c, Kathete a	Winkel α	$\sin\alpha = \dfrac{a}{c}$	
Hypotenuse c, Winkel α	Kathete b	$\cos\alpha = \dfrac{b}{c}$	$b = c \cdot \cos\alpha$
Kathete b, Winkel α	Hypotenuse c	$\cos\alpha = \dfrac{b}{c}$	$c = \dfrac{b}{\cos\alpha}$

Angewandte Beispiele:

Aus der Vermessungskunde

Die nicht unmittelbar zu messende Strecke AC soll bestimmt werden. Gemessen ist die Hypotenuse im rechtwinkligen Dreieck AB = 174,73 m sowie die Kathete BC = 79,56 m.

Lösung:
$$\sin\alpha = \frac{a}{c} = \frac{79,56}{174,73} = 0{,}456$$
$$\alpha = 27°$$
$$\cos\alpha = \frac{b}{c} \qquad b = c \cdot \cos\alpha$$
$$\approx 156 \text{ m}$$

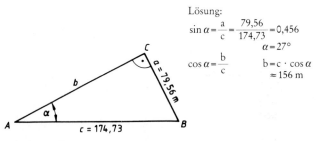

Aus der Statik

An einer Auslegerkonstruktion wirkt eine senkrechte Kraft von F = 45,00 kN. Wie groß sind die Kräfte im Kragarm und der Strebe?

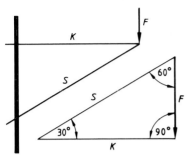

Lösung:
$$\sin 30° = \frac{F}{S} \quad S = \frac{F}{\sin 30°}$$
$$= 90 \text{ kN}$$
$$\sin 60° = \frac{K}{S} \quad K = S \cdot \sin 60°$$
$$\approx 78 \text{ kN}$$

Die schräg angreifende Druckkraft P = 5,75 MN soll in eine horizontale und eine vertikale Komponente zerlegt werden. Die Kräfte P_H und P_V sind rechnerisch zu ermitteln.

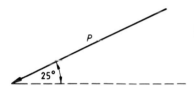

(P_H = 5,21 MN; P_V = 2,43 MN)

Aus der Baukonstruktion

Von dem skizzierten Dachstuhl eines Wohnhauses sind die Firsthöhe und die Sparrenlänge rechnerisch zu bestimmen.

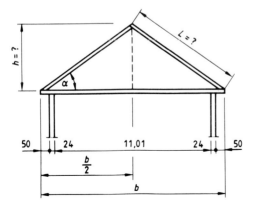

Dachneigung: $\alpha = 35°$

Lösung:
$$\tan 35° = \frac{h}{b/2}$$
$$h = \tan 35° \cdot b/2$$
$$h = 3,85 \text{ m}$$
$$\cos 35° = \frac{b/2}{L}$$
$$L = \frac{b/2}{\cos 35°}$$
$$L = 6,72 \text{ m}$$

Ergänzung:

Durch die Festlegung mittels der Seitenverhältnisse am rechtwinkligen Dreieck wird jedem Winkel von 0° bis 90° ein Sinuswert zugeordnet. Für weiterreichende technische Anwendungen wird diese Festlegung (Definition) der Sinusfunktion auf beliebige Winkel erweitert.

Dazu zeichnet man einen Einheitskreis. Das ist ein Kreis, dessen Radius die Längeneinheit 1 hat. Der Kreis wird in ein rechtwinkliges Koordinatensystem gezeichnet. Man unterteilt in die vier Quadranten I, II, III und IV.

Nun läßt man den Radius im mathematisch positiven Sinn (gegen den Uhrzeiger) umlaufen und betrachtet die entstehenden Dreiecke. Da der Radius deren Hypotenuse bildet, wird beim Bestimmen des Sinus durch 1 geteilt. Die Größe der Gegenkathete gibt also sofort den Sinus an.

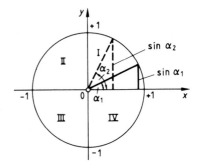

Wird um mehr als 90° gedreht, ist das Dreieck nicht mehr rechtwinklig. Es entsteht aber ein neues rechtwinkliges Dreieck mit dem Winkel $\alpha' = 180° - \alpha$. Man legt nun fest, daß der Sinus von α' gleich dem Sinus von α sein soll.

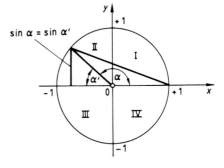

Projektionsgeometrisch ausgedrückt: der Sinus entspricht der Projektion des Radius auf die y-Achse (Ordinate). Setzt man dies über 180° hinweg fort, wird der Sinus negativ.

3.14 Grundlagen der Baustatik

Fachgerechtes, exaktes Konstruieren und wirtschaftliches Bauen setzen Kenntnisse der Gesetze der Statik und der Festigkeitslehre voraus. Amtliche Belastungsvorschriften und Berechnungsgrundlagen, Gesetzesvorschriften und die Regeln der Statik müssen jedem Bauschaffenden derart Allgemeingut werden, daß er in die Lage versetzt wird, „statisch zu denken".

Der Statiker muß den richtigen Weg zwischen der Standsicherheit der Bauwerke auf der einen und der Wirtschaftlichkeit auf der anderen Seite finden.

Lösungsverfahren statischer Aufgaben

Grafische (zeichnerische) Verfahren haben den Vorteil, daß sie schneller zum Ziel führen und anschaulicher sind. Dafür sind sie ungenauer. Beispiele der Anwendung: Bestimmung von Stabquerschnitten bei Fachwerken (z. B. Binder), Untersuchung von Stützbauwerken und Gewölben.

Analytische (rechnerische) Verfahren sind zeitaufwendiger, liefern jedoch genaue Resultate. Sie erfordern in der Regel gute mathematische Kenntnisse. Übertriebene Genauigkeit ist meist fehl am Platz, da die verwendeten Werte für Lasten und Gewichte in der Regel angenommene Mittelwerte sind und in der Praxis am Bauwerk um rund 10% über- oder unterschritten werden können.

Wenn der exakte Kräfteverlauf durch das gesamte Bauwerk verfolgt werden soll, beginnt man bei der statischen Berechnung mit dem Bauteil, das konstruktiv zuletzt eingebaut wird.

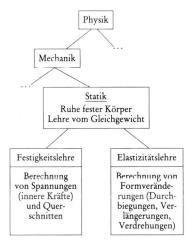

Einordnung und Gliederung der Statik

Grundbegriff: Kraft

Aufgabe der Statik ist die Auslegung von Bauwerken so, daß keine (bzw. nur kontollierte) Bewegungen der Bauteile auftreten. Ursache von Bewegung ist die Kraft. Eine Kraft tritt auf, wenn eine Beschleunigung auf eine Masse wirkt. Beispielsweise wird die Gewichtskraft durch die Erdbeschleunigung hervorgerufen.

Krafteinheiten

Grundeinheit der Kraft ist das Newton (N). 1 N ist die Kraft, die ein Körper von 1 kg Masse unter einer Beschleunigung von 1 m/s² erfährt.

Größere Einheiten: 1 Kilonewton (kN) = 1000 Newton
1 Meganewton (MG) = 1000 kN = 1 000 000 Newton

Bei statischen Berechnungen arbeitet man meist in kN.

Die Gewichtskraft, die auf eine Masse von 1 kg in unseren Breitengraden wirkt, beträgt 1 kg · 9,80665 m/s² = 9,80665 kg · m/s². Diese Gewichtskraft wurde früher als Grundeinheit der Kraft verwendet und als 1 kp (Kilopond) bezeichnet. Damit ist die – in der Praxis gelegentlich noch notwendige – Umrechnung von Newton in Kilopond angegeben:

1 kp = 9,80665 N oder gerundet 1 kp = 10 N

Beschreibung von Kräften

Eine Kraft wird durch drei Angaben bestimmt: ihre Größe (beispielsweise in kN), ihre Richtung (in der sie wirkt) und ihren Angriffspunkt. Zur zeichnerischen Darstellung zeichnet man die Kraft als Pfeil, dessen Länge maßstabsgerecht die Größe der Kraft angibt. Die Richtung des Pfeils ist diejenige der Kraft. Die gerade Linie, auf der der Pfeil liegt, heißt Wirkungslinie der Kraft. Kraftpfeile werden auch Vektoren genannt.

Wirkung von Kräften und Gleichgewicht

Eine einzelne Kraft ruft eine geradlinige Bewegung längs ihrer Wirkungslinie oder eine Drehbewegung hervor. Gleichgewicht kann nur herrschen, wenn auf derselben Wirkungslinie eine gleichgroße Kraft entgegengerichtet ist. Die Wirkung einer Kraft längs einer Wirkungslinie kann das Zusammenwirken mehrerer Kräfte sein. Bei der Bestimmung einer solchen resultierenden Wirkung mehrerer Kräfte müssen die Größen und die Richtungen berücksichtigt werden.

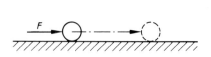
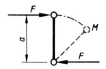

Fundamentalsätze der Statik

1. Satz: *Parallelogrammsatz*

Die Resultierende zweier Kräfte ist die Diagonale des von den beiden Kräften gebildeten Parallelogramms.

In der Regel wird nur mit dem „halben Parallelogramm", dem sogenannten Kräftedreieck gearbeitet.

Kräfteparallelogramm

Kräftedreieck
$\vec{F} = \vec{F}_2 + \vec{F}_1$

Kräftedreieck
$\vec{F} = \vec{F}_1 + \vec{F}_2$

Aus dem Parallelogrammsatz läßt sich der Satz von der Zerlegung einer Kraft in zwei Komponenten ableiten:

Jede Kraft kann in zwei Komponenten zerlegt werden, deren Wirkungslinien vorgegeben sein müssen.

Die Kraft F soll in zwei Komponenten mit den vorgegebenen Wirkungslinien zerlegt werden:

Die Wirkungslinien werden parallel in den Endpunkt der zu zerlegenden Kraft F verschoben. Man erhält ein Parallelogramm, dessen Seiten die gesuchten Kraftkomponenten ergeben.

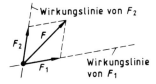

2. Satz: *Erweiterungssatz*

Zwei auf einer Wirkungslinie entgegengesetzt wirkende Kräfte gleichen Betrages können einem Kräftesystem hinzugefügt oder entnommen werden, ohne daß sich an der Wirkung dieses Kräftesystems etwas ändert.

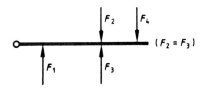

Die Kräfte F_2 und F_3 sind wirkungslos.

3. Satz: *Verschiebungssatz*

Kräfte können auf ihrer Wirkungslinie beliebig verschoben werden. Kräfte sind linienflüchtige Vektoren.

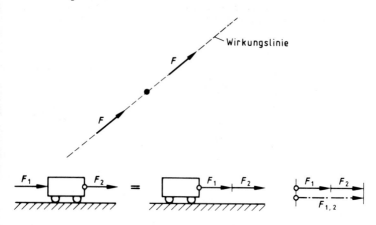

3.15 Einfache Maschinen

Hebel; Hebelgesetz

Die rechnerische Ermittlung unbekannter Kräfte soll zunächst am Hebel gezeigt werden, da der Hebel die Grundlage vieler Werkzeuge und Maschinen ist.

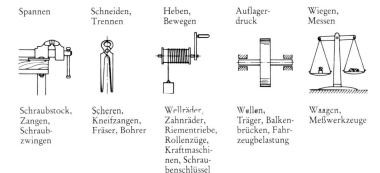

Spannen	Schneiden, Trennen	Heben, Bewegen	Auflagerdruck	Wiegen, Messen
Schraubstock, Zangen, Schraubzwingen	Scheren, Kneifzangen, Fräser, Bohrer	Wellräder, Zahnräder, Riementriebe, Rollenzüge, Kraftmaschinen, Schraubenschlüssel	Wellen, Träger, Balkenbrücken, Fahrzeugbelastung	Waagen, Meßwerkzeuge

Der Hebel ist ein um eine Achse drehbarer Körper, an dem außerhalb der Achse Kräfte angreifen. Diese Kräfte versuchen, eine Drehung um die Achse zu erzeugen. Wenn sie keine Drehung bewirken, ist der Hebel im Gleichgewicht.

Die wirksame Hebellänge ist der senkrechte Abstand der Kraft bzw. der Last von der Achse bzw. vom Drehpunkt.

Formelzeichen:

F = Kraft (Einzellast)
G = ständige Einzellast
M = Moment
l = Länge, Stützweite

Hebelgesetz: Kraft · senkrechtem Abstand zum Drehpunkt = Last · senkrechtem Abstand zum Drehpunkt

$$F \cdot l_1 = G \cdot l_2$$
$$\sum M_{(D)} = 0$$

einseitiger Hebel

Greifen die Kräfte nur an einer Seite des Hebels an, so spricht man von einem einseitigen Hebel.

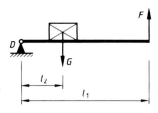

Die Gleichgewichtsbedingung lautet:

Die Summe aller Momente um den Drehpunkt D muß gleich Null sein. $\sum M_{(D)} = 0$.

Daraus folgt: $F \cdot l_1 = G \cdot l_2 = 0$. Das rechtsdrehende Moment wird hier als negativ, das linksdrehende Moment als positiv eingesetzt. Das rechtsdrehende Moment ist gleich dem linksdrehenden Moment.

$F \cdot l_1 = G \cdot l_2$

Die Kraft F, die G das Gleichgewicht hält, ist somit

$$F = \frac{G \cdot l_2}{l_1}$$

Beispiel:

Durch einen einseitigen Hebel ist ein Natursteinblock mit seiner Eigenlast von 1,80 kN in 0,35 m Abstand vom Drehpunkt D zu halten. Der Hebel hat eine Gesamtlänge von 1,75 m. Wie groß muß die Kraft F am Ende des Hebels werden, wenn sie das Gleichgewicht halten soll? $l_1 = 1{,}75$ m; $l_2 = 0{,}35$ m

$F \cdot l_1 = G \cdot l_2 = 0$

$$F = \frac{G \cdot l_2}{l_1} = \frac{1{,}80 \cdot 0{,}35}{1{,}75} = \underline{\underline{0{,}36 \text{ kN}}}$$

zweiseitiger Hebel

Bei einem zweiseitigen Hebel greifen die Kräfte an verschiedenen Seiten des Drehpunktes an.

Zwecks Erreichung des Gleichgewichts muß die Summe aller Momente um den Drehpunkt D gleich Null sein: $\sum M_{(D)} = 0$

Daraus folgt: $F \cdot l_1 - G \cdot l_2 = 0$. Das rechtsdrehende Moment ist gleich dem linksdrehenden Moment

$F \cdot l_1 = G \cdot l_2$

Die erforderliche Kraft F ist somit

$$F = \frac{G \cdot l_2}{l_1}$$

Beispiel

Wieviel Kraft ist aufzuwenden, um einen Natursteinblock von 1,30 kN Gewicht mit einem Hebebaum anzuheben, wenn der Kraftarm 1,75 m und der Lastarm 0,50 m beträgt?

$$F = \frac{G \cdot l_2}{l_1} = \frac{1{,}3 \cdot 0{,}5}{1{,}75} = \underline{\underline{0{,}371 \text{ kN}}}$$

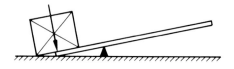

Winkelhebel

Ist ein zweiseitiger Hebel am Drehpunkt winkelig geknickt, spricht man von einem Winkelhebel. Die Summe der Momente aller Kräfte um den Drehpunkt D muß bei Gleichgewicht ebenso Null sein. $\Sigma\ M_{(D)} = 0$. Die Hebellänge l_1 wird durch die Wirkungslinie der Kraft F_1 bestimmt.

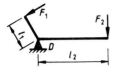 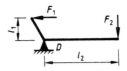 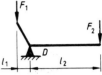

Für alle Beispiele gilt: $F_1 \cdot l_1 - F_2 \cdot l_2 = 0$
$F_1 \cdot l_1 = F_2 \cdot l_2$

Aufgaben:

a) Berechne nach vorhandener Skizze die Größe der Kraft F_1. (0,515 kN)

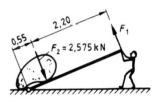

b) An der Preßvorrichtung lt. Darstellung greift die Handkraft $F_1 = 325$ N am Hebelarm $l_1 = 425$ mm an. Welche Preßkraft F wirkt im Abstand von $l_2 = 145$ mm, wenn sich der Hebel um den Drehpunkt A im Gleichgewicht befindet? (952,586 N)

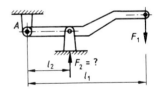

c) Wie lang muß der Kraftarm l_1 sein, wenn an dem skizzierten ungleicharmigen Hebel Gleichgewicht herrschen soll? (1,94 m)

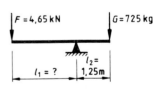

d) Wieviel Kraft F in kN ist aufzuwenden um einen Natursteinblock von $G = 142,5$ kg Gewicht anzuheben? (0,4885 kN ≈ 0,489 kN)

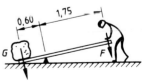

e) Wie groß muß die Kraft F_2 sein um der Kraft F_1 das Gleichgewicht zu halten?
($F_2 = 0{,}346 \cdot F_1$)

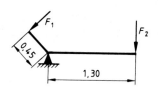

Auflagerdruck

Belastungen üben auf ihre Auflagerstellen Drücke aus, die nach dem Hebelgesetz zu berechnen sind.

Beispiele:

$$A = F = \frac{G \cdot s}{l} = \frac{4000 \cdot 1{,}6}{3{,}2} = \underline{\underline{2000 \text{ N}}}$$

$$B = A = \underline{\underline{2000 \text{ N}}}$$

$$\left. \begin{array}{l} A = F = \dfrac{G \cdot s}{l} = \dfrac{4000 \cdot 0{,}8}{3{,}2} = \underline{\underline{1000 \text{ N}}} \\[2mm] B = F = \dfrac{G \cdot s}{l} = \dfrac{4000 \cdot 2{,}4}{3{,}2} = \underline{\underline{3000 \text{ N}}} \end{array} \right\} 4000 \text{ N}$$

$$A = F = \frac{G_1 \cdot s_1 + G_2 \cdot s_2}{l} = \frac{4000 \cdot 0{,}8 + 5000 \cdot 2{,}0}{3{,}2}$$
$$= \underline{\underline{4125 \text{ N}}}$$

$$B = F = \frac{G_1 \cdot s_1 + G_2 \cdot s_2}{l} = \frac{4000 \cdot 2{,}4 + 5000 \cdot 1{,}2}{3{,}2}$$
$$= \underline{\underline{4875 \text{ N}}}$$

$$A + B = \underline{\underline{9000 \text{ N}}}$$

$$A = F = \frac{G \cdot s}{l} = \frac{4000 \cdot 1{,}2}{0{,}30} = \underline{\underline{16\,000 \text{ N}}}$$

$$B = F = \frac{G \cdot s}{l} = \frac{4000 \cdot 1{,}5}{0{,}30} = \underline{\underline{20\,000 \text{ N}}}$$

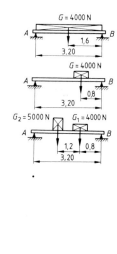

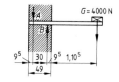

Aufgaben:

Berechne jeweils den Auflagerdruck für A und B (Eigengewicht des Trägers unberücksichtigt).

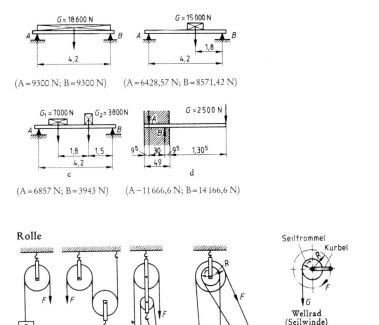

(A = 9300 N; B = 9300 N)   (A = 6428,57 N; B = 8571,42 N)

(A = 6857 N; B = 3943 N)   (A = 11666,6 N; B = 14166,6 N)

Rolle

$$F = G \qquad F = \frac{G}{2} \qquad F = \frac{G}{n} \qquad F = G \cdot \frac{R - r}{2 \cdot R} \qquad F = \frac{G \cdot r}{R}$$

n = Anzahl der Rollen

Aufgaben:

Welche Kraft ist aufzuwenden, um eine Last von 1200 N zu heben
a) mit der festen Rolle? (1200 N)
b) mit der losen Rolle? (600 N)
c) mit einem vierfachen Flaschenzug? (300 N)
d) mit einem Differentialflaschenzug, $R = 18$ cm; $r = 15$ cm? (100 N)
e) mit einem Wellrad, $R = 60$ cm; $r = 24$ cm? (480 N)

Schiefe Ebene

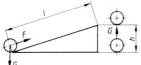 $F \cdot l = G \cdot h$

Aufgaben:
a) Ein Faß von 1200 N Gewicht wird über eine schiefe Ebene von 2,4 m auf einen Wagen gerollt; Höhe 1,2 m. Berechne *F*! (600 N)
b) Durch einen Keil von 120 mm Länge und 20 mm Höhe soll eine Last von 4800 N angehoben werden. Welche Kraft ist erforderlich? (800 N)

3.16 Festigkeitslehre

Festigkeit = innerer Widerstand eines Werkstoffes gegen eine Beanspruchung (Druck, Zug usw.) von außen (Kohäsion).

Spannung = innerer Widerstand, bezogen auf eine Einheit der Querschnittsfläche. Man spricht bei der Spannung auch von Beanspruchung. Die Beanspruchung auf Druck nennt man auch Pressung.

Bevorzugte Einheiten für Spannungen = MN/m^2 und N/mm^2. (1 MN/m^2 = 1 N/mm^2).

Zeichenerklärung:
σ = Spannung, gemessen in N/mm^2, kN/m^2 und MN/m^2
F = Kraft = Belastung (Zug-, Druckkraft usw.) in N, kN und MN
A = Querschnittsfläche in cm^2, mm^2 oder m^2

Spannungsberechnung:

Formeln:

$$\text{Spannung} = \frac{\text{Belastung}}{\text{Fläche}}$$

$$\sigma = \frac{F}{A} \quad A = \frac{F}{\sigma} \quad F = A \cdot \sigma$$

Wächst die auf einen Bauteil wirkende Last derart an, daß die Zerstörung oder der Bruch erfolgt, so bezeichnet man diese Grenzspannung als Bruchspannung oder als Bruchfestigkeit. Sie wird bezeichnet mit: $\sigma_{Br} = \sigma_B$

In der Praxis darf jedoch nur mit einem Bruchteil der statischen Festigkeit (Bruchspannung) gerechnet werden. Es sollen dadurch große Formveränderungen vermieden und die Sicherheit des Bauwerks gewährleisten. Man nennt diese Spannung **zulässige Spannung**. Sie darf nicht überschritten werden und ist deshalb auch Grundlage der Festigkeitsberechnungen. Die Bruchspannungen betragen ein Vielfaches der zulässigen Spannung. Dividiert man die statische Festigkeit durch den Sicherheitsgrad, erhält man die zulässige Spannung. Sicherheitsgrad und zulässige Spannungen sind durch amtliche Vorschriften in den DIN-Normen festgelegt.

Man unterscheidet zwei verschiedene Arten von Spannungen:

Normalspannungen:
Die Normalspannungen stehen winkelrecht, normal (senkrecht) zu den zu betrachtenden Schnittflächen (gefährdeter Querschnitt). Die Abkürzung ist: σ (Sigma),

Scher- und Schubspannungen:
Die Spannungen wirken tangential bzw. parallel in der Schnittfläche (gefährdeter Querschnitt). Die Abkürzung ist: τ (Tau)

Nach den verschiedenen Beanspruchungsarten unterscheidet man:

Zugspannung: σ_z (Anker, Zugstangen, Fachwerkstäbe, Zangen, Stahleinlagen im Stahlbetonbau)

Druckspannung: σ_d (Wände, Pfeiler, Auflager, Fundamente)

Scher- u. Schubspannung: τ (Konsolen, Nieten, Bolzen), Verschiebung der Querschnitte

Biegespannung: Kräfte $\perp$ zur Stabachse bei Balken, Trägern, Platten

Knickspannung: Lasten $\parallel$ zur Stabachse bei Pfosten, Säulen, Stützen

Torsions- oder Drillspannung: (Wellen u. Achsen, Schraubenbolzen beim Anziehen)

Zusammengesetzte Beanspruchung: z. B. Biegung u. Zug, Biegung u. Druck

Haftspannung: (Haftfestigkeit im Stahlbetonbau: Widerstand gegen das Herausziehen des Stabstahles aus dem Beton)

Beispiele:

Druckfestigkeit

Mit wieviel N kann ein Mauerpfeiler 49/49 cm aus KMz 28 mit Mörtel der Gruppe III belastet werden? $\sigma_d = 2{,}5 \text{ N/mm}^2$.

$F = A \cdot \sigma_d = 490 \text{ mm} \cdot 490 \text{ mm} \cdot 2{,}5 \text{ N/mm}^2 = 240\,100 \text{ mm}^2 \cdot 2{,}5 \text{ N/mm}^2$

$F = \underline{\underline{600\,250 \text{ N}}}$

Ein Mauerpfeiler aus Vollziegeln Mz 12, Mörtelgruppe II, wird mit 180 000 N belastet. $\sigma_d = 1{,}0 \text{ N/mm}^2$. Berechne die erforderliche Querschnittsfläche des Mauerwerks!

$$A = \frac{F}{\sigma_d} = \frac{180\,000 \text{ N}}{1{,}0 \text{ N/mm}^2} = 180\,000 \text{ mm}^2 = \underline{\underline{1800 \text{ cm}^2}}$$

Bei einer Pfeilerstärke von 24 cm muß die Länge $\frac{1800 \text{ cm}^2}{24 \text{ cm}} = \underline{\underline{75 \text{ cm}}}$ betragen.

Zugfestigkeit

Ein Zuganker aus Baustahl St 360 wird mit 93 600 N belastet; $\sigma_{z\,\text{zul.}} = 100 \text{ N/mm}^2$. Berechne den erforderlichen Querschnitt.

$$A = \frac{F}{\sigma_{z\,\text{zul.}}} = \frac{93\,600 \text{ N}}{100 \text{ N/mm}^2} = \underline{\underline{936 \text{ mm}^2 = 9{,}36 \text{ cm}^2}}$$

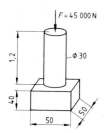

Aufgaben:

a) Eine Rundsäule mit Fundament aus Stampfbeton ($\varrho = 2,2$) wird mit $F = 45\,000$ N belastet. Berechne:
   1. den Druck der Säule auf das Fundament in N/mm² (0,663 N/mm²)
   2. die Gesamtbelastung des Baugrundes in N/mm² (0,196 N/mm²)

b) Ein Trägerauflager 12/20 cm aus Mz 8 mit Mörtel der Gruppe II ($\sigma_{d\,zul.} = 2,5$ N/mm²) wird mit 18 600 N belastet.
Reicht die Auflagerfläche aus? (ja – 60 000 N)

c) Ein Mauerpfeiler 24/24 cm wird mit 126 720 N belastet. Welche Steinfestigkeit und Mörtelgruppe sind zu wählen? Tabelle hierzu siehe Abschnitt Mauermörtel.
(2,2 N/mm² = Mz 28 + Mörtelgruppe IIa).

d) Ein Drahtseil hat 8 Litzen mit je 10 Drähten von je 2 mm ∅ und wird mit 18 000 N belastet. Zulässige Beanspruchung 80 N/mm². Welche Zugbeanspruchung tritt auf? Ist die Belastung möglich? (71,656 N/mm²; – $\sigma_{d\,zul.} = 80$ N/mm², also ja)

e) Ein Zuganker aus Stahl wird mit 170 000 N belastet. Berechne den Ankerquerschnitt $\sigma_{z\,zul.} = 85$ N/mm². (2000 mm² = 20 cm²)

3.17 Kalkulation

Es gibt zwei Hauptarten der Kalkulation:

1. Die Vorkalkulation.

   Aufgabe ist es, den Preis der Leistung vor Beginn der Ausführung zu ermitteln.

2. Die Nachkalkulation.

   Hierbei wird der in der Vorkalkulation errechnete Preis auf seine Richtigkeit untersucht. D. h. alle in der Vorkalkulation angenommenen wie auch errechneten Werte müssen mit den sich während der Ausführung ergebenden Werten übereinstimmen, wenn die Vorkalkulation richtig war.

Hier soll nur die Vorkalkulation behandelt werden.

Grundlagen einer jeden Kalkulation sind das Leistungsverzeichnis, die VOB und die Buchführung des Baubetriebes. Hinzu kommen bei öffentlichen oder mit öffentlichen Mitteln finanzierten Aufträgen die Baupreisverordnung (z. Z. Verordnung PR Nr. 1/72). Diese ist auch anzuwenden, wenn die Aufträge über Bauleistungen mit insgesamt mehr als 50% aus Mitteln der öffentlichen Hand finanziert werden.

Arten der Vorkalkulation.

Man unterscheidet im „klassischen Sinne" zwei Arten der Preisermittlung im Bauwesen:

1. Die Kalkulation mit vorausbestimmten Zuschlägen, Zuschlagkalkulation genannt.
2. Die Preisermittlung über die Angebotssumme, Umlagekalkulation genannt.

Die nachstehenden Ausführungen beschränken sich auf die Zuschlagkalkulation, da diese für den kleinen Baubetrieb die einfachste und auch verhältnismäßig sicherste Methode der Preisermittlung darstellt.

Wichtige Grundlage der Vorkalkulation ist die ordnungsmäßige Buchführung des Betriebes. Da sich aus dem Handelsrecht (Handelsgesetzbuch HGB) und dem Steuerrecht (Abgabenordnung AO) unter bestimmten Voraussetzungen eine Buchführungspflicht ergibt, müßte selbst bei kleinen Baubetrieben die Buchführung die notwendigen Werte erbringen. (Nach dem HGB besteht z. B. für alle Vollkaufleute sowie Personen- und Kapitalgesellschaften und nach der AO für alle Betriebe mit entweder mehr als 250 000,- DM Jahresumsatz oder 50 000,- DM Betriebsvermögen oder 12 000,- DM Gewerbeertrag je Jahr Buchführungspflicht). Die Buchführung wird zweckmäßigerweise nach dem Normalkontenrahmen für das Baugewerbe eingerichtet.

Aufbau eines Angebotspreises.

Der Einzelpreis einer Teilleistung muß folgende preisbildenden Elemente erhalten:

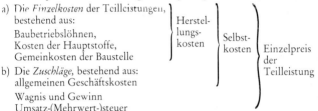

Eine Abweichung von diesem Aufbau ergibt sich bei kleinen Baubetrieben. Hier sind die Gemeinkosten der Baustellen, wenn überhaupt, nur unter unvertretbar großem Aufwand für die einzelne Baustelle zu ermitteln. Die Baustellengemeinkosten werden deshalb den Gesamtgemeinkosten des Betriebes zugeschlagen. So wird auch in diesem Kapitel verfahren.

Die hier dargestellten Kalkulationsbeispiele erheben keinen Anspruch auf Vollständigkeit. Sie sollen nur zeigen, wie man schnell einen Angebotspreis ermitteln kann. Wer seine Kenntnisse in der Kalkulation erweitern und vertiefen will, findet in der Literatur ein reichhaltiges Angebot hierzu.

Tabellen: Material- und Arbeitsaufwand

1. Arbeitszeitaufwand bei Erdarbeiten (Erfahrungswerte)

	Zeitaufwand in Stunden
1 m² Grasnarbe (10 cm dick) lösen und verkarren	0,30
1 m³ Mutterboden ausheben und verkarren (Mittelwert)	0,90
1 m³ Erdreich der Baugrube ausheben und verkarren.	
leichter Boden	1,50
schwerer Boden	3,30
1 m³ Erdreich hinterfüllen und stampfen	1,20

Anmerkung: Durch das Ausschachten wird der gewachsene Boden um etwa 25% gelockert. Beim Abtransport mit LKW berücksichtigen!

2. Materialbedarf und Arbeitszeitaufwand bei Maurerarbeiten (Mittelwerte)

	Steine (Stück)	Mörtel in l	Zeitaufwand in Stunden
1 m³ Ziegelmauerwerk (NF oder RF)	400	280	6,5
1 m³ Ziegelmauerwerk (DF)	520	320	8,5
1 m³ Hohlmauerwerk (NF)	350	250	5,6
1 m³ Mauerwerk (1½ NF)	260	180	3,8
1 m³ Öffnungen anlegen	–	–	5,0
1 m² ½steinige Wand (NF oder RF)	50	35	1,0 (Klinker + 0,2)
1 m² ½steinige Wand (DF)	65	40	1,5 (Klinker + 0,2)
1 m² ½steinige Wand (1½ NF)	33	23	0,8
1 m² Stahlfachwerk, ½ Stein stark	40	26	1,4
1 m² Hohlblockmauerwerk 24 cm dick	8	23	1,5
30 cm dick	8	27	1,6
1 m einzügiges Kaminrohr, freistehend	65	60	2,7
1 m zweizügiges Kaminrohr, freistehend	113	110	4,2
1 m Treppenstufe aus Mauerziegeln	21	21	1,7
1 m² Flachschichtpflaster	32	28	1,2
1 m² Rollschichtpflaster	50	51	2,0

3. Material- und Zeitaufwand bei Putz- und Estricharbeiten

	Zementmörtel in l	Kalkzementmörtel in l	Rauhputzkalkmörtel in l	Feinputzkalkmörtel in l	Zeitaufwand in Stdn.
1 m² Fugenputz des Verblendmauerwerks	7	–	–	–	0,95
1 m² Außenputz in Zementmörtel	22	–	–	–	1,0
1 m² Rapputz	–	–	–	15	0,5
1 m² Wandputz	–	–	18	4	0,7
1 m² Massivdeckenputz	3	–	–	10	1,0
1 m² Spalierdeckenputz	–	–	30	5	1,1
1 m² Rabitzdeckenputz	–	30	–	5	2,1
1 m² Nachputz	–	–	–	0,2	0,05
1 m² Zementestrich	22	–	–	–	0,7

Anmerkung: Öffnungen, Aussparungen und Nischen bis zu 2,5 m² Einzelgröße werden übermessen. Ganz oder teilweise geputzte, gedämmte oder bekleidete Leibungen von Öffnungen, Aussparungen und Nischen über 2,5 m² Einzelgröße werden gesondert berechnet. Rückflächen von Nischen werden (unabhängig von der Größe) gesondert berechnet.

4. Arbeitszeitaufwand für Betonarbeiten

	Zeitaufwand in Stunden
1 m³ Stampfbeton für Fundamente (ohne Schalung)	3,0
1 m² Fundamentschalung	0,9
1 m³ Stampfbeton für Wände (ohne Schalung)	3,2
1 m² Wandschalung	1,1
1 m² Stahlbetondecke (10 cm dick) betonieren	0,4
1 m² Deckenschalung	1,0
1 m³ Stahlbetonbalken (24/41 cm Querschnitt)	
betonieren	3,5
bewehren je 100 kg/m³	4,5
Schalung (11,5 m²/m³) je m²	1,7
1 m² Unterbeton für Kellerfußboden (8 cm dick) betonieren	0,3

5. Arbeitszeitaufwand für Fliesenlegerarbeiten

	Zeitaufwand in Stunden
1 m² Wandplatten (15/15 cm) setzen	2,46
1 m² doppelseitige Wandplatten (15/15 cm) setzen	5,14
1 m² Wandplatten im Treppenhaus setzen, Zuschlag	0,53
1 m Fensterbank, 2 Platten breit, legen	1,18
1 Seifenschale einsetzen	0,53
1 m² Spritzbewurf herstellen	0,20
1 m Fußleiste aus 10/10 cm Platten setzen	0,43
1 m² Bodenbelagplatten (10/10 cm) legen	1,74
1 Winkeleisen verlegen	0,27
1 Loch spitzen	0,27

Anmerkung: Fliesenarbeiten werden nach Rohbaumaßen berechnet. DIN 1965.

Beispiel 1:
Berechnung des Lohnzuschlages

Lohnkosten einschl. des Arbeitgeberanteils zur Vermögensbildung	100,0 v. H.
Löhne für gesetzliche Feiertage	5,2 v. H.
Ausfalltage nach § 4 BRTV (Bundesrahmentarifvertrag)	2,5 v. H.
Ausfalltage gemäß BVG (Betriebsverfassungsgesetz)	2,3 v. H.
Krankheitstage gem. LFZG (Lohnfortzahlungsgesetz)	7,5 v. H.
Hilfslöhne der Baustelle	3,0 v. H.
zu übertragen	120,5 v. H.

Übertrag	120,5 v. H.

Gesetzlicher Sozialaufwand (Arbeitgeberanteil), bestehend aus

Krankenversicherung............................	6,00 v. H.
Krankenversicherung für SWG-Empfänger	1,40 v. H.
Rentenversicherung	9,00 v. H.
Unfallversicherung.............................	4,20 v. H.
Arbeitslosenversicherung	1,50 v. H.
Schwerbeschädigtenausgleich	0,45 v. H.
	22,55 v. H.

$$22{,}55 \text{ v. H. von } 120{,}5 = \frac{22{,}55 \cdot 120{,}5}{100} \qquad 27{,}2 \text{ v. H.}$$

Gemeinkosten des Betriebes, Bauzinsen, Verzinsung des Betriebskapitals sowie

Lohnsummensteuer	49,0 v. H.
Unternehmerlohn	6,0 v. H.
Wagnis und Gewinn	10,7 v. H.
	213,4 v. H.
Abzüglich Lohnkosten	100,0 v. H.
Zuschlag auf Lohn	113,4 v. H.

Die zuvor angenommenen v.-H.-Werte dürften bei kleinen Handwerksbetrieben der Wirklichkeit sehr nahe kommen. In der Praxis sind sie jedoch immer aus den tatsächlichen Zahlen, die sich aus der Buchführung ergeben, zu berechnen.

Beispiel 2:

Mittellohnberechnung

1 Polier 2825,00/173 (Monatsgehalt/Monatsstundenzahl)	16,33 DM/Std.
1 Vorarbeiter	13,00 DM/Std.
1 Baumaschinenführer	12,50 DM/Std.
11 gehobene Facharbeiter 11 · 11,40	125,40 DM/Std.
6 Fachwerker 6 · 10,70	64,20 DM/Std.
19	231,43 DM/Std.

Der Polier wird bei der Zahl der Arbeitskräfte nicht mitgerechnet, da er nicht produktiv mitarbeitet, sondern Aufsichtsfunktionen ausübt.

Durchschnittslohn 231,43/19 .... =	12,18 DM/Std.
Überstundenzuschlag für 2 Std./Tag	
25 v. H. von 2 · 12,18 = 6,09 DM	
auf 10 Std./Tag verteilt 6,09/10 .... =	0,61 DM/Std.
	12,79 DM/Std.
Vermögenswirksame Leistung (Arbeitgeberzulage)	0,25 DM/Std.
	13,04 DM/Std.
Lohnzuschlag 113,4 v. H. von 13,04	14,79 DM/Std.
Sozialkassenbeitrag 15 v. H. von 13,04	1,96 DM/Std.
Winterbauumlage 4 v. H. von 13,04	0,52 DM/Std.
	30,31 DM/Std.

Beispiel 3:

Zweikammer-Silo (Zeichnung dazu Seite 342)

Hierbei werden Baustoffe mit einem Zuschlag für Gemeinkosten sowie Wagnis und Gewinn von 10 v. H., die Fremdleistung mit 4 v. H. beaufschlagt.

Erdaushub (als Fremdleistung)		12,00 DM/m³
Gemeinkosten, Wagnis und Gewinn 4 v. H.		0,48 DM/m³
		12,48 DM/m³
Beton B 10		
1,25 m³ Zuschlag 1,25 · 18,00 DM/m³	22,50 DM/m³	
200 kg Zement 0,200 · 93,00 DM/t	18,60 DM/m³	
Wasser und Strom (pauschal)...............	1,50 DM/m³	
Streuverluste 2 v. H.	0,85 DM/m³	
	43,45 DM/m³	
Gemeinkosten, Wagnis und Gewinn 10 v. H.	4,35 DM/m³	
		47,80 DM/m³
Herstellen und verarbeiten 3 Std. 3 · 30,31		90,33 DM/m³
		138,73 DM/m³
Mauerwerk		
(412 Steine [NF], 265 l Mörtel je m³)		
Stoffkosten für Mörtelgruppe II (1:2:8)		
1250 l Sand 1,25 · 17,50 DM/m³	21,88 DM/m³	
1250/8 = 156 l · 1,2 = 187 kg		
Zement 0,187 · 93,00 DM/t	17,39 DM/m³	
1250/4 = 312 l · 0,6 = 187 kg		
Kalkhydrat = 187 · 4,50/40 DM/Sack	21,04 DM/m³	
Wasser und Strom (pauschal)...............	1,50 DM/m³	
	61,81 DM/m³	

(Zur Vereinfachung wird beim Fugenmörtel der gleiche Betrag eingesetzt)

412 Steine 412 · 185,00/1000 .... =	76,22 DM/m³	
265 l Mörtel 0,265 · 61,81 .... =	16,38 DM/m³	
	92,60 DM/m³	
Streuverlust und Bruch 3 v. H.	2,78 DM/m³	
	95,38 DM/m³	
Gemeinkosten, Wagnis und Gewinn 10 v. H.	9,54 DM/m³	
		104,92 DM/m³
Verarbeiten 6,5 Std. 6,5 · 30,31		197,02 DM/m³
		301,94 DM/m³

Waagerechte Isolierung

Isolierpappe	1,70 DM/m²	
Für Überdeckungsstöße 10 v. H.	0,17 DM/m²	
	1,87 DM/m²	
Gemeinkosten, Wagnis und Gewinn 10 v. H.	0,19 DM/m²	
		2,06 DM/m²
Verarbeiten 0,1 Std. 0,1 · 30,31		3,03 DM/m²
		5,09 DM/m²

Zementestrich

1250 l Sand 1,25 · 17,50 DM/m³	21,88 DM/m³
1250/3 = 417 l · 1,2 = 500 kg	
Zement 0,500 · 93,00 DM/t	46,50 DM/m³
Wasser und Strom (pauschal)	1,50 DM/m³
	69,88 DM/m³
Gemeinkosten, Wagnis und Gewinn 10 v. H.	6,99 DM/m³
	76,87 DM/m³

40 l/m² Mörtel 0,040 · 76,87	3,07 DM/m²
Verarbeiten 0,7 Std. 0,7 · 30,31	21,22 DM/m²
	24,29 DM/m²

Äußerer Fugenputz

7 l Mörtel 0,007 · 61,81	0,43 DM/m²	
Gemeinkosten, Wagnis und Gewinn 10 v. H.	0,04 DM/m²	
		0,47 DM/m²
Verarbeiten 0,4 Std. 0,4 · 30,31		12,12 DM/m²
		12,59 DM/m²

Zementputz
1250 l Sand 1,25 · 17,50 DM/m³ . . . .   21,88 DM/m³
1250/3 = 417 l · 1,2 = 500 kg
Zement 0,500 · 93,00 DM/t . . . .   46,50 DM/m³
20 v. H. Kalkhydratzusatz
0,20 · 500 · 4,50/40 DM/Sack . . . .   11,25 DM/m³
Wasser und Strom (pauschal) . . . .   1,50 DM/m³
                                                           81,13 DM/m³
Streuverlust 3 v. H. . . . .   2,43 DM/m³
                                                           83,56 DM/m³
Gemeinkosten, Wagnis und Gewinn 10 v. H.   8,36 DM/m³
                                                           91,92 DM/m³
22 l Mörtel 0,022 · 91,92 . . . .   2,02 DM/m²
Verarbeiten 1 Std. 1 · 30,31 . . . .   30,31 DM/m²
                                                                                32,33 DM/m²

Massenberechnungen für Zweikammer-Silo (Zeichnung Seite 342)

Pos.	An-zahl	Gegenstand	m	l	b	m²	h	m³
		Baugrube	–	2,90	2,15	6,24	0,625	3,900
		Bankette . . . . 2×	2,90	5,80				
		3×	1,35	4,05				
				9,85	0,40	3,94	0,40	1,756
								5,476
1.	5,476	m³ Erdaushub der Baugrube und Bankette						
		Bankette						1,576
		Boden . . . . 2×	1,51	3,02	1,01	3,05	0,08	0,244
								1,820
2.	1,820	m³ Beton der Bankette und des Bodens						
		Frontmauern . . . . 2×	2,74	5,48				
		Seitenmauern . . . . 3×	1,51	4,53				
				10,01	0,24	2,40	2,00	4,800
3.	4,800	m³ aufgehendes Mauerwerk (Öffnungen unter 0,5 m² werden nicht abgezogen)						
4.	2,40	m² Isolierung						
5.	3,05	m² Zementestrich des Bodens						
		Frontmauern . . . . 2×	2,74	5,48				
		Seitenmauern . . . . 2×	1,99	3,98				
				9,46	1,40	13,24		
		Abdeckung		10,01	0,24	2,40		
						15,64		
6.	15,64	m² äußerer Fugenputz						
		Innenwände, quer 2×2	1,51	6,04				
		Innenwände, lang 2×2	1,01	4,04				
				10,08	1,90	19,15		
7.	19,15	m² innerer Zementputz						

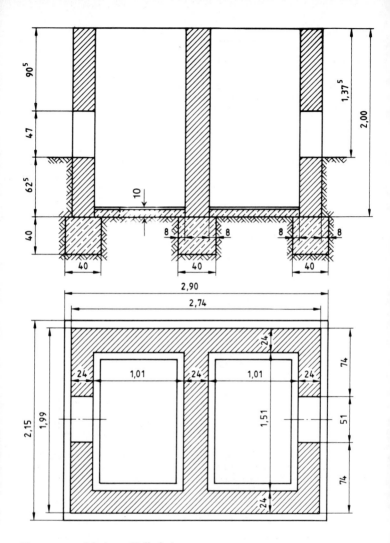

Literaturverzeichnis zur Kalkulation

Die nachstehend aufgeführte Zusammenstellung erhebt keineswegs Anspruch auf Vollständigkeit. (Die Reihenfolge stellt keine Wertung dar!)

(1) Dr.-Ing. Gerhard Opitz: Selbstkostenermittlung für Bauarbeiten Teil I und II, Werner-Verlag.

Angebot in Kurzform

Pos.	Menge	Gegenstand	Einheits-preis DM	Gesamt-preis DM
1	5,476	m³ Erdaushub der Baugrube und Bankette	12,48	68,34
2	1,820	m³ Beton B 10 der Bankette und des Bodens	138,73	252,49
3	4,800	m³ Mauerwerk der Außenwände	301,94	1449,31
4	2,40	m² waagerechte Isolierung	5,09	12,22
5	3,05	m² Zementestrich des Bodens....................	24,29	74,08
6	15,64	m² äußerer Fugenputz..........................	12,59	196,61
7	19,15	m² innerer Zementputz.........................	32,33	619,12
				2672,47
		Mehrwertsteuer 14 v. H.		374,15
		Angebotspreis		3046,62

3.18 Umbauter Raum

Ermittlung der ungefähren Bausumme:

> umbauter Raum in m³ × Preis/m³ umbauter Raum
> = ungefähr reine Baukosten

Für 1 m³ umbauten Raum setzt man z. Zt. bei Wohnhäusern je nach Ausführung des Gebäudes 500,00 bis 700, 00 DM an.

Es wird nur der von Vollinien umrissene Raum berechnet. (Bei nicht unterkellerten Gebäuden ist die Sohle des Erdgeschoßbodens die untere Begrenzungslinie.)

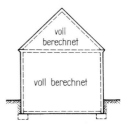

Dachgeschosse werden voll in die Berechnung einbezogen. Es spielt dabei keine Rolle, ob das Dachgeschoß ausgebaut ist oder nicht. Nicht in die Berechnung einbezogen werden alle Bauwerksteile, die außerhalb des Gebäude-Grundrisses liegen: Fundamente, Kriechkeller, Lichtschächte, Pfeiler, Erker, Lisenen, Gesimse, Balkone, Dachgauben, Schornsteinköpfe usw. (Näheres hierzu siehe DIN 277). Wohn- und Nutzflächenberechnung siehe DIN 283.

(2) Kalkulationsschulungsheft, bearbeitet von Dr. jur. Richard Naschold und Prof. Herbert Prange, Bauverlag GmbH, Wiesbaden.
(3) Dr.-Ing. Karl Plümecke, Preisermittlung für Bauarbeiten, Verlagsgesellschaft Rudolf Müller, Köln-Braunsfeld.
(4) P. Riehm, Grundzüge der Preisermittlung im Baubetrieb, Bauverlag GmbH, Wiesbaden.
(5) R. Weilbier, Preisbuch für Arbeiten am Bau.

STICHWORTVERZEICHNIS

A

Abdichten der Rohrmuffen 275f.
Abdichtungsstoffe 118
Abfangungen 278ff.
Abgasschornsteine 185ff.
abgebundene Gerüste 299
abgehängte Decke 258f.
Ablagerungsgesteine 58, 61
Abort 135
Absäuern 207
Absetzgesteine 61f.
Abstecken von Linien 128
Abstützung, senkrechte 279
–, waagerechte 279
Abtreppung 141, 144
Abwinkeln 138
Abzweige 275
Anbringen von Wandplatten 262
Andesit 58, 60
angeschmauchte Klinker 70
Anhydrit 20
Anhydritbinder 20, 38
Anhydritestrich 270f.
Anhydritkalkmörtel 38
Anhydritmörtel 38
Anker 245
Ankerschiene 243, 245
Anmachwasser 31, 232
Anschlag 180f.
Anschlagarten 181
Anschlüsse an Straßenkanäle 275
– für Ofenrohre 190
Anwurfwände 176f., 180
Arbeitsgerüste 290ff.
Arbeitsraum 137
Asphalt 118
Asphaltmastix 119
Asphaltplatten 98
Aufbiegung 225
Auflager 193f.
Auflagerlänge 193f., 244f.
Aufreißen einer geraden Treppe 250f.
Ausblühungen 160, 161

Ausfallkörnung 266
ausgeworfene Gesteine 58
Ausgleichputz 262
Auslegergerüste 298f.
Ausschachtung 135ff., 152
Ausschachtungsarbeiten 138
Ausschalen 233f.
Ausschalfristen 23, 233f.
–, Verlängerung 233
Aussparung 220f.
Aussteifung von Rohrgräben 277
Außenanschlag 181
Außendeckenputze 43, 256f.
Außenrüttler 222
Außentreppen 254f.
Außenwandputze 42
A/V-Verhältnis 164

B

Balken 218f., 226
Balkenabstände 244
Balkenauflager 244f.
Balkendecken 242
– mit Zwischenbauteilen 243
Balkenkopf 245
Balkenlagen 244f.
Bandmaß 129
Bandstahl 178f.
Bankette 151ff.
Basalt 58, 60
Basaltinplatte 97
Basaltlava 58, 60, 95
Baubeschreibung 124
Baubleche 110
Baubuden 135f.
Bauerlaubnis 124, 125
Baufluchtlinie 124
Baugips 15, 19, 20, 37
Baugrube 152
Baugrubenentwässerung 284
Baugrubensohle 137ff.
Baugrubentiefe 138

345

Baugrund 125 ff.
-, Versteinerung 281, 283
Baugrunduntersuchungen 125
Baugründung unter normalen
  Bodenverhältnissen 151
-, besondere 281
Bauholzgüteklassen 106
Bauholzschnittklassen 102 f.
Baukalk 15, 37, 38
Baurichtmaße 67
Baurohre 98 ff.
Bauschein 125
Bausteine 58
-, gebrannte 64
-, künstliche 64
-, leichte 64
-, natürliche 58
-, schwere 64
-, ungebrannte 64, 77, 82
Baustelle, Einrichten 135 f.
Bauverfahren 169
Bauweise, geschlossene 125
-, offene 125
Bauwich 125, 128
Bauzäune 135 f.
Bauzeichnung 124
Bebauungsplan 125
Bebauungstiefe 125
befahrbare Böden 267
Belüftungen 185
Bergbausenkungsgebiet 282, 286, 288
Bergwasser 156
besondere Baugründungen 281
besteigbare Schornsteine 186
Beton 45, 232 f., 240, 269
-, bewehrter 57
-, erdfeucht 221
-, unbewehrter 57
Betonarbeiten 215 ff.
-, einfache 221
Betonbauplatten 90
Betondeckung 227 ff., 269
Betonfertigpfähle 283
Betonfertigteile 227, 235
Betonfestigkeitsklassen 52
Betonfundamente 151 f.
Betongefüge 232
Betongrundstoffe 45 f.
Betongruppen 51
Beton-Güteprüfungen 54 f.
Betonierarbeiten 221

Betonieren bei besonderer Wetterlage 232
Betonkonsistenz 49
Betonplatten 91, 93, 97 f.
Betonproben 54 f.
Beton-Profistahl 111
Betonqualität 45
Betonstabstahl 111 ff.
Betonstahl 111, 240
Betonstahlmatten 111, 114 f., 230
Betonverflüssiger 44
Betonwerksteine 265
Betonzusatzmittel 44
Betonzuschlag 28, 31, 45
Bewehrung 222
bewehrter Beton 57
bewehrte Trennwände 178
Bewehrungsmatten 227
Bewehrungsstähle 224
Biegeplan 230
Biegerollendurchmesser 223
Bims 58, 62
Bimsbetondeckenplatten 90
Bimsbetonplatten 91
Bimsdielen 91
Bindedrahtknüpfungen 227
Bindemittel 15 ff., 33
Bindemittelanteil 33
Bindemittelart 32
Binderschicht 141
Binderverband 144
Bitumen 118 f.
Bitumenbahnen 118
Bitumenemulsion 118
Bitumenlösungen 118
Bitumenmörtel 32, 35
Bitumenspachtelmassen 118
Blähbeton 56
Blaustreifigkeit 106
Blei 117
Bleifarben 123
Blendrahmenschraube 182
Blendrahmentüren 182
Blockverband 144
Bockgerüst 297 f.
Bockstützen 197, 218
Bodenarten 139
Bodenbelag 267 f.
Bodenbeschaffenheit 137
Bodenfliesen 95
Bodenplatten 95 f.
Bodenpressungen 126 f.

Bodenuntersuchungen 125
Bodenverfestigungen 281, 283
Bogen 180, 198
–, einhüftiger 199, 203
–, elliptischer 199, 203
–, scheitrechter 196, 199 f.
–, steigender 199, 203
Bogenanfänger 195, 199
Bogenanfängerstein 198
Bogenarten 199 f.
Bogendicke 195, 200
Bogenkrümmung 198
Bogenlänge 198
Bogenmauerwerk 199 f.
Bogenmittelpunkt 196 f., 199
Bogenradius 195
Bogenrücken 195, 201
Bogenschlußstein 195
Bogenteile 195
Bogentiefe 195
Böschungslehren 211
Böschungsmauern 210, 211
Böschungswinkel 139, 210
Brandmauern 162, 244
Branntkalk 15
Brechsand 27
Bretter 103 f.
Bruchsteinmauerwerk 213
Brunnengründungen 281, 283
Brüstung 180, 183
Bohlen 103 f.
Böhmische Kappe 205
Bügel 226 f.
Bürgersteigplatten 98
Byzantinische Kuppel 205

D

Dachanschluß 192
Dachbalkenlage 244
Dachgesims 208
Dämmplatten 171, 179
Dämmschicht 221
Dämmstoffe 121 f.
Decken 216
–, abgehängte 258 f.
Deckenbauplatten 89
Deckenhohlkörper aus Leichtbeton 86
Deckenputz 257
Deckenträger 194
Dehnungsfuge 194, 210, 270, 288

Dehnungsfugenbänder 288 f.
Dekorplatte 97
Dezibel 167
Diabas 58, 60, 95
Dichtungsmittel 44
Differenzstufen 255
Diorit 58 f.
Dolomitkalk 17, 61
Doppelanschlag 181
Drahtglas 123
Drahtputzwände 176 f., 179 f.
Drahtziegelgewebe 180
Dränage 160
Dränageleitungen 157
Dränrohre 98 f., 211
Drehofen 21
Drehtischpresse 65
Druckbewehrung 222, 224, 226
Druckspannung 234, 241
Druckverteiler 194
Druckwasser 156, 159
Dünnbettverfahren 262, 264
Durchbrüche 220
Durchlaufmischer 46
Dyckerhoff-Weiß 24

E

echter Hausschwamm 106 f.
Ecke, rechtwinklige 145 f.
eckige Säulen 219
Edelputze 260
einfache Betonarbeiten 221
Einfriedungsmauer 209 ff.
eingebaute Schornsteine 188
einhäuptige Schalung 222
einhüftiger Bogen 199, 203
Einkornbeton 56
Einpreßhilfen 44
Einrichten der Baustelle 135 f.
Einschalen 216 ff.
Einschubdecke 246
Einsetzen von Nocken 182
Einsumpfen 15
Einteilung der Gerüste 290 f.
Eisenportlandzement 22, 24
elliptischer Bogen 199, 203
Endhaken 224
Entlastungsbogen 201
Entlüftungen 185
Entlüftungsrohre 99, 185, 186

Entlüftungsschacht 185
Entschalungsmittel 221
Entwässerung 211
Entwässerungsleitungen 274, 275
Erdbohrer 125
Erddruck 210
Erdfarben 123
erdfeuchter Beton 221
Ergußgesteine 60
Erstarrungsbeschleuniger 44
Erstarrungsgesteine 58, 59
Erstarrungsverzögerer 44, 266
Eruptivgesteine 59
Erzzement 22, 24
Estrich 269 ff.
–, schwimmender 269 f.
Estrichböden 269 ff.
Estrichdicke 273
Estrichgips 19, 20
Eternitrohre 101

F

Fachwerk 169
Fachwerkbauweise 169 ff.
Falzbaupappe 284 f.
Fanggerüst 290
Farben 123
Faserzementplatten 98
Faserzement-Rohre 101
Fassaden, hinterlüftete 286
Fassadenfarben 123
Feinkalk 18
Feinmörtel 32
Feinputz 257
Feldbrandziegel 66
Fensteranschlag 174
Fensterbänke 183 f.
Fensterbrüstungen 180, 183
Fensterglas 122
Fenstersturz 174
Fertigbalken 242 ff.
Fertigbalkendecken 242 ff.
Fertigbauteile 229, 242, 265
Fertigteileestrich 273
Festigkeitsklasse 52, 56
Fettkalke 18
Feuchteschutz 164
Feuchtigkeitsisolierung (Schornsteine) 189
Feuchtigkeitsschäden 160 f.
Flachbogen 199 f.

Flachgründungen 281 f.
Flachschichtpflaster 268
Flachstahl 110
Flämischer Verband 206
Flankenübertragung 167, 169
Fliesenkleber 44
Fluchtstäbe 128 f.
Flußkies 27
Flußsand 27
Formstahl 110
Formsteine aus Ziegelton 64, 70
Fränkisches „Schal-Drän-System" 99
Freifallmischer 46
freistehende Schornsteine 188
freitragende Stufen 249
Freitreppen 254 f.
Freiwange 247, 252, 255
Fries 207 f.
Frischbeton, Konsistenzbereiche 49
Frischbetontemperatur 232
frostfreie Gründung 151, 254
frostfreie Tiefe 209, 277
Frostschutzmittel 44, 232
Frostsprengungen 160
Fugarbeiten 207
Fugendurchlaßkoeffizient 164, 166
Fugenverstrich 153, 206, 207
Fugmörtel 207
Fundamente 151 ff., 210, 216
–, gemauerte 152
Fundamentdicken 151
Fundamentgräben 152
Fundamentgrabenbegrenzung 221
Fundamentgrabensohle 152
Fundamentplatten 228
Fundamentschalung 216
Fundamentsohle 151
Futtermauern 210

G

Ganggesteine 58, 59
Ganzhölzer 102
Gasbeton 56 f.
Gasbetonsteine 64
gebrannte Bausteine 64
gebrannte Platten 95
Gefache 169 ff.
Gefachausmauerung 171
Gehlinie 252 ff.
gemauerte Fundamente 152

gemischt-formatiges Mauerwerk 148 f.
gerade Mauerenden 144 f.
geschlossene Bauweise 125
Gerippewände 169, 174 ff.
Geröll 58
Gerüstbauteile 292 ff.
Gerüstbelastung 292
Gerüste 290 ff.
–, abgebundene 299
–, Einteilung 290
–, Unfallverhütungsvorschrift 299
geschlossene Wasserhaltung 284
Geschoßbalkenlage 244
Geschoßhöhen 152, 161
Geschoßmauern 161
Geschoßtreppen 255
Gesimse 207 ff., 261
Gesimse, Ziehen 261
Gesimsarten 208
Gesimsausführungen 208
Gesteine, ausgeworfene 58
–, umgewandelte 58, 63
Gesteine, vulkanische 59
gewendelte Treppe 251 ff.
Gewölbearten 204 f.
Gewölbeausführungen 205
Gewölbehöhe 203
Gewölbeteile 203
Gewölbezwickel 203
gezogene Schornsteine 189, 191
Giebelanker 243, 245 f.
Gipsbauplatten 91
Gipskalkmörtel 32, 34, 38
Gipskartonplatten 92 f.
Gipsleichtsteine 89
Gipsmörtel 32, 38
Gipsmörtelbereitung 34
Gipssandmörtel 38
Gipsstein 19, 20, 21, 62
Gipssteine 64
–, leichte 64
Gitterziegel 74
Gabbro 58 f.
Glas 122
Glasbausteine 64, 122
Glasdachsteine 123
Glasfasern 123
Glasmosaik 43
Glasplatten 98, 122
Glassteinwände 176 f.
Glasur 95, 96

Glasvliesbitumenbahn 118
Glaswandplatten 43
Glaswolle 119, 122
Gleitfugen 281 f.
Gleitschalung 220
Glimmerschiefer 58, 63
Gneis 58, 63
Gotischer Verband 205
Goudron 118
Granit 58 f., 95
Graukalk 17
Grauwacke 58, 61
Grobmörtel 32
Großplatten 97 f.
Gründung, frostfreie 151, 254
Grundfeuchtigkeit 156
Grundstücksentwässerung 274 ff.
Grundwasser 156
Grundwasserspiegel 160
Gurtgesims 208
Gußasphalt 119
Gußasphaltestrich 271, 274
Gußeisen 109

H

Hahnenbalkenlage 244
Halbholz 103
hammerrechtes Schichtmauerwerk 213
Handelsformen des Holzes 102
Handlauf 247
Handstrichziegel 65
Hängegerüst 299
Hängekuppel 205
Hangwasser 156, 160
Hartbrandziegel 69 f.
harte Hölzer 106
Hartstoffe 273
Hartstoffestrich 270, 272
Haufwerksporigkeit 56
Hauptgesims 208
Hauptfluchtlinie 128
Hausbock 107
Hausschwamm, echter 106
–, unechter 107
Hausentwässerung 274 ff.
Heißanstriche 158
Heizöllagerung 300
Heizräume 300
Heraklithplatten 93
Heukalkmörtel 257

349

Hilfsstützen 233
Hinterfüllung 139, 159
hinterlüftete Fassaden 286
Hintermauerung 206
Hochbauklinker 70
hochhydraulischer Kalk 17, 18, 36, 37
–, Kalkmörtel 38
Hochlochziegel 72 ff.
Hochmaßlatte 152
Hochofen 109
Hochofenprodukte 109
Hochofenschlacke 77
Hochofenzement 22, 24
Höhenfestpunkt 133 ff.
Höhenmessungen 133 ff.
Höhenpflock 138
Holzbetonsteine 89
Hohlblocksteine 84 ff.
Hohldiehle 91
Holländischer Verband 206
Holz 101 ff.
–, Handelsformen 102
Holzbalkendecke 244 ff.
Holzbeton 64
Holzdübel 182
Hölzer, harte 106
–, weiche 106
Holzfachwerk 169 f.
Holzkrankheiten, Schädlinge 106
Holzschutz 108
Holzwolle-Leichtbauplatten 93 f., 257
Hourdis 89 f.
Hourdisplatten 238
Hüttenbims 84, 109
Hüttenbimsbeton 56
Hüttenlochsteine 78, 86 f.
Hüttensteine 77 f.
Hüttenvollsteine 64, 78
Hydraulefaktoren 17
hydraulischer Kalk 17, 18, 36, 37
hydraulischer Kalkmörtel 38
– Mörtel 32
– Zuschlag 34, 62

I

Innenanschlag 181
Innendeckenputz 41
Innenputze 39 f., 256 ff.
Innentreppen 255
Innenwandputze 40

Innenrüttler 222
Isothermenkarte 163

J

Jahresringe 101, 104
Jurakalk 62

K

Kalk, hochhydraulischer 17, 18
–, hydraulischer 17, 18
Kalkausblühungen 161
Kalkgestein 58, 63
Kalkgipsmörtel 38
Kalkhydrat 17
Kalkmilch 15
Kalkmörtel, hochhydraulischer 38
–, hydraulischer 38
Kalksandblocksteine 64, 79
Kalksandhohlblocksteine 64, 79, 87
Kalksandlochsteine 64, 79, 87
Kalksandsteine 78 ff.
Kalksandvollsteine 64, 78 ff.
Kalkstein 61, 95
Kalkteig 17, 33
Kalktuff 62
Kalkzementmörtel 32, 38
Kaltanstriche 158
Kamine 185 ff.
Kämpferlinie 195
Kämpferpunkt 195, 199, 201
Kanalklinker 71 f.
Kantenpressung 194
Kaolin 61
Kappen aus Leichtsteinen 245
Kappenabmessungen 236
Kappenbeton 235
Kappengewölbe 204
Karbidkalk 17
Kassettenplatte 91
Kehlbalkenlage 244
Kellenspritzputz 260
Kellenstrich 260
Kelleraußenwände 150
Kellerfußboden 157 f.
Kellergeschosse 152
Kellergeschoßmauerwerk 152 ff.
Kellermauerwerk 153
Kellersohle 157
Kellertüren 182
Kellerwände 153, 222

Keraion-Platten 97
keramische Platten 95
Keratophyr 58, 59
Kernfäule 106
Kernholz 102, 104
Kesselschlacke 82
Kesselschlackenbeton 56
Keßler-Wand 179
Kies 58
Kieselgursteine 64, 77
Kiessand 27
Klebemörtel 262
Kleber 44f., 262f.
Kleinesche Steindecke 236
Kleinmosaik 95
Klinker 64, 69f.
  –, angeschmauchte 70
Kloben 182
Klostergewölbe 204
Konglomerat 58, 61
konische Schornsteine 193
konischer Schornsteinkopf 193
Konsistenz 222
Konsistenzmaß 50
Konsolgerüst für Schornsteinbau 299
Konstruktiver Schallschutz 167
Kopfanker 245
Korbbogen 196, 199, 202
Korkbeton 64
Korkbetonsteine 89
Korkplatten 94
Korngrößenzusammensetzung 34
Kornzusammensetzung 30f., 53
Körperschall 119
Kosmos-Falzbaupappe 284f.
Kragplatten 216
Kratz-Wasch-Steinputz 260
Kreide 62
Kreuzfugen 143
Kreuzgewölbe 204
Kreuzholz 103
Kreuzkopf 131
Kreuzstakung 245
Kreuzverband 144
Kunstharzkleber 45
künstliche Bausteine 64
Kunststein 265
Kunststeinherstellung 265
Kunststoff-Dichtungsbahnen 118
Kupfer 117
k-Wert 162

L

Lageplan 124, 128
Lagergerüst 290
Lagermatten 115
Längenmessungen 129f.
Langlochziegel 76f.
Läuferschicht 141
Läuferverband 144
Lavabeton 56
Lavakrotzen 58
Lavaschlacke 58, 62
–, porige 82
Lehmmörtel 32
Lehmsteine 64, 77
Lehrbogen 196ff.
Lehrgerüste 197, 290
Leibung 180, 195, 197
–, schräge 181
Leichtbauplatten 221
Leichtbeton 51ff.
–, Deckenhohlkörper 86
Leichtbeton-Hohlblöcke 84
Leichtbetonplatten 238
Leichtbeton-Vollblöcke 82f.
Leichtbetonvollsteine 82f.
Leichtbetonwände 177
leichte Bausteine 64
– Gipssteine 64
– Trennwände 175ff.
– Ziegelsteine 72
Leichtwände 175
Leitergerüste 299
Leitern und Tritte, Unfall-
  verhütungsvorschrift 299
Lichtschachtabmessungen 154
Lichtschachtausführungen 154f.
Lichtschächte 154f., 158
Linien, Abstecken von 128f.
Lisenen 207, 209
Listenmatten 115
Lochsteine 64
Lochzahnung 141
Lochziegel 64, 72ff.
– für Stahlbetonrippendecken 77
– für Stahlsteindecken 76
Löschkalk 15
lose Brettschalung 220
Luftkalke 17f.
Luftkalkmörtel 32, 34
Luftmörtel 32

Luftporenbildner 44, 56
Luftschall 119
Luftschichtanker 172
Luftschichtmauerwerk 173

M

Magerkalke 18
Magnesiaestrich 271
Majolika 97
Märkischer Verband 206
Marmor 58, 62, 63, 95
Marmorgips 19
Maschinenziegel 65
Massenkalk 61
Massivdecken 257
Mauerabdeckungen 209
Maueranschluß, rechtwinkliger 146
–, schiefwinkliger 148
Mauerarbeiten 140
Mauerbogen 195 ff.
Mauerdicken 142, 161
Mauerecken, spitzwinklige 148
–, stumpfwinklige 148
Mauerenden, gerade 145, 181
Mauerfraß 161
Mauerfriese 207 f.
Mauerkreuzungen 147
–, schiefwinklige 148
Mauermörtel 34, 35 ff.
Mauern, schiefwinklige zusammengesetzte 147
Mauernischen 147
Maueröffnungen 180 ff., 222 f.
–, nachträgliches Anlegen 280
Mauersalpeter 161
Mauerschichten 141
Mauerschlitze 147, 153
Mauersteine, natürliche 211 ff.
Mauerstoß 146
Mauerverbände 144
Mauervorlagen 147
Mauerwerk, gemischt-formatiges 148 f.
–, nachträgliches Trockenlegen 284
–, Mörtelverunreinigungen 207
Mauerziegel 64 ff.
Mehlkorngehalt 53
Meßlatten 129 f., 133
Metalle 109
Metallbänder 118
Metamorphgesteine 63

Mineralfarben 123
Mischmauerwerk 209, 214
Mischungsverhältnis 33, 38, 46 f.
Mischverfahren 274
Mittelmosaik 97
mittragende Verblendplatten 214
Monierwände 177, 180
Montagegerüst 290
Montagestähle 227
Mörtel 15, 32 ff.
–, hydraulischer 32 ff.
Mörtelarten 32
Mörtelausbeute 34
Mörtelgips 19
Mörtelgruppen 35 ff.
Mörtelmischfehler 35
Mörtelnester 212
Mörtelsande 33
Mörtelsperrschicht 157
Mörtelverunreinigungen am Mauerwerk 207
Mörtelzusatzmittel 42, 44
Mosaik 264
Muffendichtungen 276
Muldengewölbe 204
Münchener Rauhputz 260
Muschelkalk 62, 95

N

Nachbehandlung, Beton 233
nachträgliches Anlegen von Maueröffnungen 280
– Trockenlegen von Mauerwerk 284
– Unterkellern 280
Nachweismauerwerk 140
nagelbare Steine 182
Naßfäule 106
Naßlöschen 15
Naturbims 82
Naturbimsbeton 56
natürliche Bausteine 58
– Mauersteine 211
Natursteine 58, 211
–, schichtige 211
Natursteinmauer 214
Natursteinmauerwerk 211 ff.
Natursteinmauerwerksarten 212 ff.
Natursteinplatten 95, 269
Naturzemente 22
Nebentreppen 255

Nebenwegübertragung 167
Nichteisenmetalle 117
Nischen 183
Nivellieren 134
Nivelliergeräte 133, 139
Nivellierinstrument 133 ff.
Nivellierlatte 133 f.
Nocken 182
-, Einsetzen 182
Normalbeton 51 ff.
Normal Null 133
Normalbinder 23
Normenzemente 22, 24, 25
Normenzementsäcke 25
Notstützen 217, 233

O

Oberflächengesteine 60
Obergeschoßmauerwerk 161
Oberputz 34, 259, 260
Oberputzmörtel 37, 38 ff.
Ofenanschlüsse 190
Ofenrohre, Anschlüsse 190
offene Bauweise 125
- Wasserhaltung 284
Öffnungen 175 ff., 180 ff.
OKD 138
Ölschieferzement 22, 24
Ortbeton 244
Ortpfähle 283

P

Pentagonprisma 132
Pfahlgründungen 281, 283
Pfahlroste 281, 282 f.
Pfeiler 184, 216
Pfeilerverband 184, 197
Planung 124
Platifizierungsmittel 44
Platten 89, 216
-, gebrannte 95
-, keramische 95
-, ungebrannte 95, 97
Plattenbalkendecken 229, 240
Plattenböden 261 f., 267
Plattendecken zwischen Trägern 238
Plattenwände 176, 177
Plattierungsarbeiten 261 f.
Plewa-Vierkantrohre 99
Pochkäfer 107

Polnischer Verband 205
Porenbetonsteine 64, 88
Porenestrich 270
Porenziegel 64, 75
Porphyr 58, 59
Portlandzement 22, 24
porige Lavaschlacke 82
Preußische Kappe 204, 205
Prismenglas 123
Profilstähle 110
Prüß-Wand 179
Putzarbeiten 256 ff.
Putzarten 259 f.
Putz- und Mauerbinder 25 f.
Putzflecken 259
Putzfriese 208
Putzgips 19
Putzgrund 43
Putzlehren 257
Putzmörtel 37 ff., 43, 256, 257, 259 f.
Putzschablonen 261
Putzträger 179, 195, 221, 237, 257 f., 264

Q

Quadermauerwerk 212, 214
Quarzit 58, 63, 95
Querbewehrungsstäbe 226

R

Rabitzdraht 180
Rabitzgewebe 205
Rabitzwände 177, 179
Radialziegel 71
Rahmenbauwände 174
Rahmenbauverfahren 169
Rammpfähle 283
Rappputz 260
Ratio-Mauersteine 81
Rauchrohr 99, 185
Rauchrohrquerschnitt 185 ff.
Rauhputz 257
rechte Winkel 130 ff.
rechtwinklige Ecke 145
rechtwinkliger Maueranschluß 146
Reduzierstücke 100
regelmäßiges Schichtmauerwerk 214
Regelverband 144 ff., 184
Reifholz 102
Reinigungsöffnung 189

Revisionsschächte 276
Revisionsstücke 276
Revolverpresse 65
Rezeptmauerwerk 140
Rigipsplatten 93
Ringanker 234, 244, 286 ff.
Ringbalken 286, 287
Ringofen 65
Rippendecke 242
Rippenschalung, verlorene 241
Rippenstreckmetall 179, 180, 195, 221, 257 f., 286
Roheisen 109
Rohfilz 118
Rohrgräben 274, 277
–, Aussteifung 277 f.
–, Verbau 277 f.
Rohrmuffen 275
–, Abdichten 275 f.
Rohrschlitze 222
Rollschicht 141
Rollschichtpflaster 268
Rostschutzmittel 117
Rotfäule 106
Rotstreifigkeit 106
Rückstauventile 277
Rundbogen 196, 199, 201
Rundhölzer 102
Rundkuppel 204
Rundsäulen 219
Rüstbretter 104
Rußabsperrer 190

S

Sackkalk 18
Salzausblühungen 160
Sand 58
Sandstein 58, 61, 95
Säulen 216, 219, 226
–, eckige 219
Saumbohlen 277
Schädlinge 107
Schalbogen 198
Schal-Drän-System 99
Schalldämm-Maß 167
Schalldämmstoffe 119 ff.
Schalldämmvermögen 245
Schalldruck 167
Schallfrequenz 166
Schallpegel 167

Schallschutz 166
Schaltafeln 220
Schalung 215 ff.
–, einhäuptige 222
Schalungsarbeiten 216
Schalungsgerüst 216, 217
Schalungskästen 218
Schalungsöl 221
Schalungsträger 218
Schamottesteine 64, 72
Schamottemörtel 32
Scharffeuerglasuren 96
Schaumbeton 56
Schaumbetonsteine 64
Schaumestrich 270
Scheibenputz 260
Scheingewölbe 205
Scheitelpunkt 195, 201
scheitrechte Bogen 196, 199, 200
scheitrechte Kappengewölbe 235
Schichtenlatte 152
Schichtenmauerwerk 213
–, hammerrechtes 213
–, regelmäßiges 214
–, unregelmäßiges 213
Schichtgesteine 61 f.
Schichthöhen 68
schichtige Natursteine 211
Schiefer 58, 61
schiefwinklige Maueranschlüsse 148
– zusammengesetzte Mauern 147 f.
Schildmauer 203
Schlackenbetonplatten 90
Schlackensand 109
Schlagregen 164, 171
Schlämmputz 259
Schlesischer Verband 206
Schließaugen 182
Schnellbinder 22, 23
Schnittfuge 143, 149
Schnitthölzer 103
Schnittlängenzugaben 224
Schnurgerüste 136 f.
Schornsteinausführung 187 ff.
Schornsteinbau, Konsolgerüst 299
Schornsteine 185 ff.
–, besteigbare 186
–, eingebaute 188
–, freistehende 188
–, gezogene 190 f.
– in Mauervorlagen 188

– mit Innenrohr 191
Schornsteinformsteine 191
Schornsteinherstellung 187
Schornsteinköpfe 192 f.
Schornsteinkopfabdeckungen 193
Schornsteinkopfhöhen 192
Schornsteinteile 187
Schornsteinwangen 187
Schornsteinquerschnitt 186 f.
Schornsteinzug 185
schräge Leibungen 181
Schrägstützen 279 f.
Schränkschicht 141
Schubkräfte 224
Schubspannungen 226, 227
Schüttbetonbauweise 220
Schüttbetonwände 177
Schüttkegel 222
Schutzanstrich 157
Schutzdach 136, 295
Schutzgerüst 290, 295, 299
Schweinfurter Grün 123
Schwelle 180
Schwellroste 281 f.
Schwemmsteine 84
Schwerbeton 51 ff.
Schwerbetonhohldielen 90
Schwerbetonplatten 238
Schwerbetonsteine 64, 82
schwere Bausteine 64
schwere Ziegelsteine 69
schwimmender Estrich 269 f., 273
Schwindrisse 26, 233
Schwitzwasser 154
Sedimentgesteine 61 f.
Segmentbogen 196, 199, 200
senkrechte Abstützung 279
senkrechter Verbau 278
Senkung des Grundwasserspiegels 284
Serpentin 58, 63, 95
Setzbewegungen 281
Setzfugen 281, 287, 288
Sgraffito 208
Sgraffito-Putz 260
Sichtbeton 220, 265
Sickerschlitze 211
Sieblinien 30 f.
Siemens-Martin-Verfahren 109
Sika-Fugenband 289
Sinkkästen 277
Sinterbims 82

Sinterung 21
Skelettbauweise 169 ff.
Sockelgesims 208
Sockelhöhe 138
Sohlbänke 180, 183, 184
Sohlbankausführungen 184
Solnhofer Jurakalk 95
Sperranstrich 158 f.
Sperrputz 157
Sperrschichten 156 f., 174
–, waagerechte 157
Sperrstoffe 117 f.
Spalierlatten 257
Spaltplatten 96
Spannbeton 234 f., 242
Sparverband 145 f., 184
Sperrpappe 157, 166
Sperrschichten 156 f.
–, senkrechte 157
Spiegelgewölbe 204
Spitzbogen 196, 199, 202
spitzwinklige Mauerecken 148
Splintholz 102, 104
Splitt 27
Spritzbewurf 34, 257
Spritzputz 260
Spritzwasser 156
Spritzwassersockel 157
Spundwände 283
Stabstahl 110
Stahl 109 ff.
Stahlbeton 22, 51, 53, 57
Stahlbetonarbeiten 22, 222 ff.
Stahlbetonbalken 229, 242
Stahlbetonfertigbalken 243
Stahlbetonfundamente 281
Stahlbetonplatten 90, 277, 281 ff.
Stahlbetonrähm 244
Stahlbetonrippendecken 240 f.
–, Lochziegel 77
Stahlbetonskelett 171
Stahlbetonstürze 193, 195
Stahlbetonwände 176, 180
Stahleinlagen 222, 227, 229, 240, 244
Stahlfachwerk 171
Stahl-Leichtträger 243
Stahlliste 230
Stahlrohrgerüst 299
Stahlsorten 110 ff.
Stahlsteindecken 238 ff.
–, Lochziegel 76

Stahlsteinwände 176, 177, 178
Stalltüren 182
Stämme 102
Stampfverfahren 169
Stangen 102
Stangengerüst 296 f.
Steg-Kassettenplatte 91
steigender Bogen 199, 203
Steigungsverhältnis 248 f.
Steindecken 238
–, unbewehrte 235 ff.
Steine, nagelbare 182
Steinfußböden 267 ff.
Steinholzestrich 271
Steinholzfußböden 271
Steinholzplatten 98
Steinmetzarbeiten 265
Steinwände 176, 177
Steinwolle 175
Steinzeug-Bodenplatten 95
Steinzeugplatten 98
Steinzeugrohre 100, 274
Stempelpresse 65
Stichbalken 244
Stichbogen 199 f.
Stichhöhe 201, 204
Stirnmauer 203
Stockzahnung 141
Stoßverbindungen 225
Strangziegelpressen 65
Straßenkanäle, Anschlüsse 275
Streichbalken 244, 246
Streifenschalung 240, 242
Stromschicht 141
Stuckgips 19, 20
Stückkalk 15, 18
Stufen, freitragende 249
Stufenformen 248
Stufenfundament 151
stumpfwinklige Mauerecken 148
Sturzbewehrungen 229, 230
Sturz 180
Sturzkuppel 205
Stürze 229
Stützen 217, 218
Stützmauern 210
Suevit-Traßzement 22, 24
Syenit 58, 59

T

Tageswasser 156, 284
Tannenbergverband 206

Teile der Treppe 247 ff.
Tektonplatten 93
Termiten 107
Terrakotten 64, 72
Terrazzo 264, 265, 267
Terrazzoplatten 98, 269
Tiefe, frostfreie 151, 277
Tiefengesteine 58, 59
Tiefergründung 280 f.
Tiefgründungen 281 f.
Ton 58, 61
Tonerdeschmelzzement 22, 25
Tonhohlplatten 89
Tonnengewölbe 204
Tonrohre 100
Torfoleum 94
Torfplatten 94
Trachyt 58, 60
Träger 193 ff.
– und Stahlbetonstürze, Verlegen 193 f.
–, Verputzung 195
Trägerabstand 238
Trägerauflager 193 f.
Trägerdecken 238
Trägerflansche 237 f.
Trägerummantelung 237
Traggerüst 290, 299
Tragstäbe 224 f.
Tragwerk 217, 218
Transmissionswärmeverlust 162, 164
Traß 58, 62
Traßzement 22, 24
Travertin 62, 95
Treiblade 279
Trennwände, bewehrte 178
Treppe 247 ff.
–, Aufreißen einer geraden 250 f.
–, gewendelte 251 ff.
Treppenarten 254 ff.
Treppengrundformen 247
Treppenhauswände 249
Treppenläufe 216, 247, 256
Trennfugen 287 ff.
Trennfugenabstand 287
Trennverfahren 274
Trittschall 119
Trockenfäule 106
Trockenlöschen 15
Trockenmauerwerk 212
Trockenmischung 34
Trogisolierung 159 f.
Trommelfüllung 46

Tuffstein 58, 62, 95
Tunnelofen 65
Türaufhängungen 182
Türschwellen 183
Türzarge 183

U

Überdeckung von Öffnungen 193
Übergreifungslängen 226, 231
Übergreifungsstoß 225 f., 230, 231
Überlagshölzer 201
UK Kellerfußboden 139
Umbauarbeiten 278
umgewandelte Gesteine 58, 62
umgeworfener Verband 145 f.
Umwandlungsgesteine 63
unbewehrte Steindecken 235 ff.
unbewehrter Beton 57
unechter Hausschwamm 107
Unfallverhütungsvorschrift 135
– Gerüste 299
– Leitern und Tritte 299
ungebrannte Bausteine 64, 77, 82
– Platten 97
unregelmäßiges Schichtenmauerwerk 214
Unterbeton 269
Unterboden 261, 263, 265, 267, 269
Unterfangungen 280 f.
Unterkellern, nachträgliches 280
Unterputz 37, 38 ff., 257, 259, 260
Unterzüge 216, 218, 229

V

Verankerung 223 f., 244
Verband, umgeworfener 145 f.
Verbandkasten 135
Verbandsregeln 140 f., 184
Verbau, senkrechter 277 f.
– von Rohrgräben 277 f.
–, waagerechter 277 f.
Verblender 70
Verblenderverbände 205 f.
Verblendmauerwerk 181, 214
Verblendplatten, mittragende 214
Verblendungen 205, 214
Verlängerung der Ausschalungsfristen 233
Verlegen von Trägern und
 Stahlbetonstürzen 193 ff.
verlorene Rippenschalung 241

verlorene Schalung 171, 221
Vermessung 128 ff.
Verputzen von Trägern 195
Versteinerung des Baugrundes 281, 283
Verteilerstäbe 226
Verzahnungen 141
Viertelsteinverband 145 f.
Visierschnurgerüst 275
Visiertafeln 275
Vollblöcke 82, 83
Vollsteine 64
Vollziegel 64, 69 f.
Vormauerziegel 69 f.
Vorsatzbeton 57, 265, 266
vulkanische Gesteine 59

W

waagerechte Abstützung 279
waagerechter Verbau 277 f.
Walzblei 192
Wandbauplatten 89 f.
– aus Gips 91 f.
Wände 216
Wandplatten 44, 95 f., 262
–, Anbringen 262 f.
Wandputz 257
Wandschalung 216
Wandwange 247, 252
Wannenisolierung 159 f.
Wärme 120
Wärmebedarf 166
Wärmedämmstoffe 119 ff.
Wärmedämmung 120 f.
Wärmedämmvermögen 121, 171, 245
Wärmedurchgangskoeffizient 162
Wärmedurchlaßkoeffizient 120
Wärmedurchlaßwiderstand 120, 121, 162
Wärmeleitfähigkeit 120
Wärmeschutz 162 ff.
Wärmetauschflächen 164
Warnlampen 136
Waschbeton 57, 97, 266
Waschbetonherstellung 266 f.
Wasserandrang 211
Wasserhaltung, geschlossene 284
Wasserkalke 17, 18
Wasserkalkmörtel 32, 37
Wassermörtel 32
Wassernase 183, 184, 192, 209, 285
Wasserzementwert 50

357

Wechsel 244
weiche Hölzer 106
weiße Fugen 207
Weißfäule 106
Weißkalk 16
Wendelstufen 253
Wendelung 251f.
Wendischer Verband 206
Widerlager 195ff.
Widerlagerschräge 200
Widerlagsmauer 203
Wilder Verband 206
Windelboden 245
Winkel, rechte 130f.
Winkelkontrolle 138
Winkelprisma 132
Winkelspiegel 131f.
Wrasenabzug 185

Z

Zahnschicht 141
Zangen 280
Zargen 175, 182, 183
Zargentüren 182
Zeichnungsmatten 116
Zement 45
Zementarten 22f.
Zementestrich 270
Zementmörtel 32, 37, 236, 240
Zementfarben 123
Zentralheizungsschornstein 187

Zickzackofen 65
Ziegelerde 66
Ziegelmaße 67
Ziegelpflaster 268
Ziegelsplitt 82
Ziegelsplittbeton 56
Ziegelsplittbetonplatten 90
Ziegelsteinböden 267f.
Ziegelsteine 65ff.
–, leichte 72ff.
–, schwere 69f.
Ziegelsteinformate 67
Ziegelsteinfußböden 268
Ziegelsteinverblendungen 205ff.
Ziegeltonfertigbalken 240, 243
Ziehen von Gesimsen 261
Zierschichten 207f.
Zimmertüren 182
Zink 117
Zinkblech 117, 192
Zinkfarben 123
Ziegelton, Formsteine 64, 70f.
Zuganker 196
Zugbewehrung 212, 214, 215, 222, 224f., 240
Zuschläge 26, 27, 47, 56
–, hydraulische 34, 62
Zuschlaggemisch 28ff., 31, 50, 53
Zuschlagkennung 27
Zugspannungen 222, 224, 234, 241
Zwischenbalkenlage 244
Zyklopenmauerwerk 213